普通高等院校化学化工类系列教材

李平 钱可强 蒋丹 主编

化工工程制图（第2版）

Chemical Engineering Drawing (Second Edition)

清华大学出版社
北京

图书在版编目（CIP）数据

化工工程制图/李平，钱可强，蒋丹主编．—2版．—北京：清华大学出版社，2017（2024.3重印）
（普通高等院校化学化工类系列教材）
ISBN 978-7-302-47626-9

Ⅰ．①化…　Ⅱ．①李…　②钱…　③蒋…　Ⅲ．①化工机械－机械制图－高等学校－教材
Ⅳ．①TQ050.2

中国版本图书馆CIP数据核字（2017）第155193号

责任编辑：冯　昕
封面设计：常雪影
责任校对：赵丽敏
责任印制：丛怀宇

出版发行：清华大学出版社
　网　　址：https://www.tup.com.cn，https://www.wqxuetang.com
　地　　址：北京清华大学学研大厦A座　　**邮　　编**：100084
　社 总 机：010-83470000　　**邮　　购**：010-62786544
　投稿与读者服务：010-62776969，c-service@tup.tsinghua.edu.cn
　质量反馈：010-62772015，zhiliang@tup.tsinghua.edu.cn
印 装 者：三河市铭诚印务有限公司
经　　销：全国新华书店
开　　本：185mm×260mm　　**印　张**：17.75　　**字　　数**：431千字
版　　次：2011年6月第1版　2017年8月第2版　　**印　　次**：2024年3月第13次印刷
定　　价：49.80元

产品编号：072399-04

编者名单

主　编：李　平　钱可强　蒋　丹

副主编：范　辉　蔡　超　任永胜　张晓光

第 2 版前言

本书第 1 版自 2011 年 6 月出版以来，受到广大教师、学生和工程技术人员的欢迎，已被全国各地几十所重点院校、普通院校及职业技术院校广泛使用。

随着科学技术与经济全球化的快速发展，工程项目的国际化合作迅速增加，为了更好地与国际接轨及进行技术交流，我国的标准化工作也有了较大发展，各个行业部门在原标准规范的基础上，吸收国内外先进技术成果并广泛征求有关单位意见后，对很多标准规范进行了调整和删改。近年来，化工行业的相关设计规范和标准进行了大量的更新与修订，故有必要对本书第 1 版进行修订。考虑到本书第 1 版使用范围较广，修订过程中保持了原有章节顺序基本不变，重点针对化工图样部分进行修改和增补。根据我国颁布的最新规范标准及化工工程设计图样的要求，对原有内容进行增加和修订，同时对例图也进行了修订。

本书仍由李平、钱可强、蒋丹主编，宁夏大学的李平教授主持修订和统稿工作。参加修订的还有宁夏大学范辉副教授、蔡超副教授、任永胜副教授及张晓光教授。

本书第 1 版在使用过程中，得到了全国各地广大教师与工程技术人员的认可，在此表示感谢。同时，对参加过本书第 1 版编写工作的董梅、王彩英、吴建波、王淑杰等老师深表谢意。

本书的出版得到宁夏回族自治区国内一流学科(化学工程与技术)建设项目的经费支持。同时，感谢宁夏大学化学化工学院和省部共建煤炭高效利用与绿色化工国家重点实验室的大力支持。

限于编者水平，虽经努力，修订后的教材恐仍有缺憾和错误之处，敬请读者批评指正。

编　者

2017 年 3 月

第1版前言

工程图学研究工程与产品信息的表达、交流与传递。工程图形是工程与产品信息的载体,是工程界表达、交流的语言,也是工程技术部门的一项重要技术文件。作为化工领域工程技术上用来表达设计思想和技术交流的化工图样是以工程制图为基础,结合化工行业的特殊性,以表达化工设备和化工工艺过程。

本教材根据教育部高等学校工程图学教学指导委员会2005年制定的《高等学校工程图学课程教学基本要求》及近年来发布修订的《机械制图》《技术制图》国家标准和化工行业设计标准与规定等编写而成。“化工工程制图”课程理论严谨,实践性强,与工程实践有密切联系,对培养学生掌握科学思维方法,增强工程和创新意识有重要作用,是普通高等院校化工、轻化工、制药、食品及近化工类专业,以及化工机械、过程装备与控制(少学时教学)等专业的重要的技术基础课程。本教材总结了教学一线教师在教学中长期积累的丰富经验以及近年来的教学研究及改革成果,同时汲取兄弟院校同类教材的优点,对课程内容的排序和结构进行合理的调整和优化,使理论与实践更紧密的结合,力求做到模式新颖、知识条理井然,以激发学生的学习热情,利于学生职业素质的形成,力求满足新世纪化工人才培养目标对工程图学的新要求。

本教材具有以下特点:

(1) 采用最新的《技术制图》《机械制图》及有关化工设备、化工工艺等的国家标准和行业标准,培养学生的职业素质和规范意识。

(2) 工程制图基础部分的内容以“简明、精练”作为编写宗旨,既注重对基本概念和基本原理做深入准确的论述,又注重分析问题和解决问题方法的训练,通过典型例题使学生由浅入深地理解图学方法和知识,并最终掌握完整、深厚的制图基础知识和基本理论。

(3) 化工图样部分以阐述化工设备图和化工工艺图两类典型化工工程图的图示知识和相关标准为目的,从整体上体现培养化工图样的绘制与识读的教学思想,注重实物与图样、理论与实践的有机结合。化工设备图结合四大典型设备(储罐、换热器、反应釜和塔)的特点分别介绍其绘图与读图方法;化工工艺图则针对一个工艺过程。按照工艺设计的顺序,对工艺流程图、设备布置图和管道布置图的绘制和识读方法加以介绍。

(4) 本教材将零件图、部件图、装配图的表达方法融入到化工设备图的相关内容中,并将零件的技术要求如尺寸公差和几何公差、表面粗糙度等内容融入其中,增强了知识点的连贯性和实用性。

本教材与李平等主编的《化工工程制图习题集》(清华大学出版社)配套使用,其编排顺序与本书相同,可作为高等院校60～90学时的化工类各专业或少学时化工机械类专业的化工制图课程的教材。

本教材由宁夏大学化学化工学院李平、同济大学钱可强、上海交通大学蒋丹主编,参加本教材编写工作的还有:董梅、王彩英、范辉、蔡超等。全书由李平统稿。

在本教材的编写过程中,还得到很多学校教师的支持,他们对本教材的内容体系和深度广度提出了很多建设性意见,在此一并表示衷心感谢。

由于编者水平有限,错误在所难免,敬请选用本教材的广大师生和读者批评指正。

编　者

2011年4月

目录

上篇　工程制图基础

下篇 化工图样

上篇

工程制图基础

图形是人类从古到今认识自然、表达和交流思想的主要形式之一，在人类社会的发展过程中起到了举足轻重的作用。随着工业技术的发展，建立在投影理论基础上的工程图样成为工程界的共同“语言”。如今，计算机的广泛应用使图形学的发展更是迈向了一个新纪元，产品的数字化定义，实现了计算机辅助设计(computer aided design，CAD)、计算机辅助工程(computer aided engineering，CAE)、计算机辅助工艺设计(computer aided process planning，CAPP)、计算机辅助制造(computer aided manufacturing，CAM)等过程的有效集成，使无纸化生产成为现实。

工程制图基本知识的学习和训练，是为了培养空间想象能力、空间逻辑思维能力和构型能力，是工程技术人员掌握绘制和识读工程图样能力的基础，并为进一步学习高级绘图、建模技术奠定基础。

第1章

制图基本知识与技能

工程图样作为现代工业生产过程中的重要技术资料，是工程界交流信息的共同语言，具有严格的规范性。要完整、清晰、准确地绘制出图样，或通过阅读图样获得全部工程信息，必须掌握制图的基本知识与技能。本章着重介绍国家标准《技术制图》和《机械制图》中的有关规定，并简要介绍绘图工具的使用以及平面图形的画法。

1.1 国家标准《技术制图》和《机械制图》的有关规定

国家标准《技术制图》和《机械制图》是工程界重要的技术基础标准，是绘制和阅读工程图样的准则和依据。技术制图和机械制图标准中的相关规定是最基本的、也是最重要的工程技术语言的组成部分，是发展经济、产品参与国内外竞争和国内外交流的重要工具，是各国家之间、行业之间、相同或不同工作性质的人们之间进行技术交流和经济贸易的统一依据。

我国于1959年发布了《机械制图》国家标准，1993年起开始发布《技术制图》国家标准，《机械制图》标准适用于机械图样，《技术制图》标准则普遍适用于工程界各种专业技术图样。后来经过多次修订，目前有十几项《机械制图》标准已被《技术制图》标准所代替，且绝大部分已与国际标准(ISO)接轨。

我国国家标准(简称国标)的代号是"GB"。例如GB/T 14692—2008《技术制图　投影法》标准规定了投影法的基本规则。其中，GB/T表示推荐性国标，14692为发布顺序号，2008是年号。

本章主要介绍制图标准中图幅、比例、字体、图线、尺寸注法等基本规定，其他有关标准将在以后相关章节中介绍。

1. 图纸幅面和格式(GB/T 14689—2008)

1) 图纸幅面

图纸幅面是指由图纸宽度与长度组成的图面。为了使图纸幅面统一，便于装订和管理，并符合缩微复制原件的要求，绘制技术图样时应按以下规定选用图纸幅面。

(1) 图纸基本幅面共有5种，尺寸关系如图1-1所示。绘制技术图样时，优先采用表1-1中规定的基本幅面图纸(表中符号的定义B、L、e、c、a见图1-2)。

(2) 必要时，允许选用加长幅面的图纸，这些幅面的尺寸由基本幅面短边成整数倍增加后得出，如幅面代号为A1×3，尺寸$B\times L=841\times 1783$。化工图样中经常使用加长幅面的图纸。

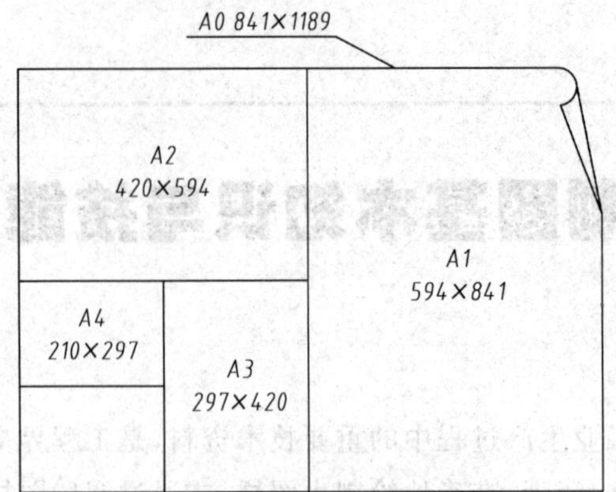

图 1-1 图纸幅面

表 1-1 图纸幅面及边框尺寸 mm

幅面代号		A0	A1	A2	A3	A4
$B\times L$		841×1189	594×841	420×594	297×420	210×297
图框	a	25				
	c	10			5	
	e	20		10		

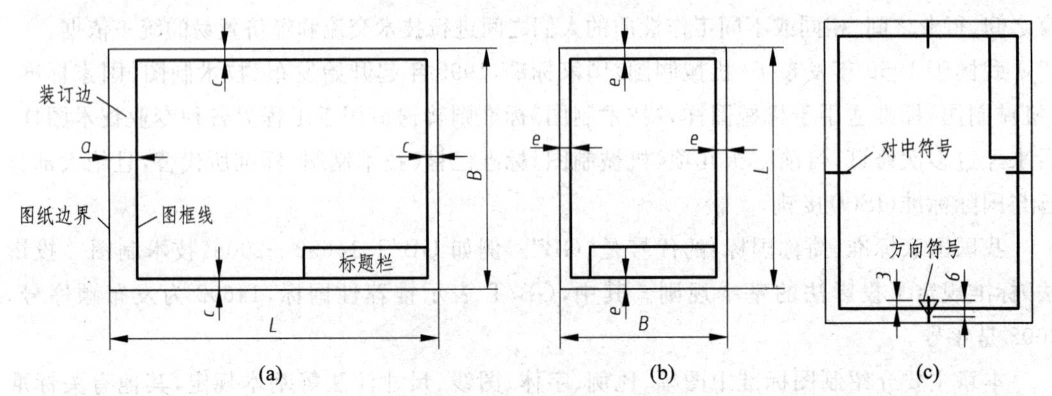

(a) (b) (c)

图 1-2 图框格式和看图方向

2）图框格式

图纸上限定绘图区域的线框称为图框。在图纸上必须用粗实线画出图框，其格式分为不留装订边和留装订边两种，如图 1-2(a)、(b)所示。不论图纸竖放还是横放，装订边均在图纸左边，且同一产品的图样只能采用一种格式。

3）看图方向和对中符号

工程图样中必须要有标题栏，一般绘制在图框的右下角，标题栏中的文字方向为看图方向。为了使图样复制和缩微摄影时定位方便，在图纸各边长的中点处分别画出对中符号，对中符号用粗实线绘制，线宽不小于 0.5mm，长度从纸边界开始至伸入图框内约 5mm。如果使用预先印制的图纸，需要改变标题栏的方位时，必须将其旋转至图纸的右上角。此时，为了明确绘图与看图的方向，应在图纸的下边对中符号处画出方向符号，方向符号是用细实线绘制的等边三角形，如图 1-2(c)所示。

2. 标题栏(GB/T 10609.1—2008)

为使绘制的图样便于管理及查阅，每张图样必须有标题栏。GB/T 10609.1—2008《技术制图　标题栏》规定了技术图样中标题栏的基本要求、内容、尺寸与格式。标题栏一般由更改区、签字区、其他区、名称及代号区组成，可采用不同方式布置各区，也可按实际需要增加或减少，如图 1-3 所示。

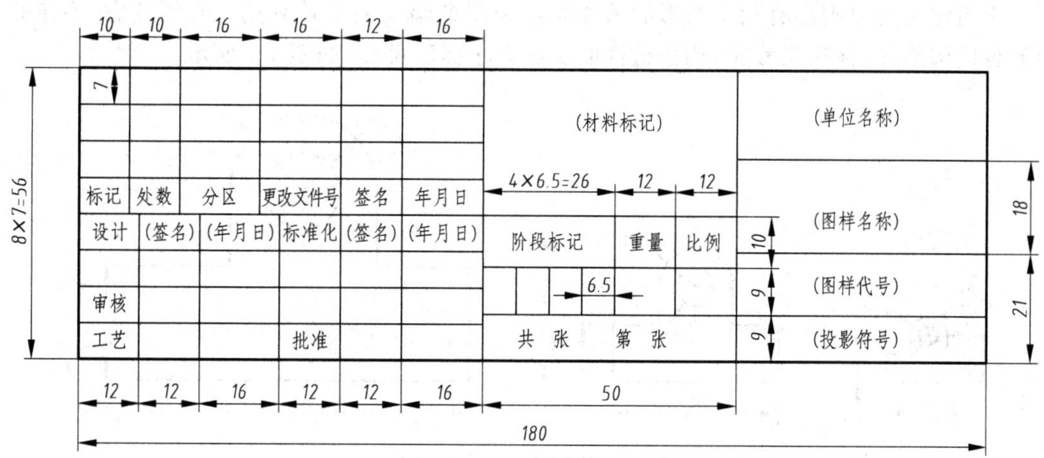

图 1-3　国标中标题栏的尺寸和格式举例

本书建议学生在绘制 A3、A4 图纸作业时，采用图 1-4 所示格式的简化标题栏。

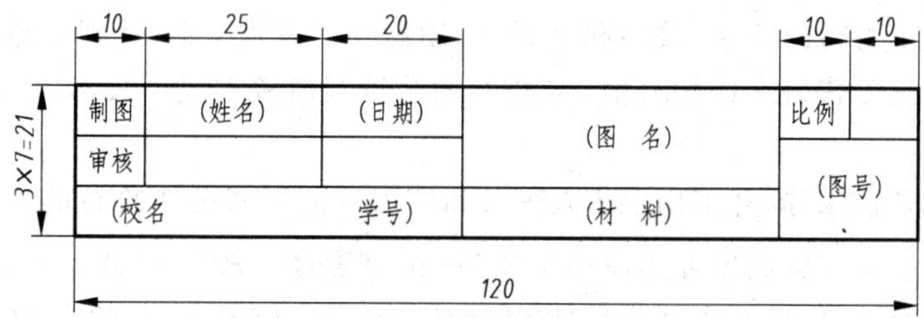

图 1-4　制图作业用简化标题栏

3. 比例(GB/T 14690—1993)

比例是指图中图形与其实物相应要素的线性尺寸之比。GB/T 14690—1993《技术制图　比例》中规定了适用于技术图样及有关技术文件的绘图比例和标注方法，可选用比例见表 1-2。

为了从图样上直接反映实物的大小，绘图时优先取用原值比例 1∶1。若机件太大或太小，可采用表 1-2 中“优先选择系列”中的缩小或放大比例绘图。在化工行业中，由于化工装置的大型化和复杂化，化工图样中常选用“允许选择系列”中的比例绘图。

表 1-2　比例系列(摘自 GB/T 14690—1993)

种　类	优先选择系列	允许选择系列
原值比例	1∶1	
放大比例	5∶1　2∶1 5×10^{n}∶1　2×10^{n}∶1　1×10^{n}∶1	4∶1　2.5∶1 4×10^{n}∶1　2.5×10^{n}∶1
缩小比例	1∶2　1∶5　1∶10 1∶2×10^{n}　1∶5×10^{n}　1∶1×10^{n}	1∶1.5　1∶2.5　1∶3　1∶4　1∶6 1∶1.5×10^{n}　1∶2.5×10^{n}　1∶3×10^{n} 1∶4×10^{n}　1∶6×10^{n}

注：n 为正整数。

选用比例的原则是有利于图形的清晰表达和图纸幅面的有效利用。必须注意,不论采用何种比例绘图,标注尺寸时,均按机件的实际大小标注尺寸,如图 1-5 所示。

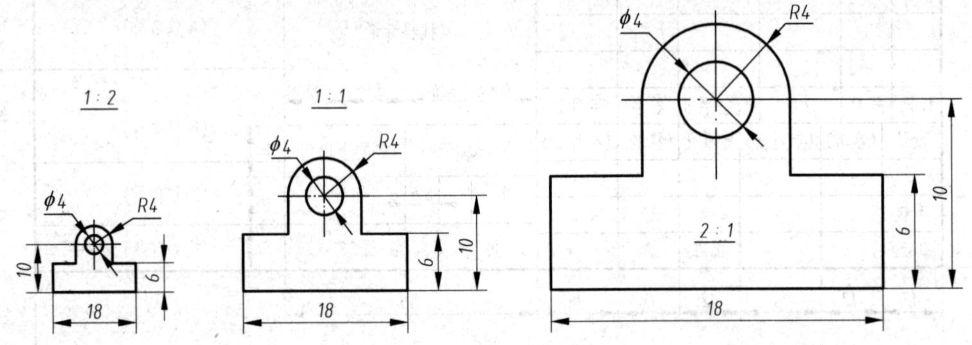

图 1-5　不同比例绘制的图形

4. 字体(GB/T 14691—1993)

图样上除了表达机件形状的图形外,还要用文字和数字说明机件的大小、技术要求和其他内容。在图样中书写的汉字、数字和字母,必须做到：字体工整、笔画清楚、间隔均匀、排列整齐。字体高度 h 代表字体的号数,字高 h 的公称尺寸系列为：1.8,2.5,3.5,5,7,10,14,20mm。

汉字应写成长仿宋体,并采用中华人民共和国国务院正式公布推行的《汉字简化方案》中规定的简化字。汉字的高度 h 不应小于 3.5mm,其宽度一般为 $h/\sqrt{2}$。

字母和数字分为 A 型和 B 型。A 型字体的笔画宽度 d 为字高 h 的 1/14,B 型字体的笔画宽度 d 为字高 h 的 1/10。在同一张图样上,只允许选用一种型式的字体。字母和数字可写成斜体或直体(常用斜体),斜体字字头向右倾斜,与水平基准线成 75°。用做指数、分数、极限偏差、注脚等的数字及字母,一般应采用小一号的字体。

字体示例：

汉字　10号字

字体工整笔画清楚间隔均匀排列整齐

7号字

横平竖直　注意起落　结构均匀　填满方格

5号字

技术制图机械电子汽车船舶土木建筑矿山井坑港口纺织服装

3.5号字

螺纹齿轮端子接线飞行指导驾驶舱位挖填施工引水通风闸阀坝棉麻化纤

阿拉伯数字　斜体　*0123456789*

　　　　　　直体　0123456789

大写拉丁字母　斜体　*ABCDEFGHIJKLMNOPQRSTUVWXYZ*

　　　　　　　直体　ABCDEFGHIJKLMNOPQRSTUVWXYZ

小写拉丁字母　斜体　*abcdefghijklmnopqrstuvwxyz*

　　　　　　　直体　abcdefghijklmnopqrstuvwxyz

罗马数字　斜体　*Ⅰ Ⅱ Ⅲ Ⅳ Ⅴ Ⅵ Ⅶ Ⅷ Ⅸ Ⅹ*

　　　　　直体　Ⅰ Ⅱ Ⅲ Ⅳ Ⅴ Ⅵ Ⅶ Ⅷ Ⅸ Ⅹ

综合应用举例：

10^3　S^{-1}　O_2　T_d　$7°^{+1°}_{-2°}$　$\frac{3}{5}$　10Js5(±0.003)

5%　$\phi 20\frac{H6}{m5}$　$\phi 20^{+0.010}_{-0.023}$　3.500　Ra6.3

5. 图线(GB/T 17450—1998、GB/T 4457.4—2002)

1) 图线的型式及应用

绘图时应采用国家标准规定的图线线型和画法。GB/T 17450—1998《技术制图图线》中规定了绘制各种技术图样的 15 种基本线型，表 1-3 列出了绘制工程图样常用图线的名称、型式、宽度及一般应用，图线的具体应用示例见图 1-6。

表 1-3　图线的型式与应用

图线名称	图线型式	图线宽度	一般应用
粗实线	━━━━━━━━	粗(b)	可见轮廓线 可见棱边线 螺纹牙顶线
细实线	————————	细($b/2$)	尺寸线及尺寸界线 剖面线 重合断面的轮廓线 短中心线 投影线 过渡线
细虚线	— — — — — — —	细($b/2$)	不可见轮廓线 不可见棱边线
细点画线	——— · ——— · ———	细($b/2$)	轴线 对称中心线

续表

图线名称	图线型式	图线宽度	一般应用
细双点画线	——— - - ———— - - ———	细(b/2)	相邻辅助零件的轮廓线 可动零件极限位置的轮廓线 轨迹线 中断线
波浪线	～～～	细(b/2)	断裂处的边界线 视图与剖视图的分界线
双折线	——\/\——\/\——	细(b/2)	断裂处的边界线 视图与剖视图的分界线
粗点画线	———·———·———	粗(b)	限定范围表示线

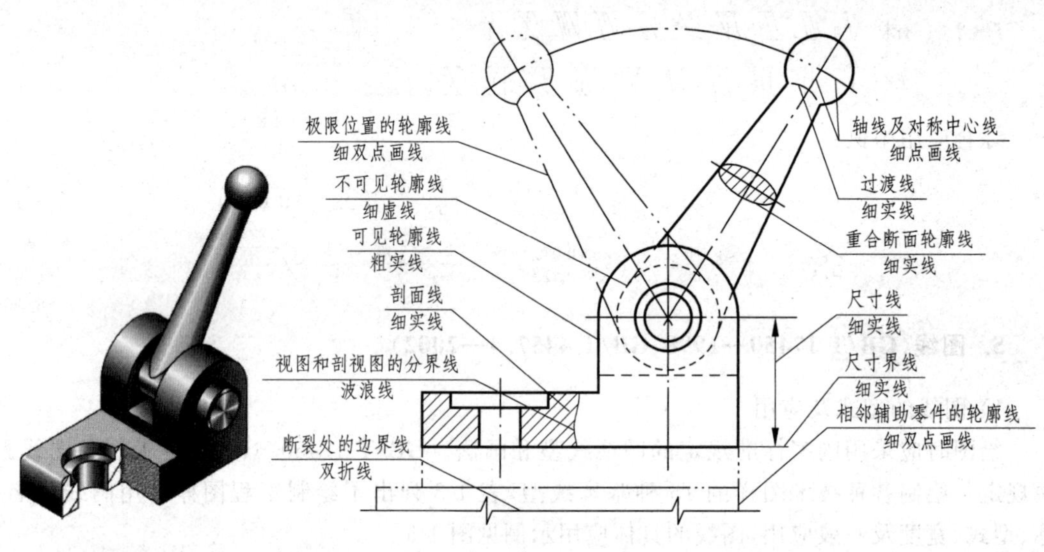

图 1-6 图线的应用实例

2) 图线宽度

机械图样中采用粗细两种图线宽度，它们的比例为 2∶1。图线的宽度 b 应按图样的大小和复杂程度，在下列推荐宽度系列值中选取：0.13,0.18,0.25,0.35,0.5,0.7,1.0,1.4,2mm。国标中推荐优先选用的粗线宽度为 $b=0.5$mm 或 0.7mm。

3) 注意事项(见图 1-7)

(1) 同一图样中，同类图线的宽度应一致，虚线、点画线及双点画线的线段长度和间隔应大致相等。

(2) 绘制圆的对称中心线时，圆心应为线段的交点，细点画线应超出圆的轮廓线约3mm。在较小的图形上绘制点画线有困难时，可用细实线代替。

(3) 细虚线与其他图线相交时，应以实线部分相交，不留空隙；当细虚线处于粗实线的延长线上时，细实线与粗实线之间应留空隙。

(4) 当几种线型的图线重合时，应按粗实线、虚线、点画线的优先顺序画出。

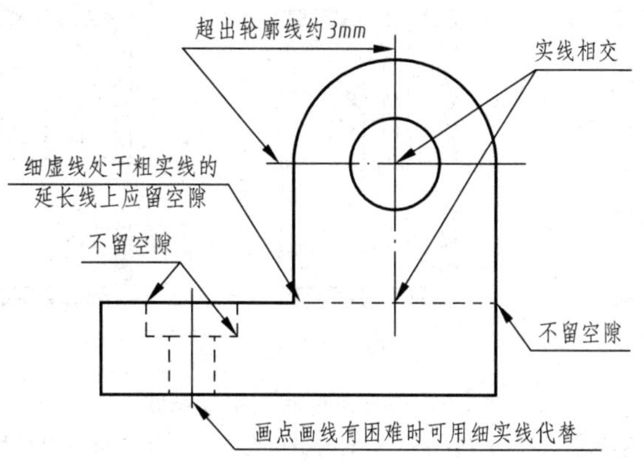

图 1-7　图线画法的注意事项

1.2　尺规绘图

尺规绘图是指用丁字尺、三角板、圆规、分规、铅笔、曲线板和图板等绘图工具来绘制图样。作为传统的绘图方法，利用尺规绘制技术图样仍然是工程技术人员必备的基本技能，也是学习掌握图示理论知识和培养绘图、读图能力的主要训练方法。作为工程技术人员，必须熟练掌握各种绘图工具的使用方法。

1. 常用绘图工具的用法

1) 图板和丁字尺

绘图时，先将图纸用胶带固定在图板上，丁字尺头部紧靠图板左边，如图 1-8 所示。将丁字尺沿图板左边上下移动到画线位置，可绘制水平线，如图 1-9(a)所示。

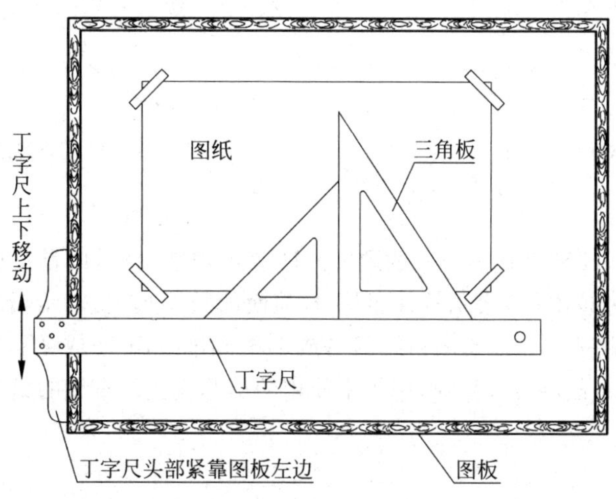

图 1-8　图板和丁字尺

2) 三角板

一副三角板与丁字尺配合使用时，可绘制垂直线，如图 1-9(b)所示；还可以绘制与水平

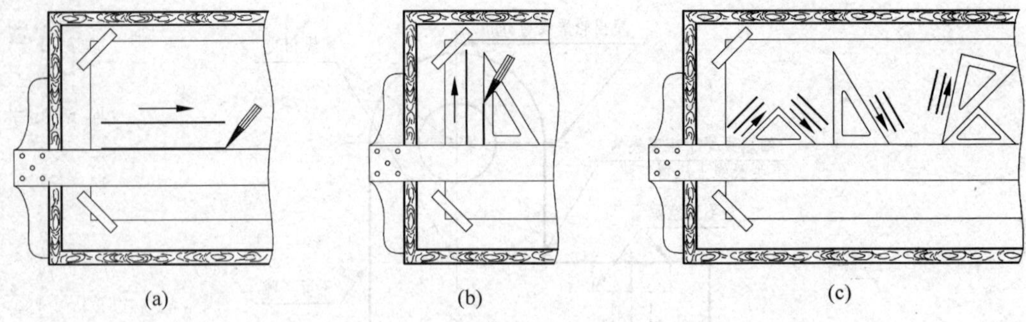

图 1-9　用三角板和丁字尺画线

(a) 自左至右绘制水平线；(b) 自下至上绘制垂直线；(c) 用三角板画常用角度斜线

线成 15°、30°、45°、60°、75°的倾斜线，如图 1-9(c)所示。另外，直接使用两块三角板还可以绘制任意已知直线的平行线或垂直线。

3) 圆规和分规

圆规是画圆和圆弧的工具。画圆时，要使圆规的钢针与纸面垂直，圆规的使用方法如图 1-10 所示。

分规是量取尺寸、等分线段及截取线段的工具，其使用方法如图 1-11 所示。

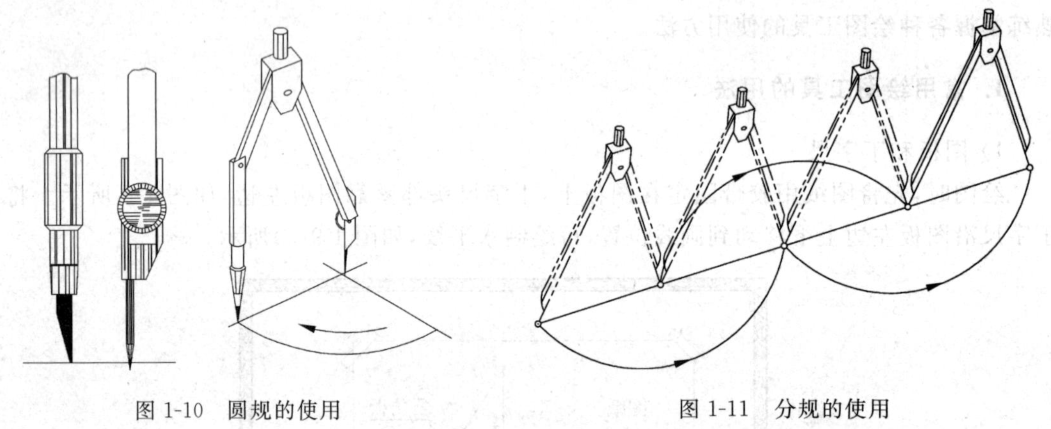

图 1-10　圆规的使用

图 1-11　分规的使用

4) 铅笔

绘图铅笔用代号 H 和 B 代表铅芯的硬度。H 表示硬性铅笔，H 前面的数字越大，表示铅芯越硬，绘出图线颜色越浅；B 表示软性铅笔，B 前面的数字越大，表示铅芯越软，绘出图线颜色越深。HB 表示软硬适中。通常画粗线用 B 或 HB，画细线用 H 或 2H，写字用 HB 或 H，画底稿建议用 2H 铅笔。画圆或圆弧时，圆规中使用的铅芯应比画直线的铅芯软 1～2 级。

2. 几何作图

工程图样上的图形是由各种几何图形组成的。正确地使用绘图工具，快速而准确地作出各种平面几何图形，是学习本课程的基础之一。同时，熟练掌握几何图形的作图方法，也是提高绘图速度、保证绘图质量的基本技能之一。常见几何图形的作图方法见表 1-4。

表 1-4　常见几何图形的作图方法

种类	作图步骤	说明
正六边形	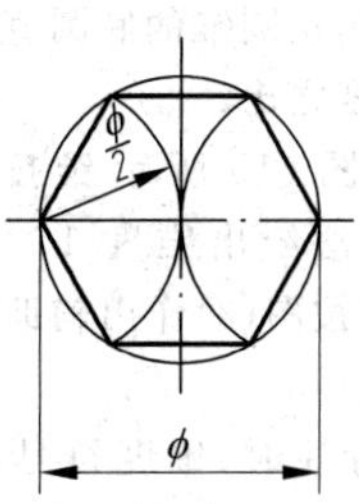 作法一 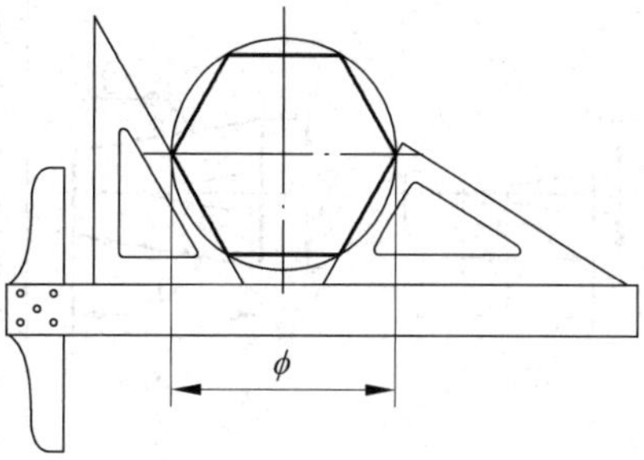　作法二	作法一：利用六边形外接圆的半径作图； 作法二：利用丁字尺和三角板与外接圆配合作图
正五边形	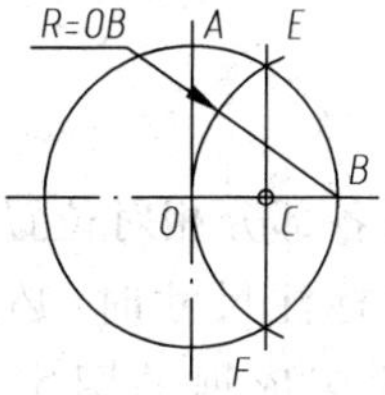 (1) 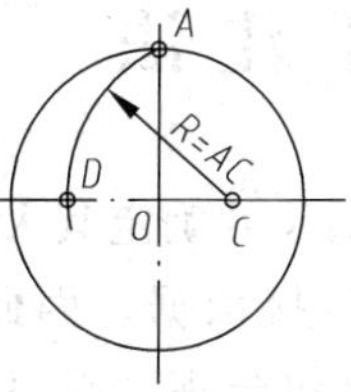　(2) 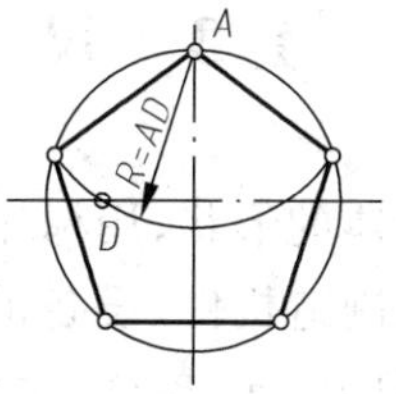　(3)	(1) 作半径 OB 的中点 C； (2) 以 C 点为圆心，AC 为半径画弧，交水平直径于 D 点； (3) 以 A 为圆心，AD 为半径画弧，与圆弧交点即为等分点，作出圆周五等分点，连接各顶点得到圆内接正五边形
椭圆	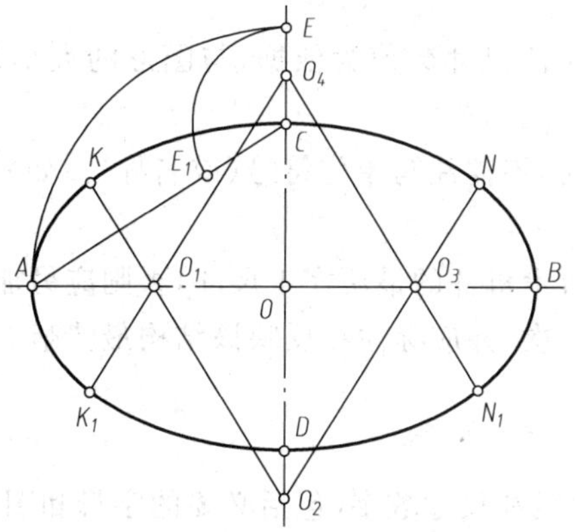 “四心法”画近似椭圆	(1) 已知椭圆长轴 AB、短轴 CD，连接端点 AC，以 O 点为圆心，OA 为半径画圆弧，交 DC 延长线于 E 点； (2) 以 C 点为圆心，CE 为半径画弧，交 AC 于点 E_1； (3) 作 AE_1 的中垂线，交长轴于 O_1，交短轴于 O_2，并找出 O_1 和 O_2 的对称点 O_3 和 O_4； (4) 连接 O_1 与 O_2、O_2 与 O_3、O_3 与 O_4、O_4 与 O_1 成直线； (5) 以 O_1、O_3 为圆心，O_1A 为半径画弧，以 O_2、O_4 为圆心，O_2C 为半径画弧，圆弧连接到 K、K_1、N_1、N 点即得椭圆
斜度	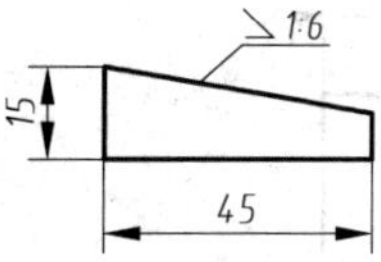 (1) 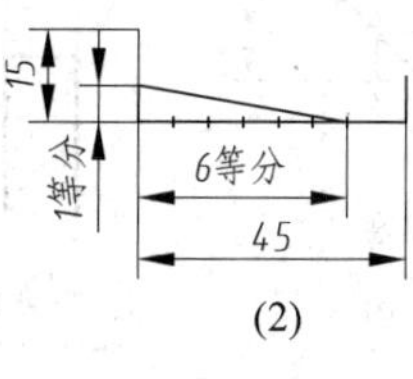　(2) 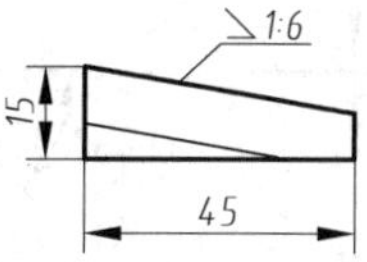　(3)	**斜度**是一直线对另一直线或一平面对另一平面的倾斜程度。绘制图(1)所示斜度，按图(2)方法绘出斜度 1∶6 辅助线，再按图(3)作出辅助线的平行线。 **注**：标注时，斜度符号的方向应与倾斜方向一致

续表

种类	作图步骤	说明
锥度	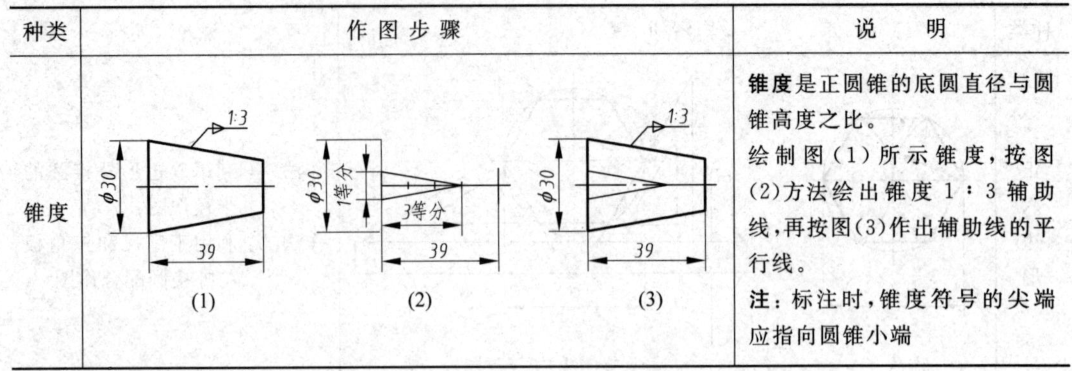	**锥度**是正圆锥的底圆直径与圆锥高度之比。 绘制图(1)所示锥度,按图(2)方法绘出锥度1∶3辅助线,再按图(3)作出辅助线的平行线。 **注**:标注时,锥度符号的尖端应指向圆锥小端

1.3 尺寸注法

在图样中,用图形表示物体的形状,用标注的尺寸确定其大小及各部分相对位置。尺寸是图样中的重要内容之一,是制造机件、设备的直接依据。因此,在标注尺寸时,必须严格遵守国家标准有关规定,做到正确、齐全、清晰和合理。标注尺寸应依据的国家标准为GB/T 4458.4—2003《机械制图　尺寸注法》和GB/T 16675.2—2012《技术制图　简化表示法　第2部分:尺寸注法》。

1. 标注尺寸的基本规则

(1) 机件的真实大小应以图样上所注尺寸数值为依据,与图形的大小及绘图的准确度无关。

(2) 图样中的尺寸以mm为单位时,不需注写单位符号(或名称)。如采用其他单位,则应注明相应的单位符号。

(3) 图样中所注的尺寸为该图样所示机件的最后完工尺寸,否则应另加说明。

(4) 机件的每一尺寸一般只标注一次,并应标注在反映该结构最清晰的图形上。

2. 标注尺寸的要素

一个完整的尺寸由尺寸界线、尺寸线和尺寸数字(包括必要的字母和图形、符号)三个要素组成,如表1-5中图例所示。

尺寸界线和尺寸线画成细实线,尺寸线的终端有箭头(见图1-12(a))和斜线(见图1-12(b))两种形式。通常机械图样的尺寸终端画箭头,箭头尖端与尺寸界线接触,不得超出也不得分

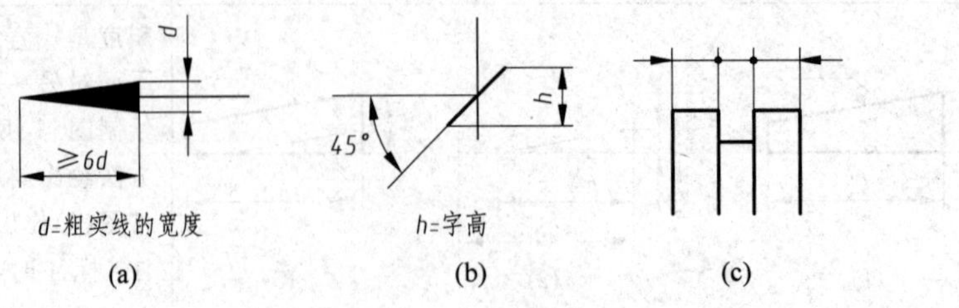

图1-12　标注尺寸的要素

开。土建图的尺寸线终端画斜线，尺寸线终端采用斜线形式时，尺寸线与尺寸界线必须垂直。当没有足够的地方画箭头时，可用小圆点代替(见图 1-12(c))。尺寸数字一般注写在尺寸线上方。

表 1-5　尺寸注法示例

项目	图　例	说　明
尺寸界线	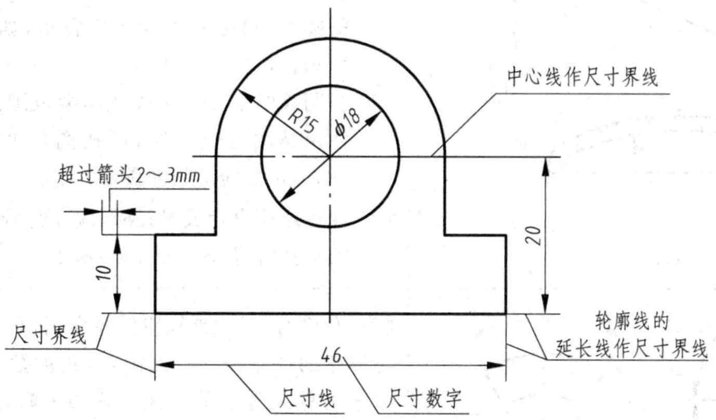 中心线作尺寸界线 R15　φ18 超过箭头2～3mm 20 10 尺寸界线 轮廓线的延长线作尺寸界线 46 尺寸线　尺寸数字	(1) 尺寸界线由图形的轮廓线、轴线或对称中心线处引出，也可直接利用它们作尺寸界线； (2) 尺寸界线一般应与尺寸线垂直并超过尺寸线 2～3mm
尺寸线	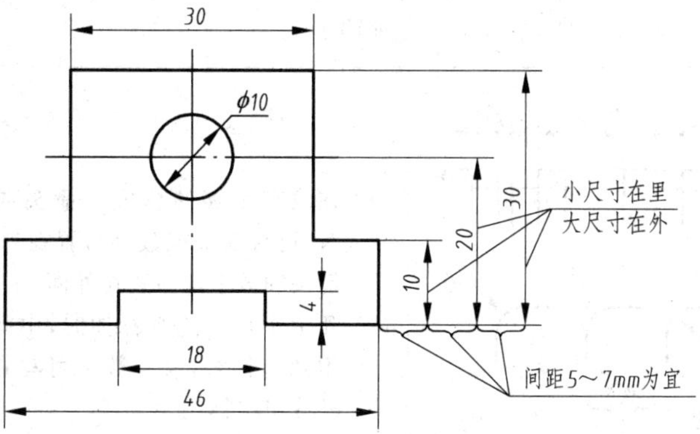 30 φ10 小尺寸在里 大尺寸在外 30　20　10　4 18 46 间距5～7mm为宜	(1) 尺寸线不能用其他图线代替，也不得与其他图线重合或画在其他线的延长线上； (2) 尺寸线与所标注的线段平行。尺寸线与轮廓线的间距、相同方向上尺寸线之间的间距以 5～7mm 为宜； (3) 尺寸线间或尺寸线与尺寸界线之间应尽量避免相交
尺寸数字	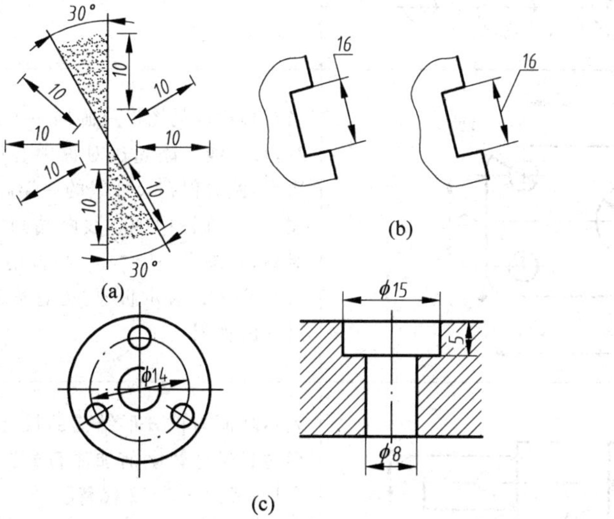 30°　10　10　10　10　10　10　10　10　30° (a) 16　16 (b) φ14　φ15　5　φ8 (c)	(1) 尺寸数字一般应标注在尺寸线的上方，也允许标注在尺寸线的中断处； (2) 线性尺寸数字的注写方向一般应按图(a)所示的方向标注，并尽可能避免在图示30°范围内标注，若无法避免时，可按图(b)的形式标注； (3) 尺寸数字不能被图样上任何图线所通过，当不可避免时，必须将图线断开，如图(c)所示

续表

项目	图　例	说　明
直径与半径	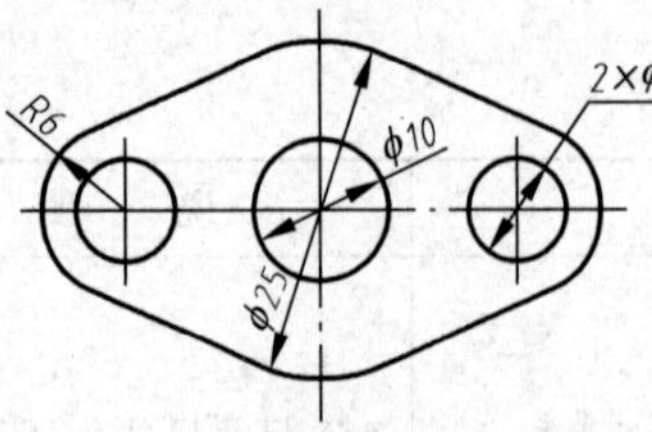 R6　2×φ7　φ10　φ25　(a) 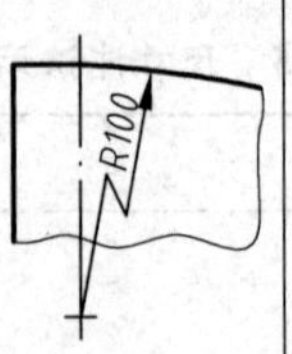 R100　(b) 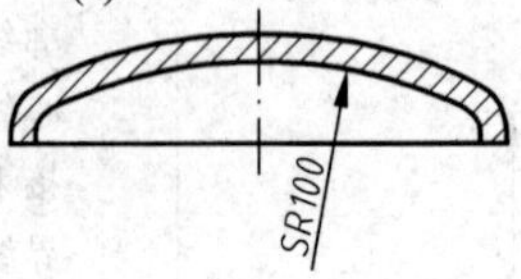 SR100　(c)	(1) 标注直径时，应在尺寸数字前加注符号“φ”；标注半径时，应在尺寸数字前加注符号“R”。一般大于半圆，标直径；小于半圆，标半径。图中有若干按规律布置的圆时，可采用“$n\times\phi d$”表示，如图(a)所示； (2) 当圆弧的半径过大或在图纸范围内无法注出其圆心位置时，可按图(b)形式标注，但尺寸线应指向圆心； (3) 标注球面直径或半径时，应在符号φ或R前加注符号“S”，如图(c)所示
角度	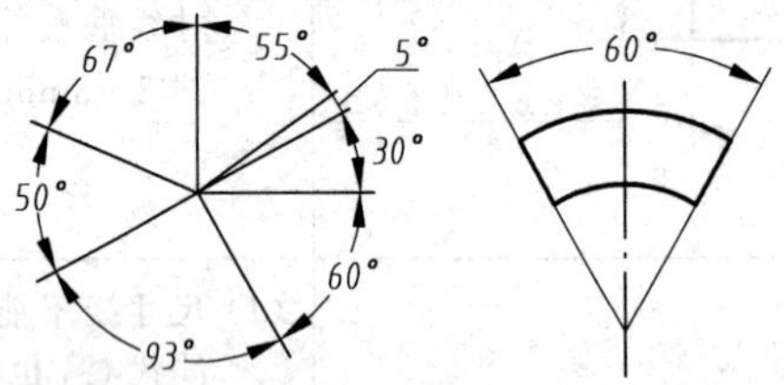 67°　55°　5°　30°　50°　60°　93°　60°	标注角度时，尺寸界线应沿径向引出，尺寸线是以角的顶点为圆心的圆弧，角度数字一律水平书写，一般注写在尺寸线的中断处，必要时也可注写在尺寸线的上方、外侧或引出标注
小尺寸	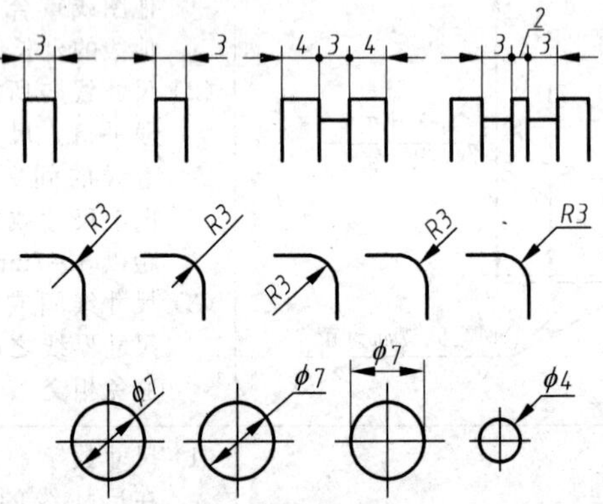 3　3　4　3　4　3　2　3 R3　R3　R3　R3　R3 φ7　φ7　φ7　φ4	(1) 在没有足够的位置画箭头或标注数字时，可将箭头或数字布置在外面，也可将箭头和数字都布置在外面； (2) 几个小尺寸连续标注时，中间的箭头可用圆点代替，尺寸数字可写在尺寸界线外或引出标注
对称机件	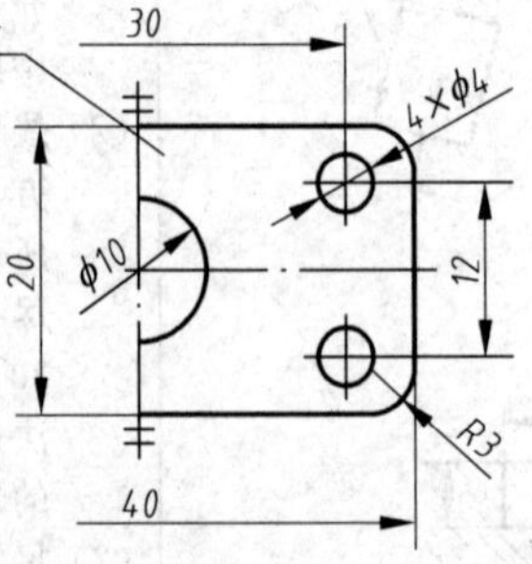 t　30　4×φ4　φ10　20　12　R3　40	当对称机件的图形只画出一半或略大于一半时，尺寸线应略超过对称中心线或断裂处的边界，此时仅在尺寸线的一端画出箭头。 注：(1) 在图中中心线两端画“=”表示图形对称，只画出一半，另一半省略不画； (2) 图中“t”表示板厚，可省略表达厚度方向尺寸的视图
方头结构	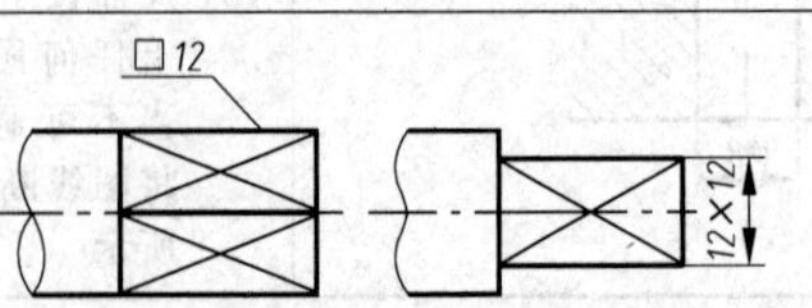 □12　12×12	表示断面为正方形结构的尺寸时，可在正方形边长尺寸数字前加注符号“□”，如图所示□12，或用12×12代替□12

1.4 平面图形

平面图形是由若干直线和封闭曲线连接组合而成，这些线段之间的相对位置和连接关系根据给定的尺寸来确定。在平面图形中，有些线段的尺寸已完全给定，可以直接画出，而有些线段要按照相切等连接关系画出。因此，绘图前应对所绘图形进行分析，从而确定正确的作图方法和步骤。

1.4.1 圆弧连接

用一段圆弧光滑地连接（即在连接点处相切）相邻两已知线段（直线或圆弧）的作图方法称为圆弧连接。要保证圆弧连接光滑，作图时必须准确地作出连接圆弧的圆心和切点。

常见几种圆弧连接方法如图1-13所示，其绘图步骤为：

(1) 已知半径R为连接弧半径，根据已知条件作出连接弧圆心O；

(2) 求出连接点（切点）M、N、K_1、K_2；

(3) 以O为圆心，R为半径，在M、N和K_1、K_2间画弧即得所求连接弧。

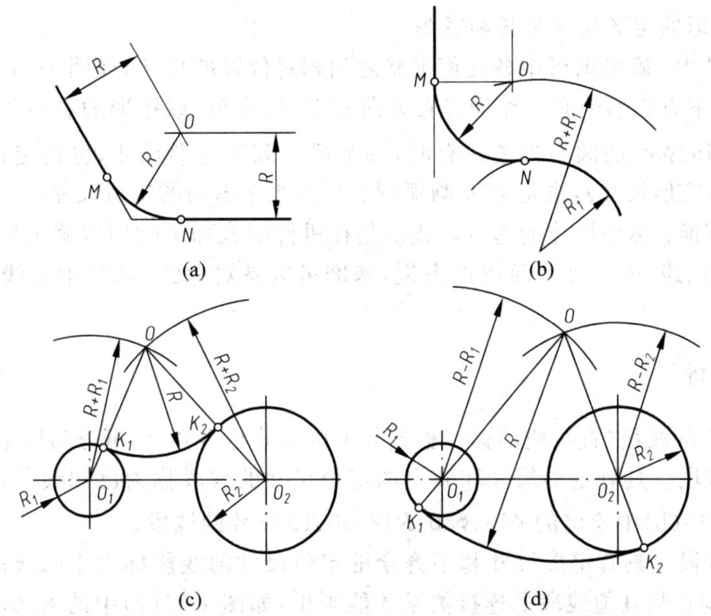

图1-13 圆弧连接作图示例

(a) 用半径R圆弧连接两直线；(b) 用半径R圆弧连接一直线与一圆弧；(c) 用半径R圆弧外连接两已知圆弧；(d) 用半径R圆弧内连接两已知圆弧

1.4.2 平面图形的分析与作图

下面以图1-14所示图形为例进行尺寸和线段分析。

1. 尺寸分析

平面图形中的尺寸按其作用可分为定形尺寸和定位尺寸两种。

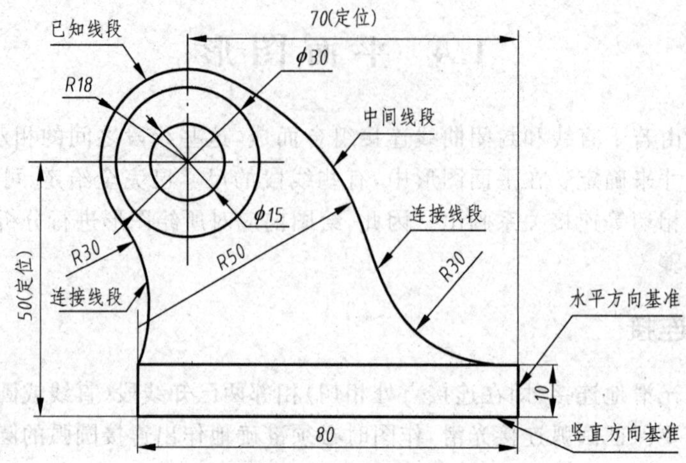

图 1-14 平面图形的尺寸分析与线段分析

(1) 定形尺寸：确定图形中各部分几何形状大小的尺寸，如图 1-14 中的 $\phi15$、$\phi30$、$R18$、$R30$、$R50$、80、10。一般常用几何图形的定形尺寸数量是一定的，如圆和圆弧的定形尺寸是直径和半径，矩形的定形尺寸是长和宽等。

(2) 定位尺寸：确定图形中各几何形状之间相对位置的尺寸，如图 1-14 中的 50 和 70，尺寸 50 以图形下方矩形的底边作为竖直方向基准，尺寸 70 以矩形的右边作为水平方向的基准，来确定 $\phi15$、$\phi30$ 的圆心位置。有时，一个尺寸既是定形尺寸，也是定位尺寸，如尺寸 80 是矩形的长(定形尺寸)，也是 $R50$ 圆弧圆心位置水平方向的定位尺寸。

(3) 尺寸基准：标注尺寸的起点。基准是在机件中或加工时用以确定零件及其几何元素位置的一些点、线、面。对平面图形来说，基准可以是对称线、圆的中心线或直线等几何元素。

2. 线段分析

平面图形中的线段(直线或圆弧)，根据其定位尺寸是否齐全，可分为以下三类。

(1) 已知线段。具有定形尺寸和齐全的定位尺寸的线段称为已知线段，已知线段可直接画出，如图 1-15(b)中绘出的 $\phi15$、$\phi30$、$R18$、80、10 尺寸的线段。

(2) 中间线段。具有定形尺寸和不齐全的定位尺寸的线段称为中间线段。作图时，中间线段必须根据它与其他线段的连接关系才能画出，如图 1-15(c)中的 $R50$，其定位尺寸只有 80 一个已知，另一个定位尺寸依靠与 $R18$ 圆弧相切来确定。

(3) 连接线段。只有定形尺寸，没有定位尺寸的线段称为连接线段。作图时，需根据已作出的与其相邻接线段的连接关系，通过几何作图方法作出，如图 1-15(d)中左右两个 $R30$ 的圆弧。

平面图形的作图步骤如图 1-15、图 1-16 所示，图 1-16(b)、(c)中粗实线为上一步所画图线，以区别当前步骤画的图线。

3. 平面图形的尺寸标注

标注尺寸要符合国家标准有关尺寸注法的基本规定，通常先标注定形尺寸，再标注定位

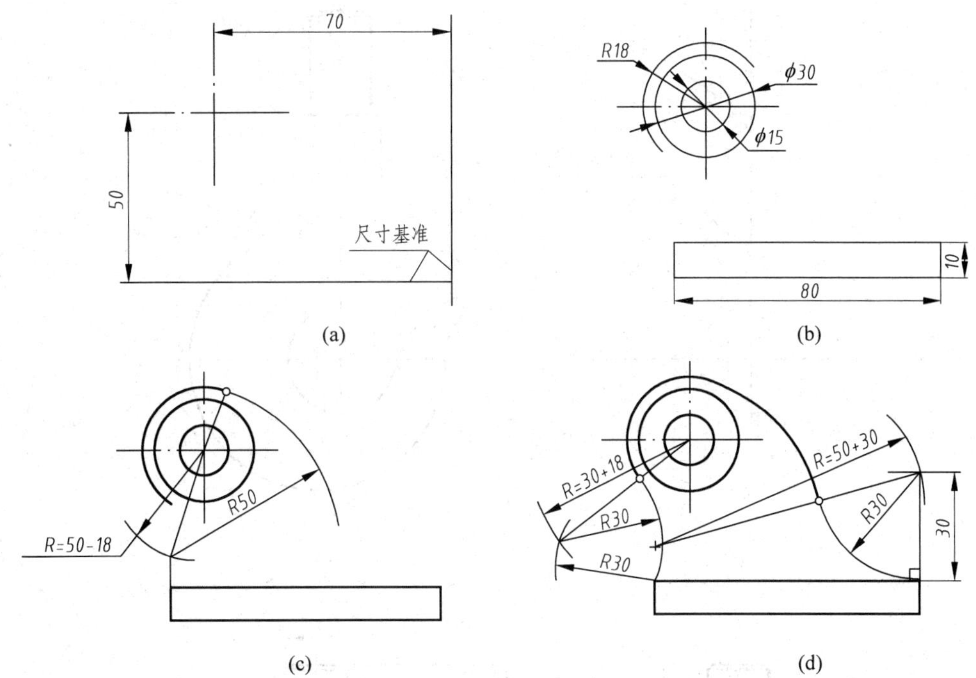

图 1-15　平面图形的作图步骤

(a) 画基准线、定位线；(b) 画已知线段；(c) 画中间线段；(d) 画连接线段

尺寸。通过几何作图可以确定的线段，不需标注定位尺寸。尺寸标注完成后要检查是否有重复或遗漏，在作图中没有用到的尺寸是重复尺寸，要删除；如果按所注尺寸无法完成作图，说明尺寸不齐全，应补注所需尺寸。标注尺寸要求做到：正确、完整、清晰。

平面图形标注尺寸的方法和步骤如下：

(1) 先选定水平及竖直方向的尺寸基准；

(2) 分析图形，确定已知线段、中间线段和连接线段；

(3) 标注已知线段的定形、定位尺寸，标出中间线段的定形和必要的定位尺寸，连接线段只注定形尺寸。如图 1-16(d)所示，$R40$、$R60$、$R3$(两个)均为连接弧。

1.4.3　尺规绘图的画图步骤

(1) 画图前的准备工作：准备绘图工具和仪器，确定绘图比例及图纸幅面大小。

(2) 画底稿：底稿图一般用 H 或 2H 的铅笔画。首先画图框和标题栏，然后进行布图，注意留出标注尺寸的位置。一般画底稿步骤为：先画轴线或对称中心线，再画主要轮廓，然后画细节。

(3) 标注尺寸：按国家标准规定标注图样尺寸，保证尺寸准确、完整、清晰。

(4) 加深图线：在加深图线前，要仔细检查底稿是否有画错、漏画的图线，并及时纠正错误，擦去多余图线。加深图线的顺序一般是自上而下，由左向右；先描细实线，后加深粗实线；先加深曲线，后加深直线。

(5) 填写标准栏：填写标题栏各项内容。

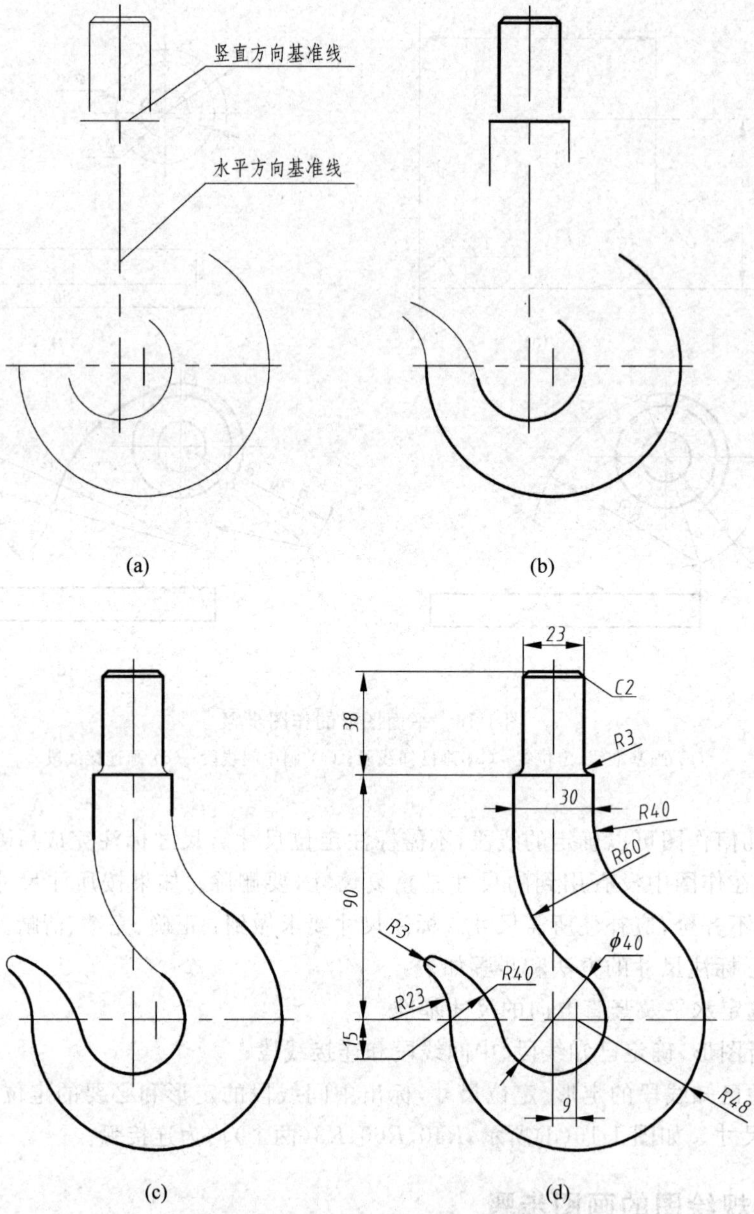

(a) (b)

(c) (d)

图 1-16 平面图形的作图步骤及尺寸标注

(a) 画出定位轴线与已知线段；(b) 画出中间线段(细线部分)；

(c) 画出连接线段(细线部分)；(d) 描深粗实线并标注尺寸

1.5 计算机绘图简介

1. 计算机绘图技术概述

工程图样是工程师的语言，绘图是工程设计乃至整个工程建设中的一个重要环节。然而，图纸的绘制是一项极其繁琐的工作，不但要求正确、精确，而且随着环境、需求等外部条件的变化,设计方案也会随之变化。随着人类社会生产规模的扩大和科学技术的进步,图形绘制的精度和速度要求不断提高,图形的种类也日趋复杂和多样。

于是,人们研究运用数学方法来描述图形的性质和规律,即所谓的形数结合。通常任何一个图形都可以由数学方程式来表示或逼近;反之,很多数学问题也可用图形来形象地表达。随着形数理论研究的逐步深入,有些图形的数学表达式十分复杂(如曲面等),用人工计算非常困难,且需要很长时间,直接影响到对复杂图形的研究。计算机出现之后,人们不仅用计算机来计算图形,同时也用它来绘制图形。于是在计算机科学、应用数学、图学等学科的基础上,综合发展成一门新的学科——计算机图形学(computer graphics,CG)。计算机图形学是研究运用计算机对图形进行数学处理,进而研究图学领域中的各种理论和实践问题。

随着计算机的迅猛发展及工程界的迫切需要,计算机辅助设计(CAD)应运而生,CAD就是利用计算机帮助设计人员进行设计工作,然后用计算机控制自动绘图及绘制出符合工程需要的图样或输出到数据文件。20 世纪 50 年代,世界上第一架平台式自动绘图机诞生,大大促进了图形学的发展。60 年代末至 70 年代中期逐渐形成专门的 CAD 工业,代表性的公司有 Intergraph 和 Calcomp 等。早期的 CAD 仅运行在大中型计算机上,主要由大企业和大公司使用,普及性很差。80 年代以后,随着微型计算机的普及和发展,CAD 技术得到了广泛的普及和发展。至今 CAD 的应用已遍及工业、农业、国防和科学研究的各个方面,如土建工程设计、机械产品设计、化工厂布局、集成电路、服装设计、医学领域等,用途极其广泛。

利用 CAD 交互式软件可以进行与图形的编辑、放大、缩小、平移和旋转等有关的图形数据加工工作,能够减轻设计人员的计算画图等重复性劳动,从而缩短设计周期、提高设计质量。目前的 CAD 软件已经不只局限于绘制二维工程图样,而是更加注重三维实体建模功能,如图 1-17 所示均为 CAD 软件建立的三维模型。三维模型包含了更多的数据信息,可以进行结构分析、干涉检查、数控加工等,从而实现 CAD、CAE、CAPP、CAM 的集成制造,是当前现代化生产的重要发展方向。

2. 常用计算机绘图软件介绍

计算机绘图是通过编制计算机辅助绘图软件,将图形显示在屏幕上,用户可以用光标对图形直接进行编辑和修改。由微机配上图形输入和输出设备(如键盘、鼠标、绘图仪)以及计算机绘图软件,就组成一套计算机辅助绘图系统。由于高性能微型计算机和各种外部设备的支持,计算机辅助绘图软件的开发也得到长足的发展。目前常用的商业 CAD 软件有:AutoCAD、Unigraphics、CATIA、Pro/Engineer、SolidWorks、Cimatron 等。

AutoCAD 是美国 Autodesk 公司于 1982 年首次推出的用于微机的计算机辅助设计与绘图的通用软件包。由于该软件具有简单易学、功能齐全、应用广泛、兼容性和二次开发性强等很多优点,很受广大设计人员的欢迎。作为一款非常优秀的二维绘图软件,AutoCAD 是最早进入中国市场的 CAD 软件之一,在国内企业中应用非常广泛。

Unigraphics 简称 UG,由美国 UGS 公司开发。UG 是一个高端的 CAD 机械工程辅助系统,以优越的参数化和变量化技术与传统的实体、线框和表面功能结合在一起,适用于航空、航天、汽车、通用机械以及模具等的设计、分析及制造工程。具有统一的数据库,实现了

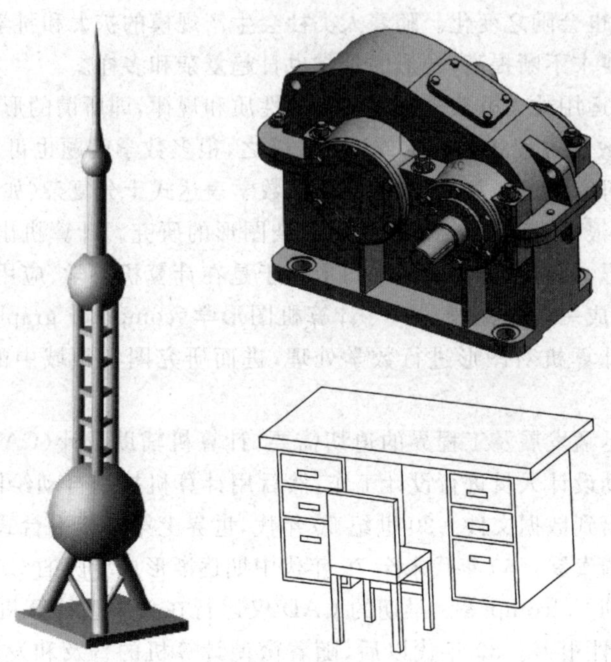

图 1-17 三维造型示例

CAD、CAE、CAM之间无数据交换的自由转换,并提供了功能强大的刀具轨迹生成方法,是一个很有代表性的数控软件。我国很多航空企业都在使用这种软件。

Pro/Engineer 由 Parametric Technology 公司于 1988 年推出,该软件具有先进的参数化设计、基于特征设计的实体造型和便于移植设计思想的特点,符合工程技术人员的机械设计思想。它的功能很强大,主要是针对产品的三维实体模型建立、三维实体零件的加工以及设计产品的有限元分析。最近几年,Pro/Engineer 已成为三维机械设计领域里最富有魅力的软件,但操作繁琐,上手不易。

CATIA 是法国达索飞机公司开发的高端 CAD 系统,模块众多,它的外形设计和风格设计为零件设计提供了集成工具。CATIA 具有很强的曲面造型功能,主要体现在它提供了极丰富的造型工具来支持用户的造型需求,比如其特有的高次 Bezier 曲线曲面功能,次数能达到 15,能满足特殊行业对曲面光滑性的苛刻要求。CATIA 软件以其强大的曲面设计功能在飞机、汽车、轮船等设计领域享有很高的声誉。

SolidWorks 于 1995 年 11 月研制开发而成,是当时第一个完全基于 Windows 平台的全参数化特征造型的 CAD 系统。整个系统框架设计比较严谨、接口全面、界面人性化,且易学易用,国内很多中小型企业都在使用 SolidWorks 软件。

Cimatron 是以色列 Cimatron 公司为模具制造者提供的三维 CAD 系统,它为模具工厂带来了新的效率和灵活性。该软件无缝集成了一系列强大的、兼容的模块,是一套易学易用的 3D 工具,具有强大的功能。Cimatron 的机械加工功能在业界有着良好的口碑,我国南方的一些模具企业都在使用这套软件。

展望 21 世纪,计算机辅助设计(CAD)技术将大大推动现代制造业的发展。过去,人们把工程图纸作为表达零件形状、传递零件分析和制造的各种信息数据的唯一方法。现在,应用高性能计算机绘图软件建立的实体模型，可以清晰完整地描述零件的几何特征，可以利用实体模型进行有限元等工程分析，并且可以直接生成该零件的工程图和数据代码，从而进行数控加工制造。今后，手工绘图必将被计算机绘图所取代，但计算机绘图只是将人从繁重的重复性绘图工作中解脱出来，并不能完全取代人的作用。任何产品的设计都需要用图形来表达，从构思到定型、从初级产品到升级产品，始终离不开人的主导作用。因此，制图作为工科基础课，是为掌握工程设计技能奠定基础。

第2章

投影基础

物体在光线的照射下，会在地面或墙面上产生影子，通过对这种自然现象的抽象研究，归纳总结出投影法。运用投影法的基本原理和方法，可以在平面上表示空间形体，通过平面作图解决空间几何问题，为工程设计的图样表达打下基础。

2.1 投 影 法

光源照射空间物体，在平面上得到该物体的影子，这就是投影现象。投射线通过物体，在投影面上获得图形的方法称为投影法。投影法可分为中心投影法和平行投影法。

1）中心投影法

投射线汇交于投影中心的投影方法，称为中心投影法。如图 2-1 所示，投射线 SA、SB、SC 汇交于投影中心点 S，投影的大小随投影中心 S 距离物体的远近，或者物体距离投影面 P 的远近而变化。透视图就是用中心投影法绘制的，如图 2-2 所示。

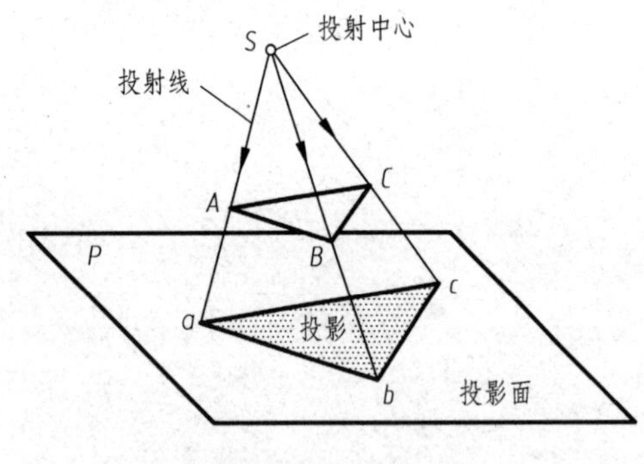

图 2-1　中心投影法

图 2-2　透视图实例

2）平行投影法

投射线互相平行的投影法称为平行投影法。平行投影法又分为斜投影法和正投影法。

(1) 斜投影法：投射线倾斜于投影面的平行投影法，如图 2-3(a)所示。

(2) 正投影法：投射线垂直于投影面的平行投影法，如图 2-3(b)所示。

由于正投影法在投影图上容易表达空间物体的形状和大小，作图简便，度量性好，所以工程设计图样一般均采用正投影法绘制。

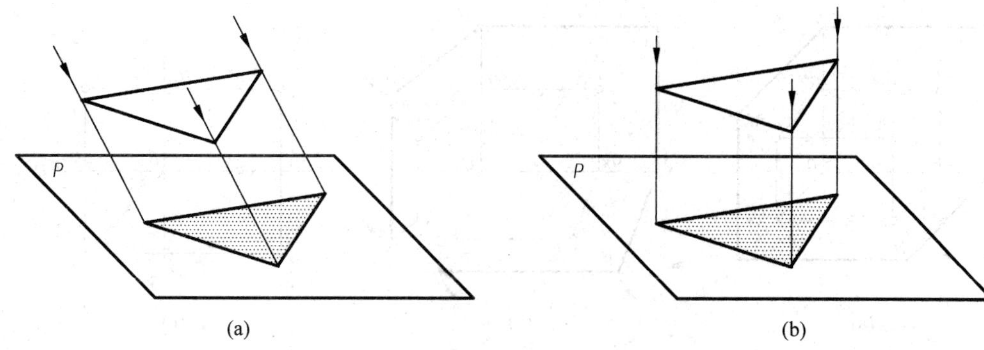

图 2-3　平行投影法

(a) 斜投影；(b) 正投影

用正投影法得到的图形称为正投影。如无特殊说明，以后章节中的“投影”均为正投影。

2.2 点的投影

2.2.1 三投影面体系的建立

一个投影面上的正投影一般不能确定空间点的位置，也不能准确表达物体长、宽、高三个相互垂直方向的结构形状。为此，建立起由三个相互垂直相交的投影面构成的三面投影体系，如图 2-4 所示。三个投影面分别称为：

正立投影面 V，简称正面；

水平投影面 H，简称水平面；

侧立投影面 W，简称侧面。

相互垂直的三个投影面的交线 OX、OY、OZ 称为投影轴，三个投影轴相互垂直且相交于一点 O，该点称为原点。图 2-4 中由 V 面、H 面和 W 面构成的空间区域为第Ⅰ分角，将物体置于此分角内，使其处于观察者和投影面之间投射得到正投影的画法叫做第一角画法。我国标准规定工程图样均采用第一角画法。

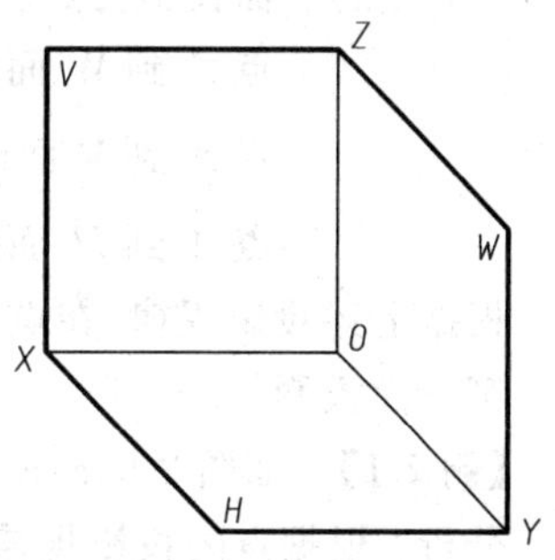

图 2-4　三投影面体系

2.2.2 点在三投影面体系中的投影

如图 2-5(a)所示为点在三投影面体系中的投影。过空间点 A 分别向 H、V、W 投影面投射，得到 A 点的三面投影，分别用 a、a'、a''表示。空间点用大写拉丁字母表示，如 A；H 面投影用相应的小写字母表示，如 a；V 面投影用相应的小写字母加“′”表示，如 a'；W 面投影用相应的小写字母加“″”表示，如 a''。三个投影面也构成了直角坐标体系，V、H、W 面为坐标面，OX、OY、OZ 为坐标轴，O 为原点。如图 2-5(b)所示，保持 V 面不动，将 H 面绕 OX 轴旋转 90°，将 W 面绕 OZ 轴旋转 90°，这样就可以将三个投影绘制在同一平面上，如图 2-5(c)所示。

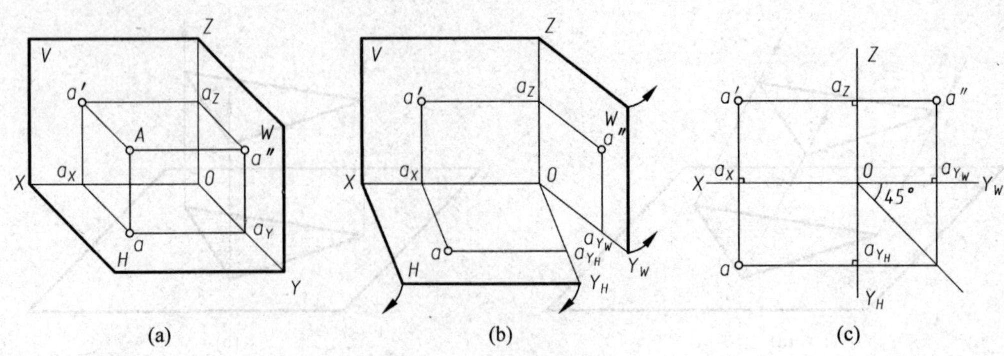

图 2-5 点的三面投影

2.2.3 点的投影规律

(1) 点的任意两面投影的连线必垂直于投影轴,即

$$a'a \perp OX$$
$$a'a'' \perp OZ$$
$$aa_{Y_H} \perp OY_H, \quad a''a_{Y_W} \perp OY_W$$

(2) 点的投影到投影轴的距离,等于空间点到对应投影面的距离,即

$$a'a_X = a''a_{Y_W} = \text{点 } A \text{ 到 } H \text{ 面的距离}$$
$$aa_X = a''a_Z = \text{点 } A \text{ 到 } V \text{ 面的距离}$$
$$aa_{Y_H} = a'a_Z = \text{点 } A \text{ 到 } W \text{ 面的距离}$$

(3) 点的三面投影与点的三个坐标值具有对应关系,即:

点 A 到 W 面的距离 $Aa'' = a'a_Z = aa_{Y_H} = Oa_X = X$ 坐标

点 A 到 V 面的距离 $Aa' = aa_X = a''a_Z = Oa_{Y_H} = Y$ 坐标

点 A 到 H 面的距离 $Aa = a'a_X = a''a_{Y_W} = Oa_Z = Z$ 坐标

根据上述投影规律,在点的三面投影中,只要知道 W 其中任意两个面的投影,就可以作出其第三面投影。

【例 2-1】 如图 2-6(a)所示,已知点 B 的 V 面投影 b' 和 H 面投影 b,求作 W 面投影 b''。

分析:根据点的投影规律可知,$b'b'' \perp OZ$,而且 $b''b_Z = bb_X$,由此确定 b'' 的位置。

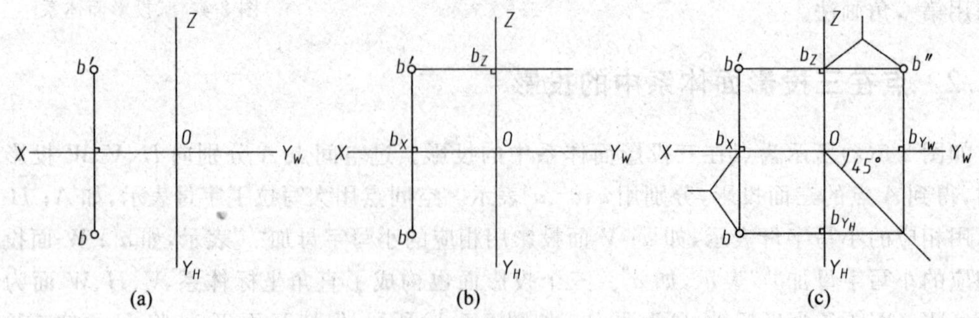

图 2-6 已知点的两面投影求第三面投影

作图：

(1) 过 b' 作 $b'b_Z \perp OZ$，并延长，如图 2-6(b)所示；

(2) 量取 $b''b_Z = bb_X$，求得 b''；也可利用直角 Y_HOY_W 的 45°辅助分角线作图，如图 2-6(c)所示。

【例 2-2】 已知空间点 A 的坐标为：$x=12, y=10, z=17$(单位 mm，下同)，也可写成 $A(12,10,17)$。求作 A 点的三面投影。

分析：空间点的位置可由该点的坐标(x,y,z)确定，点的任一投影都包含两个坐标，如图 2-7 所示。因此，已知空间点的三个坐标，就能作出该点的两个投影，再求出另一投影。

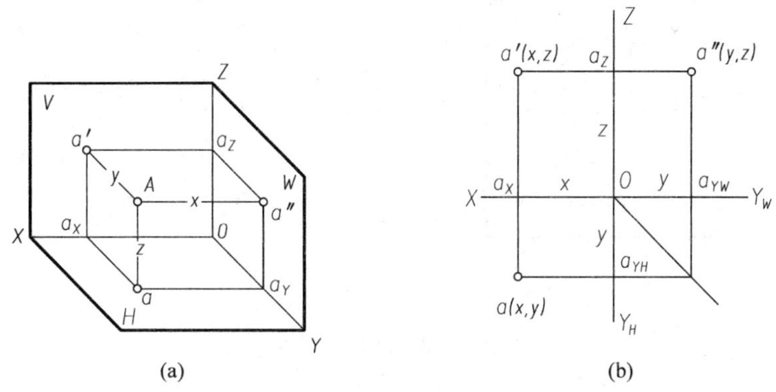

图 2-7 点的投影与直角坐标的关系

作图如图 2-8 所示：

(1) 根据 $x=12$，在 OX 轴上向左量取 12mm，得 a_X，如图 2-8(a)所示；

(2) 过 a_X 作 OX 轴的垂线，根据有 $y=10, z=17$，在此垂线上向下量取 10，得 a，向上量取 17，得 a'，如图 2-8(b)所示；

(3) 由 a、a' 作出 a''(利用 45°辅助线)，如图 2-8(c)所示。

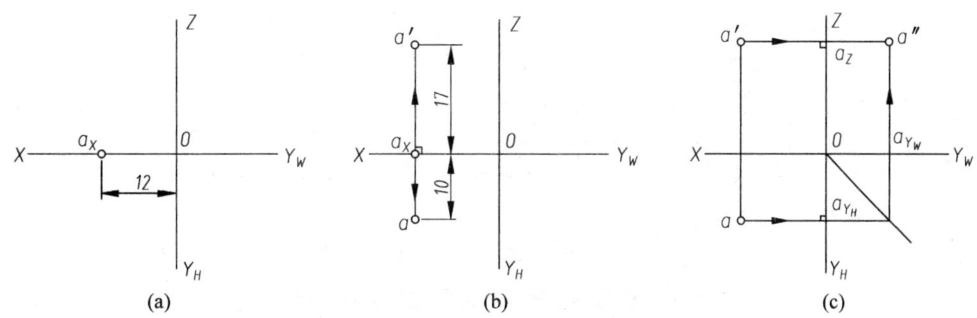

图 2-8 已知点的两面投影求第三面投影

2.2.4 两点的相对位置与重影点

1. 两点的相对位置

空间两个以上的点就有上下、左右、前后的位置关系，如图 2-9 所示。空间两点 A 和 B

的上下位置关系可以从两点的正面投影或侧面投影的上下位置关系直接判别,也可以根据两点的 Z 坐标大小来判定。在正(侧)面投影中,因为 b' 在 a' 上方,即 $z_B > z_A$,可知 B 点在 A 点上方。同理,水平投影或侧面投影能反映两点的前后位置关系,因为 a 在 b 前方,即 $y_A > y_B$,因此 A 点在 B 点的前方。水平投影或正面投影能反映两点的左右位置关系,因为 a 在 b 左方,即 $x_A > x_B$,所以 A 点在 B 点的左方。

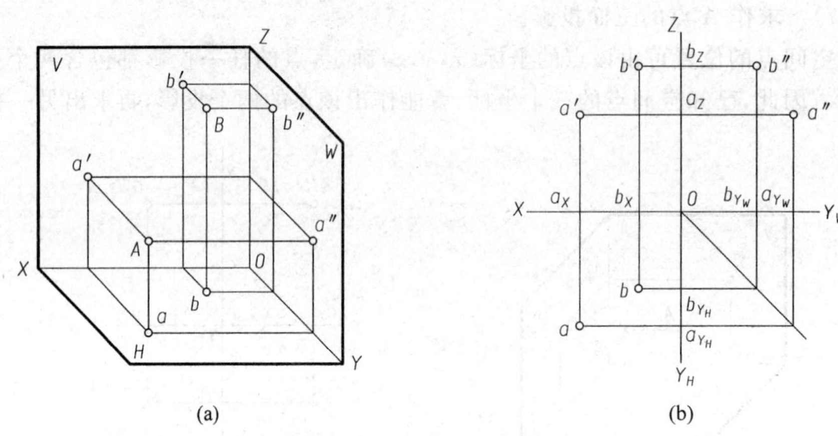

图 2-9 两点的相对位置

由以上分析可知:已知两点的三面投影判断它们的相对位置时,可根据正面(或侧面)投影判断上下关系,根据正面(或水平)投影判断左右关系,根据水平(或侧面)投影判断前后关系。

【例 2-3】 如图 2-10(a)所示,已知空间点 $A(14,24,12)$,B 点在 A 点的左方 10,后方 12,上方 8。求作点 B 的三面投影。

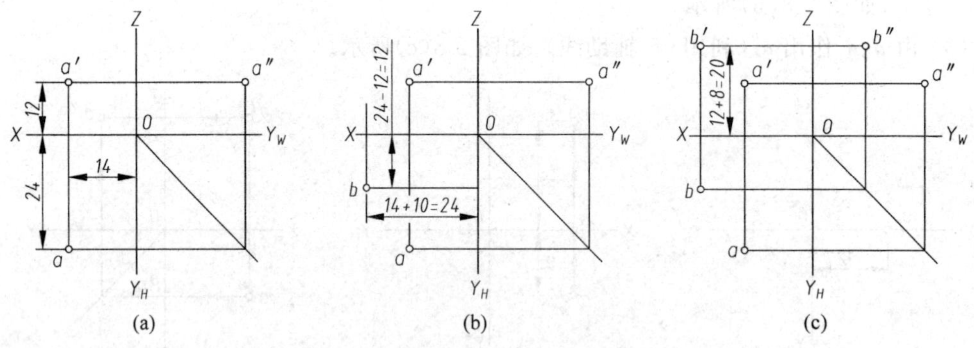

图 2-10 根据两点的相对位置关系求点的投影

分析:可通过两点之间的坐标差作图,求出点 B 的三面投影。

作图:

(1) 根据点 A 的三个坐标值作出 a、a' 和 a'',如图 2-10(a)所示;

(2) 沿 X 轴方向量取 14+10=24 作 OX 轴的垂线,沿 Y 轴方向量取 24-12=12 作 OY_H 轴的垂线,与 OX 轴的垂线相交,交点即为点 B 的 H 面投影 b,如图 2-10(b)所示;

(3) 沿 OZ 轴方向量取 12+8=20 作 OZ 轴的垂线,与 OX 轴的垂线相交,交点为点 B

的 V 面投影 b'，再作 b''，完成三面投影的绘制，如图 2-10(c)所示。

2. 重影点

在三投影面体系中，若空间两点的对应坐标中只有一组坐标值不同，其他两组坐标值均相同，则这两个点在某个投影面上的投影重合，即为该投影面的重影点。如图 2-11 所示，空间四个点 A、B、C、D，其中点 A 和点 B 对应的 X、Y 坐标均相同，Z 坐标不同，则两点的 H 面投影 a、b 重合，故 A、B 两点称之为 H 面的重影点。由于点 B 的 Z 坐标大于点 A 的 Z 坐标，即点 B 在点 A 的正上方，则 B 点遮挡 A 点，A 点的水平投影不可见。规定不可见点的投影名称写在可见点后面并加括号，A、B 两点的水平投影标记为：$b(a)$，表示 B 点的水平投影可见，A 点的水平投影不可见。

同理，图 2-11 中 A、D 两点的 X、Z 坐标相同，Y 坐标不同，则两点为 V 面的重影点，V 面投影标记为：$a'(d')$，即正面投影 A 点遮挡 D 点；B、C 两点的 Y、Z 坐标相同，X 坐标不同，则两点为 W 面的重影点，W 面投影标记为：$b''(c'')$，即侧面投影 B 点遮挡 C 点。重影点可见性的判别方法是：对 H 面投影、V 面投影、W 面投影，分别应该是上遮下、前遮后、左遮右。W 面投影标记为：$b''(c'')$，即侧面投影 B 点遮挡 C 点。

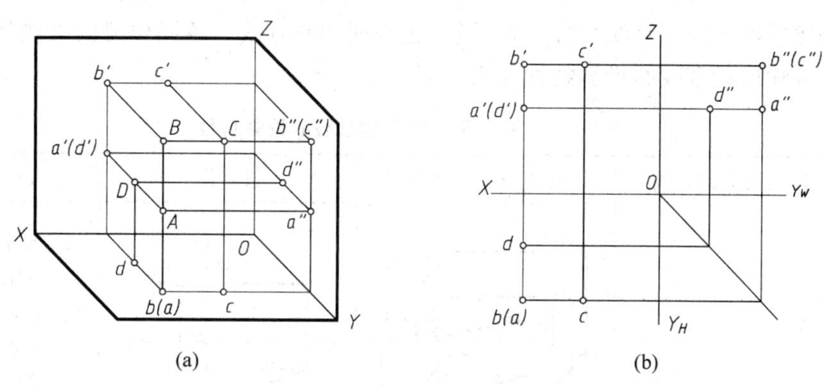

图 2-11 重影点的投影

2.3 直线的投影

2.3.1 直线的投影特性

直线的投影通常由直线上任意两点的投影来确定。如图 2-12 所示，为了作出直线 AB 的投影，可以先作出直线上两个端点 A 和 B 的投影(见图 2-12(a))，连接两点的同面投影，就得到直线 AB 的三面投影(见图 2-12(b))。

在三投影面体系中，根据直线相对于投影面的位置，分为如下三种直线。

(1) 投影面平行线——平行于一个投影面，与另外两个投影面倾斜的直线；

(2) 投影面垂直线——垂直于一个投影面，与另外两个投影面平行的直线；

(3) 一般位置直线——与三个投影面都倾斜的直线。

投影面平行线和投影面垂直线又称为特殊位置直线。

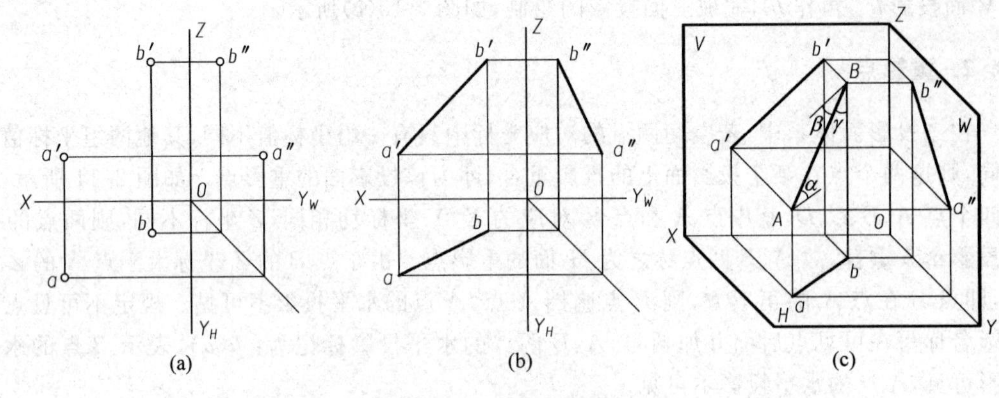

图 2-12　直线的投影

直线对 H、V、W 三个投影面的倾角分别用 α、β 和 γ 表示，如图 2-12(c)所示。

1. 特殊位置直线

特殊位置直线包括投影面平行线和投影面垂直线，其中投影面平行线又分为水平线、正平线和侧平线，投影面垂直线又分为铅垂线、正垂线和侧垂线。不同位置的直线具有不同的投影特性，特殊位置直线的投影特性见表 2-1。

表 2-1　投影面平行线和垂直线的投影特性

名称	立体表面上的直线	直线投影立体图	投影图	投影特性
投影面平行线	AB 为水平线 BC 为正平线 AC 为侧平线			(1) 水平投影 $ab=AB$； (2) 正面投影 $a'b'$ // OX，侧面投影 $a''b''$ // OY_W，不反映实长
				(1) 正面投影 $b'c'=BC$； (2) 水平投影 bc // OX，侧面投影 $b''c''$ // OZ，不反映实长
				(1) 侧面投影 $a''c''=AC$； (2) 水平投影 ac // OY_H，正面投影 $a'c'$ // OZ，不反映实长

续表

名称	立体表面上的直线	直线投影立体图	投影图	投影特性
投影面垂直线	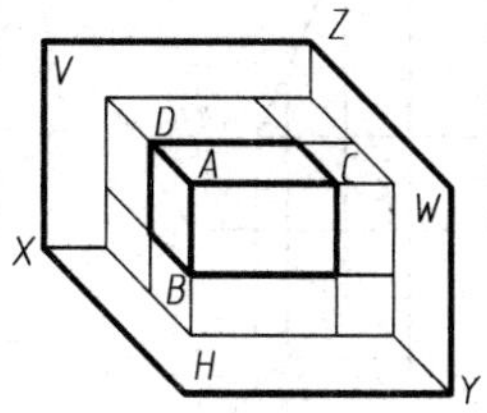 AB 为铅垂线 AD 为正垂线 AC 为侧垂线	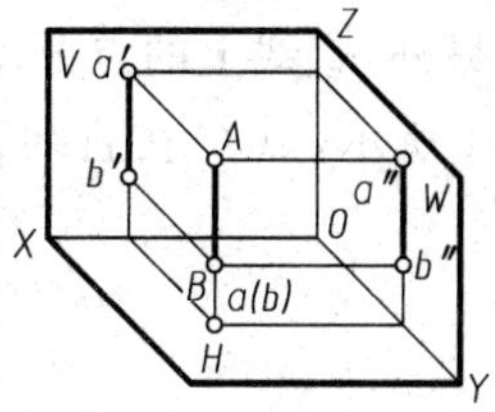	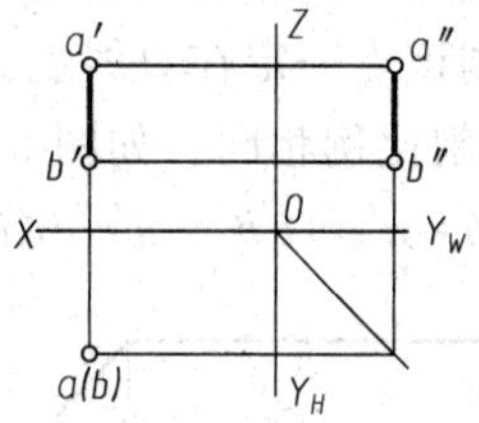	(1) 水平投影积聚成一点，为重影点 $a(b)$； (2) $a'b' = a''b'' = AB$，$a'b' \perp OX$，$a''b'' \perp OY_W$
		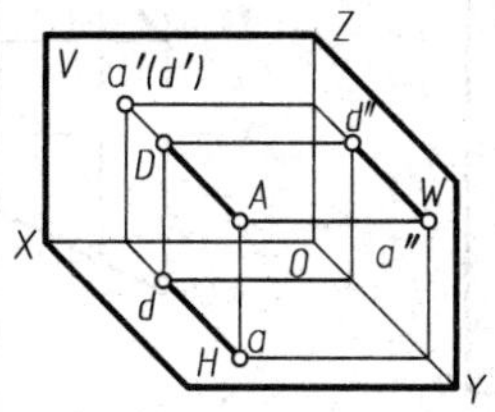	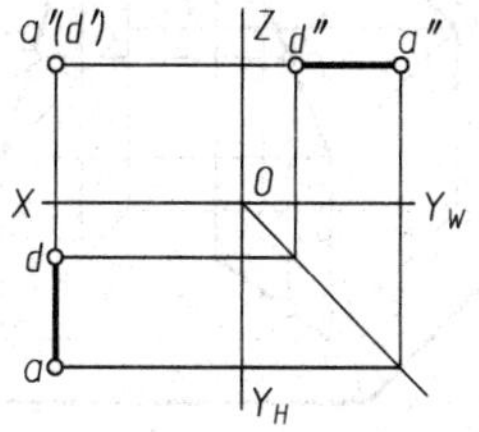	(1) 正面投影积聚成一点，为重影点 $a'(d')$； (2) $ad = a''d'' = AD$，$ad \perp OX$，$a''d'' \perp OZ$
		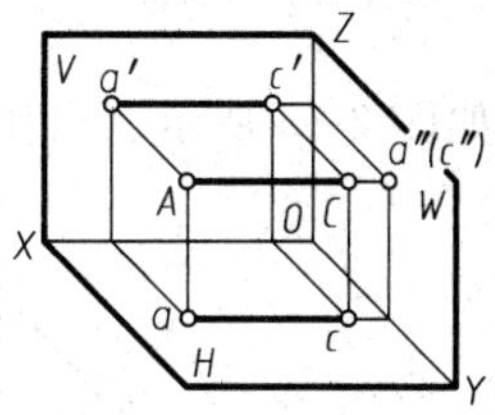	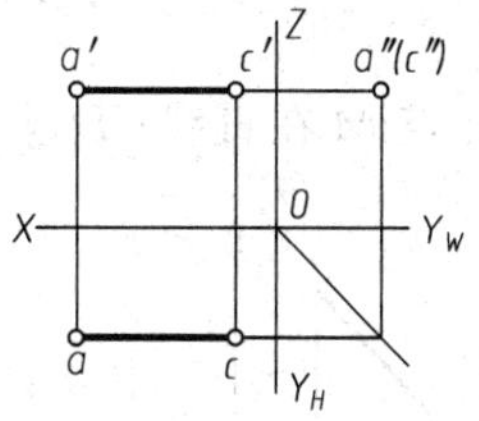	(1) 侧面投影积聚成一点，为重影点 $a''(c'')$； (2) $a'c' = ac = AC$，$a'c' \perp OZ$，$ac \perp OY_H$

2. 一般位置直线

一般位置直线的三个投影均与投影轴倾斜，如图 2-13 所示。其投影特性是：直线的三个投影都不反映实长，而且各个投影与投影轴的夹角都不反映直线与投影面的倾角。

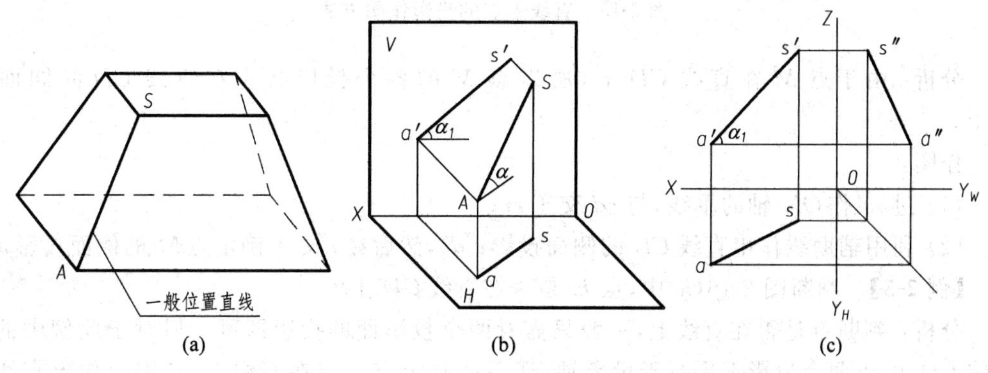

图 2-13　一般位置直线

2.3.2 直线上的点

点在直线上,则该点的各个投影必定在直线的同面投影上;反之,若点的各个投影在直线的同面投影上,则该点一定在直线上。另外,直线上的点分割直线的空间比例与其将直线各个同面投影的分割比例相同。如图 2-14 所示,点 C 在直线 AB 上,线段及其投影的关系为:$AC/CB=ac/cb=a'c'/c'b'=a''c''/c''b''$。

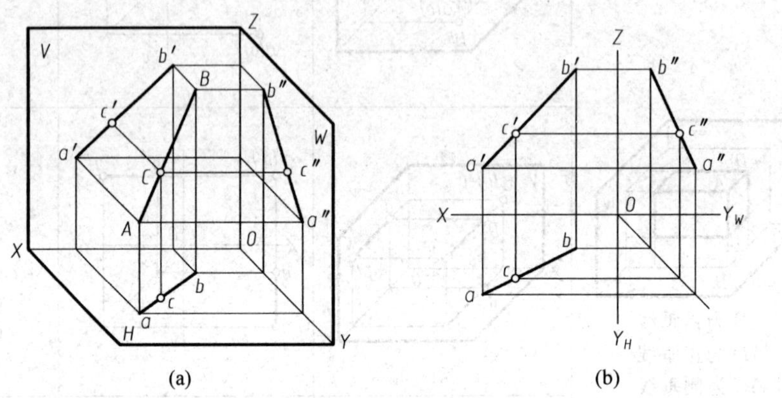

图 2-14 直线上点的投影

【例 2-4】 已知点 M 在直线 CD 上,如图 2-15 所示。求作它们的三面投影。

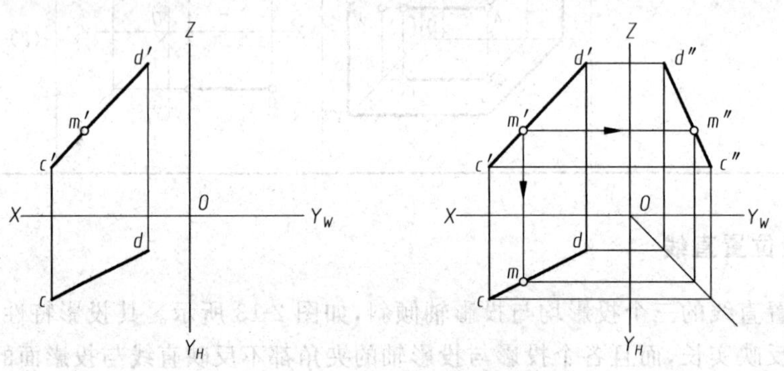

图 2-15 直线上点的投影作图方法

分析:由于点 M 在直线 CD 上,所以点 M 的各个投影必定在直线 CD 的同面投影上。

作图:

(1) 过 m' 作 OX 轴的垂线,与 cd 交于 m;

(2) 利用辅助线作出直线 CD 的侧面投影 $c''d''$,然后在 $c''d''$ 上确定点 M 的侧面投影 m''。

【例 2-5】 判断图 2-16(a)中,点 K 是否在直线 CD 上?

分析:判断点是否在直线上,一般只需看两个投影面的投影即可。但对于此例中的侧平线 CD,由于两个投影都平行于投影轴,还不能确定点一定在直线上,还需要作出直线的第三面投影进行判断。或者采用点分割线段成定比方法来判断。

方法一：

(1) 先作出 CD 的侧面投影 $c''d''$；

(2) 由 K 点的水平投影 k 和正面投影 k' 作出侧面投影 k''，k'' 不在 $c''d''$ 上，则可判断点 K 不在直线 CD 上，如图 2-16(b)所示。立体图示例如图 2-16(c)所示。

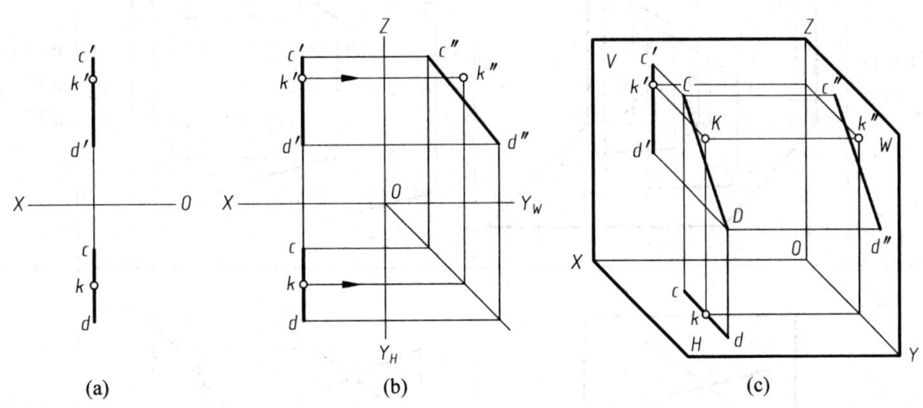

图 2-16　作出第三面投影判断空间点是否在直线上

方法二：

(1) 过 c' 点任意作一条直线，截取 $c'M_0 = ck$，$M_0D_0 = kd$；

(2) 连接 $d'D_0$，过 M_0 作 $d'D_0$ 的平行线，交 $c'd'$ 于 m' 点，由于 k' 与 m' 不重合，所以判断点 K 不在直线 CD 上，如图 2-17 所示。

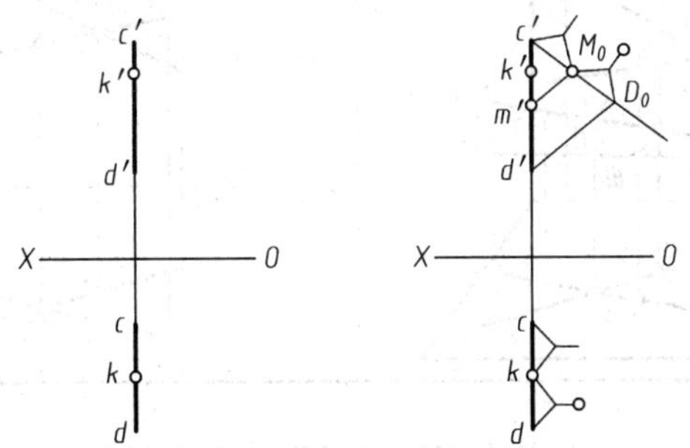

图 2-17　采用分割线段成定比作图判断空间点是否在直线上

2.3.3　两直线的相对位置

空间两直线的相对位置有三种：平行、相交和交叉，其投影特性见表 2-2。平行两直线和相交两直线可构成一个平面，而交叉两直线是既不平行又不相交的两条直线，属于异面两直线。

表 2-2 两直线的相对位置

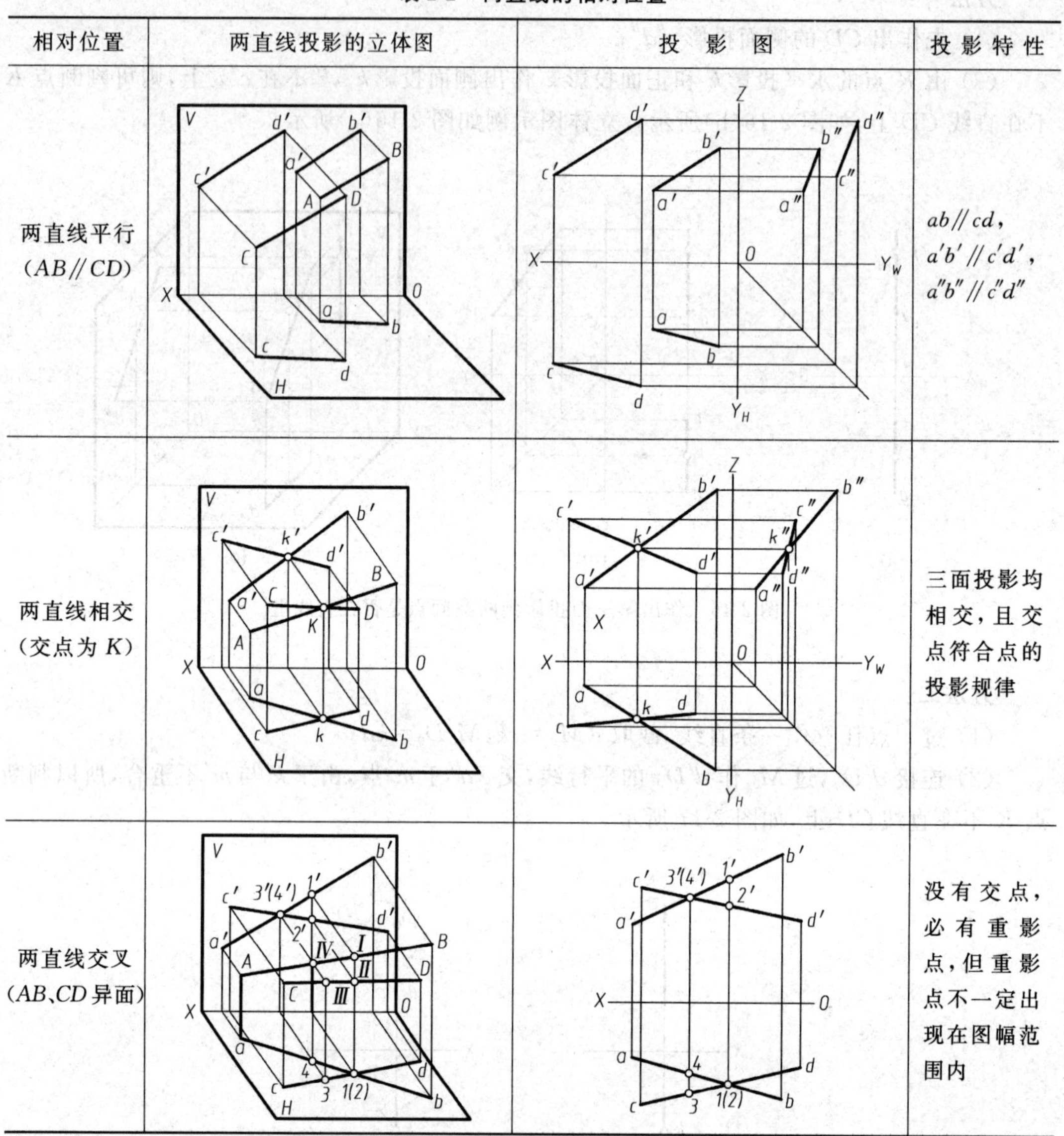

相对位置	两直线投影的立体图	投影图	投影特性
两直线平行 ($AB/\!/CD$)			$ab/\!/cd$, $a'b'/\!/c'd'$, $a''b''/\!/c''d''$
两直线相交 (交点为 K)			三面投影均相交,且交点符合点的投影规律
两直线交叉 (AB、CD 异面)			没有交点,必有重影点,但重影点不一定出现在图幅范围内

【例 2-6】 判断图 2-18(a)中直线 CD 与 EF 是否平行?

分析:判断空间两直线是否平行,一般也只需看两个投影面的投影是否平行即可。但当两直线均平行于某一投影面时,只有两对同面投影分别平行,空间两直线不一定平行。图 2-18(a)中的两直线 CD 和 EF 都是侧平线,可以作出直线的第三面投影进行判断,如图 2-18(b)所示。

作图:作出直线 CD、EF 的侧面投影 $c''d''$、$e''f''$,其侧面投影线相交,而不是平行,故可判断直线 CD 和 EF 不平行。

请思考,如果不作出侧面投影是否也能进行判断?

【例 2-7】 判断图 2-19(a)中直线 AB 与 CD 是否相交?并分析其投影的交点性质。

分析:判断空间两直线是否相交,需要先判断它们的投影是否相交,然后确定交点是否

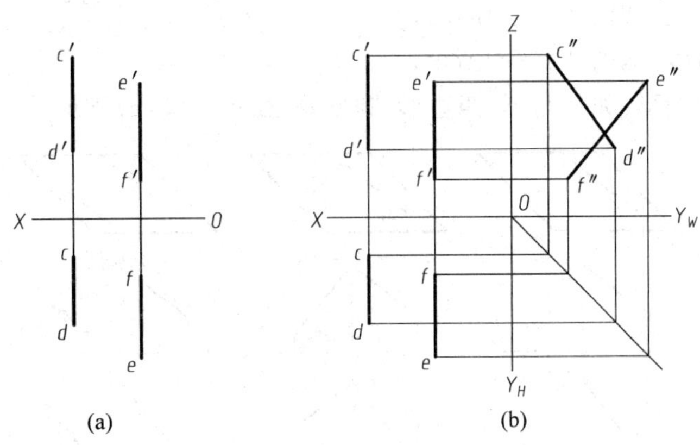

(a)　(b)

图 2-18　判断两直线是否平行

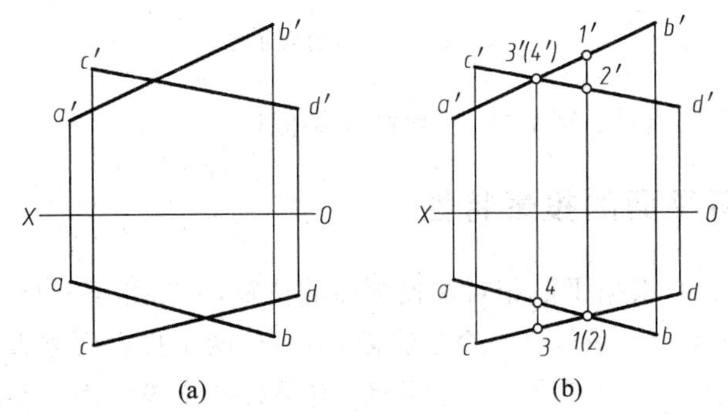

(a)　(b)

图 2-19　判断两直线是否相交

符合点的投影规律。从图 2-19 中可以看到，虽然两直线的投影 ab 与 cd、$a'b'$ 与 $c'd'$ 均相交，但正面投影的交点与水平投影的交点连线不垂直于 OX 轴，即其“交点”不符合一个点的投影规律，所以得出结论，直线 AB 与 CD 不相交，两直线为交叉直线。

交叉两直线投影的交点是两条直线上两个不同点的重影点，利用重影点可见性的判别可确定交叉两直线在空间的相对位置。如图 2-19(b)所示，两直线的水平投影 ab 与 cd 交于一点，该点是直线 AB 上的点Ⅰ和直线 CD 上的点Ⅱ的水平投影的重影点，由于 $z_{\text{I}} > z_{\text{II}}$，点Ⅰ在上，点Ⅱ在下，因此在该处 AB 位于 CD 上方。同理，两直线的正面投影 $a'b'$ 与 $c'd'$ 交于一点，该点是直线 CD 上的点Ⅲ和直线 AB 上的点Ⅳ的正面投影的重影点，由于 $y_{\text{III}} > y_{\text{IV}}$，点Ⅲ在前，点Ⅳ在后，因此在该处 CD 位于 AB 前方。

2.4　平面的投影

2.4.1　平面的表示法

平面可由下列任一几何元素组来确定其空间位置：

(1) 不在同一直线上的三点，如图 2-20(a)所示；

(2) 一直线和直线外一点，如图 2-20(b)所示；

(3) 相交两直线,如图 2-20(c)所示;

(4) 平行两直线,如图 2-20(d)所示;

(5) 任意平面图形,如三角形、四边形、圆形等,如图 2-20(e)所示。

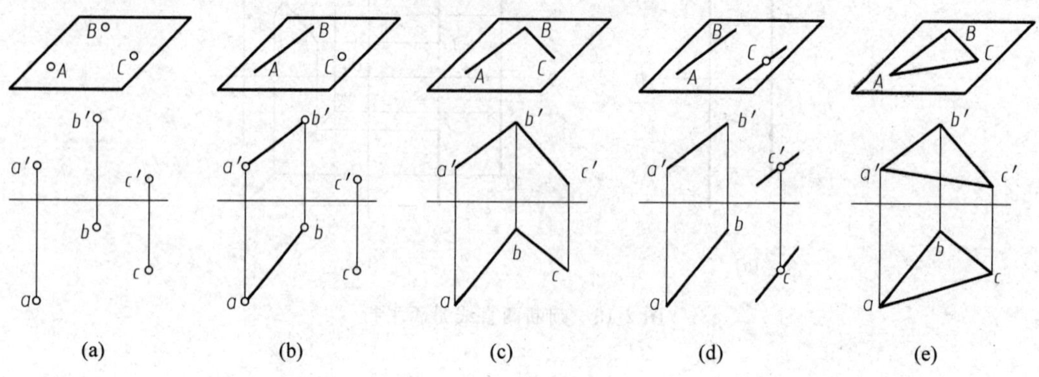

(a) (b) (c) (d) (e)

图 2-20 平面的表示法

平面投影的基本性质是:实形性、积聚性和类似性。

2.4.2 各种位置平面的投影特性

在三投影面体系中,根据平面相对于投影面的位置,分为如下三种:

(1) 投影面平行面——平行于一个投影面,与另外两个投影面垂直的平面;

(2) 投影面垂直面——垂直于一个投影面,与另外两个投影面倾斜的平面;

(3) 一般位置平面——与三个投影面都倾斜的平面。

投影面平行面和投影面垂直面又称为特殊位置平面,平面类型具体见表 2-3。

表 2-3 根据平面位置划分的平面类型

平面分类			说明
特殊位置平面	投影面平行面	水平面	平行于 H 面,垂直于 V、W 面
		正平面	平行于 V 面,垂直于 H、W 面
		侧平面	平行于 W 面,垂直于 H、V 面
	投影面垂直面	铅垂面	垂直于 H 面,倾斜于 V、W 面
		正垂面	垂直于 V 面,倾斜于 H、W 面
		侧垂面	垂直于 W 面,倾斜于 H、V 面
一般位置平面			与三个投影面均倾斜

平面对 H、V、W 三个投影面的倾角分别用 α、β 和 γ 表示,它们是平面和各投影面形成的两面角。如图 2-21 所示,三投影面体系中物体表面分别为:A 为水平面,B 为正平面,C 为侧平面,P 为铅垂面,Q 为正垂面,R 为侧垂面,M 为一般位置平面。

1. 特殊位置平面

投影面平行面和垂直面的投影特性如表 2-4 所示。

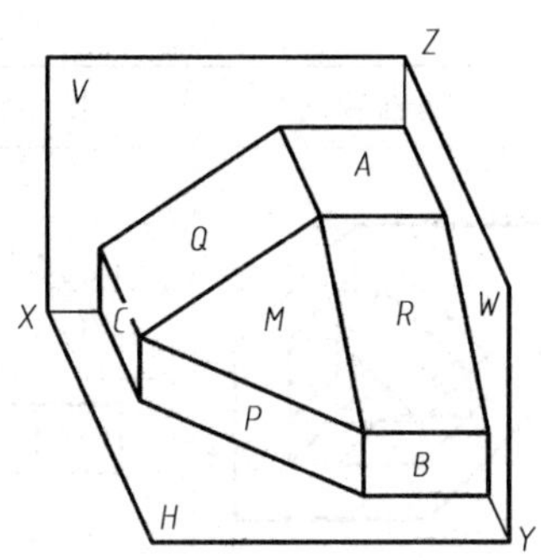

图 2-21　各种位置平面

表 2-4　投影面平行面和垂直面的投影特性

名称	立体图	平面轴测图	投影图	投影特性
投影面平行面	P为水平面 Q为正平面 R为侧平面			(1) 水平投影反映实形； (2) 正面投影、侧面投影具有积聚性
				(1) 正面投影反映实形； (2) 水平投影、侧面投影具有积聚性
				(1) 侧面投影反映实形； (2) 水平投影、正面投影具有积聚性
投影面垂直面	P为铅垂面			(1) 水平投影具有积聚性； (2) 正面投影、侧面投影具有类似性

续表

名称	立体图	平面轴测图	投影图	投影特性
投影面垂直面	Q为正垂面			(1) 正面投影具有积聚性; (2) 水平投影、侧面投影具有类似性
	R为侧垂面			(1) 侧面投影具有积聚性; (2) 水平投影、正面投影具有类似性

2. 一般位置平面

一般位置平面与三个投影面均倾斜,如图2-22所示。其投影特性是:平面的H、V、W三个投影都不反映实形,均为平面M的类似形。同时其投影也不反映平面与投影面的倾角α、β和γ。

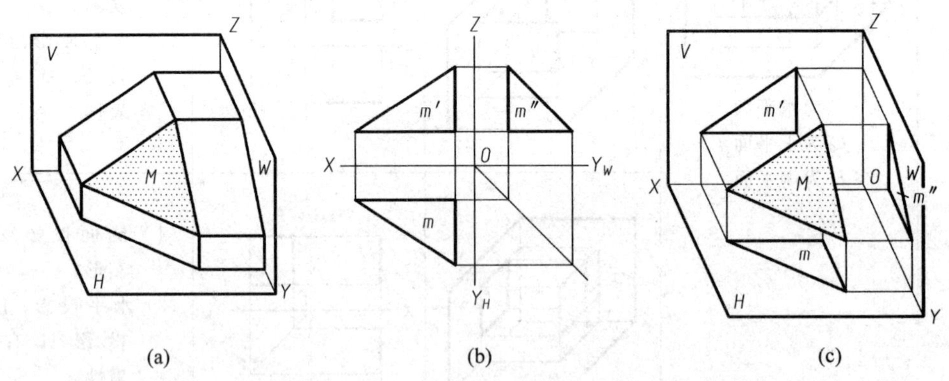

图2-22 一般位置平面的投影特性

2.4.3 平面上的点和直线

点在平面上的几何条件为:如果点在平面内的任一直线上,则此点必在该平面上。

平面上的直线可以通过连接平面上的两个点,或者过平面上一个点作平面上已知直线的平行线。

【例2-8】 已知$\triangle ABC$上一点K的V面投影k',如图2-23(a)所示,求作k。

分析:根据点在平面上的条件可知,求作平面上点K的投影时,可先在平面上作辅助直线,然后在辅助线的投影上作出点的投影。

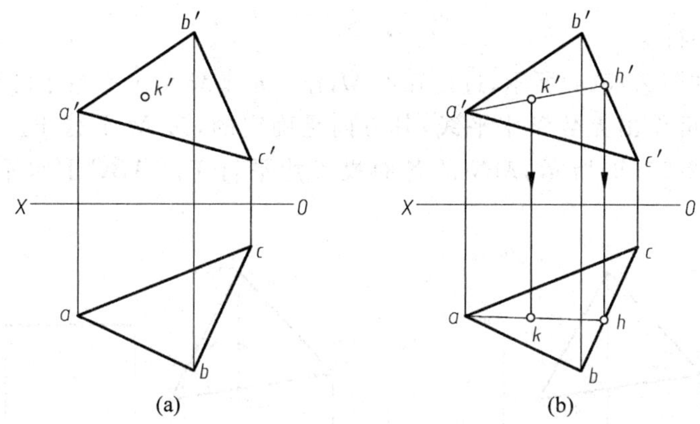

图 2-23　求作一般位置平面上点的投影

作图，如图 2-23(b)所示：

(1) 连接 $a'k'$，并延长交 $b'c'$ 于 h'；

(2) 过 h' 作 OX 轴的垂线，在 H 投影面上与 bc 交于 h；

(3) 连接 ah，过 k' 作 OX 轴的垂线，点 K 的 H 面投影 k 一定落在投影 ah 上。

【例 2-9】 如图 2-24(a)所示，判断 A、B、C、D 四点是否在同一平面上。

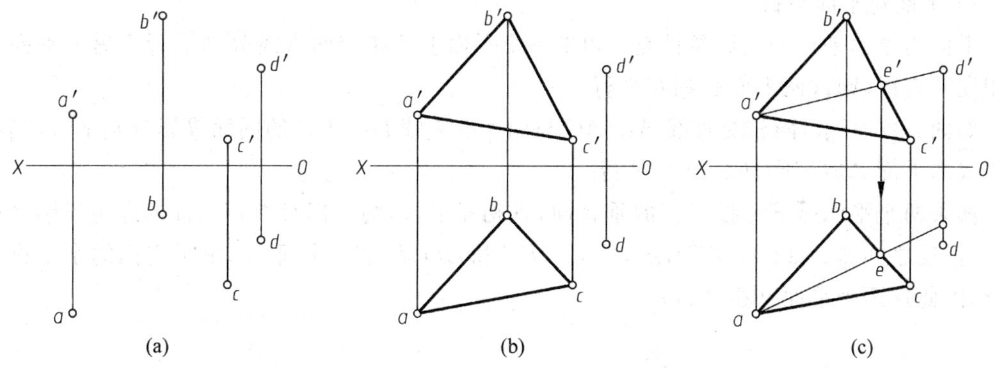

图 2-24　判断点是否共面的作图方法

分析：空间不在一直线上的三点可确定一个平面，要判断空间四个点是否在同一平面上，可将其中三个点构成一个三角形，再检查另一个点是否在三角形平面上。如图 2-24(b)所示，连线后构建了△ABC，问题转化为判断 D 点是否在△ABC 上。与上例相同，在△ABC 上作辅助线 AE(见图 2-24(c))，由于水平投影 d 不在 ae 的延长线上，说明点 D 不在直线 AE 上，因此 A、B、C、D 四点不在同一平面上。

2.4.4　直线与平面及两平面的相对位置

直线与平面、平面与平面的相对位置可分为平行问题和相交问题。

1. 平行问题

1) 直线与平面平行

直线与平面平行的几何条件是：如果平面外的一条直线与平面内任一直线平行，则此直线必与该平面平行。

【例 2-10】 如图 2-25(a)所示,过已知点 M,作一水平线 MN 平行于已知平面△ABC。

在△ABC 上可作出无数条水平线,其方向是确定的,过 M 平行于△ABC 的水平线是唯一的。如图 2-25(b)所示,MN 的各面投影均平行于△ABC 上水平线 AD 的同面投影。

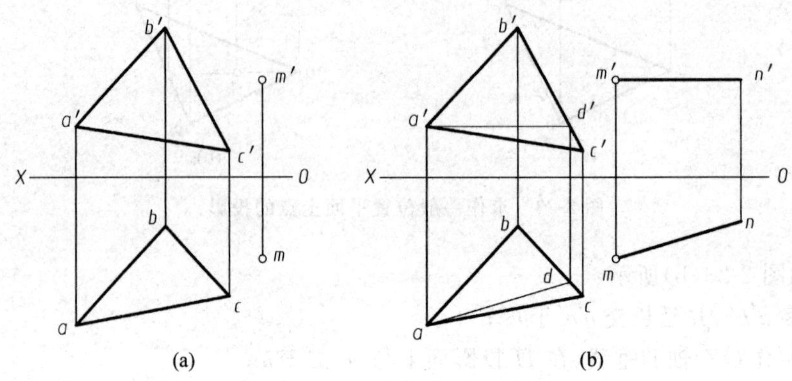

图 2-25 过已知点作平面的平行线

2) 平面与平面平行

平面与平面平行的几何条件是:如果一个平面上的相交两直线分别平行于另一平面上的相交两直线,则这两平面必相互平行。

如图 2-26 所示,两相交直线 AB、AC 与两相交直线 DE、DF 的同面投影分别平行,则各自组成的平面 ABC 和 DEF 互相平行。

如果两个平面是某一投影面的垂直面,且相互平行,则它们具有积聚性的那组投影必相互平行,反之亦然。如图 2-27 所示,平面 ABC 和 $EFGH$ 都是铅垂面,由于它们的水平投影平行,因此这两个平面互相平行。

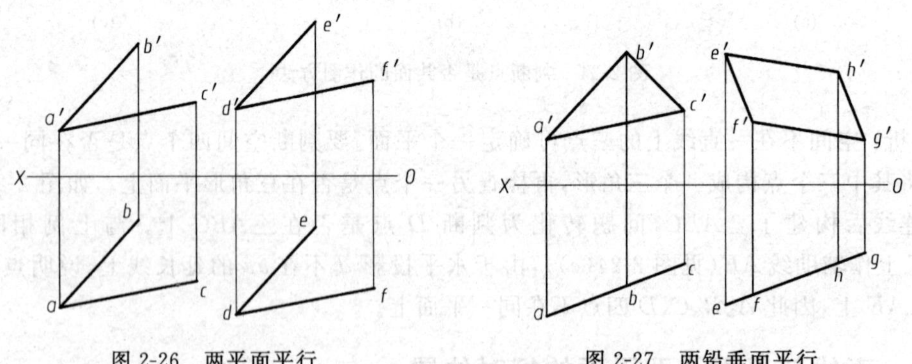

图 2-26 两平面平行

图 2-27 两铅垂面平行

2. 相交问题

直线与平面不平行时即相交,其交点是直线与平面的共有点。两平面不平行时即相交,其交线是两平面的共有线。

1）直线与平面相交

如图 2-28 所示，一般位置直线 MN 与铅垂面△ABC 相交，铅垂面的水平投影具有积聚性，由于交点 K 既在直线 MN 上，又在平面△ABC 上，故在水平投影面上直接得到交点的投影 k。根据水平投影 k 在 $m'n'$ 上作出 k'。

交点 K 把直线分成两部分，通过投影，直线被平面遮挡的部分为不可见，因此还需判断直线的可见性。直线 AC 上的Ⅰ点和直线 MN 上的Ⅱ点正面投影重合，根据重影点的判别原则，$y_{\text{I}} > y_{\text{II}}$，点Ⅰ在前，点Ⅱ在后，因此在该处 AC 位于 MN 前方，即直线 MN 在此处不可见，不可见的部分画成虚线。

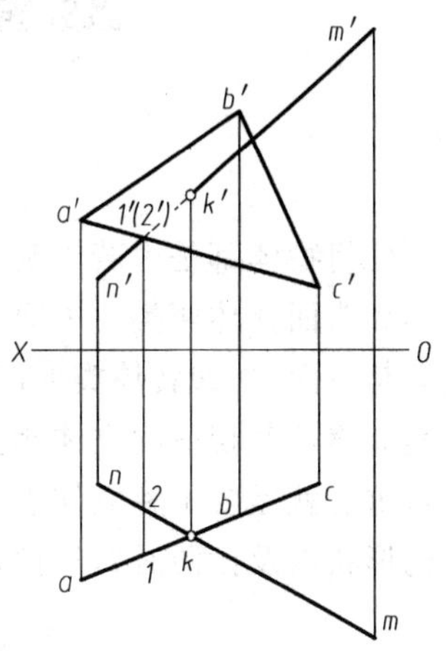

图 2-28　一般位置直线与铅垂面相交

如图 2-29 所示，一般位置平面△ABC 与正垂线 MN 相交，正垂线 MN 的正面投影具有积聚性，由于交点 K 在直线 MN 上，故其正面投影 k' 与 $m'n'$ 重影，又因交点也在平面△ABC 上，利用平面取点的方法，作出交点 K 的水平投影 k。

在正面投影可以看到，位于重影点的位置，直线 AC 在最上方，其次是直线 MN，最下方是直线 AB，因此水平投影中直线 MN 在交点以后部分可见，交点以前一部分被平面 ABC 遮挡，画成虚线。

2）平面与平面相交

如图 2-30 所示，为两平面相交的情况，其中平面 $EFGH$ 为正垂面，其正面投影积聚为直线。由于交线 MN 在平面 $EFGH$ 上，故其正面投影 $m'n'$ 与 $e'f'g'h'$ 重影，又因交线也在平面△ABC 上，可得到其正面投影 $m'n'$ 和水平投影 mn。

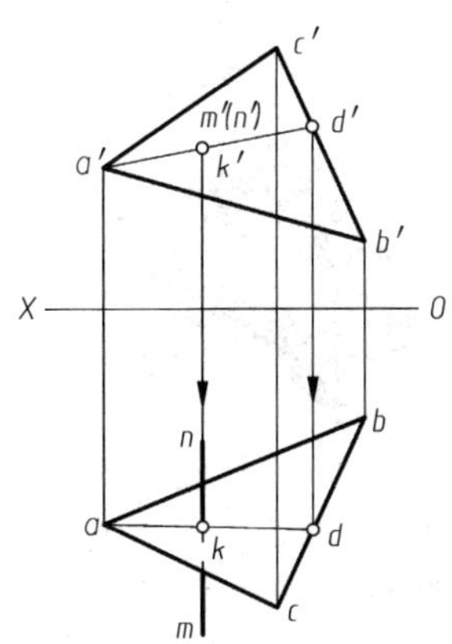

图 2-29　正垂线与一般位置平面相交

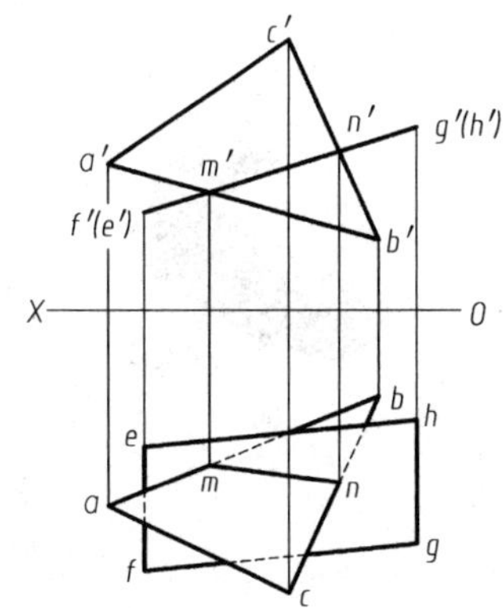

图 2-30　正垂面与一般位置平面相交

交线是平面可见部分和不可见部分的分界线，在水平投影上根据重影点判别各线的可见性，将两个平面不可见的部分画成虚线。

第3章

立体的投影及表面交线

任何物体都是由若干基本几何体组合而成。根据表面形状不同，基本几何体分为平面立体和曲面立体两类。平面立体的每个表面都是平面，如棱柱、棱锥；曲面立体至少有一个表面是曲面，如回转体类的圆柱、圆锥、圆球、圆环等，如图 3-1 所示。工程上常见的形体大多是立体被截切或两立体相交而形成有表面交线的切割体或相贯体，如图 3-2 所示。本章学习重点就是要了解立体表面交线的性质并掌握交线的画法，这将有助于正确表达机件的结构形状以及读图时对机件进行形体分析。

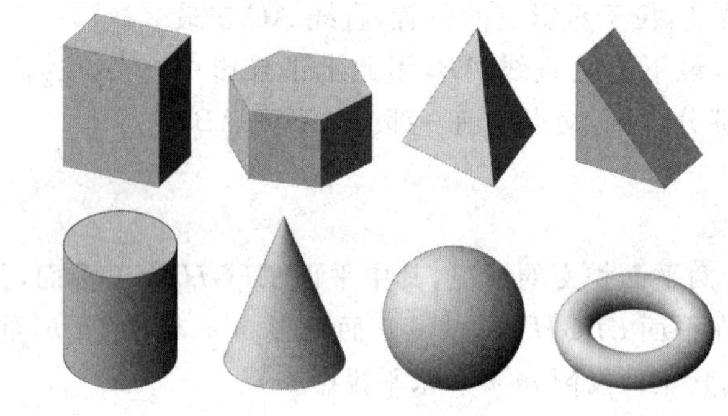

图 3-1　基本几何体

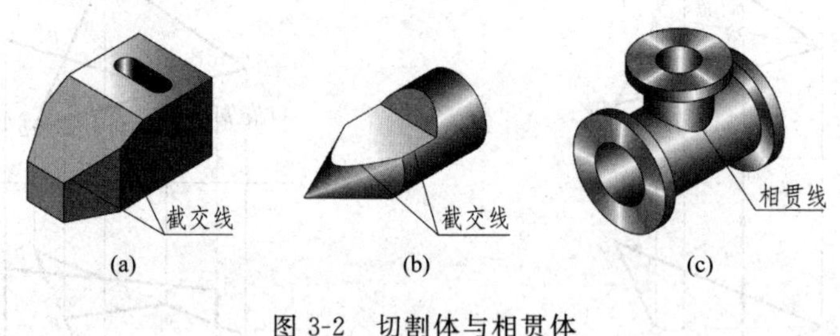

图 3-2　切割体与相贯体

(a) 压块；(b) 顶尖；(c) 三通管

3.1　基本几何体的投影

3.1.1　三视图的形成及对应关系

1. 三视图的形成

如图 3-3(a)所示，将物体放在三投影面体系中，按正投影法向各投影面投射，即得到物体的正面投影、水平投影和侧面投影。国家标准规定，采用正投影法绘制的物体的正投影图也称为视图。投影时，将物体的可见轮廓线用粗实线表示，不可见的轮廓线用虚线表示。

将物体向三个基本投影面投影所得到的三面投影称为三视图，其名称分别是：

(1) 主视图——由前向后投影到正面(V 面)上所得的视图；

(2) 俯视图——由上向下投影到水平面(H 面)上所得的视图；

(3) 左视图——由左向右投影到侧面(W 面)上所得的视图。

为了画图和看图的方便，必须使处于空间位置的三面投影图在同一个平面上表示出来。规定正面不动，将水平面绕 OX 轴旋转 90°，将侧面绕 OZ 轴旋转 90°，按图 3-3(b)所示的展开方法使它们与正面处于同一平面上，即俯视图配置在主视图的正下方，左视图配置在主视图的正右方，如图 3-3(c)所示。按这样的位置配置三视图，不需标注名称，不必画出投影面和投影轴，即物体的三视图如图 3-3(d)所示。

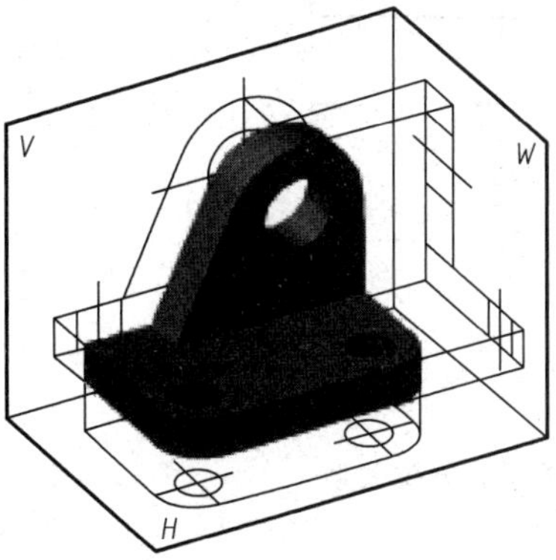

(a) 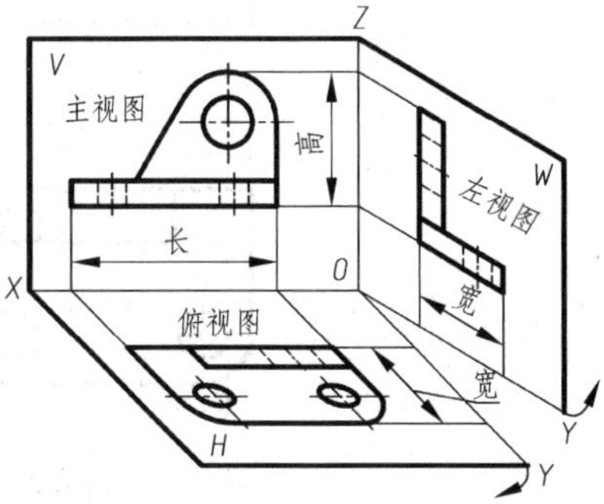　　(b)

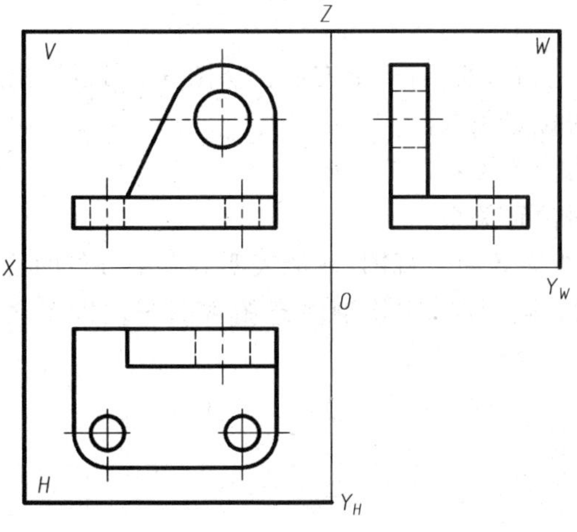

(c) 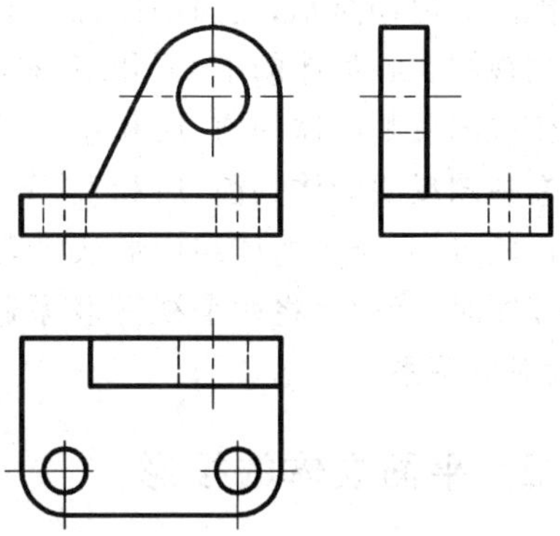　　(d)

图 3-3　三视图的形成

2. 投影对应关系

物体有长、宽、高三个方向的尺寸，通常规定：物体左右之间的距离为长，前后之间的距离为宽，上下之间的距离为高。从三视图的形成过程可以看出，一个视图只能反映两个方向的尺寸。主视图反映物体的长和高；俯视图反映物体的长和宽；左视图反映物体的宽和高。三视图之间的投影对应关系如图3-4所示，即满足“长对正、宽相等、高平齐”的“三等”原则：

主、俯视图长对正；

俯、左视图宽相等；

主、左视图高平齐。

“三等”原则是三视图的重要特性，也是画图和读图的依据。

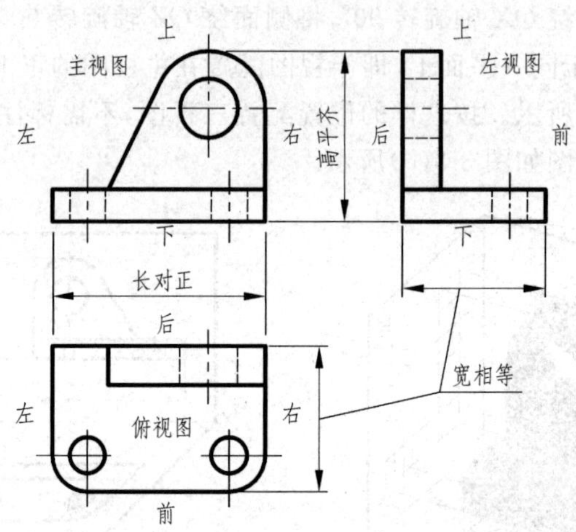

图3-4　三视图的投影对应关系和方位关系

3. 方位对应关系

如图3-3(a)所示，空间物体都有上、下、左、右、前、后6个方位。从图3-4可以看出：

主视图反映物体的上、下和左、右的相对位置关系；

俯视图反映物体的前、后和左、右的相对位置关系；

左视图反映物体的前、后和上、下的相对位置关系。

由此可知，对于物体结构形状的表达至少需要两个视图，才能表明其6个方位的位置关系。读图时，必须要将两个视图联系起来看；画图时，应特别注意俯视图与左视图之间的前、后对应关系。

3.1.2　平面立体的投影

1. 棱柱

棱柱的棱线互相平行。常见的棱柱有三棱柱、四棱柱、五棱柱和六棱柱等。下面以正六棱柱为例，分析其投影特征和作图方法。

1）投影分析

图3-5所示的正六棱柱的顶面和底面是互相平行的正六边形，6个棱面均为矩形，且与顶面和底面垂直。为作图方便，选择正六棱柱的顶面和底面平行于水平面，并使前、后两个棱面与正面平行，如图3-5(a)所示。

正六棱柱的投影特征是：顶面和底面的水平投影重合，并反映实形——正六边形，六边形的正面和侧面投影均积聚为直线；6 个棱面的水平投影分别积聚为六边形的 6 条边；由于前、后两个棱面平行于正面，所以正面投影反映实形，侧面投影积聚成两条直线；其余棱面垂直于水平面，与正面和侧面不平行，故其正面和侧面投影仍为矩形，但小于原图形。如图 3-5(a)所示，正六棱柱的正面投影为三个可见的矩形，侧面投影为两个可见的矩形。

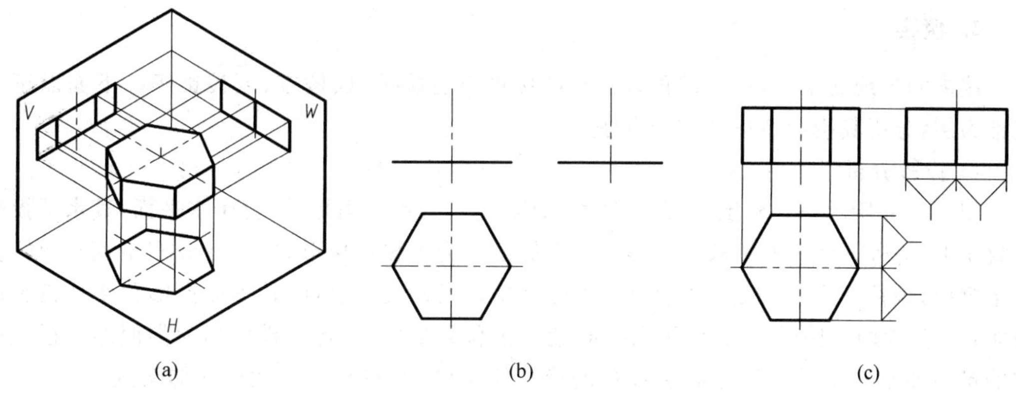

图 3-5　正六棱柱的投影作图

2）作图过程

(1) 作正六棱柱的对称中心线和底面基线，先画出具有轮廓特征的俯视图——正六边形，如图 3-5(b)所示。

(2) 按长对正的投影关系，并量取正六棱柱的高度画出主视图，再按高平齐、宽相等的投影关系画出左视图，如图 3-5(c)所示。

3）棱柱体表面上点的投影

由于棱柱体的表面都是平面，所以在棱柱表面上取点的作图方法即为在平面上找点。

【例 3-1】 如图 3-6(a)所示，已知正六棱柱表面上点 M、N 的水平投影 m 和正面投影 n'，求 M、N 点的其他两面投影，并判断可见性。

分析：由图可知，点 M 的水平投影在六边形内，并且投影可见，故点 M 应该是位于棱柱的顶面上，由于顶面的正面投影和侧面投影都积聚成水平直线，故 M 点的正面和侧面投影

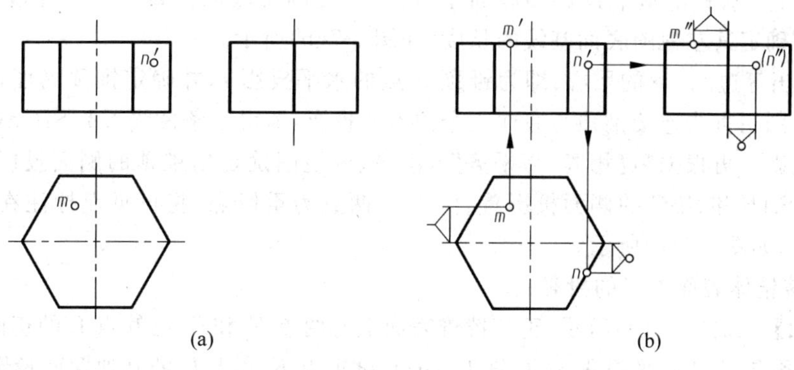

图 3-6　正六棱柱表面上点的投影作图

位于该直线上。点 N 的正面投影位于右侧矩形内,并且投影可见,可推断点 N 位于棱柱的右前棱面上,该面的水平投影积聚成一直线,则点 N 的水平投影在该直线上;该棱面的侧面投影为类似矩形,且不可见。

作图:由 M 点的水平投影 m 根据"长对正"直接可找到正面投影 m',根据"宽相等"找到侧面投影 m''。由 N 点的正面投影 n' 可直接找到水平投影 n,再根据"宽相等、高平齐"找到其侧面投影 n'',该投影不可见,故标注加括号。作图结果如图 3-6(b)所示。

2. 棱锥

棱锥的棱线交于一点,即锥顶。常见的棱锥有三棱锥、四棱锥、五棱锥等。下面以正三棱锥为例,分析其投影特征和作图方法。

1) 投影分析

图 3-7(a)所示正三棱锥 $SABC$,底面 ABC 为一等边三角形,平行于水平面,其水平投影反映实形,另外两面投影积聚成直线;三个棱面均为等腰三角形,棱面△SAC 的底边 AC 垂直于侧面,该棱面为侧垂面;底边 AC 的侧面投影积聚成一个点,其正面投影和水平投影反映实长;其他两个棱面△SAB 和△SBC 为一般位置平面,其各面投影均为类似形。正三棱锥的锥顶的水平投影位于底面△ABC 的形心处,即为△ABC 三条边中线的交点。

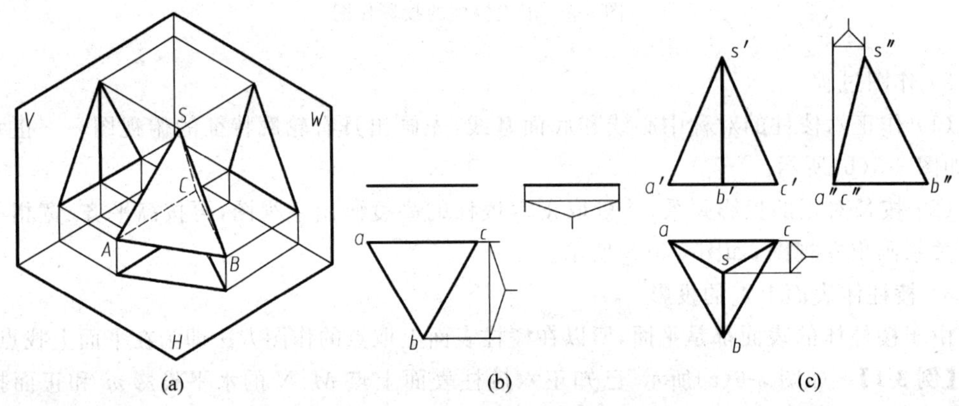

图 3-7 正三棱锥的投影作图

2) 作图过程

(1) 作出三棱锥的水平投影和底面基线位置,先画出底面俯视图——等边△abc,并根据"宽相等"确定其左视图底面基线的长度,如图 3-7(b)所示。

(2) 找出等边△abc 的形心,即为锥顶 S 点的水平投影 s,并确定锥顶高度,然后在主、俯视图上分别用直线连接锥顶与底面三个顶点的投影,即得三条棱线 SA、SB、SC 的正面投影和水平投影。再根据"宽相等、高平齐",由主、俯视图确定出锥顶的侧面投影 s'',补全左视图,棱面 SAB 和 SBC 的侧面投影重合,A、C 两点为重影点,将可见点标注在前,不可见点标注在后,如图 3-7(c)所示。

3) 三棱锥体表面上点的投影

【例 3-2】 如图 3-8(a)所示,正三棱锥表面上有两点 K 和 L,已知点 L 的正面投影 l'(见图 3-8(b))和点 K 的水平投影 k(见图 3-8(c)),试求点 K 和点 L 的其他两面投影。

分析:由图 3-8(b)可知,L 点的正面投影 l' 位于△$s'b'c'$ 内且可见,可推断点 L 位于棱面

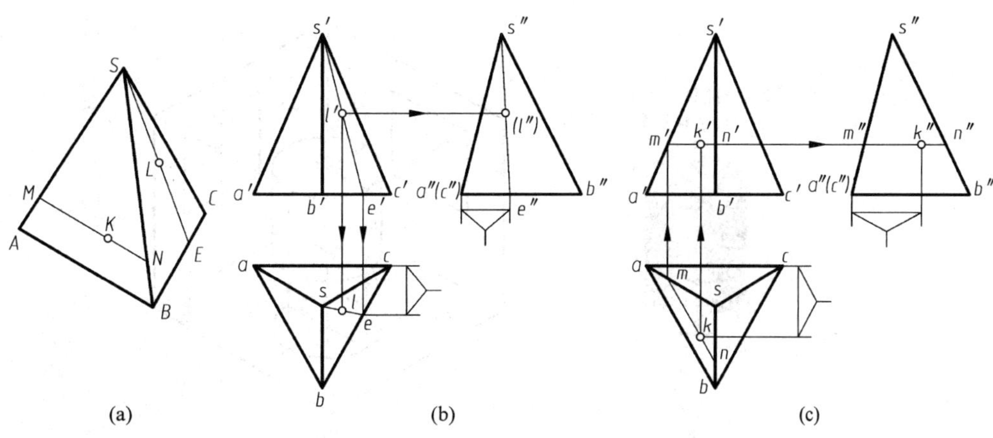

图 3-8　正三棱锥表面上点的投影作图

SBC 上，可在棱面内作一条过锥顶 S 和 L 点的直线交底边 BC 于 E 点，先作出直线 SE 的各面投影，则点 L 的投影必在该直线的同名投影上；由图 3-8(c)可知，K 点的水平投影 k 位于$\triangle sab$ 内且可见，可推断点 K 位于棱面 SAB 上，采用求作棱锥表面上的点的另一种作图方法，过平面上的点 K 在该平面内作任一直线的平行线(如 $MN /\!/ AB$)，则该点的投影必在该平行线的同面投影上，如图 3-8(a)所示。

作图：

(1) 求 L 点的投影：先在棱面 SBC 的正面投影上过 s' 和 l' 作一条直线，交 $b'c'$ 于 e'，E 点在底边 BC 上，投影作出其水平投影 e 和侧面投影 e''，用直线连接 se 和 $s''e''$，再由 L 点的正面投影 l' 直接向下、向右绘制投影线，交 se 于 l，交 $s''e''$ 于 l''。棱面 SBC 在左视图上不可见，故 l'' 也不可见，如图 3-8(b)所示。

(2) 求 K 点的投影：在棱面 SAB 的水平投影上过 k 作 ab 的平行线，交 sa 于 m，交 sb 于 n，再作出直线 MN 的其他两面投影，然后由 k 向上投影交 $m'n'$ 于 k'，最后利用“高平齐、宽相等”作出点 K 的侧面投影 k''，如图 3-8(c)所示。

3.1.3　曲面立体的投影

1. 圆柱

圆柱体的表面由圆柱面与上、下两底面构成。圆柱面可看作由一条直母线绕平行于它的轴线回转而成，如图 3-9(a)所示。直母线在圆柱面上的任一位置称为圆柱面的素线。

1) 投影分析

如图 3-9(b)所示，使圆柱轴线垂直于水平面，则圆柱上、下底面的水平投影反映实形圆，正面和侧面投影积聚成直线。圆柱面的水平投影重合为一圆周，与两底面的水平投影重合。在正面投影中，前、后两半圆柱面的投影重合为一矩形，矩形的两条竖线分别是圆柱面最左、最右素线的投影，也是圆柱面前、后分界的转向轮廓线。在侧面投影中，左、右两半圆柱面的投影重合为一矩形，矩形的两条竖线分别是圆柱面最前、最后素线的投影，也是圆柱面左、右分界的转向轮廓线。

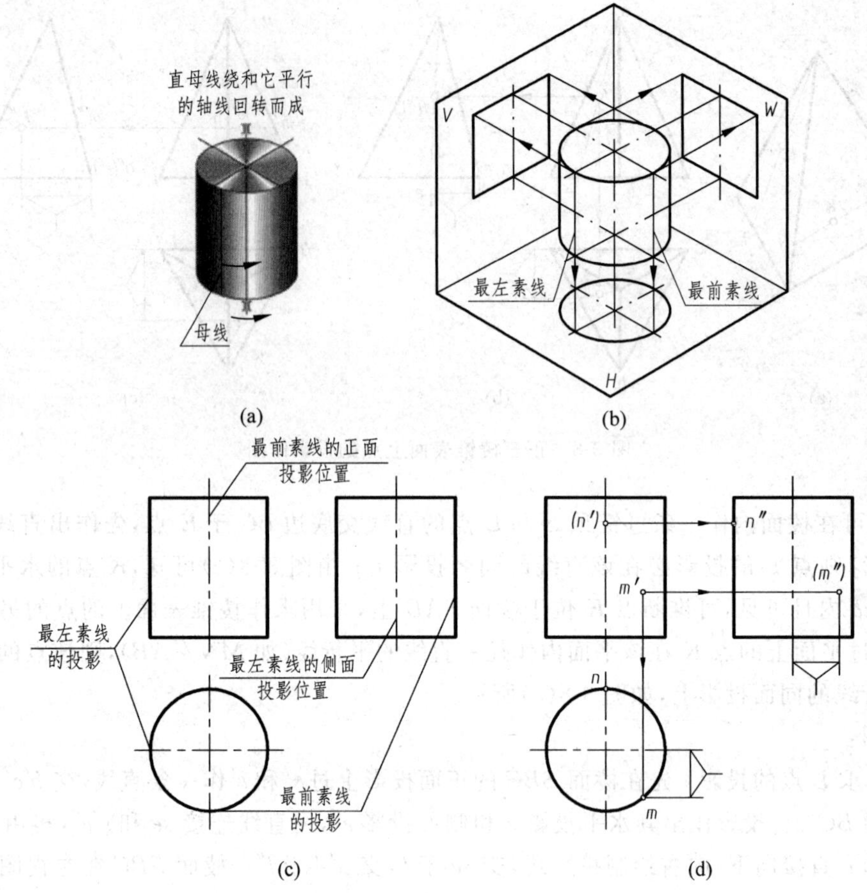

图 3-9 圆柱的投影作图及表面上点的投影

2) 作图方法

画圆柱体的三视图时,先画各投影的中心线,再画圆柱面投影具有积聚性圆的俯视图,然后根据圆柱体的高度画出另外两个视图,如图 3-9(c)所示。

3) 圆柱体表面上点的投影

【例 3-3】 如图 3-9(d)所示,已知圆柱面上的点 M 和点 N 的正面投影 m' 和 n',求作 M 和 N 的其他两面投影。

分析:根据圆柱面水平投影的积聚性可作出 m,由于 m' 是可见的,则点 M 必位于圆柱的前半圆柱面上,m 必在水平投影圆的前半圆周上。根据投影关系由 m 和 m' 可作出 m'',同时点 M 也在右半圆柱面上,所以其侧面投影不可见。点 N 的正面投影 n' 位于矩形内的中心轴线上,且不可见,故该点必位于后半圆柱面上,并且是在最后素线上,则水平投影在圆周的最后点处,侧面投影在最后的素线上。

作图:结果如图 3-9(d)所示。

2. 圆锥

圆锥体的表面由圆锥面和底面构成。圆锥面可看作是由一条直母线绕与它斜交的轴线

回转而成(见图 3-10(a))。直母线在圆锥面上的任一位置称为圆锥面的素线。

1）投影分析

图 3-10(b)所示为轴线垂直于水平面的正圆锥的三视图。锥底面平行于水平面，水平投影反映实形，正面和侧面投影积聚成直线。圆锥面的三个投影都没有积聚性，其水平投影与底面的水平投影相重合，全部可见。正面投影由前、后两个半圆锥面的投影重合为一等腰三角形，三角形的两腰分别是圆锥面最左、最右素线的投影，也是圆锥面前、后分界的转向轮廓线。侧面投影由左、右两半圆锥面的投影重合为一等腰三角形，三角形的两腰分别是圆锥最前、最后素线的投影，也是圆锥面左、右分界的转向轮廓线。

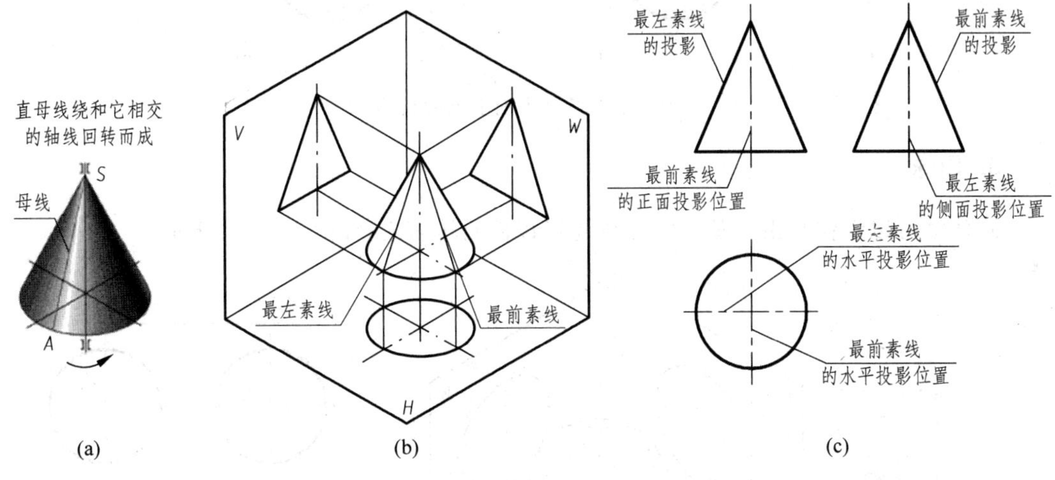

图 3-10　圆锥的投影作图

2）作图方法

画圆锥的三视图时，先画各投影的轴线，再画底面圆的各投影，然后画出锥顶的投影和锥面的投影(等腰三角形)，完成圆锥的三视图(见图 3-10(c))。

3）圆锥体表面上点的投影

【例 3-4】　如图 3-11(b)所示，已知圆锥表面上点 M 的正面投影 m'，求作它的其他两面投影。

分析：根据点 M 在正面的投影位置和可见性，可知点 M 在前、左圆锥面上，则点 M 的三面投影均可见。圆锥表面上的点必然在圆锥表面通过锥顶的某一素线上或垂直于回转轴线的一个纬圆上，如图 3-11(a)所示。因此，可采用两种方法作出圆锥表面上点的投影。

作图：

(1) 素线法：如图 3-11(b)所示，过锥顶 S 和点 M 作辅助素线 SA，即在正面投影图中，连接 $s'm'$，并延长到与底面的投影积聚线相交于 a'，由 a' 投影到水平投影的圆周上找到 a，作出 sa，由 sa 作出 $s''a''$，再按点在直线上的投影关系由 m' 作出 m 和 m''。

(2) 纬圆法：如图 3-11(c)所示，过点 M 在圆锥面上作垂直于圆锥轴线的水平辅助纬圆(见立体图 3-11(a))，E、F 点是纬圆与最左、最右素线的交点。点 M 的各投影必在该圆的同面投影上，先在正面投影图中过 m' 作圆锥轴线的垂直线，交圆锥最左、最右轮廓线于 e'、f'，$e'f'$ 即辅助纬圆的正面投影。在水平投影上，以 s 为圆心，$e'f'$ 为直径，作辅助纬圆的水平投影。由 m' 求得 m，再由 m'、m 求得 m''。

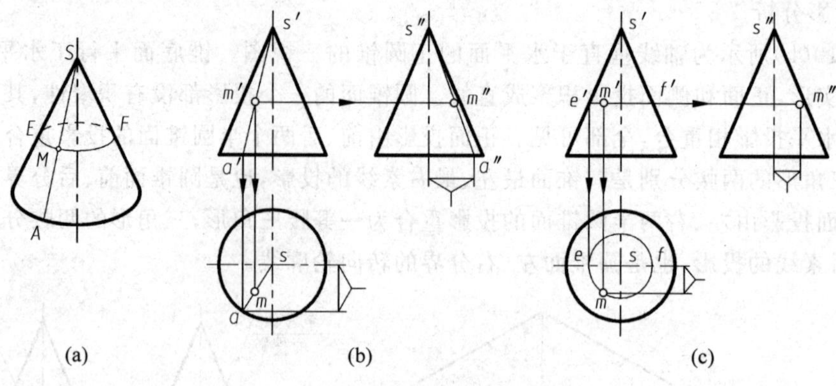

图 3-11　圆锥表面上点的投影

3. 圆球

圆球面可以看作是由一条半圆母线绕其直径回转而成，如图 3-12(a)所示。

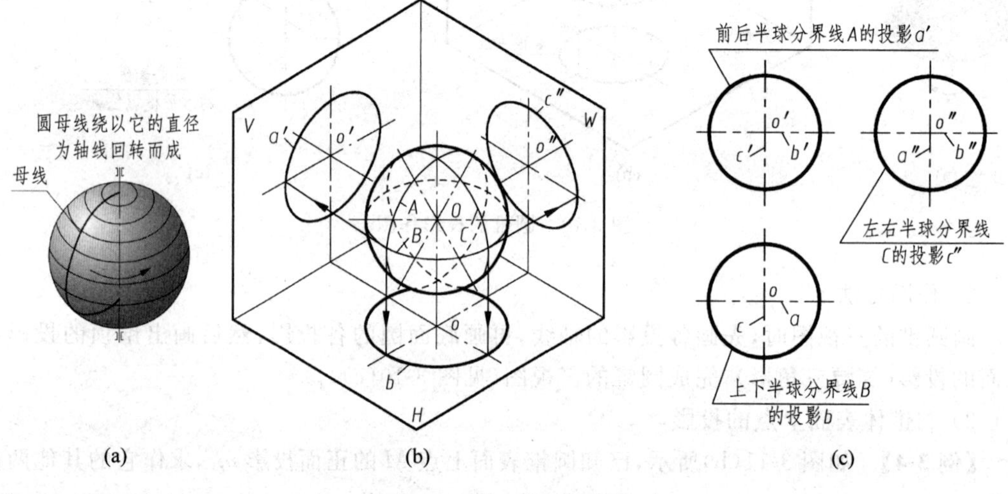

图 3-12　圆球的投影作图

1）投影分析

由图 3-12(b)可看出，球面上平行于三个投影面有三个最大圆，即圆 A、B、C。最大圆 A 平行于 V 面，将圆球分为前、后两个半球，前半球可见，后半球不可见；最大圆 B 平行于 H 面，将圆球分为上、下两个半球，上半球可见，下半球不可见；最大圆 C 平行于 W 面，将圆球分为左、右两个半球，左半球可见，右半球不可见。如图 3-12(c)所示，圆 A 的正面投影为圆 a'，形成了主视图的轮廓线，而其水平投影和侧面投影都与相对应的中心线重合，不必画出；圆 B 的水平投影为圆 b，是球体俯视图的轮廓线；左视图中只要画出 C 的侧面投影 c''；B、C 的其余两面投影与相应的中心线重合，均不必画出。因此，圆球的三视图为大小相等的圆，其直径与球的直径相等。

2）作图方法

如图 3-12(c)所示，先画出圆球垂直于投影面的轴线的三面投影，以确定出球心的位置

(轴线的交点),然后过球心分别画出与球等直径的圆。

3) 圆球表面上点的投影

【例 3-5】 如图 3-13 所示,已知球面上点 M 的正面投影 m',求 M 点的其他两面投影。

分析:由于球面的三个投影都没有积聚性,可利用辅助圆法求解,通常选择与投影面平行的辅助圆。

作图:如图 3-13(a)所示,过 m' 作水平辅助圆,该圆的正面投影积聚为直线 $e'f'$,再作出其水平投影,即以 o 为圆心,$e'f'$ 为直径的圆。由 m' 在该圆的水平投影上求得 m,由于 M 点的正面投影不可见,所以 m 在后半球面上。又由于 m' 在下半圆球面上,所以 m 不可见。再由 m'、m 求出 m'',点 M 在左半球面上,故 m'' 可见。也可过 m' 作侧平辅助圆,如图 3-13(b)所示。

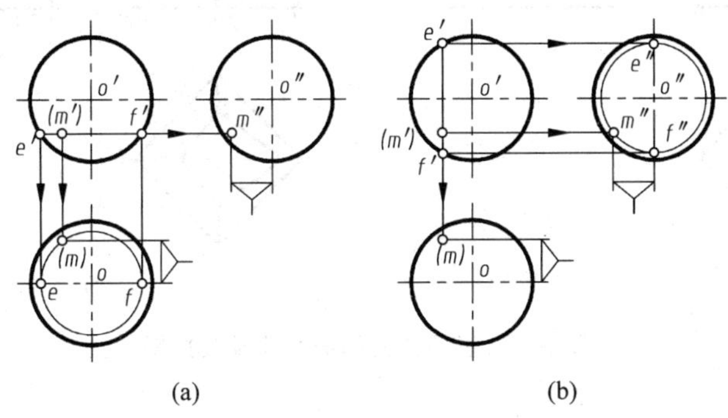

图 3-13　圆球的投影作图与表面上点的投影

(a) 利用水平辅助圆作图;(b) 利用侧平辅助圆作图

3.2　立体表面的截交线

平面与立体相交,截去立体的一部分叫做截切或切割。立体被平面切割后,平面与立体表面的交线称为截交线,该平面为截平面。由截交线围成的平面图形称为截断面,如图 3-14 所示。

立体被截平面切割后,所得到的截交线一般是由直线、曲线或直线与曲线围成的封闭的平面多边形,该多边形的形状取决于被截立体的形状和截平面与立体的相对位置。由于截交线是截平面与立体表面的共有线,故截交线上的点是截平面与立体表面的共有点。

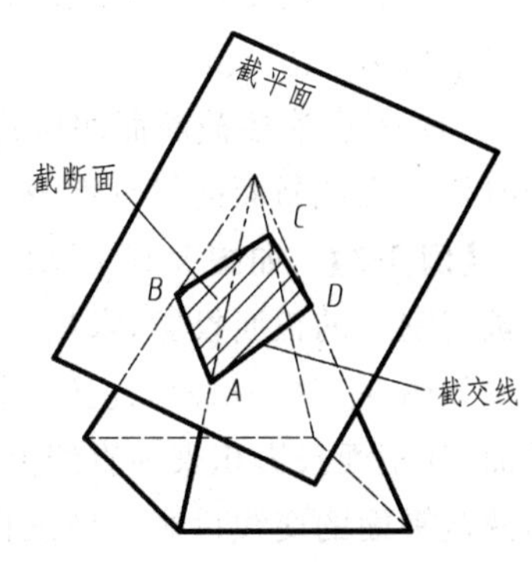

图 3-14　平面切割平面体

求立体表面截交线的方法如下:

(1) 根据被切割立体的形状、截平面切割立体的相对位置,分析截交线的形状特征;

(2) 根据立体、截平面与投影面的位置关系,分析截交线的投影特性,即实形性、积聚性、类似性等;

(3) 求出截平面与立体表面共有点的各面投影,然后在对应投影上依次连接各点得到封闭的多边形,即截交线的投影,注意判断截交线的可见性。

3.2.1 平面切割平面体

平面与平面立体相交,其截断面为一由直线构成的平面多边形。

【例 3-6】 如图 3-15(a)所示,正四棱锥被正垂面 P 切割,求作切割后正四棱锥的三视图。

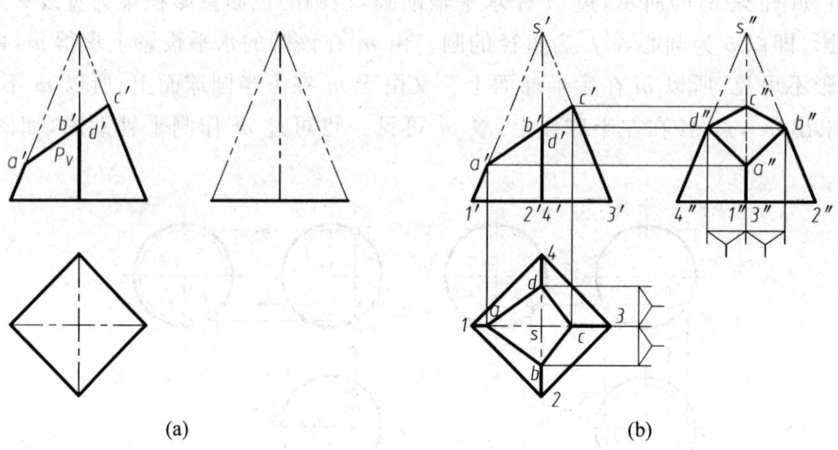

图 3-15 正四棱锥的截交线及其投影

分析:如图 3-15(a)所示,正垂面 P(正面投影积聚成为直线)切割四棱锥,与四棱锥的 4 条棱线都相交,截交线构成一个四边形,其顶点 A、B、C、D 是 4 条棱线与平面 P 的交点。由于这些交点的正面投影与正垂面 P 的正面投影 P_V 重合,所以可利用直线上的点的投影特性,由截交线的正面投影作出水平投影和侧面投影。

作图,如图 3-15(b)所示:

(1) 作出正四棱锥的三视图以及截平面的正面投影 P_V,在正面投影中求得 4 条棱线与 P_V 的交点 a'、b'、c'、d',前后两条棱线的正面投影重合,则 b'、d' 为重影点;

(2) 根据点在直线上的投影规律,由 a'、b'、c'、d' 可求得其对应的侧面投影 a''、b''、c''、d'' 和水平投影 a、b、c、d;

(3) 依次连接截断面四边形 $ABCD$ 各顶点的三面投影,即得所求截交线的三面投影。同时要注意截断面的可见性及立体被切割后原有棱线投影的变化。

【例 3-7】 如图 3-16 所示,一正三棱锥被两个平面切割,两截平面相交,已知该正三棱锥被切割后的正面投影,求出其他两面投影。

如图 3-16(b)所示,此正三棱锥的底面与水平面平行,底边 BC 为正垂线,两截平面为正垂面,其正面投影积聚为直线并交于一点。先分别求出两截平面与立体的截交线投影,再求出两截平面的交线投影。详细作图过程,请读者自行分析。

3.2.2 平面切割回转型曲面体

平面切割曲面体时,截交线的形状取决于曲面体表面的形状以及截平面与曲面体的相对位置。平面与回转型曲面相交时,常见截交线的形状和性质见表 3-1。

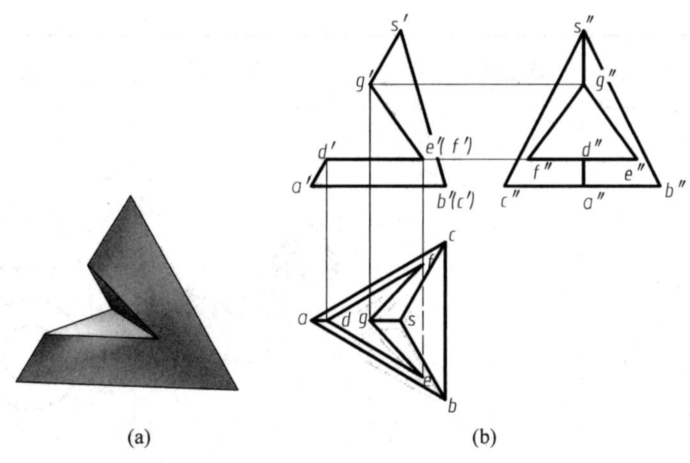

图 3-16　三棱锥被两个平面切割后的投影

(a) 三棱锥切割体；(b) 切割体的三视图

表 3-1　平面切割回转型曲面体

曲面体类型	截平面的位置	截交线的形状	立　体　图	投　影　图
圆柱	平行于轴线	矩形		
	倾斜于轴线	椭圆或椭圆弧加直线(截平面通过一底面时)		
圆锥	过锥顶的平面	等腰三角形		

续表

曲面体类型	截平面的位置	截交线的形状	立 体 图	投 影 图
圆锥	与轴线垂直	圆	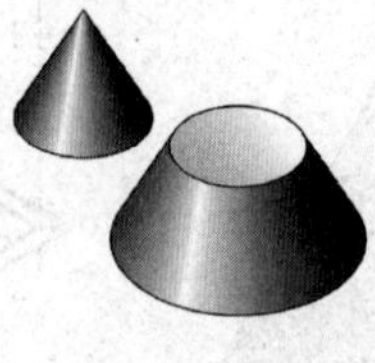	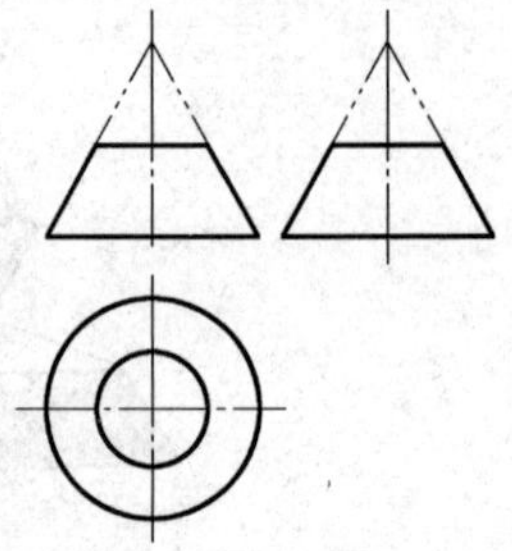
	与轴线倾斜，且 $\alpha<\theta$	椭圆或椭圆弧加直线	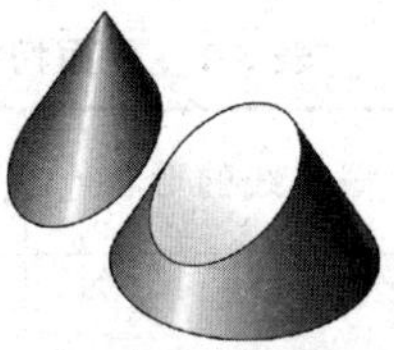	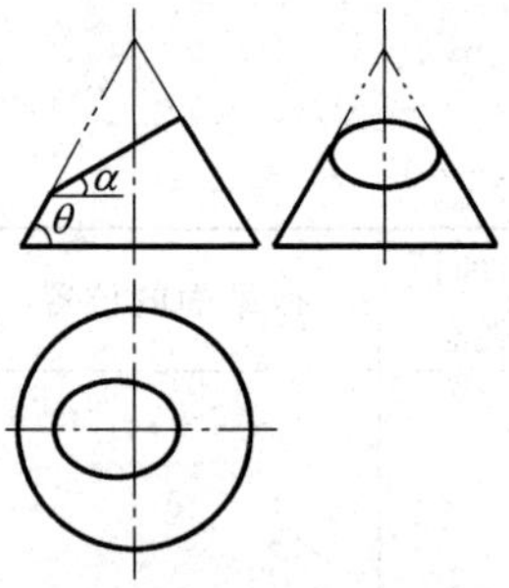
	与轴线倾斜，且 $\alpha=\theta$	抛物线加直线	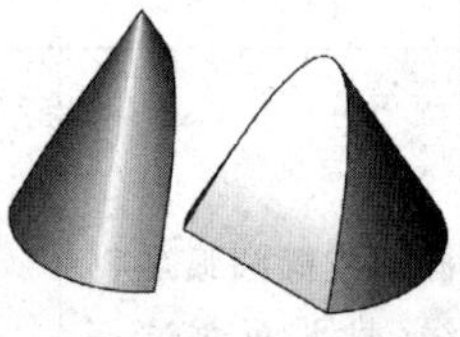	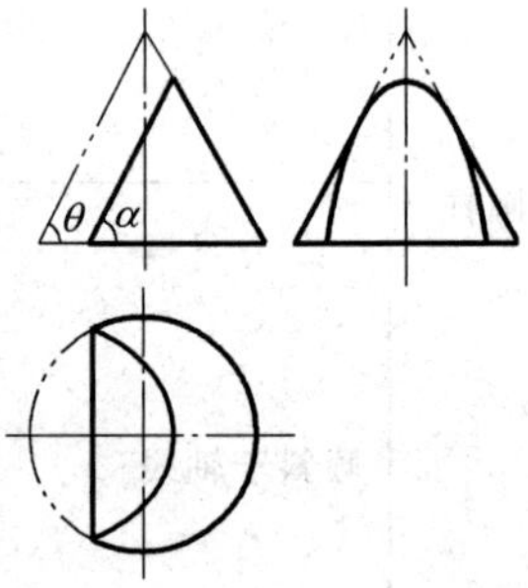
	与轴线倾斜，且 $\alpha>\theta$	双曲线加直线	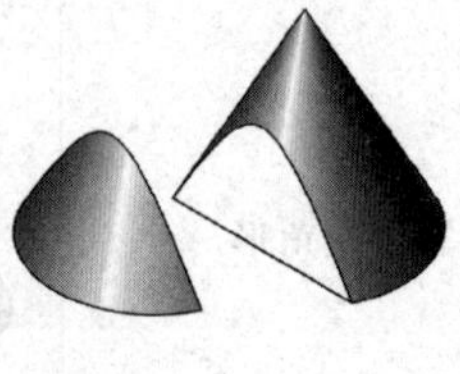	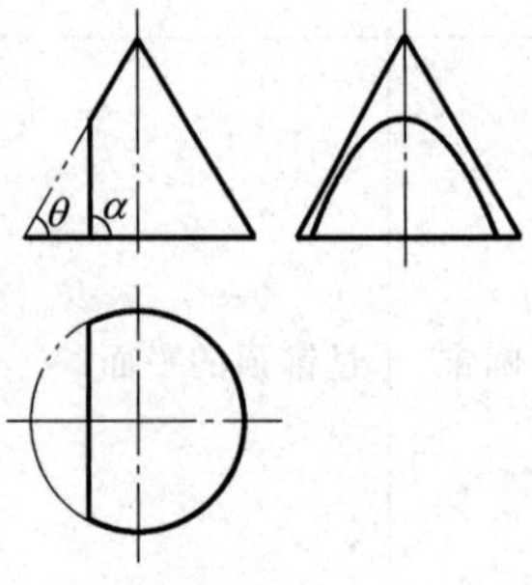

续表

曲面体类型	截平面的位置	截交线的形状	立　体　图	投　影　图
圆球	与投影面平行	圆		
	与投影面垂直	圆(投影为椭圆)		

平面与回转曲面体相交时，其截交线一般为封闭的平面曲线或直线，或直线与平面曲线组成的封闭平面图形。作图的基本方法是求出曲面体表面上若干条素线与截平面的交点，然后光滑连接而成。截交线上一些能确定其形状和范围的点，如最高与最低点、最左与最右点、最前与最后点，以及可见与不可见的分界点等，均称为特殊点。作图时通常先作出截交线上的特殊点，再按需要作出一些中间点，最后依次连接各点，并注意投影的可见性。

1. 平面与圆柱相交

平面与圆柱相交时，根据平面与圆柱轴线不同的相对位置可形成两种(当截平面与圆柱轴线垂直时，截交线为圆，未列入表内)不同形状的截交线，见表 3-1。

【例 3-8】 如图 3-17(a)所示为圆柱被正垂面斜切，已知主、俯视图，求作左视图。

分析：截平面 P 与圆柱的轴线倾斜，截交线为椭圆。由于 P 面是正垂面，所以截交线的正面投影积聚在 P_V 上；因为圆柱面的水平投影有积聚性，所以截交线的水平投影积聚在圆周上。而截交线的侧面投影一般情况下为椭圆，但随着截平面与圆柱轴线倾角的变化，所得截交线椭圆的长轴 AB 的投影会相应变化(短轴 CD 始终为圆柱直径，其投影不变)。当截平面与圆柱轴线成 45°时(正垂面位置)，交线的空间形状仍为椭圆，但左视图上投影为圆。

作图：

(1) 求特殊点。由图 3-17(a)可知，最低点 A、最高点 B 是椭圆长轴的两端点，也是位于圆柱最左、最右素线上的点。最前点 C、最后点 D 是椭圆短轴两端点，也是位于圆柱最前、最后素线上的点。A、B、C、D 的正面投影和水平投影可利用积聚性直接作出，然后由正面投影 a'、b'、c'、d' 和水平投影 a、b、c、d 作出侧面投影 a''、b''、c''、d''，如图 3-17(b)所示。

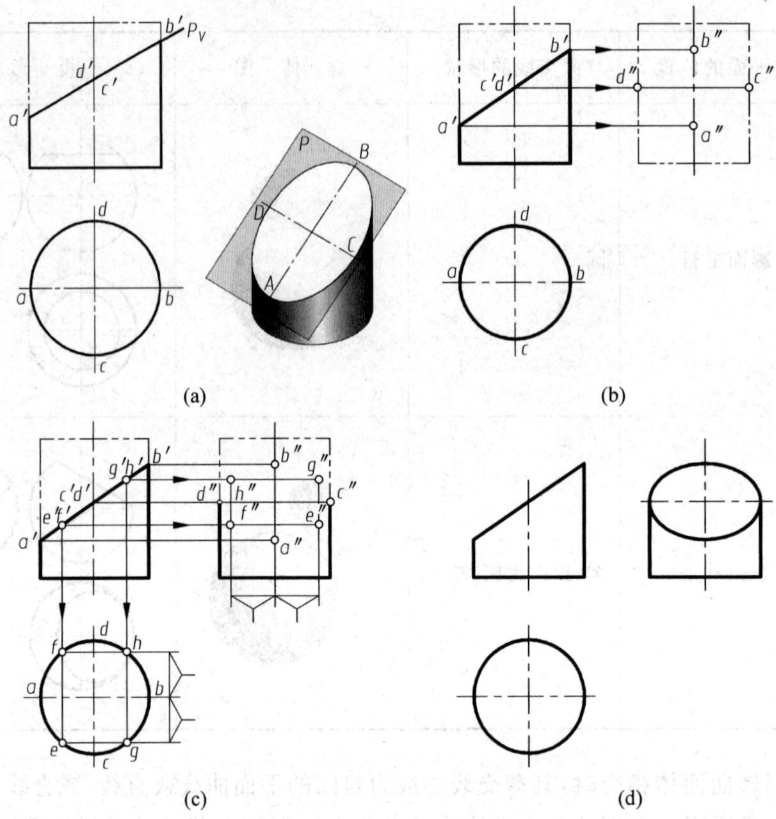

图 3-17　圆柱被正垂面斜切

(2) 求中间点。为了准确作图,还必须在特殊点之间作出适当数量的中间点,如 E、F、G、H 各点。先作出它们的正面投影 e'、f'、g'、h' 和水平投影 e、f、g、h,再作出侧面投影 e''、f''、g''、h'',如图 3-17(c)所示。

(3) 依次光滑连接 $a''e''c''g''b''h''d''f''a''$,即为所求截交线椭圆的侧面投影,圆柱的轮廓线在 c''、d'' 处与椭圆相切。描深视图,如图 3-17(d)所示。

【例 3-9】 如图 3-18(a)所示,已知圆柱被 P、Q 两个平面切割后的正面投影和水平投影,求作该圆柱切割体的侧面投影。

分析:如图 3-18(a)所示,圆柱切口由水平面 P 和侧平面 Q 切割而成。由截平面 P 所产生的交线是一段圆弧,其正面投影是一段水平线(积聚在截平面 P 的正面投影 p' 上),水平投影是一段圆弧(积聚在圆柱的水平投影上)。截平面 P 和 Q 的交线是一条正垂线 DC,其正面投影 $d'c'$ 积聚成点,水平投影 dc 重合于侧平面 Q 的积聚投影 q 上。由截平面 Q 所产生的交线是两段铅垂线 AD 和 BC(圆柱面上两段素线),它们的正面投影 $a'd'$ 与 $b'c'$ 积聚在 q' 上,水平投影分别为圆周上两个重影点 ad、bc。Q 面与圆柱顶面的交线是一条正垂线 AB,其正面投影 $a'b'$ 积聚成点,水平投影 ab 与 dc 重合,也积聚在 q 上。

作图:

(1) 根据宽相等,从俯视图上量取 cd 的宽度,在截平面 P 的侧面投影 p'' 上定出 c''、d'',如图 3-18(b)所示。

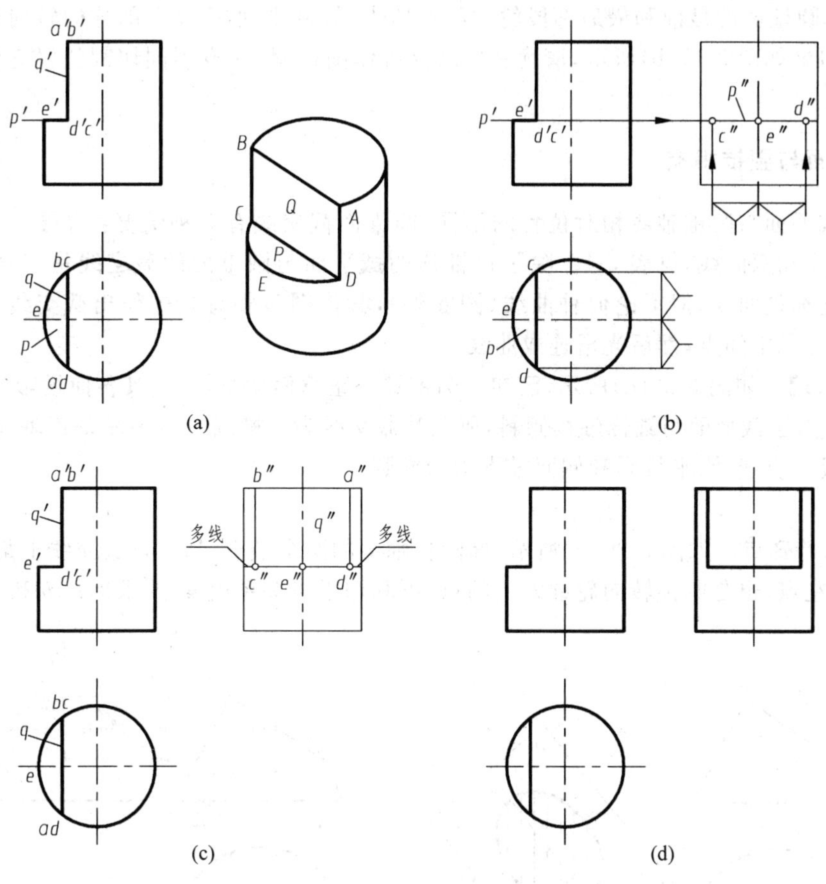

图 3-18　被切割圆柱的侧面投影作图

(2) 由 c''、d''分别向上作竖线与顶面交于 b''、a''，即得由截平面 Q 所产生的截交线 AD、BC 的侧面投影 $a''d''$、$b''c''$，如图 3-18(c)所示。

(3) 平面 Q 未将圆柱最大直径部分切去，故左视图中保留平面 P 以上部分的转向轮廓线，作图结果如图 3-18(d)所示。

【例 3-10】 将图 3-18 所示圆柱扩大切割范围，使截平面 P 和 Q 切过圆柱轴线，如图 3-19(a)所示，已知其正面投影和水平投影，求作其侧面投影。

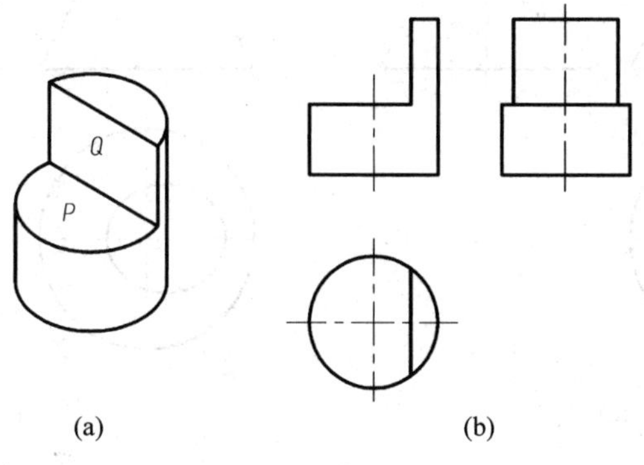

图 3-19　不同切割位置圆柱侧面投影的变化

分析：圆柱面的最前和最后两段轮廓已被切去，故截平面 P 以上部分的转向轮廓线不画。作图结果如图 3-19(b)所示，请读者自己分析作图过程，注意不同切割位置立体投影的区别。

2. 平面与圆锥相交

根据截平面与圆锥轴线相对位置的不同，圆锥面截交线有 5 种情况：等腰三角形、圆、椭圆、抛物线和双曲线，见表 3-1。除了过锥顶的截平面与圆锥面的截交线是三角形外，其他 4 种情况都是曲线，但不论何种曲线(圆除外)，其作图步骤总是先作出截交线上的特殊点，再作出若干中间点，然后光滑连成曲线。

【例 3-11】 如图 3-20(a)所示，已知一圆锥被一正垂面切割，完成其各面投影。

分析：由于截平面与圆锥轴线倾斜，所以其截交线为一椭圆。截平面是正垂面，其正面投影积聚成一直线，水平投影和侧面投影均为椭圆。

作图：

(1) 求特殊点。如图 3-20(b)所示，椭圆长轴上的两个端点 A、B 是截交线上最高、最低和最右、最左点，也是圆锥转向轮廓线上的点，可利用投影关系由 a'、b' 求得 a、b 和 a''、b''；椭

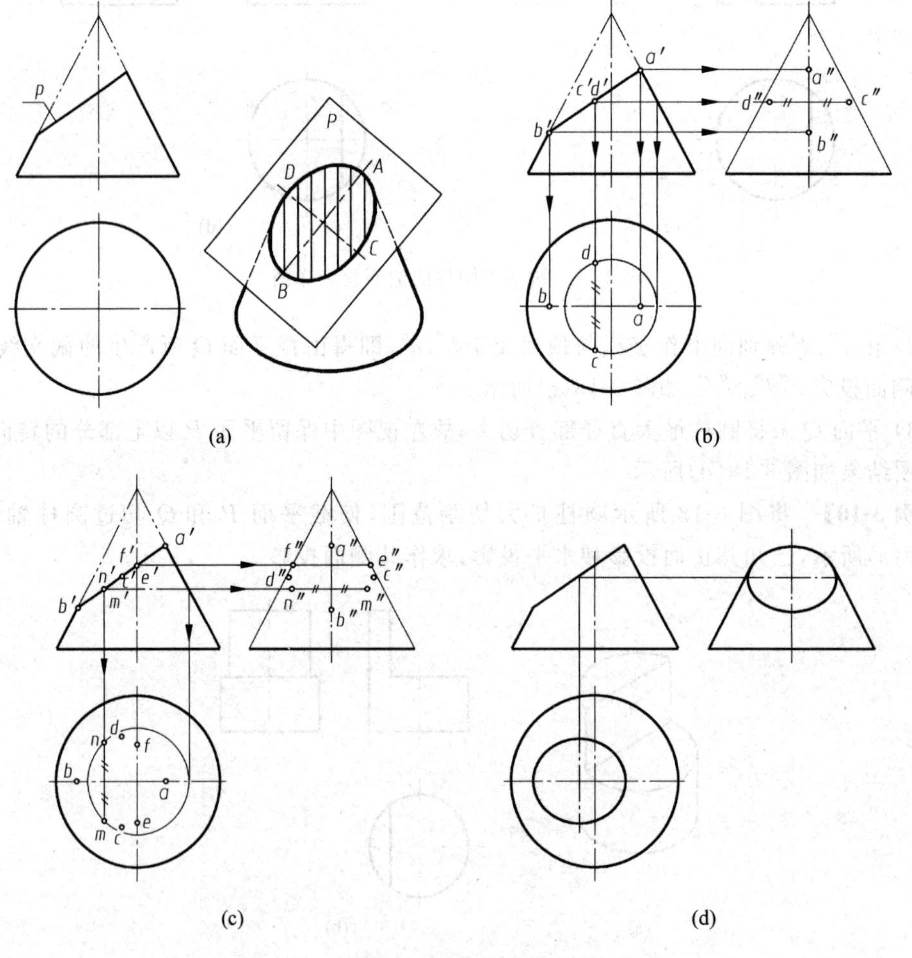

图 3-20 圆锥被正垂面切割后的投影作图

圆短轴上两个端点 C、D 是截交线上的最前、最后点，其正面投影 c'、d' 重影于 $a'b'$ 的中点，利用纬圆法即可求得 c、d 和 c''、d''。如图 3-20(c)所示，椭圆上 E、F 点也是转向轮廓线上的点，由 e'、f' 求得 e、f 和 e''、f''。

(2) 求中间点。用纬圆法在特殊点之间再作出若干中间点，如点 M、N 的投影，如图 3-20(c)所示。

(3) 依次连接各点的水平投影和侧面投影，即为截交线的投影。然后将侧面投影中轮廓线画到 e''、f''，以上部分的转向轮廓线被切去不画，作图结果如图 3-20(d)所示。

【例 3-12】 如图 3-21(a)所示，求作圆锥被正平面 P 切割后的投影。

分析：正平面与圆锥轴线平行，与圆锥面的交线为双曲线，其正面投影反映实形，水平和侧面投影均积聚为直线，故只需作出双曲线的正面投影。

作图：

(1) 求特殊点。先画出圆锥的正面投影。A、B 两点位于底圆上，是截交线上的最低点，也是最左、最右点；点 C 位于圆锥的最前素线上，是最高点。可利用投影关系直接求得 a'、b' 和 c'，如图 3-21(b)所示。

(2) 求中间点。用纬圆法在特殊点之间再作出若干中间点，在最低和最高点之间作纬圆交截平面 P 于点 D、E，如图 3-21(c)所示，先作出水平投影 d、e，然后再作出正面投影 d'、e'。

(3) 依次光滑连接各点得到截交线的正面投影，如图 3-21(d)所示。

3. 平面与圆球相交

平面与圆球相交，不论平面与圆球的相对位置如何，其截交线总是圆。根据平面与投影面的相对位置不同，所得截交线的投影可以是圆、直线或椭圆。当截平面平行于投影面时，截交线圆在该投影面上的投影反映实形，而在另外两个投影面上的投影积聚成长度等于该圆直径的直线段。当截平面垂直投影面时，截平面与圆球的截交线还是圆，但该圆为一投影面垂直面，在垂直的投影面上积聚成直线，其他两面投影是椭圆，如表 3-1 所示。

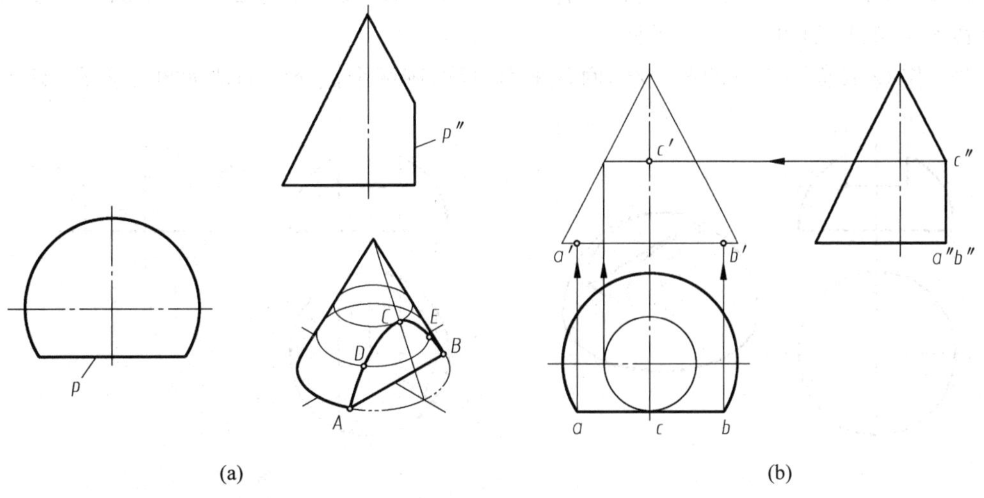

图 3-21 圆锥被正平面切割后的投影作图

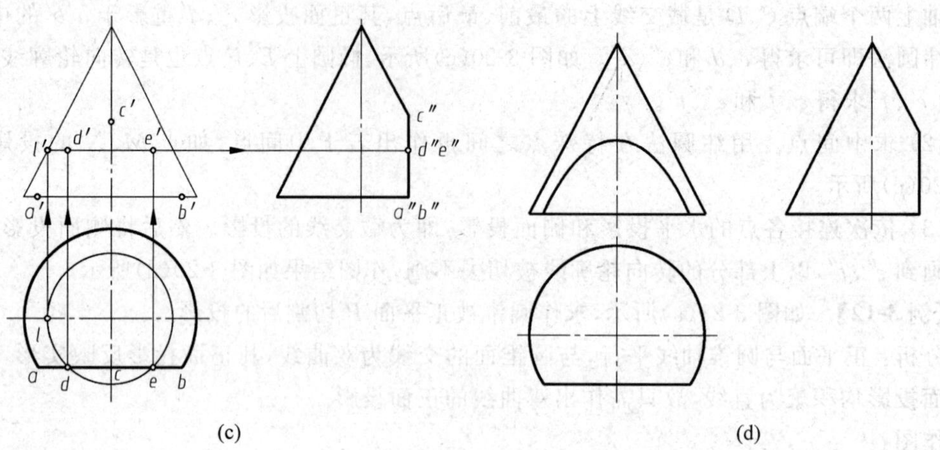

(c) (d)

图 3-21 (续)

【例 3-13】 如图 3-22(a)所示，半球被截平面 P、Q、R 切割，补全切割后立体的俯视图，并画出左视图。

分析：

截平面 P 是水平面，截半球所得的截交线是两段圆弧 $\widehat{AC}$($\widehat{AC}$ 表示圆弧 AC)和 $\widehat{DB}$，两段圆弧的正面投影重合并积聚在 p'上，其水平投影反映实形。

截平面 Q、R 是侧平面，对称地切割半球所得的截交线是两段圆弧 $\widehat{AEB}$ 和 $\widehat{CFD}$，两段圆弧的正面投影分别积聚在 q'、r'上，其侧面投影反映实形。

截平面 P 和 Q 的交线是正垂线 AB，P 和 R 的交线是正垂线 CD，它们的正面投影积聚成一点。

作图：

(1) 作 P 面与半球的交线 $\widehat{AC}$ 和 $\widehat{DB}$ 的水平投影，该投影反映实形，是半径为 R_1 的水平圆弧 $\widehat{ac}$ 和 $\widehat{db}$；其侧面投影 d''与 b''重合，c''与 a''重合，圆弧积聚为 d''、c''与半圆轮廓线间的两小段水平直线，如图 3-22(b)所示。

(2) 作 Q、R 面与半球的截交线，两截平面对称，则两个截交线的侧面投影重合，且反映

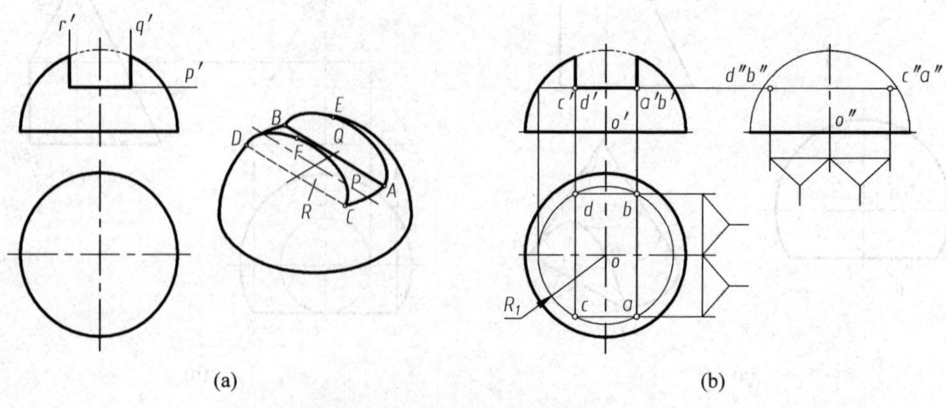

(a) (b)

图 3-22 半球被水平面和侧平面切割后的投影作图

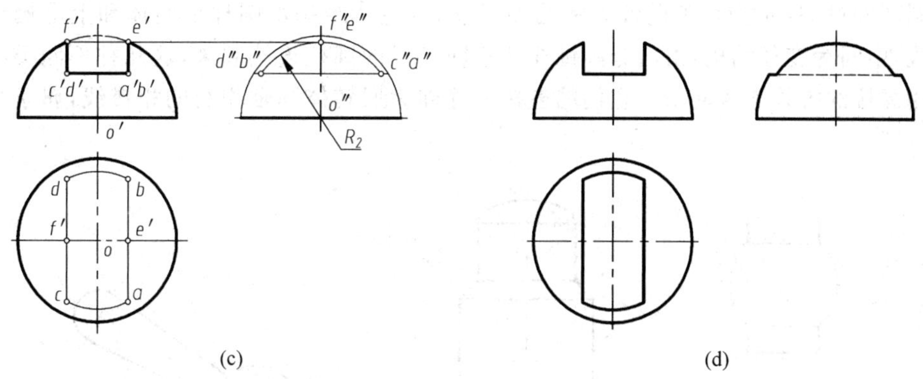

(c)

(d)

图 3-22 （续）

实形，是以 o''为圆心，R_2（直线 $o''f''$）为半径的$\overset{\frown}{aeb}$（或 $\overset{\frown}{cfd}$）；其水平投影积聚为直线 ab 和 cd，如图 3-22(c)所示。

(3) 判断截交线的可见性，然后描深，擦去多余图线，作图结果如图 3-22(d)所示。

3.3　立体表面的相贯线

两立体相交叫作相贯，其表面产生的交线称为相贯线。两立体相交包括两平面立体相交、平面立体与曲面立体相交、两曲面立体相交三种情况。两曲面立体相交，最常见的有：圆柱与圆柱相交，圆锥与圆柱相交以及圆柱与圆球相交等。

相贯线的形状取决于两相交立体的形状、大小和相对位置。

3.3.1　平面立体与回转体相交

求平面立体与回转体的交线，即求平面立体的各个平面与回转体的截交线，如图 3-23 所示。

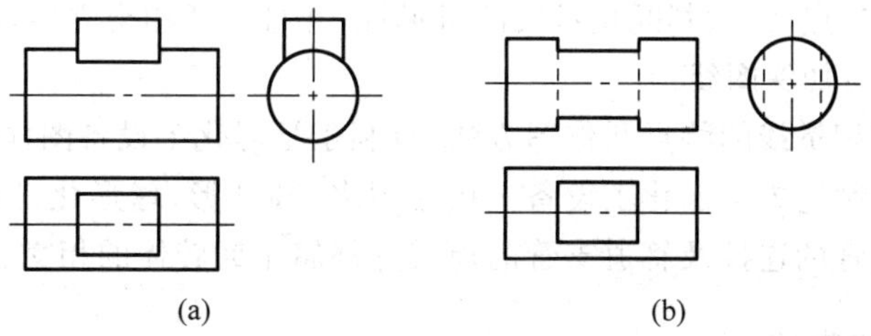
(a)

(b)

图 3-23　平面体与回转体相交

(a) 棱柱体与圆柱体相交；(b) 圆柱体上开矩形孔

3.3.2　两回转体同轴相交

两个同轴回转体相交时，它们的相贯线一定是垂直于轴线的圆，当回转体轴线平行于某投影面时，这个圆在该投影面的投影为垂直于轴线的直线，如图 3-24 所示。这类相贯线属于特殊形式，是平面曲线。

图 3-24(b)所示为化工设备的常见外壳形状,主体结构由圆柱形筒体和上下椭球面封头构成,中间为变径结构,由部分圆锥体将不同直径的圆柱连接起来,这几种不同类型回转体采用焊接的方式连接起来。它们的连接焊缝即为回转体同轴相交的相贯线,属于平面曲线——圆。

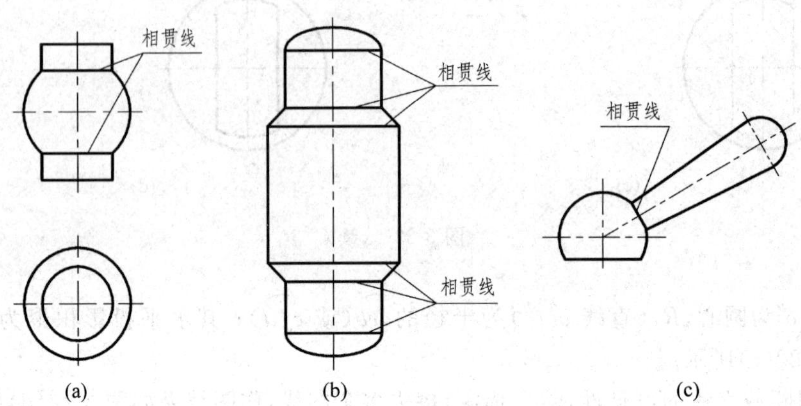

图 3-24 同轴回转体的相贯线——圆

3.3.3 两回转体正交

两回转体相交,根据回转轴线的相对位置可分为:正交、斜交和偏交。正交为两轴线垂直相交,斜交为两轴线相交但不垂直,偏交为两轴线交叉。两回转体相交,其相贯线一般为闭合的空间曲线。本书主要介绍两回转体正交的情况。

两回转体的相贯线,实际上是两回转体表面上一系列共有点的连线,求作共有点的方法有:表面取点法(积聚性法)和辅助平面法。求作相贯线的一般步骤如下:

(1) 先找特殊点:最高、最低、最左、最右、最前、最后、转向轮廓线上的点等;

(2) 补充若干中间点:利用表面取点法或辅助平面法在特殊点之间取点;

(3) 光滑连接各点,注意判断相贯线的可见性,并且注意相交立体轮廓线的变化;

(4) 检查无误后加深图线。

掌握立体表面相贯线的特点和作图方法,有利于学习化工设备图样的绘制,也有助于了解化工设备的加工制造方法。化工设备上接管很多,圆柱形、球形化工设备与接管的连接,各种形状封头上接管的连接及管道支管的焊接等都属于回转体的相交。

1. 圆柱与圆柱相交

两圆柱正交是工程上最常见的,如化工设备筒体与接管的相交,主管道与支管的连接,三通、四通、弯头管件等。

1) 两圆柱外表面相交

【例 3-14】 如图 3-25(a)所示,两个直径不相等的圆柱正交,求作相贯线的投影。

分析:两圆柱正交,当直立圆柱轴线为铅垂线,水平圆柱轴线为侧垂线时,直立圆柱面的水平投影和水平圆柱面的侧面投影都具有积聚性,所以相贯线的水平投影和侧面投影分别积聚在它们的圆周上,如图 3-25(a)所示。因此,只要根据已知的水平和侧面投影求作相

贯线的正面投影即可。两不等径圆柱正交形成的相贯线为空间曲线，如图 3-25(b)立体图所示。因为相贯线前后对称，在其正面投影中，可见的前半部分与不可见的后半部分重合，且左右也对称。因此，求作相贯线的正面投影，只需作出前面的一半。

作图：

(1) 求特殊点。水平圆柱的最高素线与直立圆柱最左、最右素线的交点 A、B 是相贯线上的最高点，也是最左、最右点。a'、b'，a、b 和 a''、b''均可直接作出。点 C 是相贯线上的最低点，也是最前点，c''和 c 可直接作出，再由 c''、c 求得 c'，如图 3-25(b)所示。

(2) 求中间点。利用积聚性，在侧面投影和水平投影上定出 e''、f''和 e、f，再作出 e'、f'，如图 3-25(c)所示。

(3) 光滑连接 $a'e'c'f'b'$ 即为相贯线的正面投影，作图结果如图 3-25(d)所示。

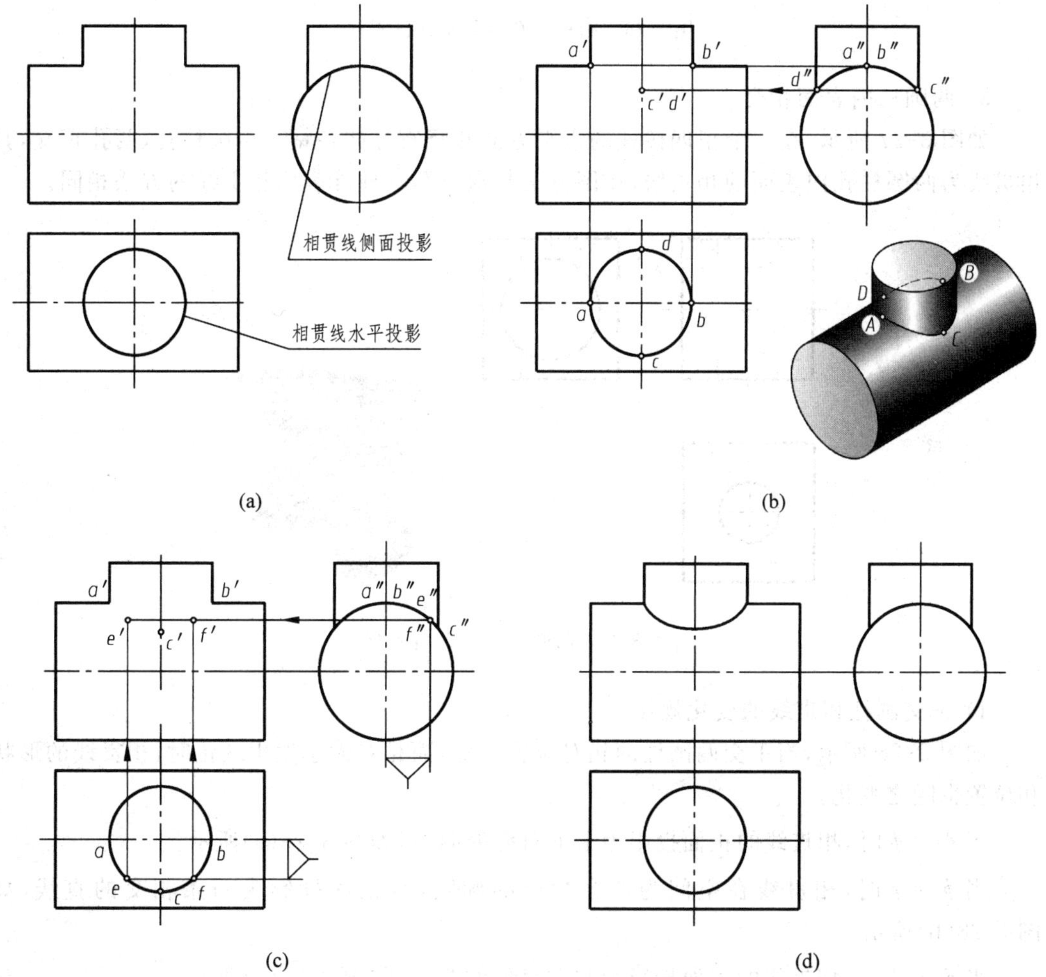

图 3-25　不等径两圆柱正交的投影

2) 圆柱外表面与内表面相交

如图 3-26 所示，若在水平圆柱上穿孔，就出现了圆柱外表面与圆柱孔内表面的相贯线。

这种相贯线可以看成是直立圆柱相贯后,再把直立圆柱抽去而形成。

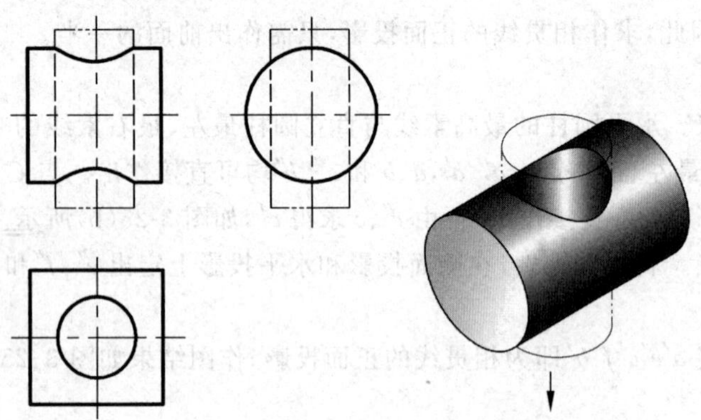

图 3-26　圆柱穿孔后相贯线的投影

3) 两圆柱内表面相交

如图 3-27 所示,在一个正四棱柱的水平方向和竖直方向各钻一个圆柱孔,两孔正交,其相贯线为两圆柱孔内表面的相贯线,作图方法与求作两圆柱外表面相贯线的方法相同。

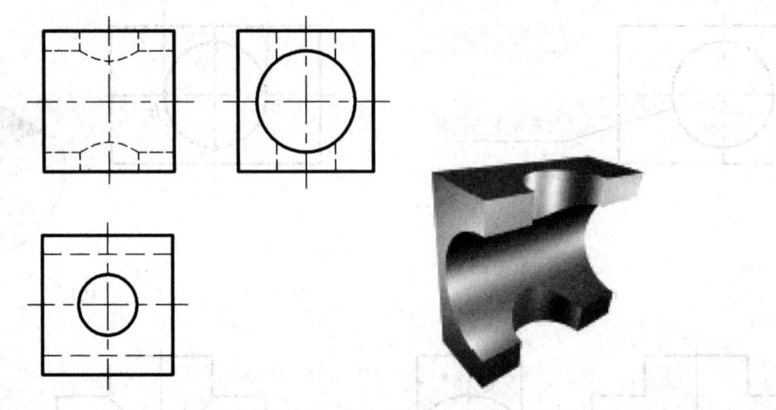

图 3-27　两圆柱孔内表面相交

4) 正交圆柱相贯线的变化规律

如图 3-28 所示,当正交两圆柱的相对位置不变,而相对大小发生变化时,相贯线的形状和位置也随之变化。

当 $\phi_1>\phi$ 时,相贯线的正面投影为上下对称的曲线,如图 3-28(a)所示。

当 $\phi_1=\phi$ 时,相贯线在空间为两个相交的椭圆,其正面投影为两条相交的直线,如图 3-28(b)所示。

当 $\phi_1<\phi$ 时,相贯线的正面投影为左右对称的曲线,如图 3-28(c)所示。

从图 3-28(a)、(c)可看出,两圆柱正交时,在相贯线的非积聚性投影上,相贯线曲线的凸起方向总是朝着直径较大圆柱的轴线。

5) 相贯线的简化画法

工程上两圆柱正交的实例很多,为了简化作图,国家标准规定,允许采用简化画法作出

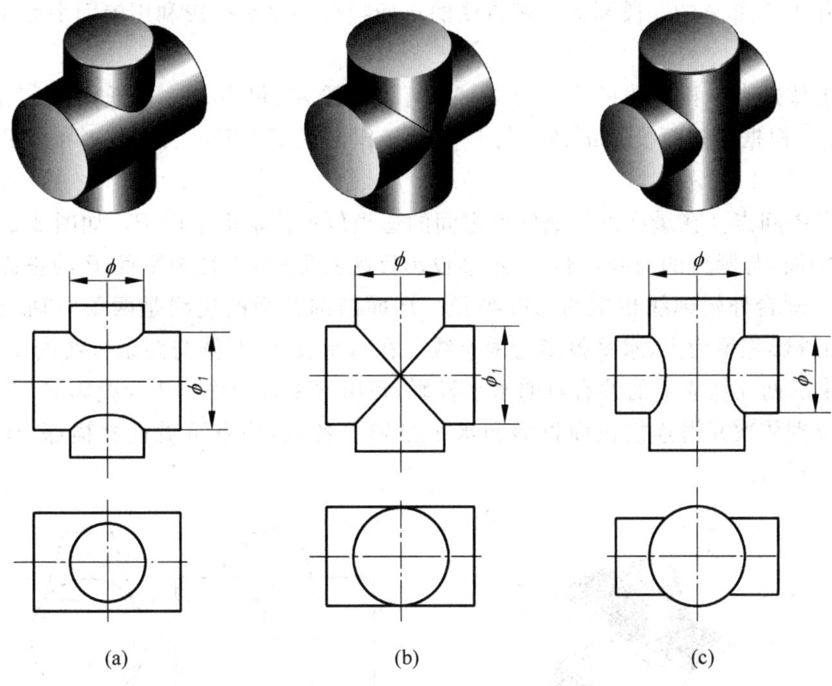

图 3-28　两圆柱正交时相贯线的变化

相贯线的投影，即以圆弧代替非圆曲线。当轴线垂直相交，且轴线均平行于正面的两个不等径圆柱相交时，相贯线的正面投影以大圆柱为半径画圆弧即可。简化画法的作图过程如图 3-29 所示。

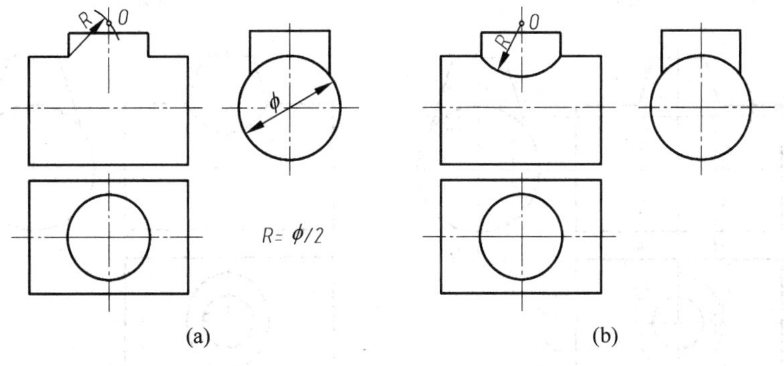

图 3-29　相贯线的简化画法

2. 圆锥与圆柱正交

由于圆锥面的投影没有积聚性，因此，当圆锥与圆柱相交时，不能利用积聚性法作图，而要采用辅助平面法求出两曲面体表面上若干共有点，从而画出相贯线投影。

【例 3-15】 如图 3-30(a)所示，求作圆台和圆柱正交的相贯线投影。

分析：圆台和圆柱正交，其相贯线为左右、前后都对称的封闭空间曲线。由于圆柱轴线垂直于侧面，其侧面投影积聚成圆，因此，相贯线的侧面投影也积聚在该圆周上，是圆台和圆柱侧面投影共有部分的一段圆弧。相贯线的正面投影和水平投影利用辅助平面法作图。

作图：

(1) 求特殊点。相贯线的最高点是 A、B，也是最左、最右点。最低点是 C、D，也是最前、最后点。根据其侧面投影 a''、b''、c''、d''可直接作出正面投影 a'、b'、c'、d'和水平投影 a、b、c、d，如图 3-30(b)所示。

(2) 求中间点。在最高点与最低点之间的适当位置作辅助平面 P。如图 3-30(c)所示，P 面为水平面，与圆台的交线是圆，其水平投影反映实形圆，半径为平面 P 的正面或侧面投影积聚线与圆台外轮廓线相交的纬圆半径。P 面与圆柱面的交线是两条与轴线平行的直线，其侧面投影积聚为点，水平投影为两直线。在水平投影中，圆与两条直线的交点 e、f、g、h 即为所求的两立体表面的共有点的水平投影，再由水平投影作出正面投影 e'、f'、g'、h'。

(3) 分别依次光滑连接正面投影和水平投影上各点，检查可见性并描深，作图结果如图 3-30(d)所示。

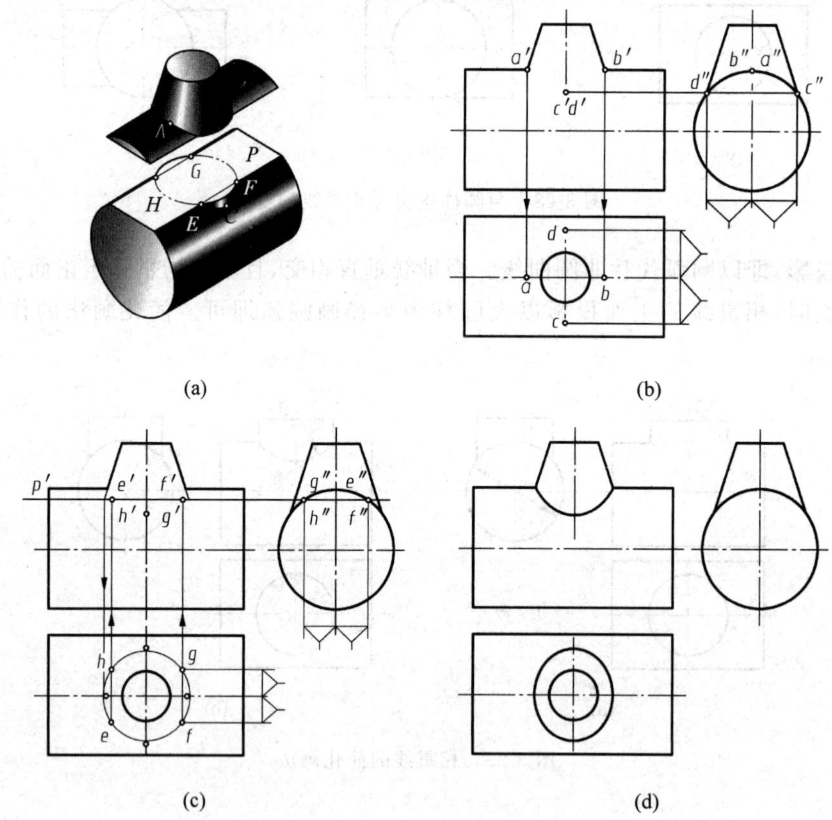

图 3-30 圆锥与圆柱正交的投影

3.3.4 两回转体相交相贯线的特殊情况

当轴线相交的两圆柱或圆柱与圆锥公切于一个球面时，相贯线是平面曲线——两个相交的椭圆。椭圆所在的平面垂直于两条轴线所决定的平面，如图 3-31 所示。常见管件(如四通、三通、弯头等)的相贯线投影如图 3-32 所示，其内、外表面均为等直径相交，相贯线为椭圆。

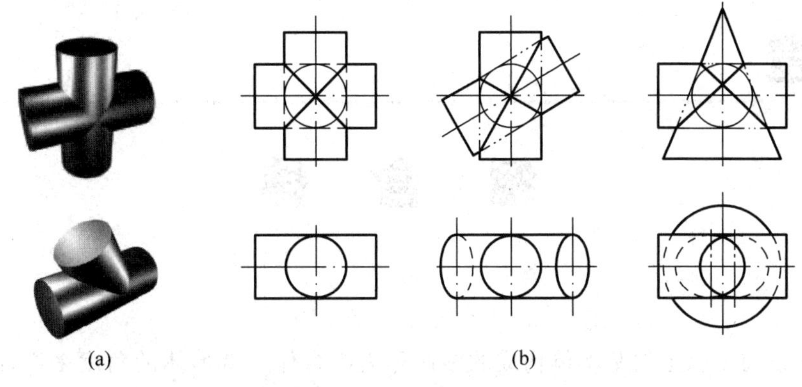

图 3-31 两回转体公切于一个球面的相贯线——椭圆

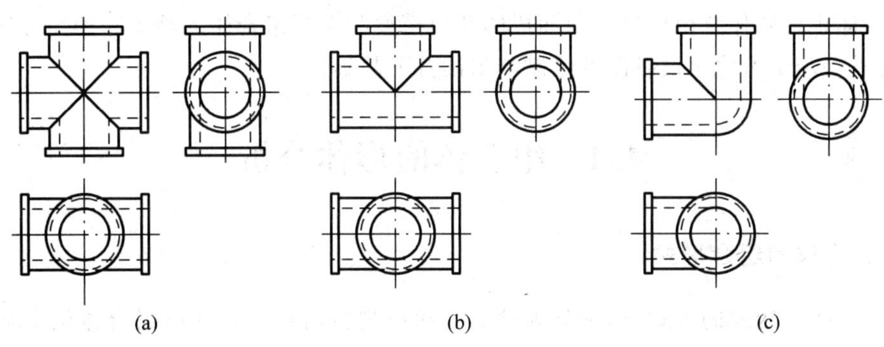

图 3-32 常见管件相贯线示例

(a) 四通；(b) 三通；(c) 弯头

3.3.5 过渡线画法

机器中有许多零件是铸件或锻件，它们的表面相交处通常用小圆角光滑过渡。由于圆角的影响，使机件表面的交线变得不很明显，这种交线称为过渡线，过渡线用细实线绘制。

如图 3-33 所示，过渡线的画法与相贯线一样，只是在过渡线的端部应留有空隙。图 3-33(a)所示的三通管是铸件，外表面未经切削加工，外表面的交线应画过渡线，过渡线的画法如图中所示；而内孔是经过切削加工后形成的孔，所以孔壁的交线应画成相贯线。图 3-33(b)、(c)分别是实心的铸件，前者是两个直径相等的圆柱体正交，后者是圆柱与球同轴相交，由于相交处都是圆角过渡，所以图中也都画成过渡线。

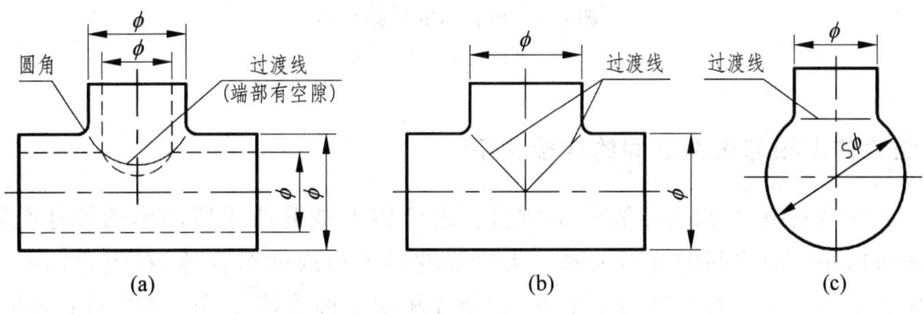

图 3-33 曲面立体相交处过渡线的画法示例

第4章

组 合 体

由两个或两个以上的基本体构成的整体称为组合体。从形体的角度来说，组合体的视图是基本形体的组合。因此，用视图表达组合体，必须对组合体作形体分析，以便选择优化的视图表达方案。

组合体也可看作是由机件抽象而成的几何模型。掌握组合体的画图和读图方法十分重要，将为进一步学习化工设备图的绘制与识读打下基础。

4.1 组合体的形体分析

1. 组合体的组合形式

组合体按其构成的方式，通常分为叠加型和切割型两种。叠加型组合体是由基本体叠加而成的，如图 4-1(a)所示的耳式支座；切割型组合体则可看成基本体经过切割或穿孔后形成的，如图 4-1(b)所示的垫块。

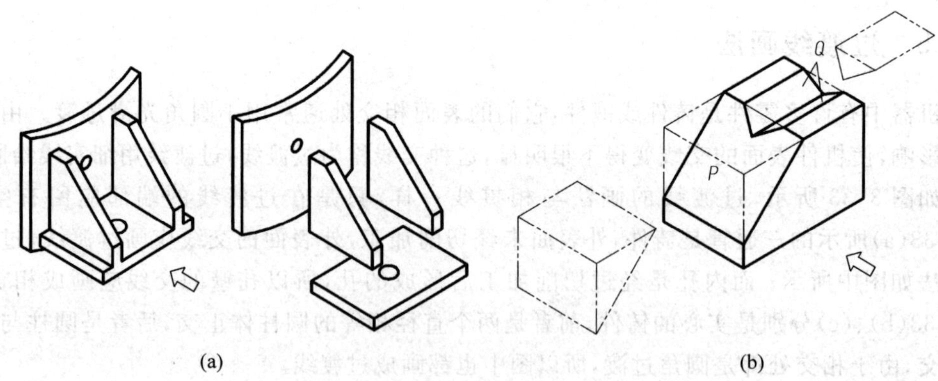

图 4-1 组合体的形体分析

(a) 耳式支座；(b) 垫块

2. 组合体上相邻表面之间的连接关系

为了正确绘制组合体的三视图，必须分析组合体上被叠加或切割掉的各基本体之间的相对位置和相邻表面之间的连接关系。无论哪种形式构成的组合体，在组合体中互相结合的两个基本体表面之间有平齐或不平齐，相交或相切 4 种连接关系。连接形式不同，连接处投影的画法也不同，如图 4-2 所示。

(1) 表面平齐：当相邻两形体的表面平齐(共面)时，不应有线隔开，如图 4-2(a)所示。

(2) 表面不平齐：当相邻两形体的表面不平齐(不共面)时，中间应有线隔开，如图 4-2(b)所示。

(3) 表面相切：当相邻两形体的表面相切时，由于相切处两表面是光滑过渡，所以相切处不应画线，如图 4-2(c)所示。

(4) 表面相交：当相邻两形体的表面相交时，在相交处应画出交线，如图 4-2(d)所示。

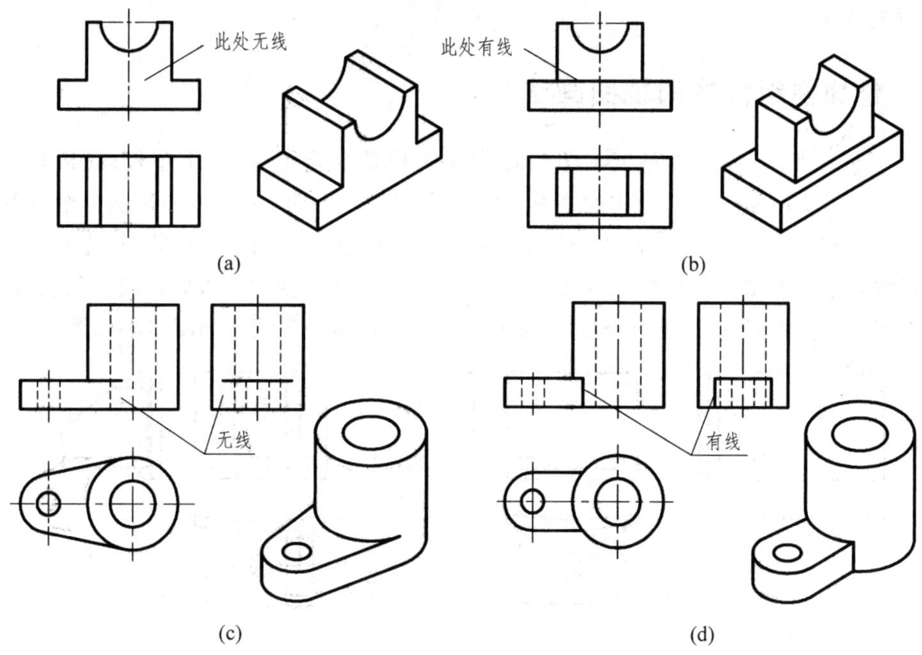

图 4-2　形体表面的连接关系

(a) 表面平齐；(b) 表面不平齐；(c) 表面相切；(d) 表面相交

必须注意，当两个实形体相交时，如图 4-3(a)、(b)所示，两实形体已融为一体，圆柱面原来的一段转向轮廓线已不存在。当实形体与空形体相交时，如图 4-3(c)所示，圆柱被穿方孔后的一段转向轮廓线已被切去。

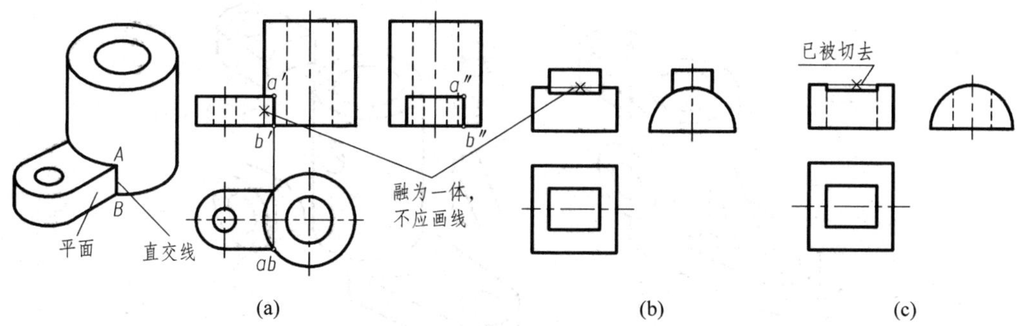

图 4-3　不存在的交线

4.2 画组合体视图的方法与步骤

画组合体视图的过程中,假想将一个复杂的组合体分解为若干基本体,分析它们的组合形式和相对位置,然后逐个画出各基本形体的投影,综合起来,得到整个组合体的三视图。这种思考方法称为"形体分析法"。形体分析法是指导画图和读图的基本方法,对于形状比较复杂的组合体,必要时还要对组合体中的投影面垂直面或一般位置平面及其相邻表面关系进行面形分析。

4.2.1 叠加型组合体的视图画法

如图 4-1(a)所示,化工设备上常用的耳式支座是叠加型组合体,由垫板、底板和两块肋板组合而成。箭头所示为该组合体的主视图投射方向。画图时,按形体分析法分解各基本形体以及确定它们之间的相对位置,逐个画出各基本形体的视图。画基本形体时,先从反映轮廓特征的视图入手。如垫板是呈弧状的长方形柱面,应先画其主视图;肋板是缺角的长方体,应先画其左视图。再按长对正、高平齐的投影关系画出另外两个视图。画图步骤如图 4-4 所示。

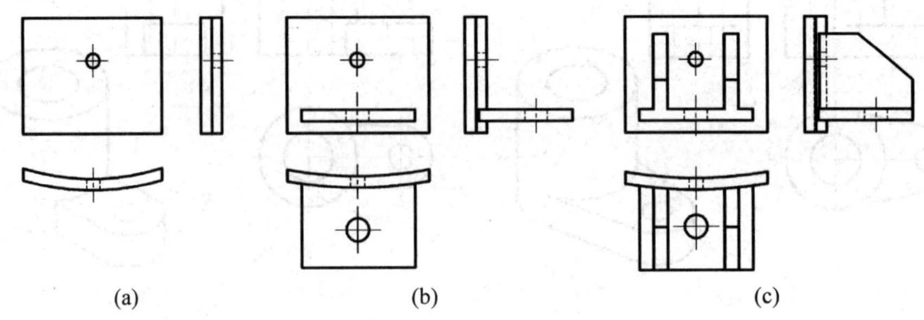

图 4-4 耳式支座画图步骤

(a) 画垫板;(b) 画底板;(c) 画肋板

【例 4-1】 绘制图 4-5 所示支架的三视图。

(1) 形体分析。

如图 4-5(a)所示支架,根据形体特点,可将其分解为 5 个部分,如图 4-5(b)所示。

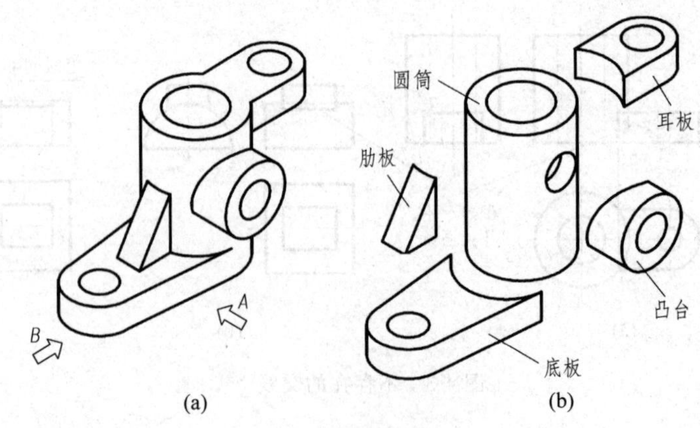

图 4-5 支架及其形体分析

从图 4-5(a)可看出，肋板的底面与底板的顶面叠合，底板的两侧面与圆筒相切，肋板与耳板的侧面均与圆柱体相交，凸台与圆筒轴线垂直相交，两圆柱的外表面相交，其通孔内表面相交。

(2) 选择视图。

如图 4-5(a)所示，将支架按自然位置安放后，比较箭头所示两个投射方向，选择 A 向作为主视图的投射方向显然比 B 向好，因为组成支架的基本形体及它们之间的相对位置关系在此方向表达最清晰，能反映支架的整体结构形状特征。

(3) 画图步骤。

选好适当比例和图纸幅面，然后确定视图位置，画出各视图主要中心线和基准线。按形体分析法，从主要的形体(如圆筒)着手，并按各基本形体的相对位置以及表面连接关系，逐个画出它们的三视图，具体作图步骤如图 4-6 所示。

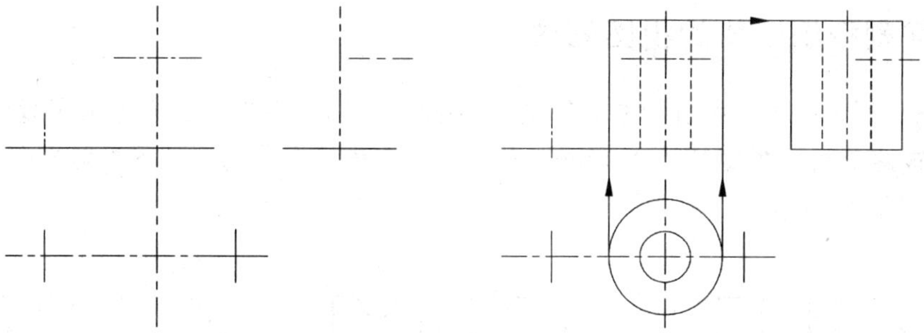

(a)

(b)

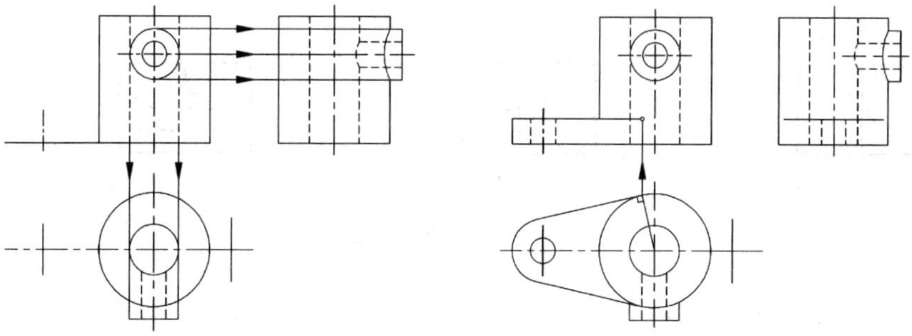

(c)

(d)

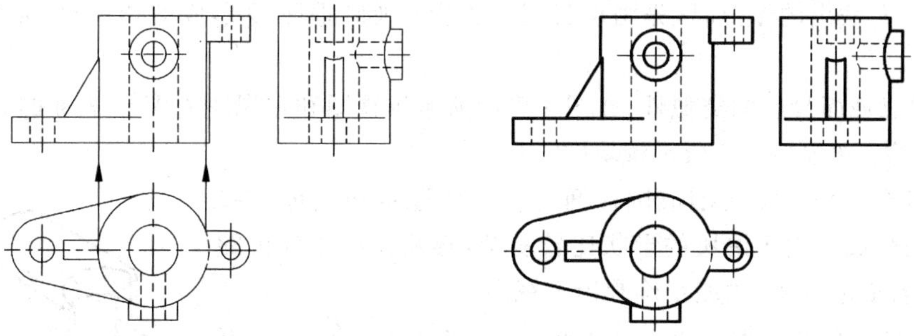

(e)

(f)

图 4-6　支架的画图步骤

(a) 画各视图的主要中心线和基准线；(b) 画主要形体直立圆筒；(c) 画凸台；
(d) 画底板；(e) 画肋板和耳板；(f) 检查并擦去多余作图线、描深画组合体的三视图应注意以下几点：

(1) 运用形体分析法，逐个画出各基本形体，同一形体的三视图宜按投影关系同时画出，而不是先画完组合体的一个完整的视图，再画另一个视图。这样既能保证各基本形体之间的相对位置和投影关系，又能提高绘图速度。

(2) 画每一个基本形体时，应先画反映该部分形状特征的视图。例如圆筒、底板以及耳板等都是在俯视图中反映其形状特征，所以先画俯视图，再画主、左视图。

(3) 完成各基本形体的三视图后，应检查形体间表面连接处的投影是否正确。例如底板前、后侧面与圆筒表面相切，底板的顶面轮廓线在主视图上应画到切点处；凸台与圆筒相交，在左视图上要画出内、外相贯线；耳板前、后侧面与圆筒表面相交，要画出交线，并且耳板顶面与圆筒顶面是共面，不画分界线，但应画出耳板底面与圆柱面的交线(虚线)。

4.2.2 切割型组合体的视图画法

图 4-1(b)所示的机械设备中的垫块是切割型组合体，可看作由长方体被正垂面 P 切去左上角，再被两个侧垂面 Q 切出 V 形槽。箭头所示为该组合体的主视图投射方向。垫块的画图步骤如图 4-7 所示。

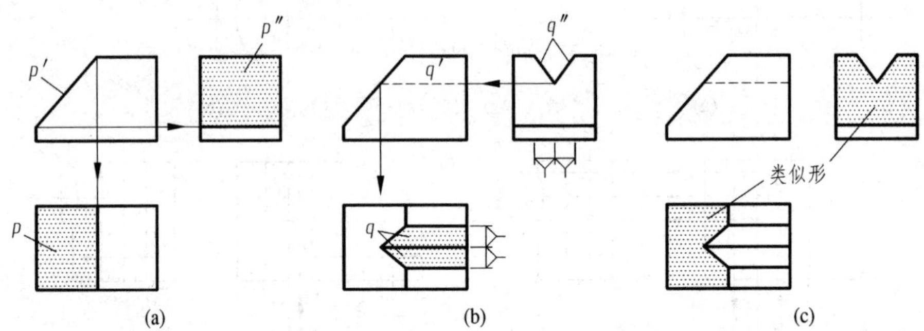

图 4-7 切割体的画图步骤

画切割型组合体时应注意：

(1) 作每个截面的投影时，应先从反映形体特征轮廓、具有积聚性投影的视图开始。如画由正垂面 P 截出的图形时，先画出其正面投影；画侧垂面 Q 形成的切口时，先画切口的侧面投影。

(2) 注意截面投影的类似性，如图 4-7(c)所示俯视图和左视图中 V 形表面的类似形。

【例 4-2】 绘制图 4-8 所示镶块的三视图。

镶块可看作是一端切割成圆柱面的长方体逐步切割掉一些基本形体而形成。由于镶块的形状比较复杂，必须在形体分析的基础上，结合面形分析，才能正确画出三视图。

(1) 形体分析和面形分析。镶块的右端为圆柱面，在前、后方分别用水平面和正平面各切割掉前后对称的右端有部分圆柱面的板，左端中间切割掉一块右端有圆柱面的板，并贯穿一个圆柱形孔，在左端的上方和下方再分别切割掉半径不等的两个半圆柱

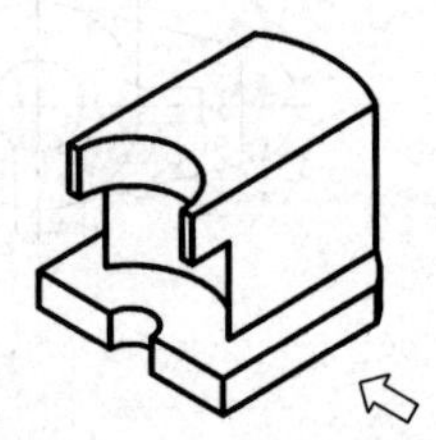

图 4-8 镶块的立体图

槽。画图时必须注意分析，每当切割掉一块基本体以后，在镶块表面上所产生的交线及其投影。

(2) 选择主视图。按自然位置安放好镶块后，选定图 4-8 的箭头所示方向为主视图的投射方向。

(3) 画图步骤如图 4-9 所示。

① 如图 4-9(a)所示，画右端切割为圆柱面的长方体三视图，应先画出俯视图。

② 如图 4-9(b)所示，切割掉前、后对称的两块。应先画出切割后的左视图，再按三视图的投影关系作出俯视图，最后作主视图。

③ 如图 4-9(c)所示，切割掉左端中间的一块。应先画出俯视图上有积聚性的圆柱面投影(虚线圆弧)，再画出主、左视图。

④ 如图 4-9(d)所示，画圆柱形通孔。应先画左视图和俯视图，然后画主视图。

⑤ 如图 4-9(e)所示，切割掉左端上、下两个半径不等的半圆柱槽。应先画俯视图，再画主、左视图。

⑥ 最后进行校核和加深，如图 4-9(f)所示。

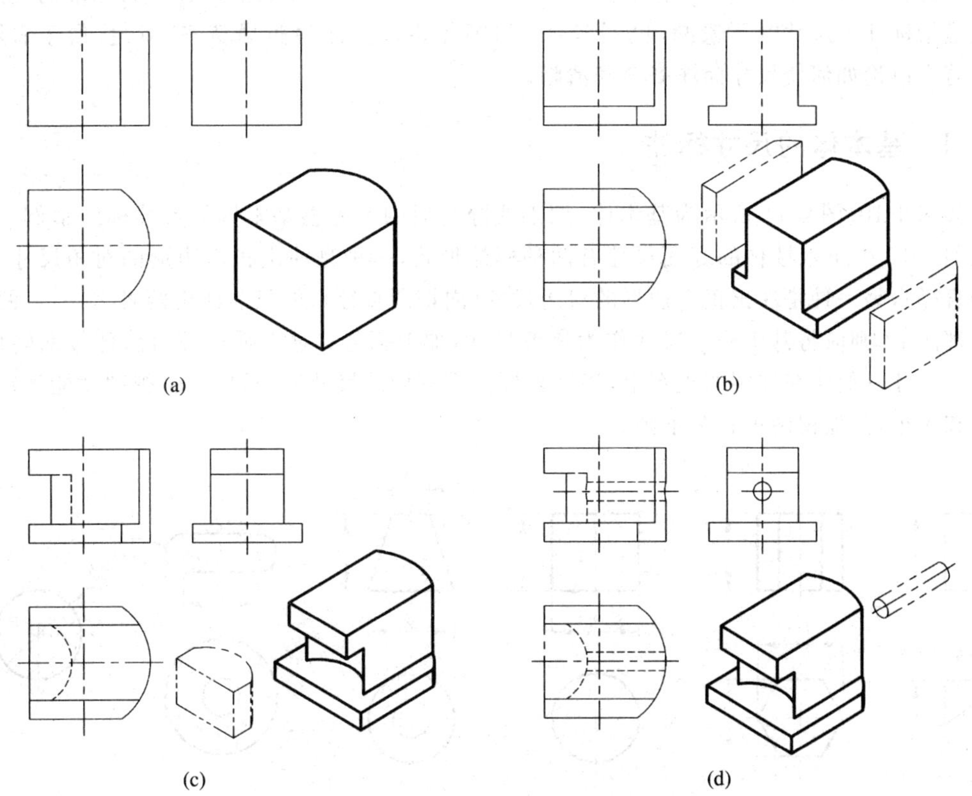

图 4-9　镶块三视图的作图过程

(a) 右端为圆柱面的长方体；(b) 前、后各切去一块；(c) 左端中间切去一块；
(d) 穿通圆柱孔；(e) 切割左端上、下两个半圆柱槽；(f) 校核、描黑

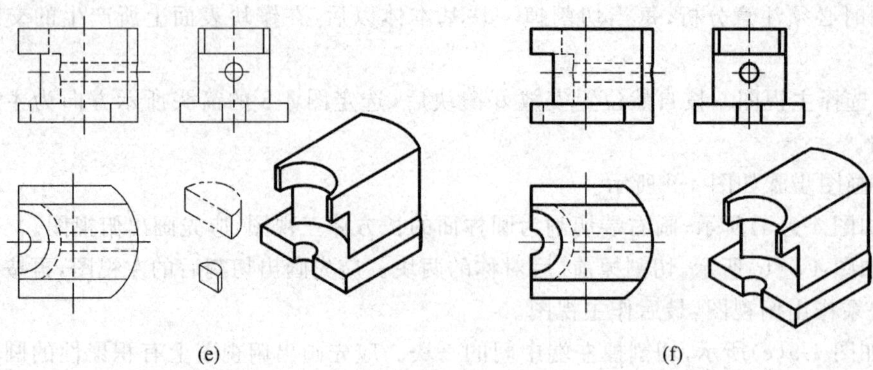

图 4-9 (续)

4.3 组合体的尺寸标注

视图只能表达组合体的形状,组合体各部分的大小及其相对位置,还要通过标注尺寸来确定。组合体尺寸标注的基本要求是:正确、齐全和清晰。正确是指符合国家标准的规定;齐全是指标注的尺寸既不遗漏,也不多余;清晰是指尺寸注写布局整齐、清楚,便于看图。本节着重讨论如何使尺寸标注齐全和清晰。

4.3.1 基本体的尺寸标注

如图 4-10、图 4-11 所示为基本体、切割或穿孔后的不完整基本体的尺寸标注示例。需注意图 4-10 中正六棱柱的底面尺寸有两种标注形式,一种是注出正六边形的对角尺寸(外接圆直径),另一种是注出正六边形的对边尺寸(内切圆直径),但只需注出两者之一,若两个尺寸都注上,则应将其中一个尺寸作为参考尺寸,加上括号;对于圆柱、圆台、环等回转体,其直径尺寸一般注在非圆的视图上,当完整标注了它们的尺寸后,只用一个视图就能确定其形状和大小,其他视图可省略不画。

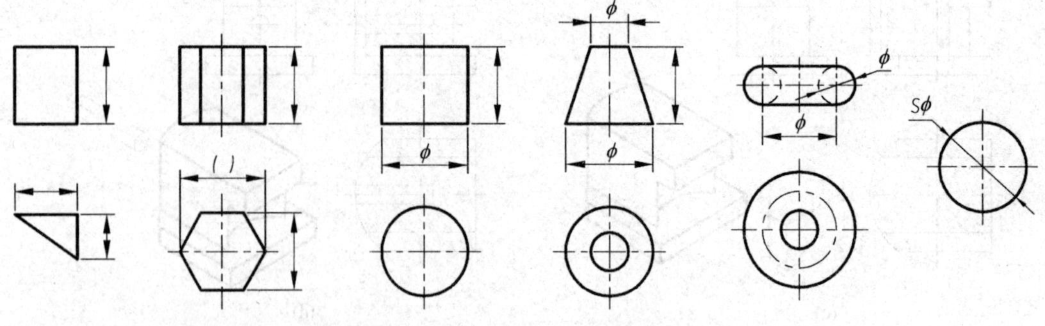

图 4-10 基本体的尺寸标注示例

标注图 4-11 中具有斜截面或缺口的基本体的尺寸时,应注出截平面或缺口的定位尺寸,不要标注截交线的尺寸,图中画上“×”的尺寸都是不应该标注的。

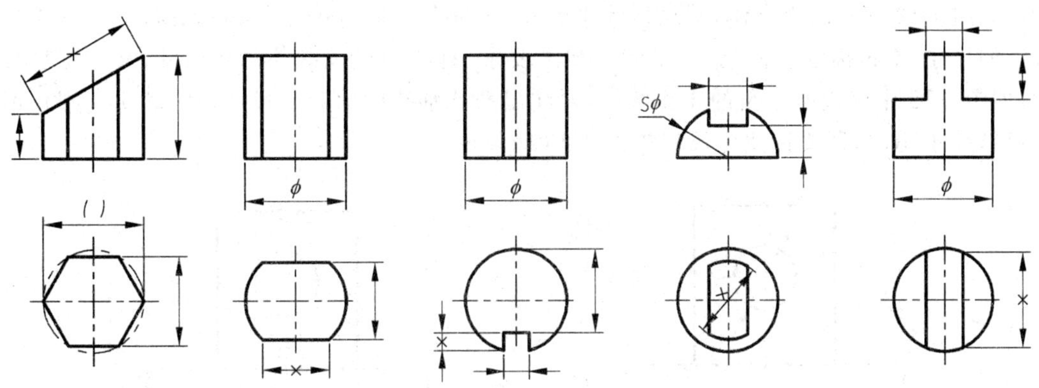

图 4-11　具有斜截面或缺口的基本体的尺寸标注示例

4.3.2　组合体的尺寸标注

以图 4-12 所示组合体为例，说明组合体尺寸标注的基本方法。

1. 尺寸齐全

要使尺寸标注齐全，既不遗漏，也不重复，应先按形体分析的方法注出各基本形体的大小尺寸，再确定它们之间相对位置的定位尺寸，最后根据组合体的结构特点注出总体尺寸。

(1) 定形尺寸——确定组合体中各基本形体大小的尺寸，如图 4-12(a)所示。

底板长、宽、高尺寸(40、24、8)，底板上圆孔和圆角尺寸(2×ϕ6、R6)。必须注意，相同的圆孔 ϕ6 要注写数量，如 2×ϕ6，但相同的圆角 R6 不注数量，两者都不必重复标注。

竖板长、宽、高尺寸(20、7、22)和圆孔直径尺寸(ϕ9)也属于定形尺寸。

(2) 定位尺寸——确定组合体中各基本形体之间相对位置的尺寸，如图 4-12(b)所示。

标注定位尺寸时，必须在长、宽、高三个方向分别选定尺寸基准，每个方向至少有一个尺寸基准，以便确定各基本形体在各方向上的相对位置。通常选择组合体的底面、端面或对称平面以及回转轴线等作为尺寸基准。如图 4-12(b)所示，组合体的左右对称面为长度方向尺寸基准；后端面为宽度方向尺寸基准；底面为高度方向尺寸基准(图中用符号▽表示基准位置)。

由长度方向尺寸基准注出底板上两圆孔的定位尺寸 28；由宽度方向尺寸基准注出底板上圆孔与后端面的定位尺寸 18，竖板与后端面的定位尺寸 5；由高度方向尺寸基准注出竖板上圆孔与底面的定位尺寸 20。

(3) 总体尺寸——确定组合体在长、宽、高三个方向的总长、总宽和总高的尺寸，如图 4-12(c)所示。

该组合体的总长和总高尺寸即底板的长 40 和宽 24，不再重复标注。总高尺寸 30 应从高度方向尺寸基准注出。总高尺寸标注以后，原来标注的竖板高度尺寸 22 取消不注。

必须指出，当组合体的一端(或两端)为回转体时，通常不以轮廓线为界标注其总体尺寸。如图 4-13 所示的组合体,其总高尺寸是由 20 和 $R10$ 间接确定的,其总高尺寸(图中打“×”的尺寸)不再标注。但是,为了满足加工要求,有些情况下既注总体尺寸,又注定形尺寸,如图 4-12 中底板两个角的 1/4 圆柱,要注出两孔轴线间的定位尺寸(28)和 1/4 圆柱面的定形尺寸($R6$),还要标注总长和总宽尺寸(40、24)。

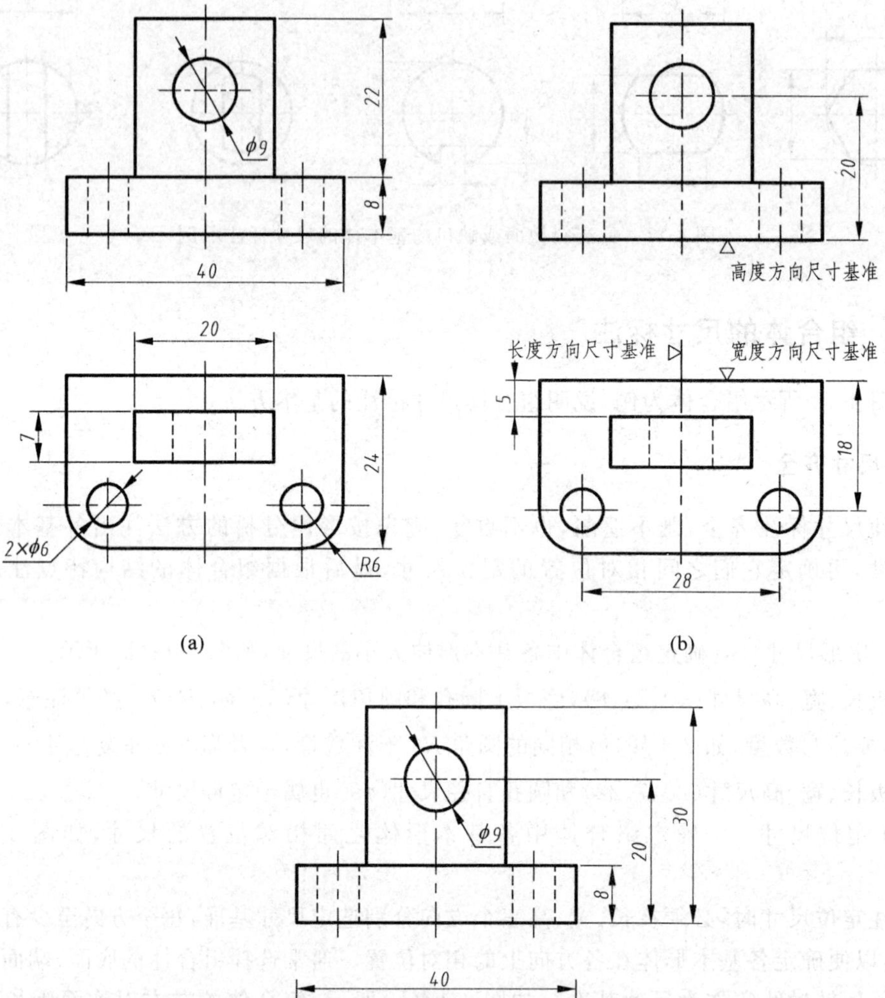

(a)

(b)

(c)

图 4-12 组合体的尺寸标注示例

(a) 定形尺寸;(b) 定位尺寸;(c) 总体尺寸

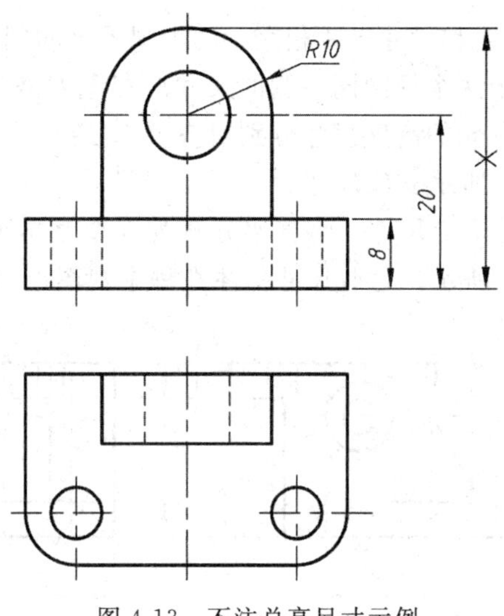

图 4-13　不注总高尺寸示例

图 4-14 所示的 4 个常见机件的底板，为什么都不再标注它们的总长，即图中打“×”的尺寸，请读者自行分析。

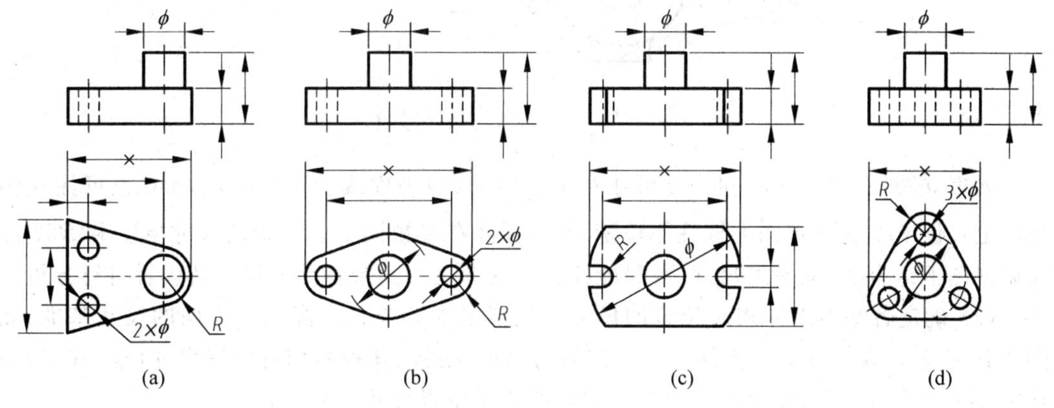

图 4-14　不注底板总长的尺寸标注示例

2. 尺寸清晰

为了便于看图，标注尺寸应排列适当、整齐、清晰。为此，标注组合体尺寸时应注意以下几点。

(1) 突出特征。将定形尺寸标注在形体特征明显的视图上。如图 4-14(a)所示，底板右端圆角半径(R)和两个圆孔直径($2\times\phi$)应标注在反映圆弧的俯视图上；底板上部小圆柱直径(ϕ)可标注在反映圆的视图上，也可标注在非圆的视图上，为使尺寸清晰，通常标注在非圆的视图上，不宜标注在虚线上。

(2) 相对集中。同一基本形体上的几个大小尺寸和有联系的定位尺寸，应尽可能都标注在一个视图上。如图 4-14(a)所示，底板的长、宽尺寸以及两圆孔和小圆柱的定位尺寸都集中标注在俯视图上。

(3) 排列整齐。尺寸一般注写在视图的外面，在不影响清晰的情况下，也可注写在视图内，如图 4-14(b)、(c)、(d)俯视图中标注的直径(ϕ)。标注同一方向的尺寸时，小尺寸在内、大尺寸在外,尽量避免尺寸线和尺寸界线相交。两个视图之间同方向的串联尺寸不宜错开,应排列在一条直线上。位于两个视图同一侧的尺寸应尽量对齐,如图 4-14(c)所示,俯视图右侧的宽度尺寸和主视图右侧的高度尺寸分别对齐。

【例 4-3】 标注图 4-15 所示支架尺寸。

(1) 标注各基本形体的定形尺寸。将支架分解为 5 个基本形体(参阅图 4-5(b)),分别注出其定形尺寸,如图 4-15 所示。这些尺寸标注在哪个视图上,要根据具体情况而定。

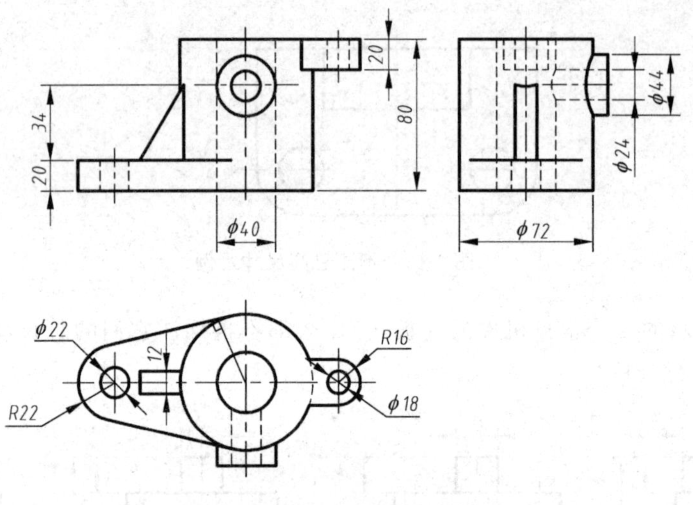

图 4-15 支架的定形尺寸分析

如直立圆筒的尺寸 80 和 $\phi40$ 可注在主视图上(因为虚线上不宜标注,$\phi40$ 也可注在俯视图上),但 $\phi72$ 在主视图上标注不清楚,所以标注在左视图上。底板的尺寸 $\phi22$ 和 $R22$ 注在俯视图上最合适,而厚度尺寸 20 只能注在主视图上。其余各部分尺寸请读者自行分析。

(2) 确定各基本形体相对位置的尺寸。先选定支架长、宽、高三个方向的尺寸基准,如图 4-16 所示。在长度方向上注出直立圆筒与底板、肋板、耳板的相对位置尺寸(80、56、52);在宽度和高度方向上,注出凸台与直立圆筒的相对位置尺寸(48、28)。

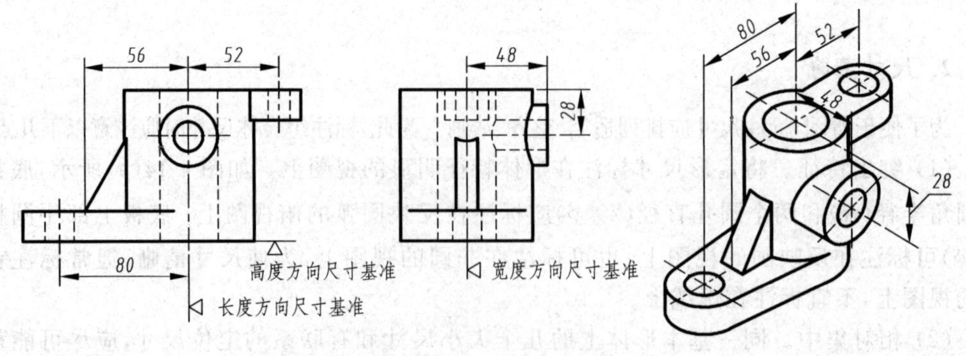

图 4-16 支架的定位尺寸分析

(3) 标注总体尺寸。为了表示组合体外形的总长、总宽和总高,应标注相应的总体尺寸。支架的总高尺寸为 80,而总长和总宽则由于注出了定位尺寸,这时一般不再标注其总

体尺寸。例如在长度方向上标注了定位尺寸 80、52，以及圆弧半径 $R22$ 和 $R16$ 后，就不再标注总体尺寸(80＋52＋22＋16＝170)。左视图在宽度方向上注出了定位尺寸 48 后，不再标注总宽尺寸(48＋72/2＝84)。支架完整的尺寸标注如图 4-17 所示。

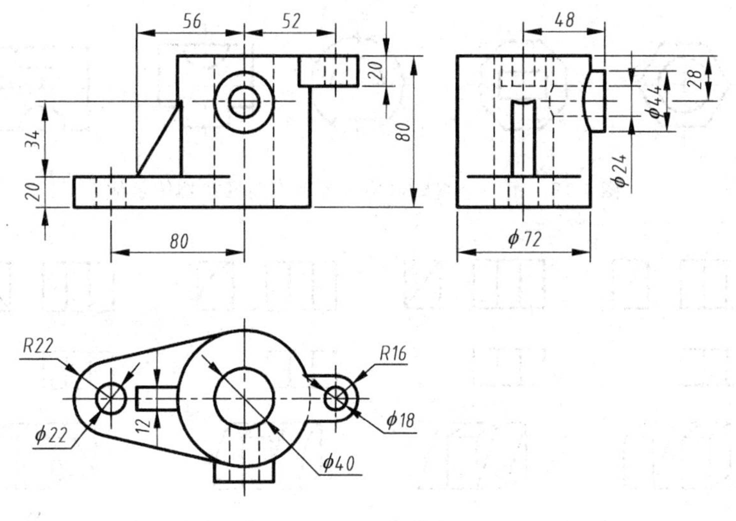

图 4-17　支架的尺寸标注

4.4　组合体视图的阅读方法

画图是将物体按正投影方法表达在平面图纸上，读图则是根据已经画出的视图，通过形体分析和面形的投影分析想象出物体的形状。读图是从二维图形建立三维形体的过程。画图与读图是相辅相成的，读图是画图的逆过程。为了正确而迅速地读懂组合体的视图，必须掌握读图的基本要领和基本方法。

4.4.1　读图的基本要领

1. 将各个视图联系起来识读

组合体的形状一般是通过几个视图来表达的，每个视图只能反映物体一个方向的形状，仅由一个或两个视图不一定能唯一地确定组合体的形状。

如图 4-18 所示的 5 组视图，它们的主视图都相同，但实际上表达了 5 种不同形状的物体。

又如图 4-19 所示的 4 组视图，它们的主、俯视图都相同，但也表示了 4 种不同形状的物体。

实际上，根据图 4-18 的主视图以及图 4-19 的主、俯视图还可以分别想象出更多种不同形状的物体。由此可见，读图时必须将所给的全部视图联系起来分析识读，才能想象出组合体的完整形状。

2. 理解视图中线框和图线的含义

(1) 视图中的每个封闭线框，通常都是物体的一个表面(平面或曲面)的投影。如

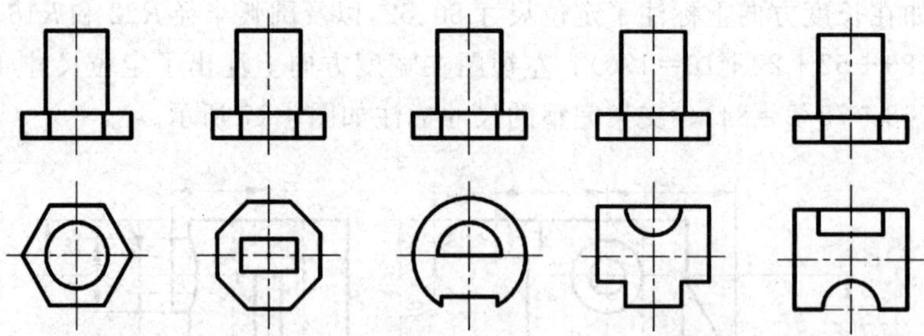

图 4-18 由一个视图可确定各种不同形状物体示例

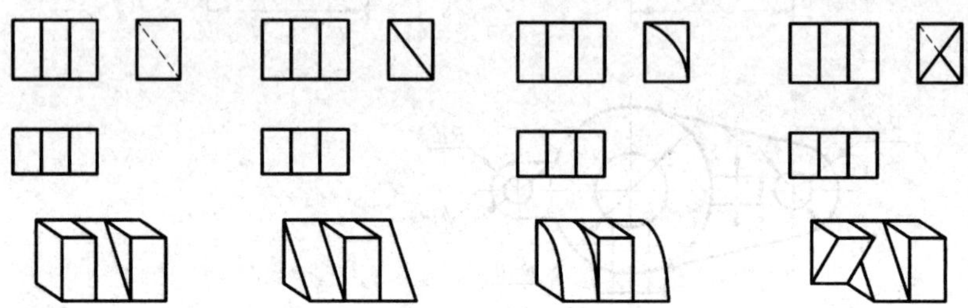

图 4-19 由两个视图可确定各种不同形状物体示例

图 4-20(a)所示,主视图中有 4 个封闭线框,对照俯视图可知,线框 a'、b'、c' 分别是六棱柱前面的三个棱面 A、B、C 与其后面的对称棱面相重合的投影。线框 d' 则是圆柱体前半圆柱面与后半圆柱面相重合的投影。

视图中的线框可能是体的投影,如图 4-20(a)俯视图中圆线框 d 是圆柱体的投影;也可能是孔的投影,如图 4-21 主视图和俯视图中的圆线框,都是圆柱孔的投影。

(2) 视图中每条图线,可能是物体表面有积聚性的投影,或者是两个表面的交线的投影。图 4-20(b)主视图中的 $2'$ 是六棱柱两个棱面的交线的投影,主视图中的 $3'$ 是圆柱面正面投影的转向轮廓线的投影。

3. 从反映形体特征的视图入手

形体特征是指形状特征和位置特征。

(1) 能清楚表达物体形状特征的视图,称为形状特征视图。通常主视图能较多反映组合体整体的形体特征,所以读图时常从主视图入手。但组合体中各基本体的形状特征不一定都集中在主视图上,如图 4-21 所示支架,由三部分叠加而成,主视图反映竖板的形状特征以及竖板与底板、肋板的相对位置,而底板和肋板的形状特征则分别在俯、左视图上反映,图中被填充线框分别就是各基本体的形状特征视图。因此,读图时若先找出各基本体的形状特征视图,再配合各基本体的其他视图识读,按这个组合体的各基本体的相对位置拼合起来,就能迅速、正确地想象出该组合体的空间形状。

(2) 能清楚表达构成组合体的各形体之间相互位置关系的视图,称为位置特征视图。如图 4-22 所示的两个物体,主视图中的线框Ⅰ内的小线框Ⅱ、Ⅲ,它们的形状特征明显,但相对位置不清楚。因为线框内有小线框,则表示物体上不同位置的两个表面。对照俯视图可看出,圆形和矩形线框中一个是孔,另一个向前凸出,但并不能确定哪个形体是孔,哪个形

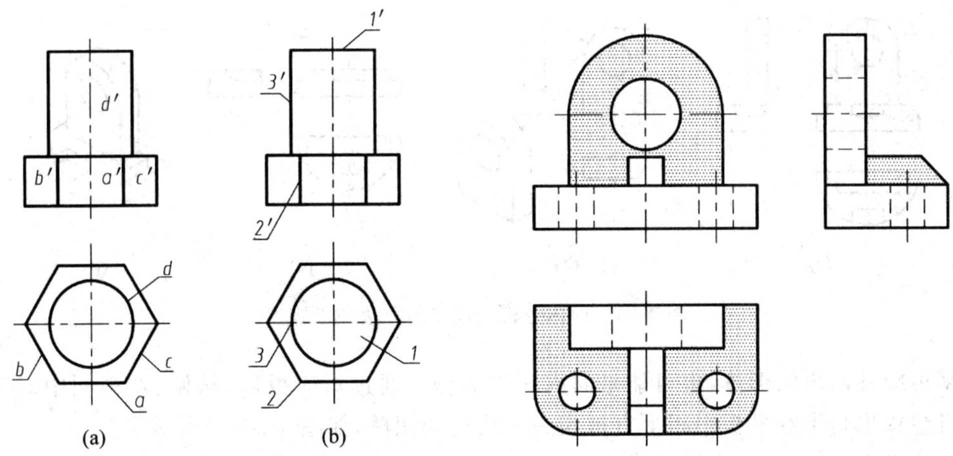

图 4-20　线框和图线的含义　　　　图 4-21　线框的含义和各基本体形状特征视图

体向前凸出，只有对照主、左视图识读才能确定。因此，图 4-22(a)、(b)的左视图就是凸块和孔的位置特征视图。于是，逐个读懂了各基本体的形状，按主视图中所示的各基本体之间的相对位置，就能想出这个组合体的整体形状。

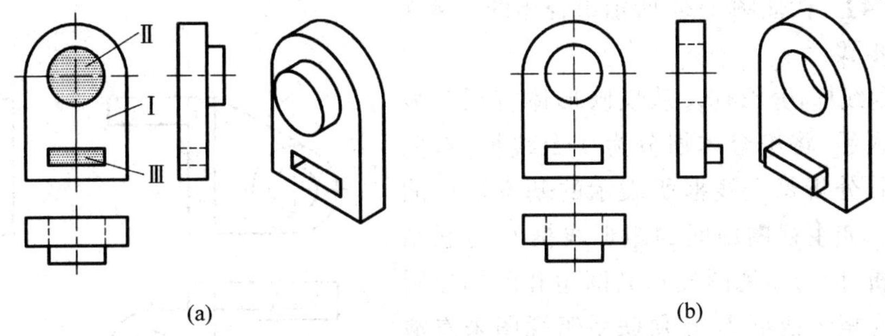

图 4-22　分析各基本体的位置特征的视图

4.4.2　读图的基本方法

1. 用形体分析法读图

读图的基本方法与画图一样，主要也是运用形体分析法。在反映形状特征比较明显的主视图上先按线框将组合体划分为几个部分，然后通过投影关系找到各线框所表示的部分在其他视图中的投影，从而分析各部分的形状以及它们之间的相对位置。最后综合起来想象组合体的整体形状。现以图 4-23 所示的组合体三视图说明运用形体分析法识读组合体视图的方法与步骤。

由主视图入手，将组合体划分为上、下两个封闭线框，可以认为该组合体由上、下两部分组成，如图 4-23(a)所示。

从主视图出发，找出上部线框 1′与俯、左视图对应的矩形线框，可想象出它的形状，如图 4-23(b)所示。主视图下部线框 2′是一个左右缺角的矩形，与俯视图对投影可想象出是一个左右各切去一块的半圆平板，中间上方的小矩形线框所表达的细部，从主视图看可能是

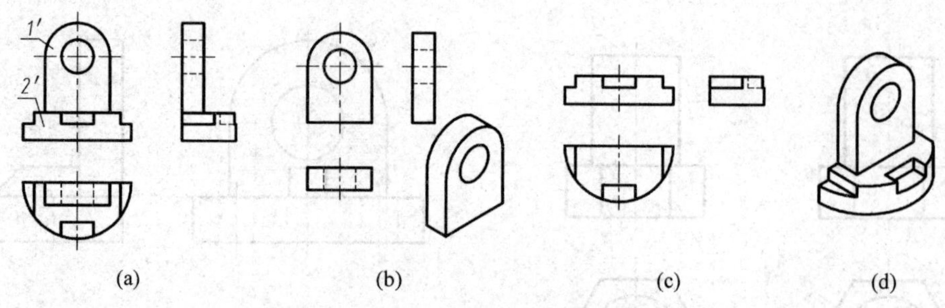

图 4-23　形体分析法读图的方法和步骤

半圆平板向外凸出的形体,也可能是向内凹进的槽。通过对应投影,从俯、左视图中对应的图形可想象出是半圆平板中间上方被切去一块后的凹槽,如图 4-23(c)所示。

在读懂上、下两部分形体的基础上,再根据该组合体的三视图可看出上、下两部分之间的相对位置和连接关系是后表面平齐的叠加组合方式,从而把两部分构成一个整体,想象出组合体的整体形状,如图 4-23(d)所示。

由此可归纳出读组合体视图的步骤是:①划线框,分形体;②对投影,想形状;③合起来,想整体。

【例 4-4】 读懂图 4-24 所示组合体的三视图。

读图步骤:

(1) 划线框,分形体。从反映形体特征明显的主视图入手,将组合体划分为 4 个线框,对照俯、左视图,分析每个线框所表示的基本形体的结构形状。如主视图中间的矩形线框 C 应联系左视图分析,因为左视图显示其圆角和阶梯形圆孔;右边的矩形线框 D 必须联系俯视图来看清形状;而左边的线框 A 和 B 的形状特征在主视图中显示清楚,但它们之间的相对位置和表面连接关系则必须对照俯视图或左视图才能分析清楚。

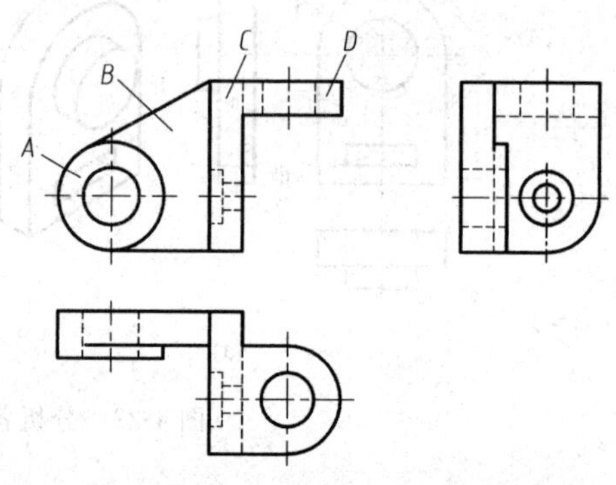

图 4-24　利用形体分析法读组合体视图

(2) 对投影,想形状。经过对构成组合体的 4 个部分的形状特征初步分析,再按投影关系,分别对照各形体在三视图中的投影,想象它们的形状,分析对照过程如图 4-25(a)～(d)的轴测图所示。

(3) 合起来,想整体。在读懂组合体各部分形体的基础上,进一步分析各部分形体间的相对位置和表面连接关系。该组合体的左边是空心圆柱体 A 与平板 B 叠合,右边是竖板 C 与耳板 D 叠合。圆柱体 A 凸出平板 B,平板 B 的斜面(正垂面)和下底面(水平面)与圆柱体 A 表面相切,竖板 C 和耳板 D 的上表面(水平面)和前端面(正平面)共面。通过综合想象,构思出组合体的整体结构形状,如图 4-26 所示。

2. 用面形分析法读图

构成物体的各个表面,不论其形状如何,它们的投影如果不具有积聚性,一般都是一个

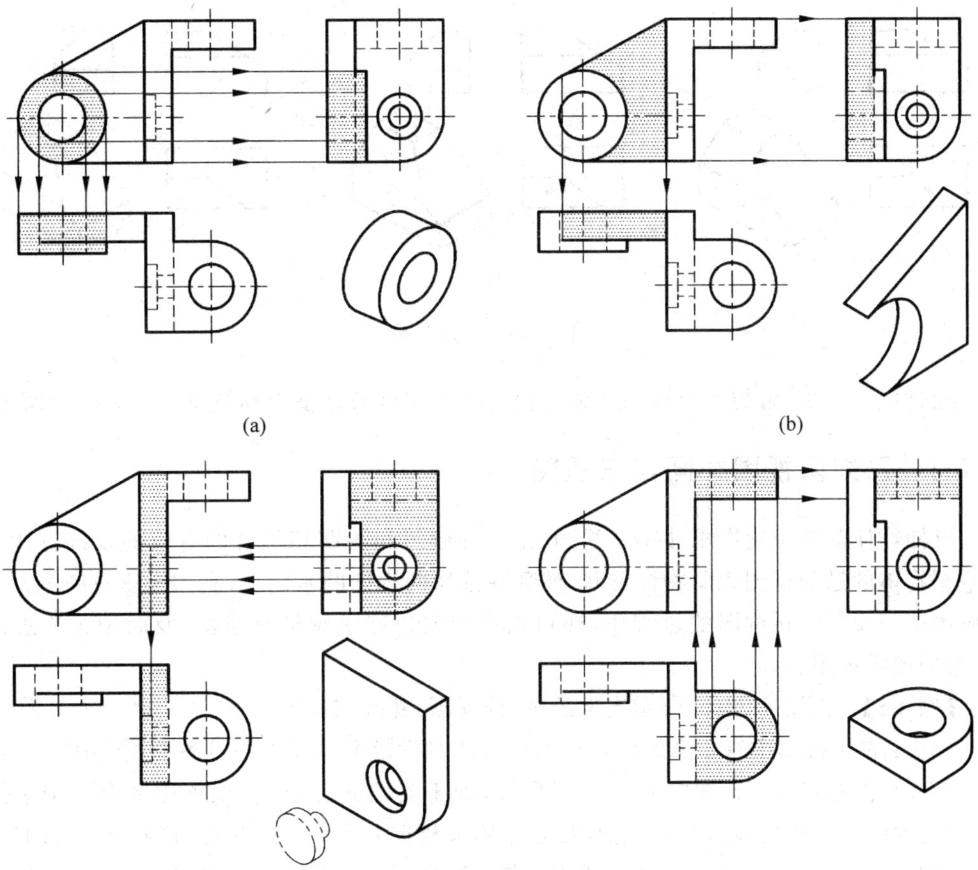

(a)　(b)

(c)　(d)

图 4-25　形体分析的读图过程

封闭线框。运用面形分析法读图时，应将视图中一个线框看作物体上的一个面（平面或曲面）的投影，利用投影关系，在其他视图上找到对应的图形，再分析这个面的投影特性（实形性、积聚性、类似性），确定这些面的形状，从而想象出物体的整体形状。

如图 4-27(a)所示切割型组合体，对于俯视图上的五边形 p，由于在主视图上没有与它类似的线框，所以它的正面投影只可能对应斜线 p'，于是可判断 P 面为正垂面。同时，在左视图上可找到与之相对应的类似形 p''。

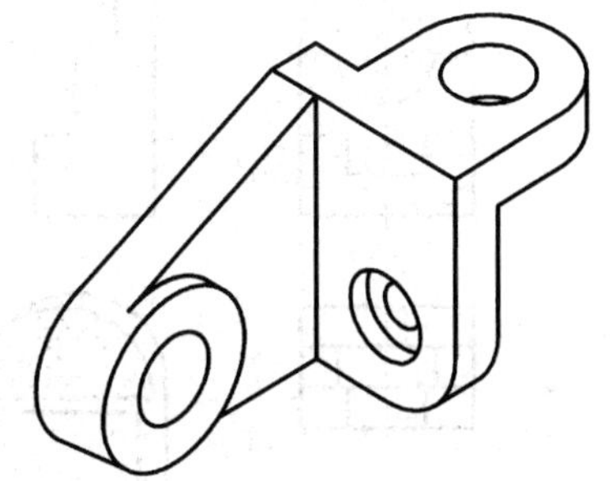

图 4-26　想象出的组合体形状

同样，在图 4-27(b)中，主视图上的四边形 q'，在俯视图上也有对应的类似形 q，而在左视图没有与它类似的线框，所以它的侧面投影只能是对应斜线 q''。于是可判断 Q 面为侧垂面。

再分析视图中的其他线框，如图 4-27(c)，俯视图上的线框 a，对应主、左视图中两段水平线；主视图上的线框 b' 对应俯、左视图中的水平线和铅直线；左视图上的线框 c'' 对应主、俯视图中的两段铅直线。从而判断它们分别是水平面 A、正平面 B 和侧平面 C。

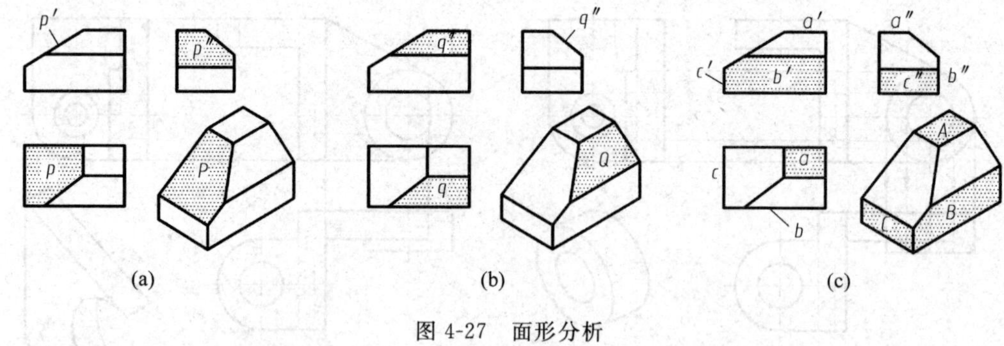

图 4-27 面形分析

通过以上分析,可想象出该组合体是由一个长方体被正垂面和侧垂面切去两块而成。

4.4.3 已知两视图补画第三视图

已知物体的两个视图求作第三视图,是一种读图和画图相结合的有效的训练方法。首先根据物体的已知视图想象物体形状,然后在读懂两视图的基础上,利用投影对应关系逐步补画出第三视图。在读图的过程中,还可以边想象边徒手画轴测草图,及时记录构思的过程,帮助读懂视图。

【例 4-5】 由图 4-28(a)所示支架的主、俯视图,补画左视图。

分析:在主视图中有 3 个线框,由主、俯视图对投影可以看出,3 个线框分别表示支架上 3 个不同位置的表面。a'线框是一个凹形块,处于支架的前面;c'线框中还有一个小圆线框,与俯视图中两条虚线对应,可想象出是半圆头竖板上穿了一个圆孔,它处于支架的后面;从主视图可看出,b'线框的上部有半圆槽,它在俯视图上可找到对应的两条线,必然处于 A 面和 C 面之间。由此看来,主视图中的 3 个线框实际上是支架的前、中、后三个正平面的投影。

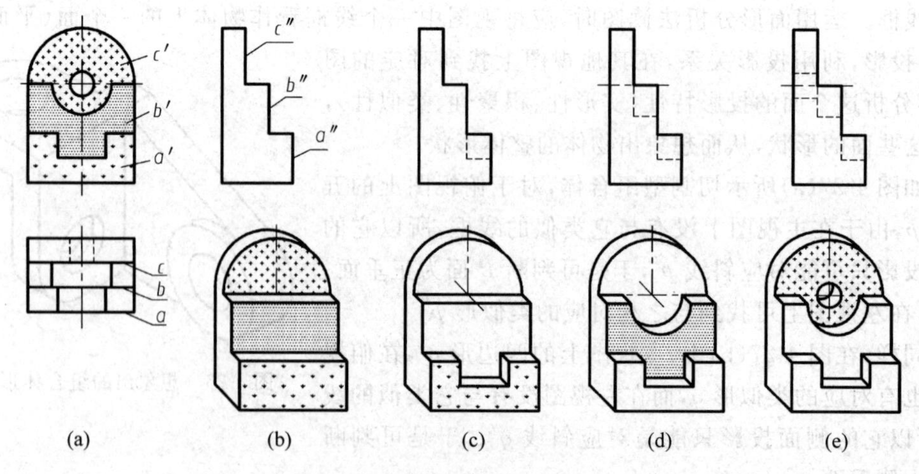

图 4-28 补画支架左视图

作图:

(1) 画出左视图的外轮廓,并由主、俯视图对照分析后,分出支架 3 部分的前后、高低层次，如图 4-28(b)所示。

(2) 在前层切出凹形槽，补画左视图中虚线，如图 4-28(c)所示。

(3) 在中层切出半圆槽，补画左视图中的虚线，如图 4-28(d)所示。

(4) 在后层挖去圆孔，补全左视图。按画出的轴测草图对照补画的左视图，检查无误后，完成作图，如图 4-28(e)所示。

4.5　正等轴测图的画法

正投影图虽然能够准确地表达机件的结构形状，并且作图简便，但缺乏立体感，读图难度大。因此，工程上常采用具有立体感的轴测图辅助表达机件结构。如在化工管道设计中，经常采用管段轴测图表达管道布置情况。

4.5.1　正等轴测图的形成和投影特性

如图 4-29(a)所示，在一立方体上设直角坐标轴 O_0X_0、O_0Y_0、O_0Z_0，将此立方体放在轴测投影面 P 的前方，使立方体倾斜放置，令三根坐标轴对 P 面的倾角相等，用平行的投影线垂直于 P 面进行投影，这样得到的投影即正等轴测投影，也称正等轴测图，简称正等测。

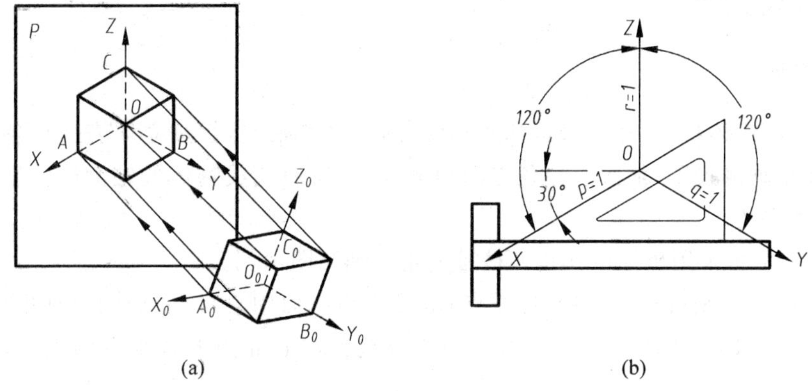

图 4-29　正等轴测图的轴间角和轴向伸缩系数

1. 轴测轴

直角坐标轴在轴测投影面上的投影 OX、OY、OZ 称为轴测轴，三条轴测轴的交点 O 称为原点。

2. 轴间角

轴测投影中，任意两根直角坐标轴在轴测投影面上的投影之间的夹角 $\angle XOY$、$\angle YOZ$、$\angle ZOX$，称为轴间角。正等测中的轴间角 $\angle XOY=\angle YOZ=\angle ZOX=120°$。作图时，通常将 OZ 轴画成铅垂直位置，OX、OY 轴分别与水平线成 30°，如图 4-29(b)所示。

3. 轴向伸缩系数

轴测轴的单位长度与相应直角坐标轴的单位长度的比值称为轴向伸缩系数。OX、OY、

OZ 轴上的轴向伸缩系数分别用 p_1、q_1、r_1 表示。为了便于作图，常将轴向伸缩系数加以简化，用 p、q、r 表示。正等测图中的简化轴向伸缩系数 $p=q=r=1$，如图 4-29(b)所示。作图时，凡平行于轴测轴的线段，各轴向的长度分别都放大了约 1/0.82≈1.22 倍(证明略)，但形状没有改变。

4. 轴测图的投影特性

(1) 物体上互相平行的线段，轴测投影仍互相平行。平行于坐标轴的线段，轴测投影仍平行于相应的轴测轴，且同一轴向所有线段的轴向伸缩系数相同。

(2) 物体上不平行于轴测投影面的平面图形，在轴测图上变成原形的类似形，如正方形的轴测投影为菱形，圆的轴测投影为椭圆等。

画轴测图时，凡物体上与轴测轴平行的线段的尺寸可以沿轴向直接量取。所谓"轴测"，就是指沿轴向进行测量。

4.5.2 平面体正等轴测图的画法

画轴测图的基本方法是坐标法和切割法。坐标法是沿坐标轴测量画出各顶点的轴测投影，并连接形成物体的轴测图；对于不完整的形体，也可先按完整形体画出，然后用切割的方法画出其不完整部分。

1. 坐标法

根据物体的形体特征，选定合适的坐标轴，画出轴测轴，然后按立体表面上各点的坐标关系，分别作出轴测投影，依次连接各点的轴测投影，从而完成物体的轴测图。坐标法是画轴测图的基本方法。

图 4-30 所示为采用坐标法作正四棱锥的正等轴测图示例。

正四棱锥前后、左右对称，将坐标原点 O_0 设定为底面中心，以底面的对称中心线为 X_0 轴、Y_0 轴，Z_0 轴与四棱锥轴线重合。这样便于直接作出底面矩形各顶点的坐标，用坐标法

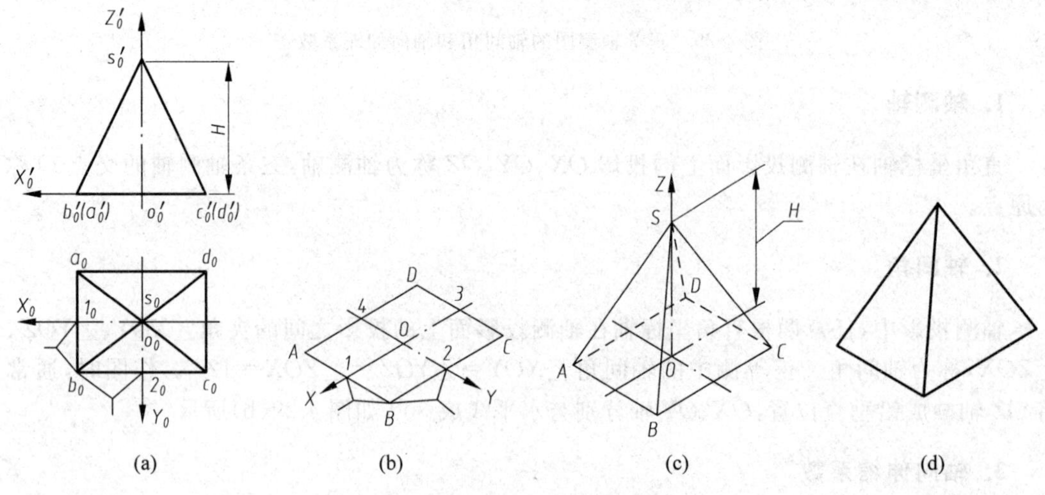

图 4-30 坐标法画正等轴测图

从底面开始作图。

作图过程如图 4-30 所示：

(1) 定出坐标原点 O_0 和坐标轴 O_0X_0、O_0Y_0、O_0Z_0，如图 4-30(a)所示。

(2) 画出轴测轴 OX、OY。由于 1_0、2_0 分别在 O_0X_0、O_0Y_0 坐标轴上，可直接取到 OX、OY 轴上，并作出点 1、2 的对称点 3、4。过各点作轴测轴的平行线即得底面矩形的轴测投影 $ABCD$，如图 4-30(b)所示。

(3) 作轴测轴 OZ，在 OZ 上直接量取四棱锥高度 H，得锥顶 S，连接 SA、SB、SC、SD 各棱线，如图 4-30(c)所示。

(4) 擦去作图线，描深轮廓线。注意：轴测图上只要求画出可见轮廓线，不可见轮廓线(虚线)一般不必画出，如图 4-30(d)所示。

2. 切割法

对于图 4-31(a)所示的楔形块，可采用切割法作图，将它看成由一个长方体斜切一角而成。对于切割后的斜面中与三个坐标轴都不平行的线段，在轴测图上不能直接从正投影图中量取，必须按坐标求出其端点，然后再连接。

作图方法和步骤如图 4-31 所示。

(1) 定坐标原点及坐标轴，如图 4-31(a)所示。

(2) 按给出的尺寸 a、b、h 作出长方体的轴测图，如图 4-31(b)所示。

(3) 按给出的尺寸 c、d 定出斜面上线段端点的位置，并连成平行四边形，如图 4-31(c)所示。

(4) 擦去作图线，描深，完成楔形块正等轴测图，如图 4-31(d)所示。

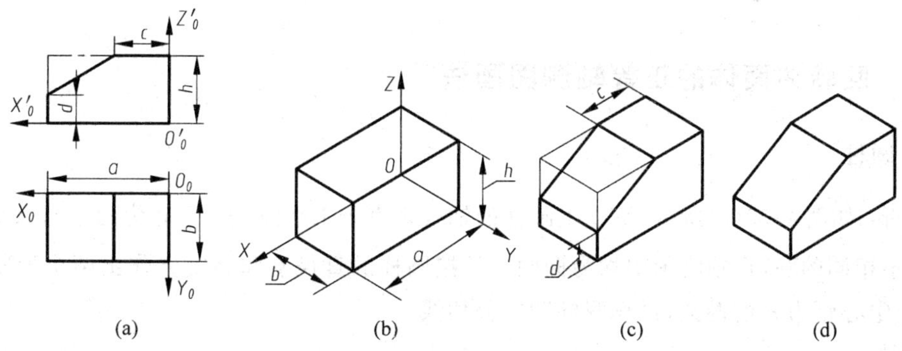

图 4-31　切割法画正等轴测图

【例 4-6】 绘制 V 形块的正等轴测图。

分析：对于某些带切口的物体，如图 4-32 所示 V 形块，可看成由一个长方体经过若干次切割而成的。作图时，可先画出完整形体的轴测图，再按形体形成的过程逐步切去多余的部分而得到所求的轴测图。

作图：

(1) 选定坐标原点与坐标轴，如图 4-32(a)所示；

(2) 画轴测轴和完整的长方体，如图 4-32(b)所示；

(3) 用切割法切去物体前端画出斜面,如图 4-32(c)所示;

(4) 画出 V 形槽后面的三个角点 A、B、C,如图 4-32(d)所示;

(5) 切去 V 形槽,$AD /\!/ BE /\!/ CF /\!/ OY$,$KF /\!/ OZ$,如图 4-32(e)所示;

(6) 擦去作图线,描深可见轮廓线,如图 4-32(f)所示。

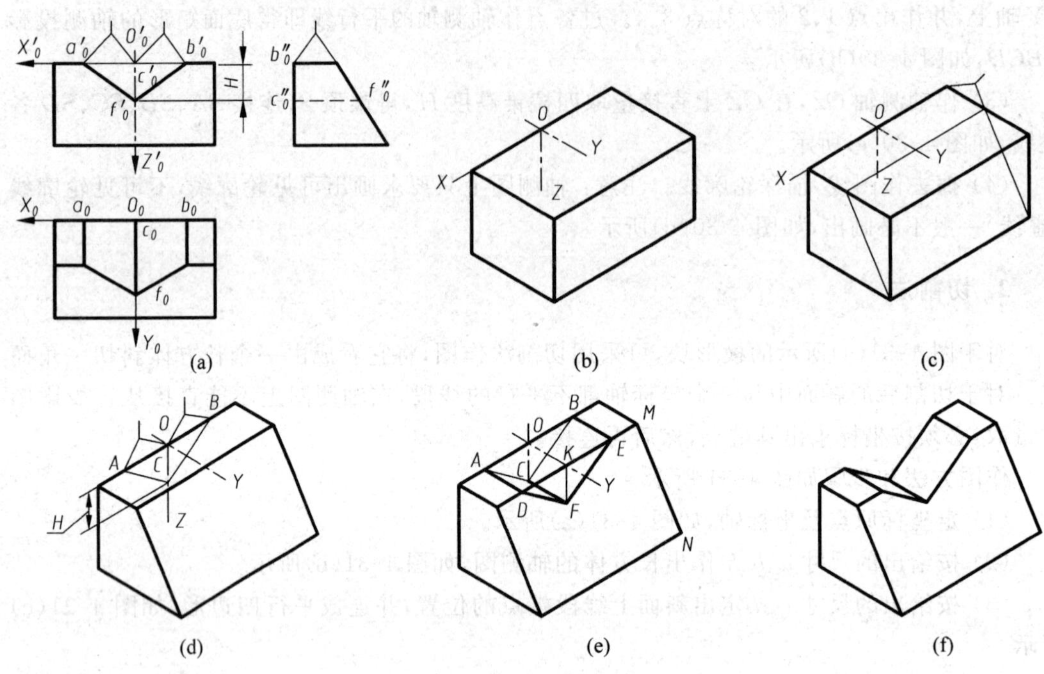

图 4-32 V 形块正等测作图过程

4.5.3 回转曲面体的正等轴测图画法

1. 圆柱

分析:如图 4-33(a)所示,直立正圆柱的轴线垂直于水平面,上、下底为两个与水平面平行且大小相同的圆,在轴测图中均为椭圆。可按圆柱的直径 ϕ 和高度 h 作出两个形状和大小相同、中心距为 h 的椭圆,再作两椭圆的公切线。

作图:

(1) 选定坐标轴及坐标原点。由圆柱上底圆与坐标的交点定出点 a、b、c、d,如图 4-33(a)所示。

(2) 画轴测轴,定出 4 个切点 A、B、C、D,过 4 点分别作 X、Y 轴的平行线,得外切正方形的轴测图(菱形)。沿 Z 轴量取圆柱高度 h,用同样方法作出下底菱形,如图 4-33(b)所示。

(3) 过菱形两顶点 1、2 连 $1C$、$2B$ 得交点 3,连 $1D$、$2A$ 得交点 4。1、2、3、4 即为形成近似椭圆的 4 段圆弧的圆心。分别以 1、2 为圆心,$1C$ 为半径作$\overset{\frown}{CD}$和$\overset{\frown}{AB}$;分别以 3、4 为圆心,$3B$ 为半径作$\overset{\frown}{BC}$和$\overset{\frown}{AD}$,得圆柱上底的轴测图(椭圆)。将椭圆的三个圆心 2、3、4 沿 Z 轴向下

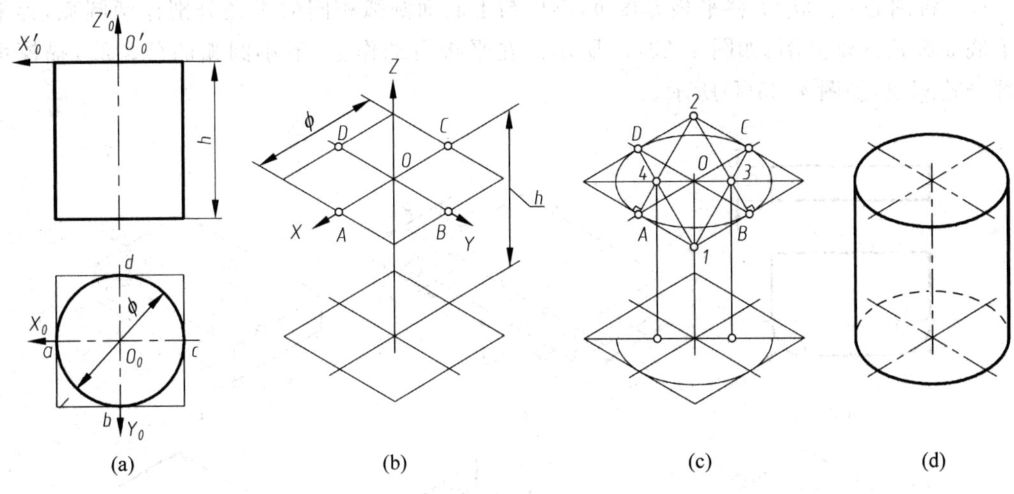

图 4-33　圆柱的正等轴测画法

平移距离 h，作出下底椭圆，不可见的圆弧不必画出，如图 4-33(c)所示。

(4) 作两椭圆的公切线，擦去多余图线，描深，完成圆柱轴测图，如图 4-33(d)所示。

讨论：

在图 4-33(c)所示作图过程中，可以证明 $2A\perp 1A$，$2B\perp 1B$，该性质可用于后面绘制圆角的正等轴测圆时确定圆心点。

当圆柱轴线垂直于正面或侧面时，轴测图的画法与上述相同，只是圆平面内所含的轴测轴应分别为 X、Z 和 Y、Z，如图 4-34 所示。

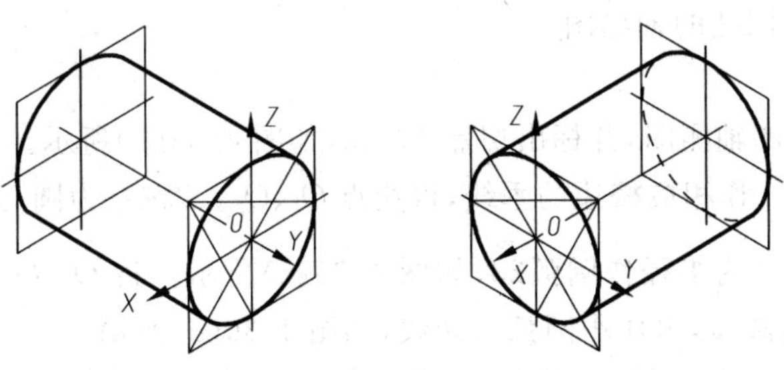

图 4-34　圆柱的正等轴测图

2. 圆角

分析：平行于坐标面的圆角是圆的一部分，图 4-35(a)所示为常见的 1/4 圆周的圆角，其正等测恰好是上述近似椭圆的四段圆弧中的一段。

作图：

(1) 作出平板的轴测图，并根据圆角半径 R，在平板上底面相应的棱线上作出切点 1、2、3、4，如图 4-35(b)所示。

(2) 过切点 1、2 分别作相应棱线的垂线，得交点 O_1，过切点 3、4 作相应棱线的垂线，得交点 O_2。以 O_1 为圆心，$O_1 1$ 为半径作圆弧 $\overset{\frown}{12}$，以 O_2 为圆心，$O_2 3$ 为半径作圆弧 $\overset{\frown}{34}$，得平板上底面两圆角的轴测图，如图 4-35(c)和(d)所示。

(3) 将圆心 O_1、O_2 下移平板厚度 h，再用与上底面圆弧相同的半径分别作两圆弧，得平板下底面圆角的轴测图，如图 4-35(e)所示。在平板右端作上、下小圆弧的公切线，描深可见部分轮廓线，如图 4-35(f)所示。

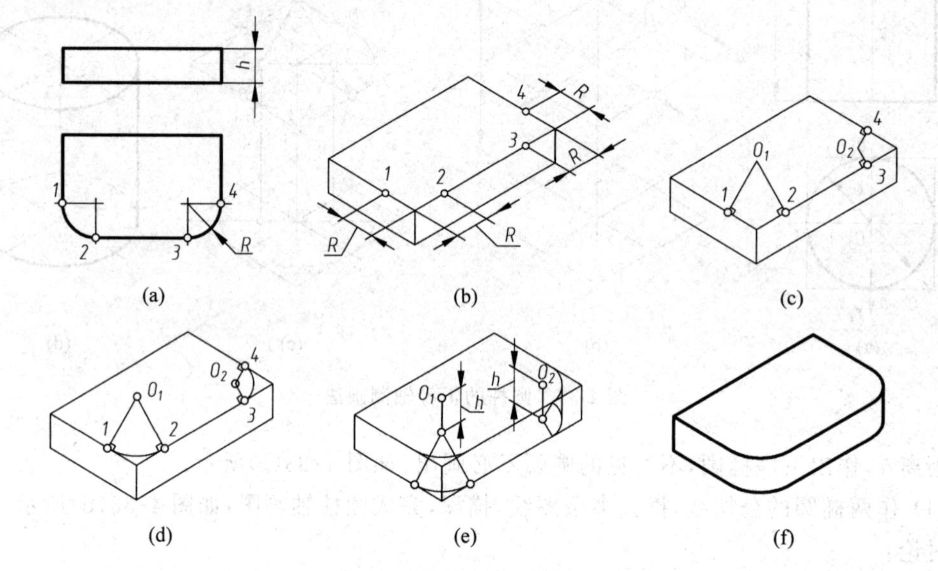

图 4-35　圆角的正等测画法

3. 半圆头板

分析：根据图 4-36(a)给出的尺寸先作出包含半圆头的长方体，以包含 X、Z 轴的一对共轭轴作出半圆头和圆孔的轴测图。

作图：

(1) 画出长方体的轴测图，并标出切点 1、2、3，如图 4-36(b)所示。

(2) 过切点 1、2、3 作相应棱边的垂线，得交点 O_1、O_2。以 O_1 为圆心，O_12 为半径作圆弧 $\overset{\frown}{12}$。以 O_2 为圆心，O_22 为半径作圆弧 $\overset{\frown}{23}$，如图 4-36(c)所示。将 O_1、O_2 和 1、2、3 各点向后平移板厚 t，作相应的圆弧，再作小圆弧公切线，如图 4-36(d)所示。

(3) 作圆孔椭圆，后壁的椭圆只画出可见部分的一段圆弧，擦去作图线，描深，如图 4-36(e)所示。

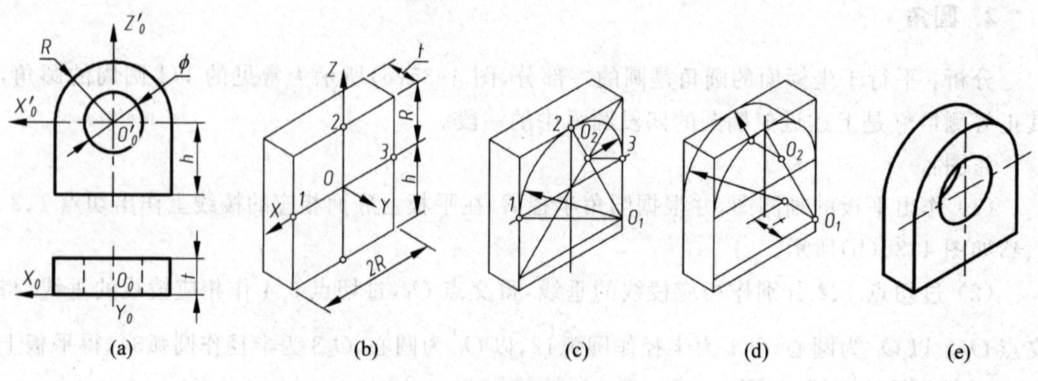

图 4-36　半圆头板的正等测画法

【例 4-7】 根据图 4-37(a)所示的两个视图，画正等轴测图。

分析：从图 4-37(a)可见，该形体左右对称，立板与底板后面平齐，据此选定坐标轴：取底板上表面的后棱线中点 O_0 为原点，确定 X_0、Y_0、Z_0 轴的方向。先用叠加法画出底板和立板的轴测图，再画出三个通孔的轴测图。

作图：

(1) 如图 4-37(b)所示，根据选定的坐标轴画出轴测轴，完成底板的轴测图，并画出立板上部两条椭圆弧及立板下表面和底面与底板上表面的交线 12、23、34。

(2) 如图 4-37(c)所示，分别由 1、2、3 点向椭圆弧作切线，完成立板的轴测图，再画出三个圆孔的轴测图。

(3) 如图 4-37(d)所示，画出底板上两圆角的轴测图。

(4) 擦去多余作图线，描深，完成作图，如图 4-37(e)所示。

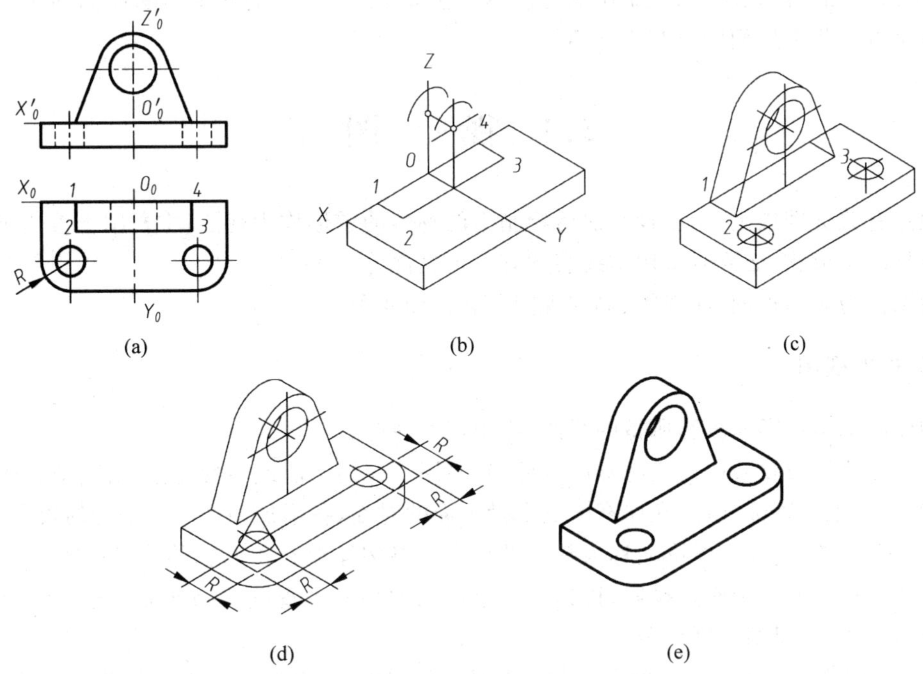

图 4-37　组合体的正等轴测图画法

第5章

机件的常用表达方法

在生产实际中，机件的形状多种多样，有些机件的内外结构形状都比较复杂，仅用三视图很难把机件的内外形状和结构准确、完整、清晰地表达出来。为此，GB/T 17451～17453—1998《技术制图图样画法》中规定了多种图样的表达方法，如：视图、剖视图、断面图、局部放大图及简化画法、规定画法等。本章主要介绍视图、剖视图及断面图的表达。其他的表达方法将在后面的章节中介绍。

5.1 视　　图

根据有关标准规定，用正投影法所绘制出的物体的图形称为视图，主要用于表达机件的外部可见结构形状，必要时采用虚线表达其不可见部分。

视图分为基本视图、向视图、局部视图和斜视图 4 种。

1. 基本视图

物体向基本投影面投影所得的视图，称为基本视图。

对于形状比较复杂或比较特殊的机件，有时用三视图不能或不便完整、清楚地表达其内外形状，则可根据国标规定，在原有的三个投影面的对面，各增加一个与之平行的投影面，构成一个正六面体，这 6 个投影面称为基本投影面。将物体放在正六面体内某一确定位置上向 6 个基本投影面分别作正投影，得到的 6 个视图称为基本视图。除前面所述的主、俯、左视图外，其余三个视图分别称为：

(1) 右视图——由右向左投射所得的视图，反映物体上各部分的上下位置和前后位置；

(2) 后视图——由后向前投射所得的视图，反映物体上各部分的左右位置和上下位置；

(3) 仰视图——由下向上投射所得的视图，反映物体上各部分的左右位置和前后位置。

如图 5-1 所示，将 6 个基本投影面展开，即正面保持不动，其他投影面按箭头所示的方向旋转，使其与正面处于同一平面上。展开后的各个视图按图 5-2 所示的位置配置，在同一张图纸内按此位置配置基本视图时，可不标视图的名称。

6 个基本视图仍保持“长对正、高平齐、宽相等”的三等关系，即主、俯、仰、后视图长对正；主、左、右、后视图高平齐；俯、仰、左、右视图宽相等。在围绕主视图的俯、仰、左、右四个视图中，靠近主视图的一侧表示物体的后方，而远离主视图的一侧表示物体的前方；后视图的左侧反映物体的右方，右侧反映物体的左方。

绘制机件图样时，应根据机件形状的复杂程度选用必要的几个基本视图，而不是对于任何机件都需用 6 个基本视图来表达。在选择时，优先选用主、俯、左视图。

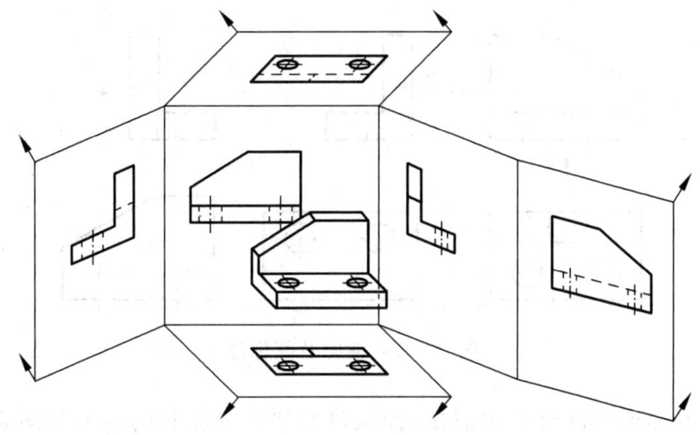

图 5-1　基本投影面及其展开

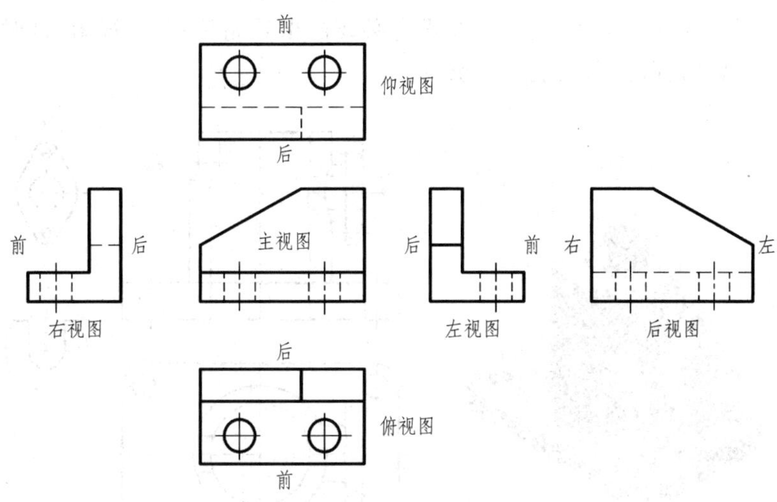

图 5-2　基本视图的配置

2. 向视图

向视图是不在规定位置配置的基本视图。

在实际制图时，考虑到各视图在图纸中的合理布置问题，可不按图 5-2 所示基本视图的位置配置视图，或者各视图不画在同一张图纸上，这种移位后的视图就叫做向视图，需要在该视图的上方用大写拉丁字母注出视图的名称“×”，并在相应的视图附近用箭头标明投影方向及标注相同的字母，如图 5-3 所示的向视图“A”、向视图“B”、向视图“C”，是将图 5-2 中的仰视图、右视图和后视图由原来的配置位置移到其他位置后得到的。

一般主、俯、左视图的位置关系保持不变。向视图是可以自由配置的视图，其标注字母一律水平书写。基本视图和向视图均用于表示机件的整体外形。

3. 局部视图

局部视图是将机件的某一部分向基本投影面投射所得的视图。

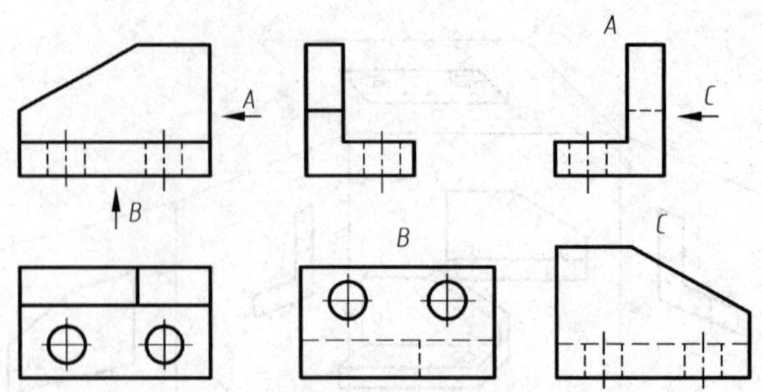

图 5-3　向视图及其标注

当机件某一局部形状没有表达清楚,而又没必要用一完整的基本视图表达时,可单独将这一部分向基本投影面投影,从而避免对其他部分的重复表达。局部视图是一个不完整的基本视图,利用局部视图可以减少基本视图的数量。如图 5-4 所示机件中的腰圆形凸台和 U 形槽,在主、俯视图中未能表达清楚,又没有必要画出其完整左、右视图,这时采用局部视图 A 和 B 表示其结构既清晰又能突出重点。

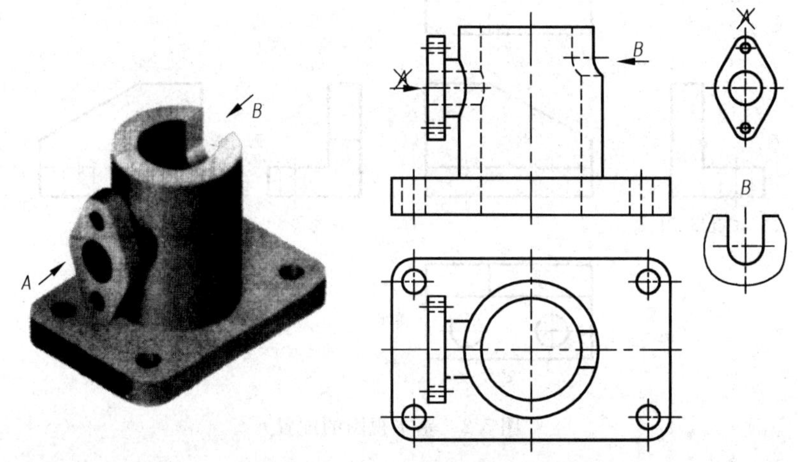

图 5-4　局部视图

画局部视图应注意以下几点:

(1) 局部视图一般按基本视图的配置形式配置,若中间又没有其他图形隔开时,可省略标注,如图 5-4 中的局部视图 A(图中 A 上画"×"表示省略该标注)。

(2) 局部视图可按向视图的配置形式配置在适当位置并标注,如图 5-4 中的局部视图 B。一般将局部视图的名称标注在该视图的上方,在相应的视图附近用箭头指出投影方向,并标上相同的字母,水平书写。

(3) 局部视图的断裂边界用细波浪线或双折线表示,如图 5-4 中的局部视图 B。当所表示的局部结构是完整的,且外形轮廓又呈封闭时,波浪线可以省略不画,如图 5-4 中的局部视图 A。

(4) 为了节省时间和图纸,对称机件的视图可只画出一半或四分之一,并在对称中心线两端画出两条与其垂直的平行细实线,如图 5-5 所示。

4. 斜视图

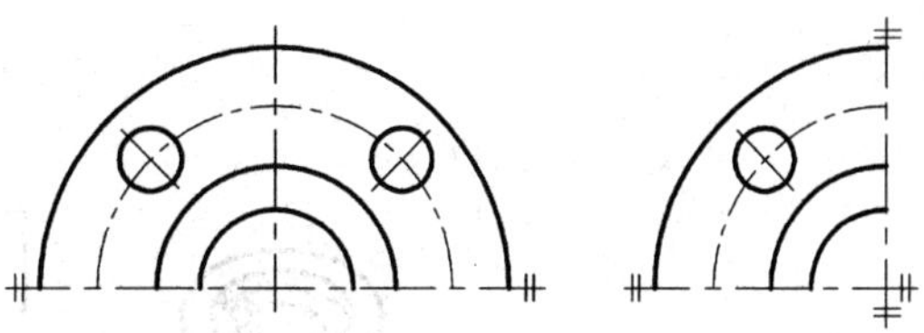
图 5-5　对称机件的局部视图

斜视图是机件向不平行于基本投影面的平面投射所得的视图。

当机件的表面与基本投影面成倾斜位置时，在基本投影面上就不能得到反映表面实形的视图。如图 5-6(a)所示，可选用一个与机件上倾斜部分平行的辅助投影面 P 且垂直于一个基本投影面(P 为正垂面)，将倾斜部分向 P 面投影，然后将 P 面绕 P、V 面的交线旋转到与 V 面处于同一个平面上，即得到反映该部分实形的视图，即斜视图，如图 5-6(b)所示。

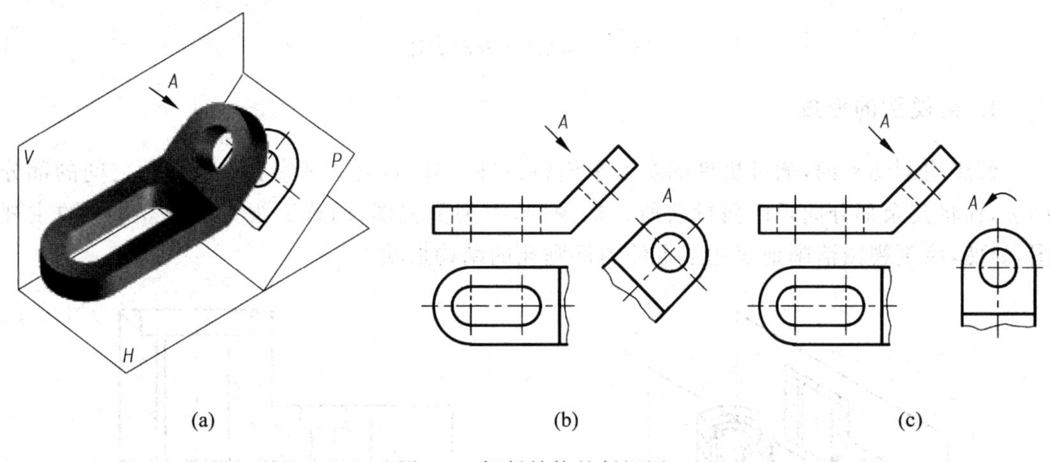

图 5-6　倾斜结构的斜视图

画斜视图应注意以下几点：

(1) 斜视图常用于表达机件上倾斜部分的局部形状，其余部分可不必画出，用细波浪线或双折线断开即可，如图 5-6(b)所示斜视图 A。机件上的其余结构也可以采用局部视图表示，如图 5-6(b)中按投影关系配置在俯视图位置的局部视图。

(2) 斜视图必须在视图的上方用大写拉丁字母标出视图的名称，在相应的视图附近用箭头指明投射方向，并标上相同的字母，如图 5-6(b)中的斜视图标注“A”。

(3) 斜视图通常按投影关系配置。在不致引起误解时，允许将斜视图旋转配置，这时，要在该视图的上方标“A ↶”，字母写在箭头一侧，如图 5-6(c)所示。

5.2 剖　视　图

5.2.1 剖视图的概念

当机件内部结构形状复杂时，采用视图表达时图中就会出现许多虚线，既不便于读图，又不利于标注尺寸，如图 5-7 所示。为了清楚地表达机件内部的结构形状，同时又避免出现虚线，故采用剖视图来表达。GB/T 17452—1998 和 GB/T 4458.6—2002 规定了剖视图的画法。

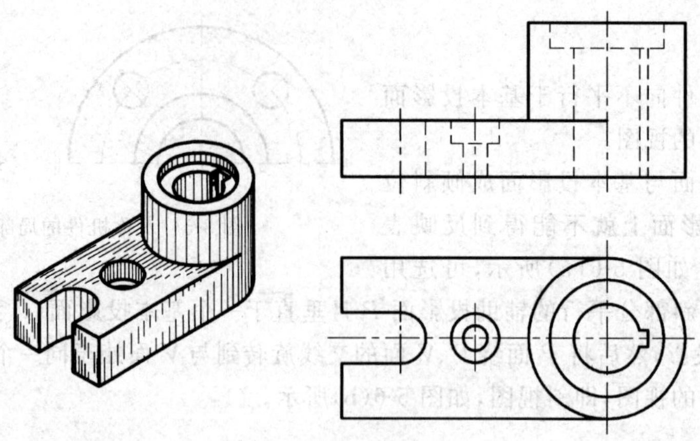

图 5-7 机件的视图表达

1. 剖视图的形成

假想用剖切平面,通过机件的对称平面将机件剖开,将处于观察者和剖切面之间的部分移去,而将其余部分向投影面投射所得的视图,称为剖视图,简称剖视。如图 5-8 中的主视图,显然,该剖视图清晰地表达了机件内部圆孔的结构形状。

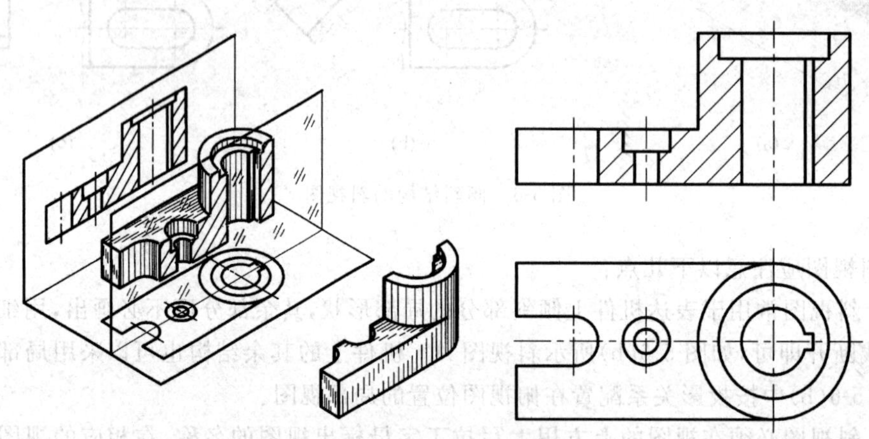

图 5-8 剖视图的形成

2. 剖面符号

在剖视图中,剖切面与机件接触部分称为剖面区域,应按规定画上剖面符号,即剖面线。剖面符号因机件的材料不同而不同,见表 5-1。

当不需要在剖面区域中表示材料的类别时,可采用通用剖面符号表示。通用剖面符号是一组间距相等的平行细实线,一般绘制成与水平线成 45°的平行线,剖面线的间距视剖面区域的大小而异。如果图形的主要轮廓线倾斜,绘制时最好与图形的主要轮廓线或剖面区域的对称线成 45°,如图 5-9(a)所示。

同一物体的各个剖面区域,其剖面线画法应一致。当画出的剖面线与图形的主要轮廓线或剖面区域的对称线平行时,可将剖面线画成与主要轮廓线或剖面区域的对称线成 30°

（或 60°）的平行线，此时，剖面线的倾斜方向仍与其他图形上的剖面线方向相同，如图 5-9（b）所示。

表 5-1　常用材料的剖面符号

材料名称		剖面符号	材料名称	剖面符号
金属材料（已有规定剖面符号者除外）			混凝土	
线圈绕组元件			玻璃及其他透明材料	
非金属材料（已有规定剖面符号者除外）			转子、变压器等的迭钢片	
型砂、粉末冶金、陶瓷、硬质合金等			格网（筛网、过滤网等）	
木材	纵剖面		砖	
	横剖面		液体	

注：1. 剖面符号仅表示材料的类别，材料的名称和代号必须另行注明；
2. 迭钢片的剖面线方向应与束装中迭钢片的方向一致；
3. 液面用细实线绘制。

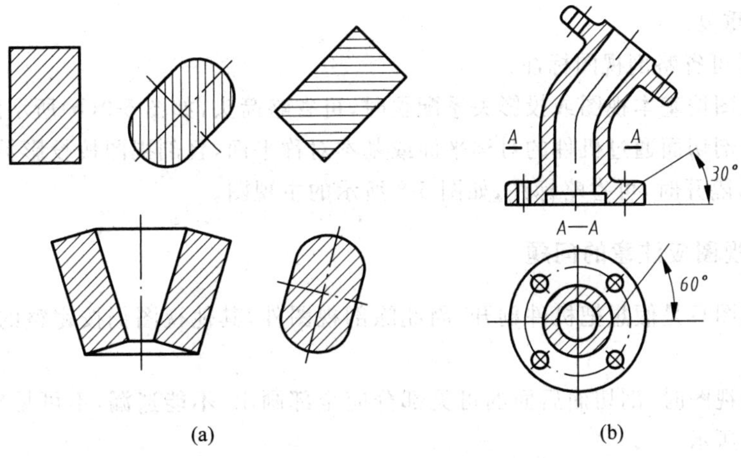

图 5-9　剖面线的画法

（a）剖面线方向；（b）30°（或 60°）的剖面线

3. 剖视图的画法

(1) 确定剖切平面的位置。如图 5-8 所示,剖切平面的位置通常选择通过机件上孔和槽的对称面,且平行于投影面。

(2) 画剖视图。在作图时要想清楚剖切后的情况:哪些部分移走了?哪些部分留下了?哪些部分切到了?切到部分的截面形状是什么样子?

若要由视图改为剖视图,先将剖到的内形轮廓线和剖切面后可见的轮廓线画成粗实线,再去掉多余的外形线;若要由机件直接画成剖视图,则先画出在剖切面上的内孔形状和外形轮廓,再画出剖切面后的可见轮廓。

(3) 将剖面区域画上剖面符号。

4. 剖视图的标注

为便于读图,在画剖视图时应将剖切位置、投影方向和剖视名称标注在相应的视图中。一般需要标注下列内容。

(1) 剖切线:指示剖切面位置的线,以细点画线表示,如图 5-10(a)所示;通常省略不画,如图 5-10(b)所示。

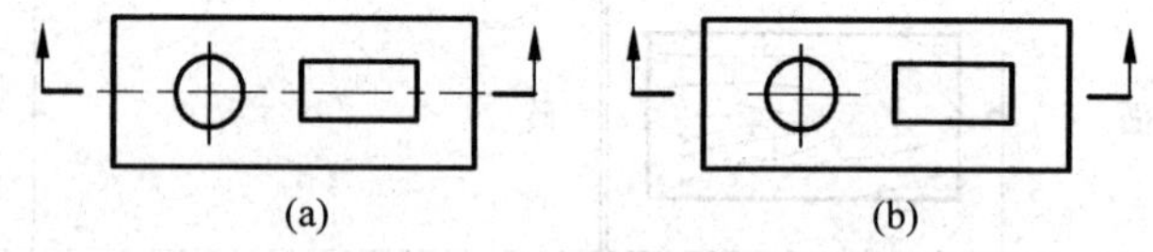

图 5-10 剖视图注法

(2) 剖切符号:指示剖切面起、讫和转折位置(用粗短线表示)及投射方向(用箭头表示)的符号。剖切符号尽可能不要与图形的轮廓线相交,在剖切面的起、讫和转折处要标注与剖视图名称相同的字母。

(3) 剖视图名称:在剖视图的上方用大写拉丁字母标出剖视图的名称"×—×",并在剖切符号旁标上相同的字母。如果在同一张图上同时有几个剖视图,则其名称应按字母顺序排列,不得重复。

下列情况可省略剖视图标注:

(1) 剖视图按基本视图或投影关系配置时,可省略箭头,如图 5-9(b)所示的 $A—A$。

(2) 单一剖切面通过机件的对称平面或基本对称平面,且剖视图按投影关系配置,中间没有其他图形隔开时,可省略标注,如图 5-8 所示的主视图。

5. 画剖视图应注意的问题

(1) 剖视图只是假想把机件剖开,因此除剖视图外,其他视图仍按完整的机件画出,如图 5-11 所示。

(2) 画剖视图时,剖切面后面的可见部分应全部画出,不能遗漏,不可见轮廓线一般不画,如图 5-12 所示。

(3) 对于剖视或视图上已表达清楚的结构形状,在剖视或其他视图上这部分结构的投

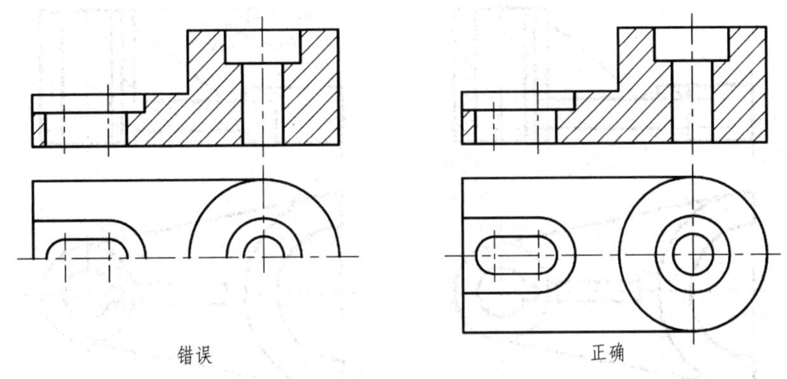

图 5-11　画剖视图时应注意机件的完整性

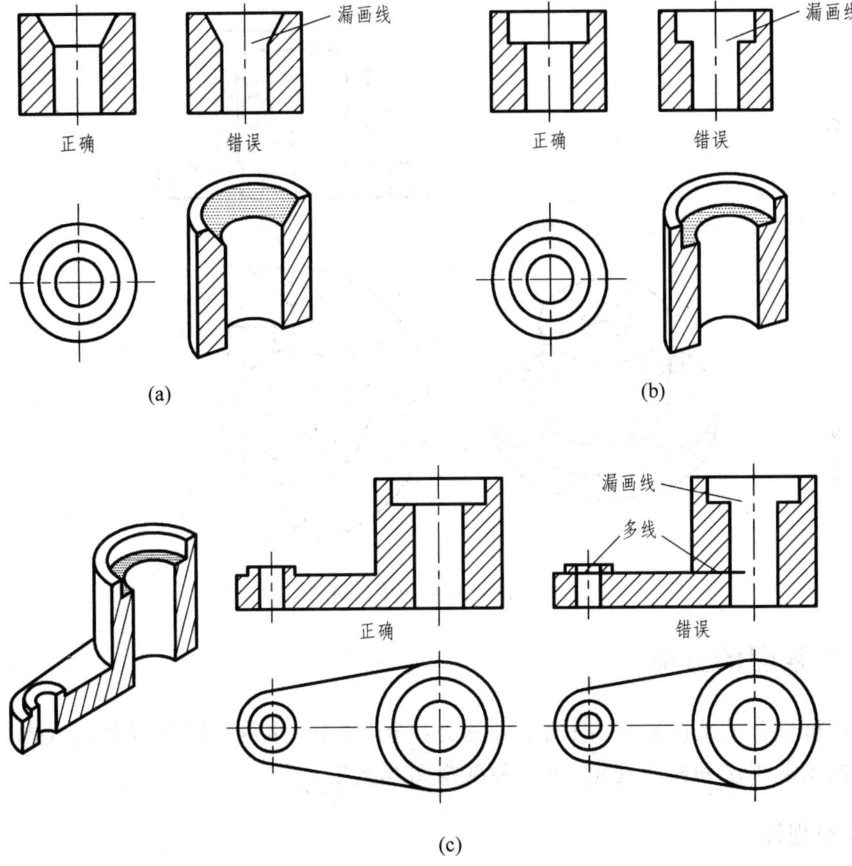

图 5-12　剖视图中不应漏画可见轮廓线

影为虚线时，一般不再画出，如图 5-13 所示。但没有表达清楚的结构，允许画少量虚线。如图 5-14 所示。

(4) 零件上的肋、轮辐、紧固件、轴等，当沿其纵向剖切时，剖视图通常按不剖绘制，如图 5-13 中肋板(或筋板)结构及第 6 章中紧固件的表达。

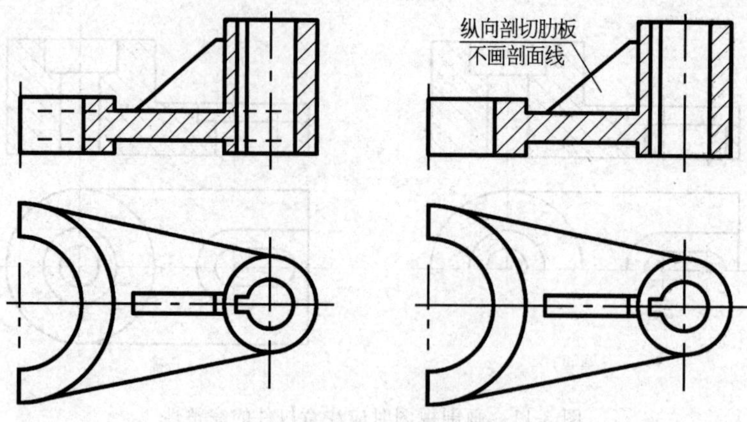

图 5-13　剖视图中的虚线处理(一)

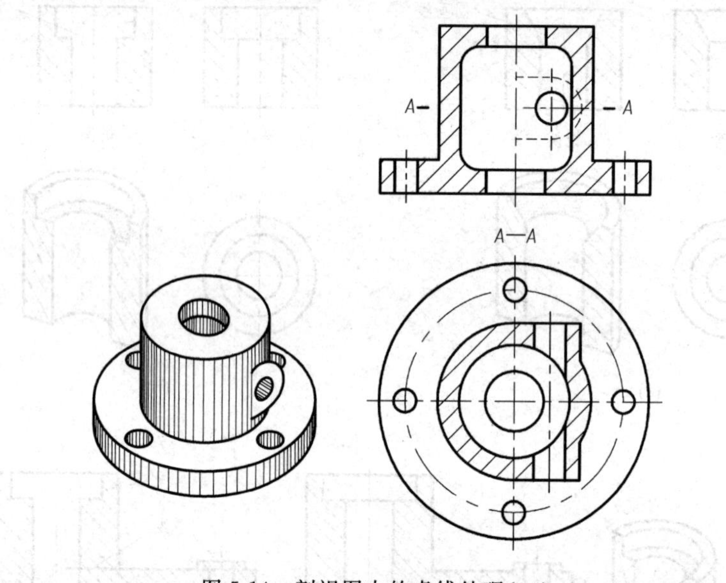

图 5-14　剖视图中的虚线处理(二)

5.2.2　剖视图的分类

按机件被剖开的范围来分,剖视图可分为：全剖视图、半剖视图和局部剖视图三种。前述关于剖视图的画法和标注规定,对三种剖视图都适用。

1. 全剖视图

全剖视图是用剖切平面将机件完全剖开所得的剖视图。全剖视图主要用于表达外形简单,而内形结构较复杂的不对称机件。同一机件可以假想进行多次剖切,画出多个剖视图,如图 5-14 所示,主视图从前后对称面全剖,俯视图从主视图所示的 $A—A$ 位置全剖。

2. 半剖视图

当机件具有对称平面时,向垂直于对称平面的投影面上投射所得的图形,可以以对称中

心线为界，一半画成剖视图，另一半画成视图，这样的图形叫做半剖视图。如图 5-15 反映了图 5-16 所示立体的主视半剖视图的形成方式，由于该机件左右对称，取视图的左半用来表达机件外形，取全剖视图的右半用来表达机件内部结构，二者以对称中心线为界，同时表达了机件的外形和内形。

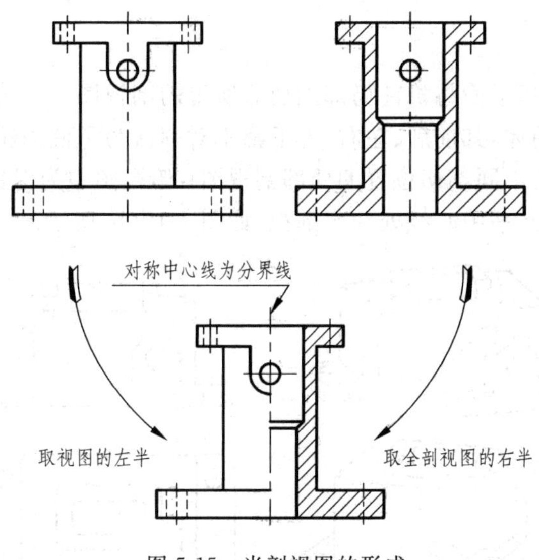

图 5-15　半剖视图的形成

半剖视图主要用于内、外形状比较复杂的对称机件，如图 5-16 所示机件前后、左右都对称，故可将其主视图、俯视图和左视图均画成半剖视图。但必须注意，同一机件用多个剖视图表达时，各剖视图的剖面线方向和间距应完全一致。

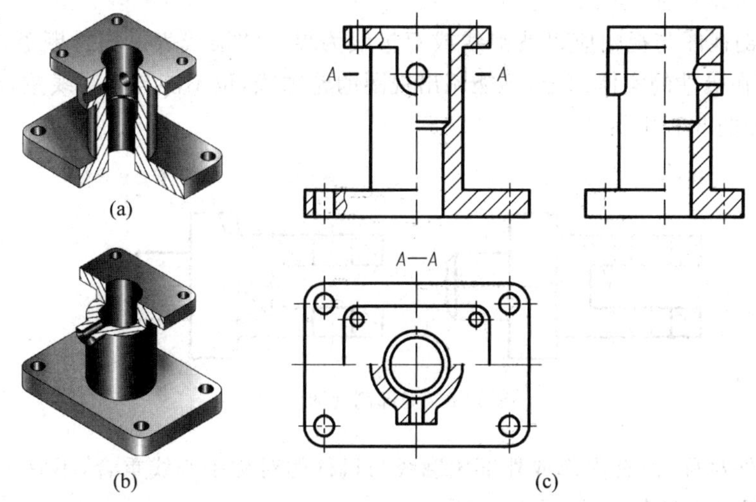

图 5-16　半剖视图

画半剖视图应注意以下几点：

(1) 半个视图与半个剖视图的分界线只能为细点画线（图形的对称中心线），如果机件中的其他图线恰好与细点画线重合，则不能采用半剖视图。

(2) 由于具有对称的特点,因此,在半个视图中一般不画表示机件内部形状的虚线,但对孔、槽等需用细点画线表明其中心位置。

(3) 半剖视图的标注方法与全剖视图的标注相同。

(4) 当机件的形状接近对称,且不对称部分已另有图形表达清楚时,可画成半剖视图。

3. 局部剖视图

局部剖视图是用剖切平面将机件局部剖切后所得的剖视图。

如图 5-17(a)所示箱体,其前后、左右、上下都不对称。为了使该箱体的内外结构都能表达清楚,主视图采用两个不同剖切位置的局部剖视图;俯视图中为保留顶部矩形孔的外形,采用从前面半圆凸台的水平中心线处局部剖视,如图 5-17(b)所示。

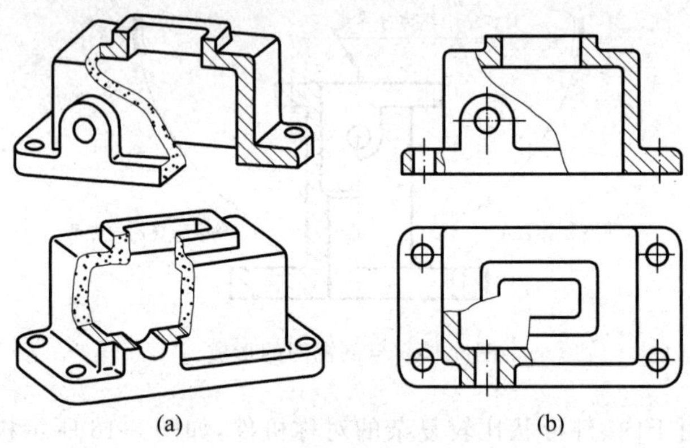

图 5-17 局部剖视图(一)

画局部剖视图应注意以下几点:

(1) 局部剖视图与视图应以波浪线或双折线为界。波浪线表示机件断裂面的投影,因而波浪线应画在机件的实体部分,不能超出视图的轮廓线,也不能与轮廓线重合或成为轮廓线的延长线,如图 5-18 所示。

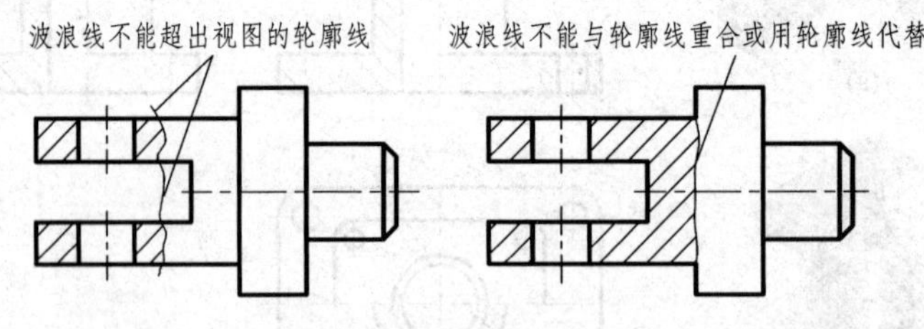

图 5-18 局部剖视图(二)

(2) 当机件对称,但有内部或外部轮廓线与机件的对称中心线重合,不宜采用半剖视图时,应采用局部剖视图表达,如图 5-19 所示。

(3) 当遇到孔、槽时,波浪线不能穿孔而过,只能穿过实体,如图 5-20 所示。当用双折线表示被剖部分与未剖部分的分界线时,则没有此限制,且双折线应超出视图的轮廓线,如图 5-21 所示。

(4) 局部剖视图的剖切位置、剖切范围的大小可视机件需要确定,是一种较为灵活的表达

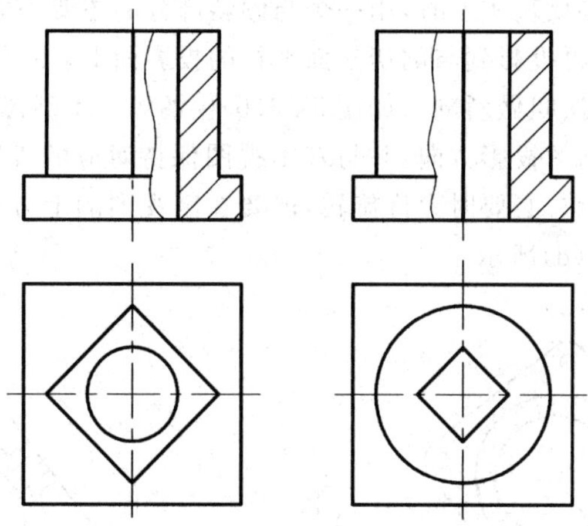

图 5-19　局部剖视图(三)

方法。但在同一视图中不宜过多地采用局部剖视图，否则会使图形过于零乱，给读图带来困难。

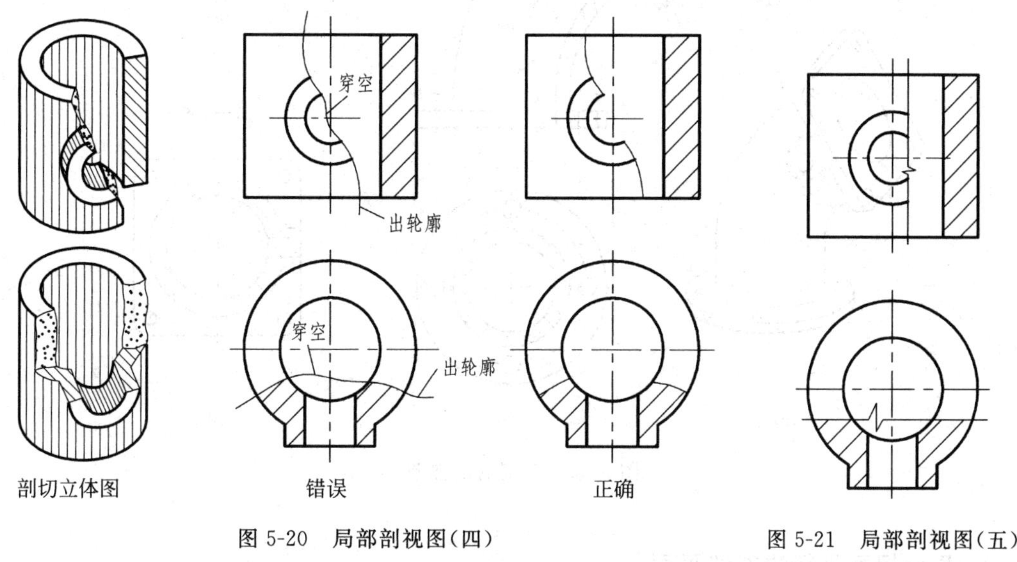

图 5-20　局部剖视图(四)　　图 5-21　局部剖视图(五)

(5) 当单一剖切平面的剖切位置明显时，局部剖视图可省略标注，必要时，也可按标注全剖视图的形式标注。

5.2.3　剖切面的种类及剖切方法

根据机件结构的特点，可以选择下面三种剖切面剖开机件。

1. 单一剖切平面

(1) 平行于某一基本投影面的剖切平面。前面介绍的全剖视图、半剖视图、局部剖视图中，所选用的剖切平面都是这种剖切平面，是最常用的剖视图。

(2) 不平行于任何基本投影面的剖切平面。如图 5-22(a)所示，当机件上倾斜部分的内部结构在基本视图上不能反映实形时,用一个与倾斜部分的主要平面平行,并且垂直于某一基本投影面的平面剖切,再投影到与剖切平面平行的投影面上,即可得到该部分内部结构的实形,这种剖开机件的方法叫做斜剖。如图5-22(b)中的 $A—A$ 剖视图称为斜剖视图。斜剖视图一般放置在箭头所指的投影方向,并与基本视图保持对应的投影关系。也可放置在其他位置,如图5-22(c)所示。必要时允许旋转,但要在剖视图的上方用旋转符号指明旋转方向并标注字母,如图5-22(d)所示。

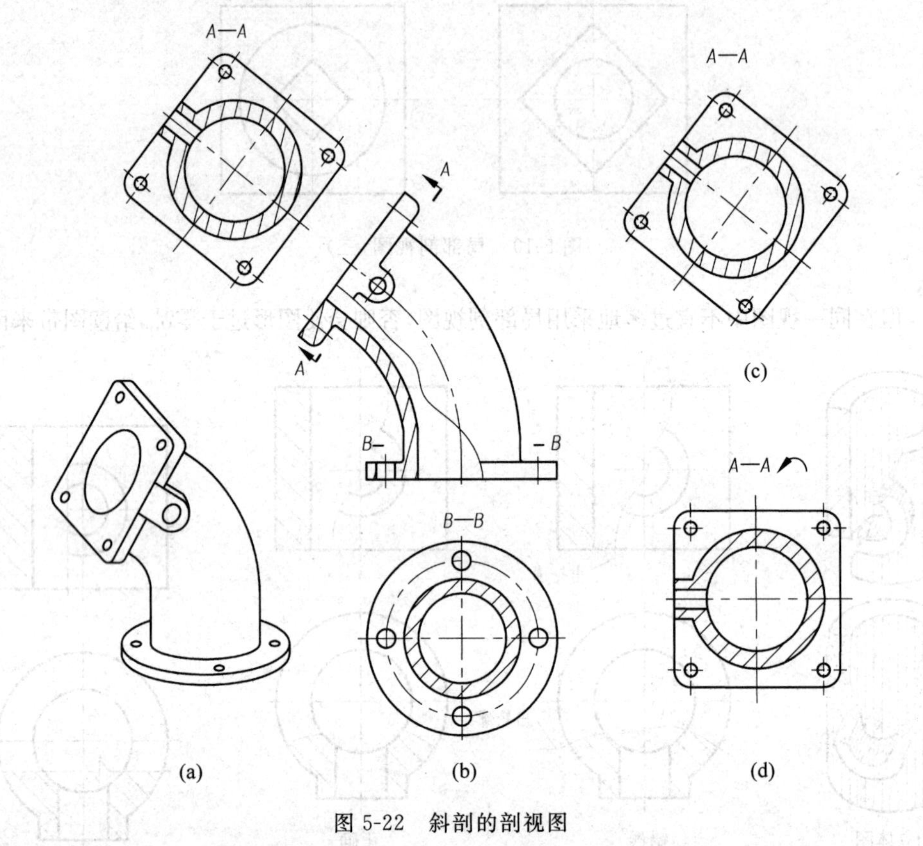

图5-22 斜剖的剖视图

2. 几个相互平行的剖切平面

如图5-23所示,当机件上的孔、槽的轴线或对称面位于几个相互平行的平面上时,可以用几个与基本投影面平行的剖切平面剖切机件,再向基本投影面进行投影。这种用几个平行的剖切平面剖开机件的方法叫做阶梯剖。在剖切平面的起、讫和转折处画上剖切符号(转折处必须是直角),并标注相同的拉丁字母。在剖视图的上方注出剖视图的名称"×—×"。

画阶梯剖的剖视图时应注意以下几个问题:

(1) 在剖视图上不用画出两个剖切平面转折处的投影;

(2) 剖切符号的转折处不应与图上的轮廓线重合;

(3) 要正确选择剖切平面的位置,在剖视图上不应出现不完整要素;

(4) 当机件上的两个要素在图形上具有公共对称中心线或轴线时,可以以对称中心线

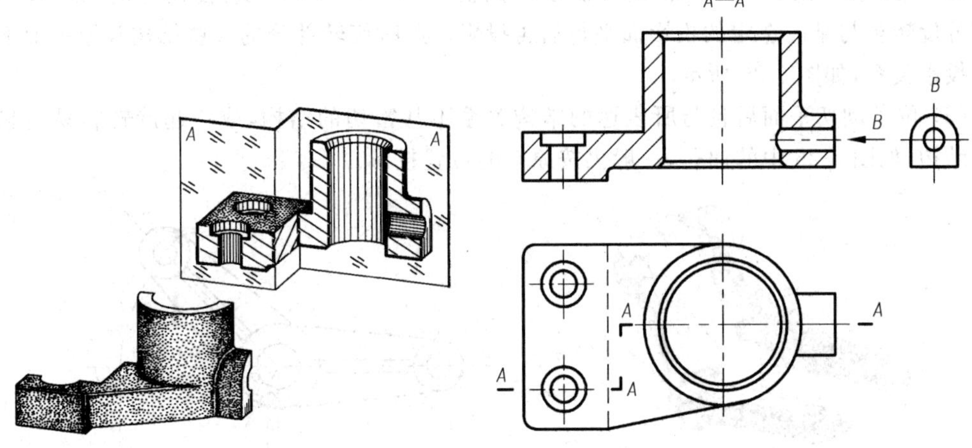

图 5-23 阶梯剖的剖视图

或轴线为界各画一半，如图 5-24 所示。

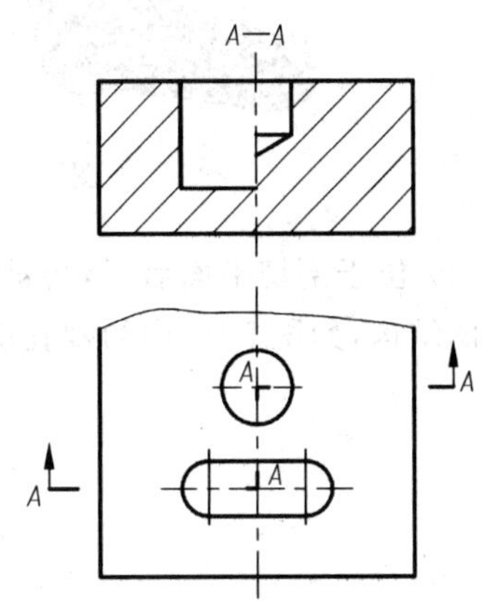

图 5-24 具有公共对称中心线或轴线时的阶梯剖画法

3. 两个相交的剖切平面（交线垂直于某一投影面）

如图 5-25 所示，当机件的内部结构形状用一个剖切平面不能表达完全，而机件又具有回转轴时，可采用两个相交的剖切平面剖开机件，并将与投影面不平行的那个剖切平面剖开的结构及其有关部分旋转到与投影面平行，然后再进行投影。这种剖切方法叫做旋转剖。

在剖切面的起始、转折和终止处画上剖切符号，并标注大写拉丁字母，在剖视图上方注出剖视图名称“×—×”。

画旋转剖时应该注意：

(1) 两个相交的剖切平面的交线（一般为轴线）必须垂直于投影面，通常垂直于基本投影面；

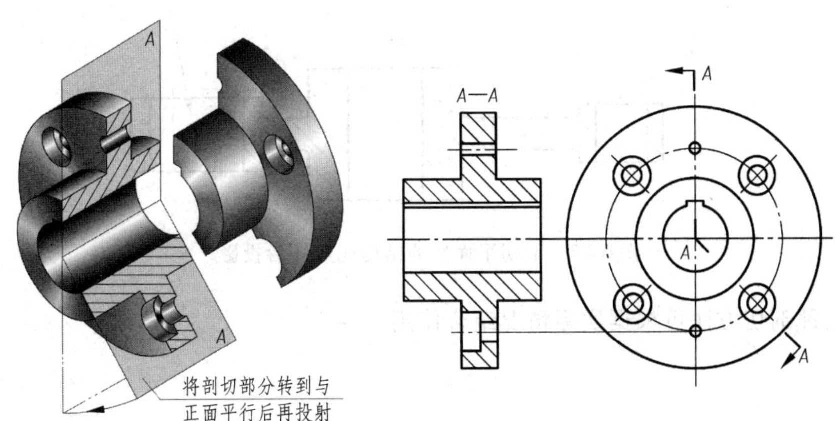

图 5-25 旋转剖的剖视图

(2) 应该按“先剖切后旋转”的方法绘制剖视图,如图5-25所示,使剖开的结构及其有关部分旋转至与某一选定的投影面平行后再投影。此时旋转部分的某些结构与原图形不再保持投影关系,如图5-26所示。

(3) 位于剖切平面后且与所表达的结构关系不甚密切的结构,或一起旋转容易引起误解的结构,如图5-26中的油孔,一般仍按原来的位置投影。

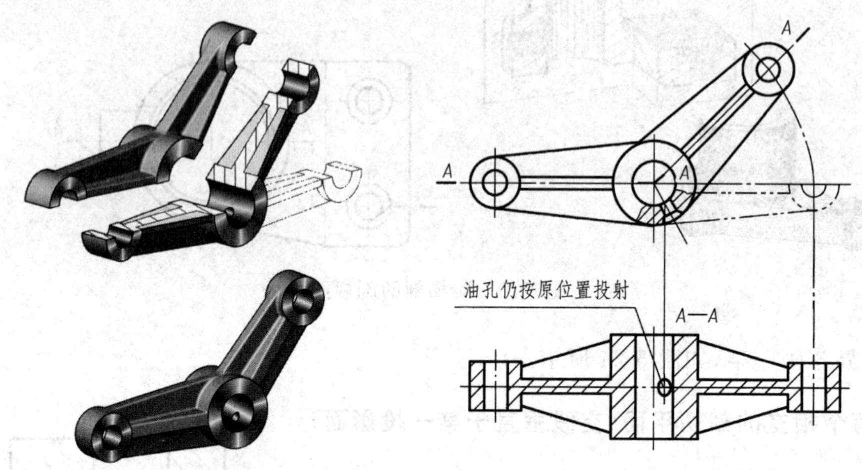

图5-26 剖切平面后的结构按原位置投影

(4) 位于剖切平面后,但与被切结构有直接联系且密切相关的结构,或不一起旋转难以表达的结构,如图5-27中的螺孔应“先旋转后投射”。

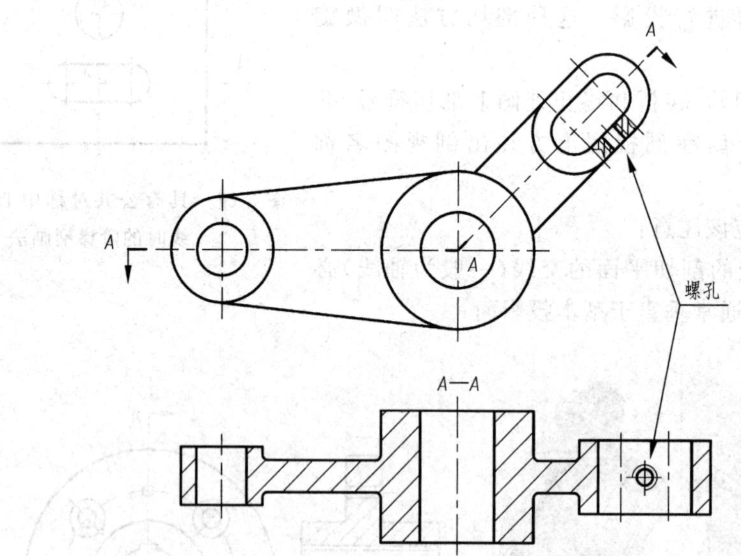

图5-27 剖切平面后的结构先旋转后投影

以上三种剖切方法可根据实际情况组合使用。

5.3　断　面　图

5.3.1　断面图的基本概念

假想用剖切面将机件的某处切断，仅画出该切断面与机件接触部分的图形称为断面图。切断时剖切面应与被截断处的中心线或主要轮廓线垂直，如图 5-28 所示。

断面图和剖视图的区别在于：断面图仅画出截断面的图形，剖视图则是将切断面连同其后面部分进行投影，如图 5-28(a)所示。

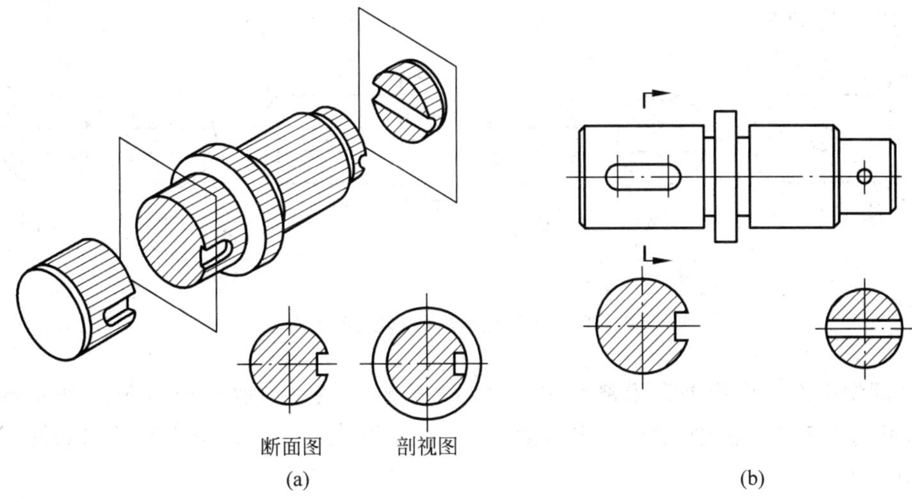

图 5-28　断面图与剖视图的区别

断面图主要用于表达机件上某一部分的断面形状，例如机件上的肋、轮辐、键槽、小孔以及型材的断面等。

根据断面图配置位置的不同，断面图可分为移出断面图和重合断面图两种。

5.3.2　移出断面图

画在视图之外的断面图，称为移出断面图，如图 5-29 所示。

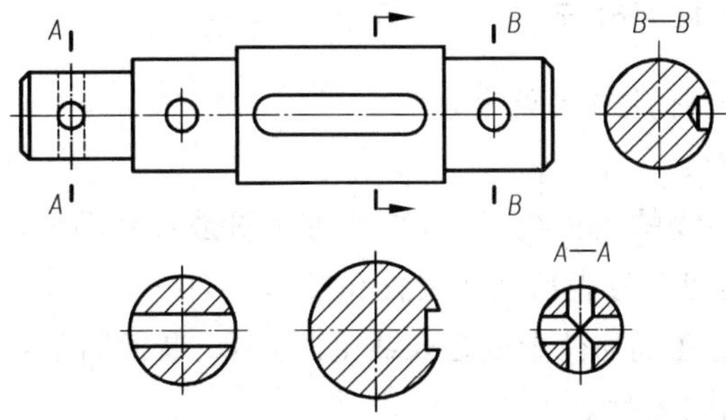

图 5-29　移出断面图画法

1. 移出断面图的画法

画移出断面图应注意以下几点：

(1) 移出断面图的轮廓线用粗实线绘制。

(2) 为了读图方便，移出断面图应尽量画在剖切面迹线(指示剖切面位置的线)的延长线上，如图 5-29 所示中未标注的两个断面图。必要时也可配置在其他适当的位置，如图 5-29 所示断面图 $A—A$、$B—B$。

(3) 当剖切面通过由回转体形成的孔或凹坑等结构的轴线时，这些结构应按剖视图画出；当剖切面通过非圆孔会导致出现完全分离的几个断面时，这些结构也应按剖视画出，如图 5-29、图 5-30 所示。

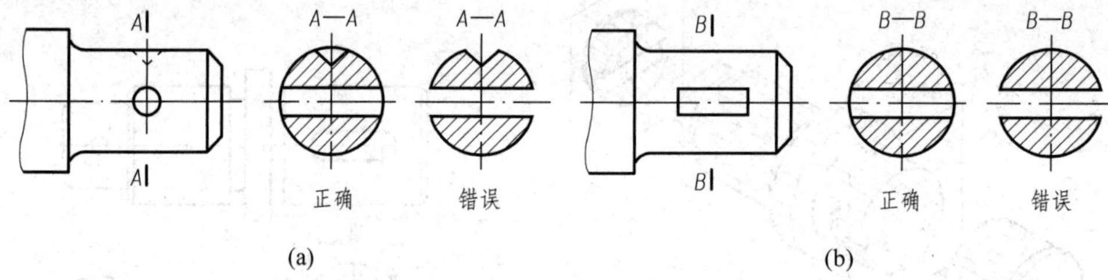

图 5-30 按剖视画出的移出断面图

(4) 剖切平面一般应垂直于被剖切部分的主要轮廓线。当遇到如图 5-31 所示的肋板结构时，可用两个相交的剖切面，分别垂直于左、右肋板进行剖切。画出的移出断面图用波浪线断开。

(5) 移出断面的图形对称时，也可配置在视图的中断处，如图 5-32 所示。

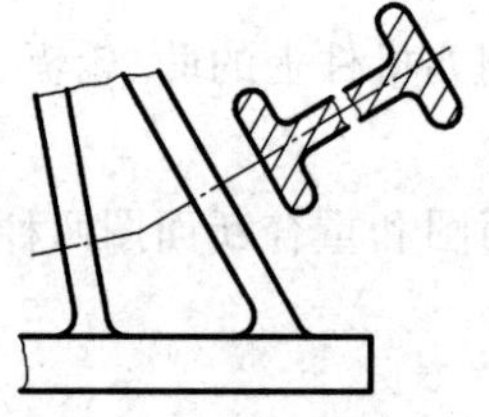

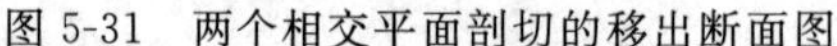

图 5-31 两个相交平面剖切的移出断面图

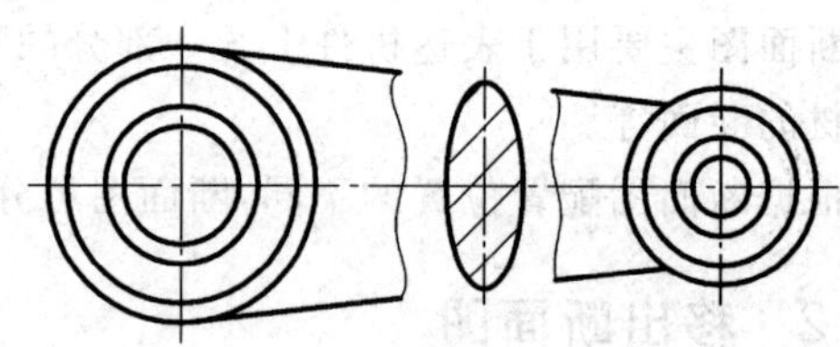

图 5-32 画在中断处的移出断面图

2. 移出断面图的配置与标注

移出断面图的配置与标注方法见表 5-2。

断面图标注时应注意：

(1) 断面图画在剖切线的延长线上时，如果断面图是对称图形，可完全省略标注；若断面图形不对称，则需用剖切符号表示剖切位置和投影方向。

(2) 断面图不是放置在剖切位置的延长线上时，不论断面图是否对称，都应画出剖切符号，用大写字母标注断面图名称。

表 5-2　移出断面图的配置与标注

剖切位置		对称的移出断面图	不对称的移出断面图
在剖切符号（或剖切平面轨迹）的延长线上		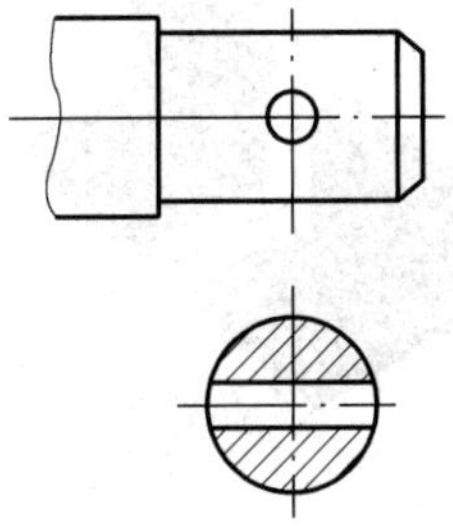 不必标注	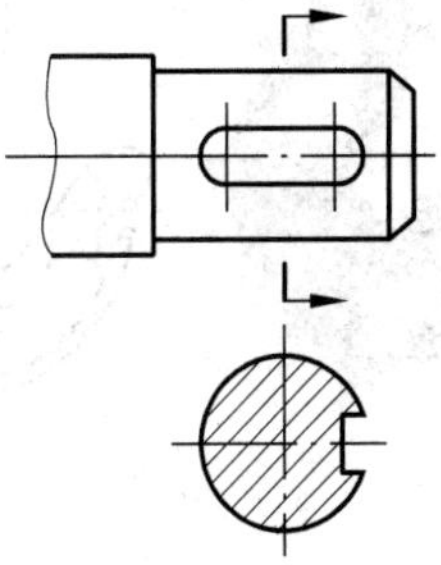 省略字母
不在剖切符号的延长线上	按投影关系配置	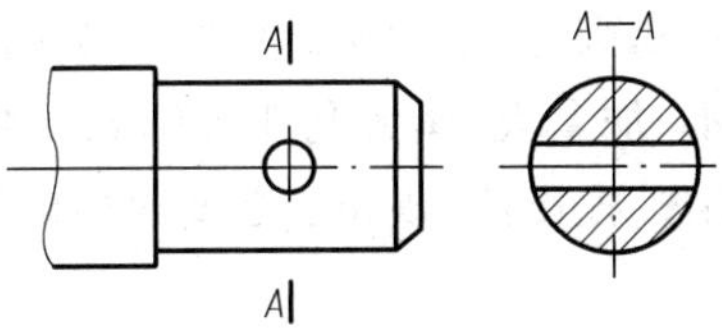 A A A—A 省略箭头	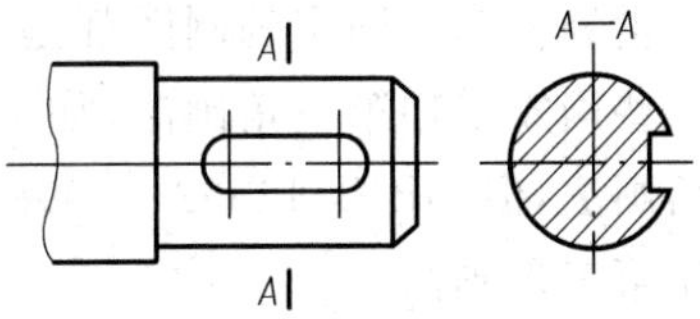 A A A—A 省略箭头
不在剖切符号的延长线上	不按投影关系配置	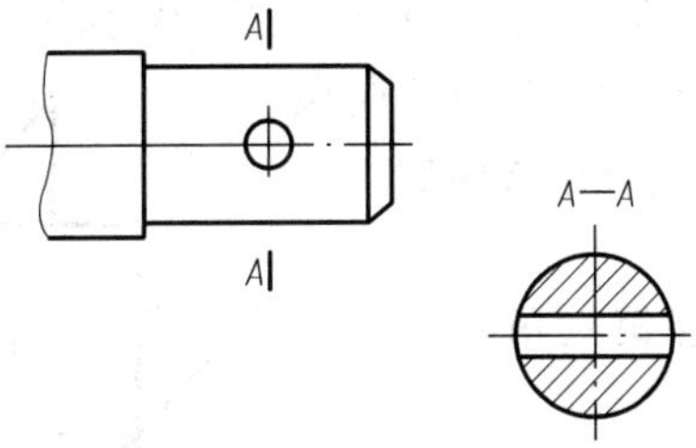 A A A—A 省略箭头	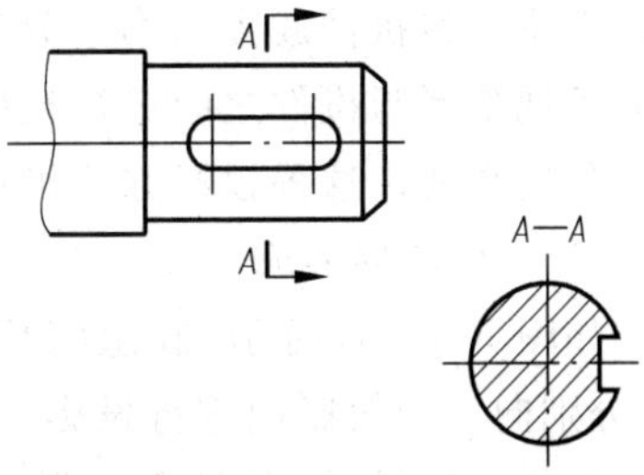 A A A—A 标注全部内容(剖切符号、箭头、字母)

5.3.3　重合断面图

剖切后将断面图形重叠地画在视图上，这样得到的断面图称为重合断面图。

重合断面图的轮廓线用细实线画出，当视图中的轮廓线与重合断面图重叠时，视图中的轮廓线仍应连续画出，不可间断。重合断面图如果是对称图形，可省略标注，如图 5-33(a)所示；如果图形不对称，则应标出剖切符号和投影方向，如图 5-33(b)所示，在不致引起误解时也可省略标注。

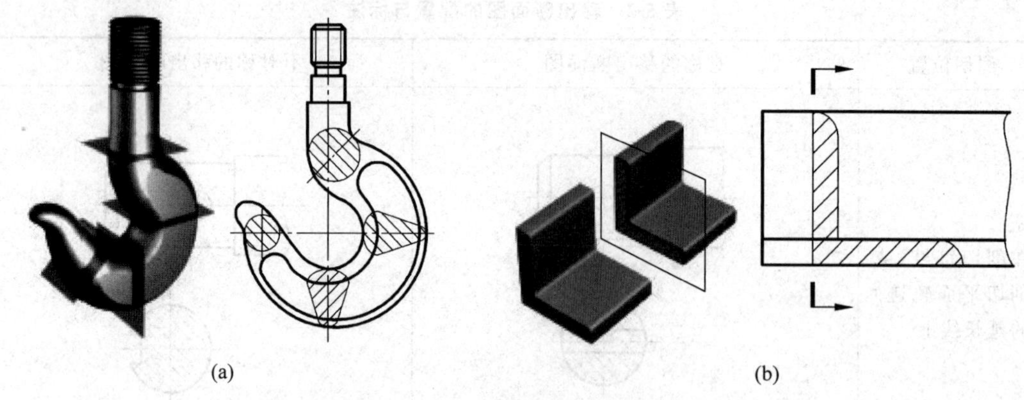

图 5-33 重合断面图的画法

5.4 第三角画法简介

世界上多数国家的制图都是采用第一角画法,如中国、俄罗斯、英国、法国、德国等,但也有一些国家采用第三角画法,如美国、日本、加拿大、澳大利亚等国家。我国制图主要采用第一角画法,但 GB/T 14692—2008《技术制图 投影法》规定:必要时(如按合同规定等),允许使用第三角画法。

1. 第三角投影概述

1) 第三角投影方法

三个相互垂直的投影面 V 面、H 面、W 面将空间分成 8 个分角,如图 5-34 所示Ⅰ～Ⅷ所注方位。将机件放置于第三分角,即放在 H 之下、V 面之后、W 面之左的空间,并使投影面处于观察者与机件之间进行投射得到正投影的方法叫做第三角投影法。这种投影方法可把投影面看作透明的。

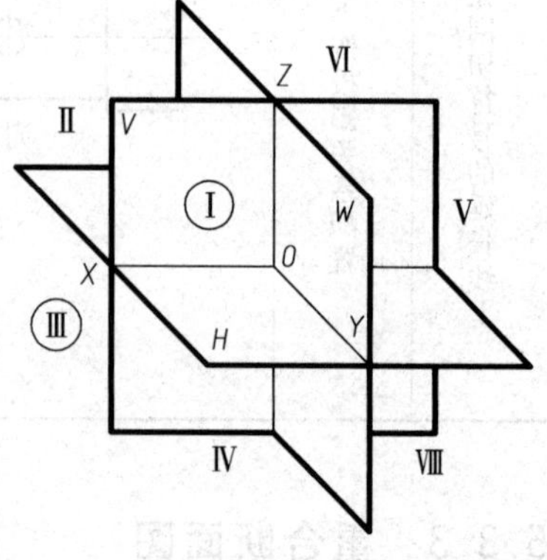

图 5-34 空间八分角

2) 三视图的形成

如图 5-35(a)所示,假想将机件放在第三角投影体系中,分别向三个投影面进行投影:

由前向后投射,在 V 面上得到主视图;

由上向下投射,在 H 面上得到俯视图;

由右向左投射,在 W 面上得到右视图。

规定 V 面不动,将 H 面绕它与 V 面的交线向上翻转 90°,W 面绕它与 V 面的交线向右翻转 90°,使三个投影面展开到一个平面上,即得到如图 5-35(b)所示的投影图。三个视图的位置关系是:俯视图在主视图的正上方,右视图在主视图的正右方。

3) 三视图之间的投影关系

第三角投影法得到的三视图与第一角投影法的三视图投影关系一样,也符合“三等”关系:

主视图和俯视图长对正;

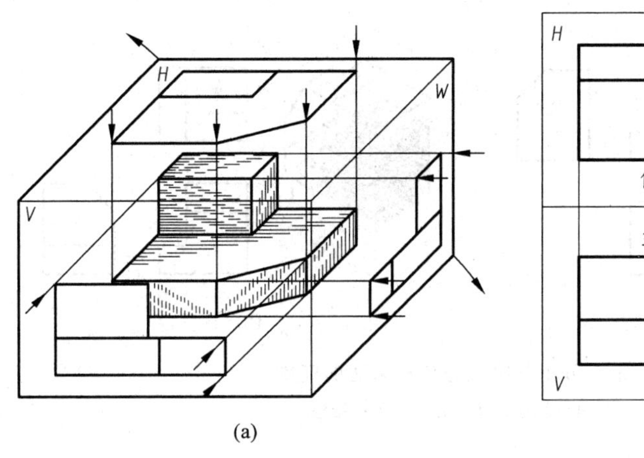

(a)

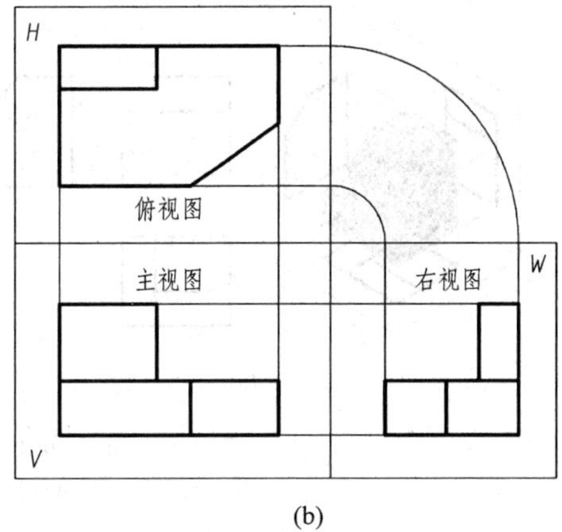

(b)

图 5-35　第三角画法中三视图的形成

(a) 第三角投影方法；(b) 三视图的形成

俯视图和右视图宽相等；

主视图和右视图高平齐。

三视图之间的度量及方位对应关系如图 5-36 所示。应注意：俯视图和右视图靠近主视图的一侧均为物体的前面。

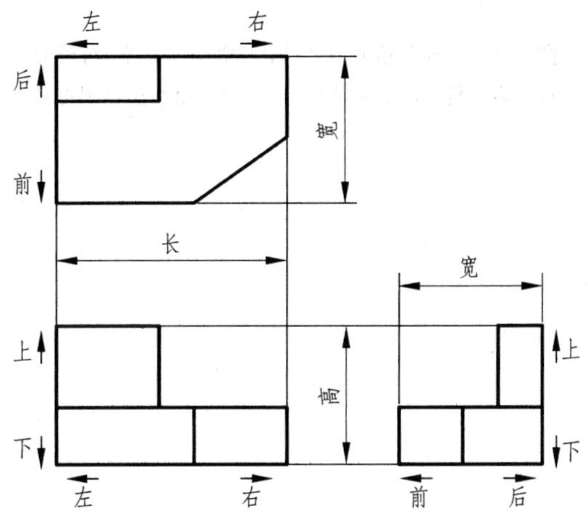

图 5-36　三视图间的对应关系

2. 第三角投影法与第一角画法的区别

第一角画法是将机件放置在图 5-34 所示的第一分角内，即放在 H 之上、V 面之前、W 面之左的空间，是人-物-面的位置关系，即机件处于观察者与投影面之间进行投射得到的正投影。而第三角画法是人-面-物的位置关系，即投影面处于观察者和机件之间进行投射得到的正投影。因此，两种投影法视图的配置位置不同，如图 5-37 所示。

3. 标识符号

为了识别第三角画法与第一角画法，国标中规定了相应的识别符号，如图 5-38 所示。

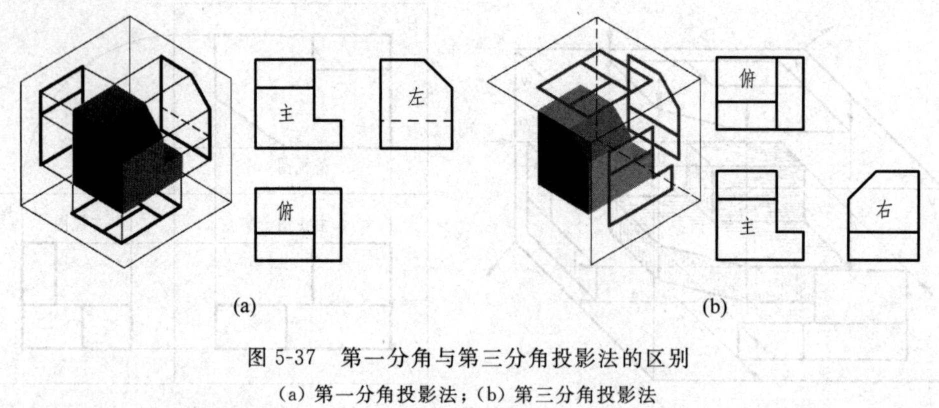

图 5-37 第一分角与第三分角投影法的区别

(a) 第一分角投影法；(b) 第三分角投影法

该符号一般标在所画图纸标题栏的上方或左方。当采用第三角画法时，必须在图样中画出第三角投影的识别符号；采用第一角画法时，一般不必画出第一角画法的识别符号，但在必要时也需画出。

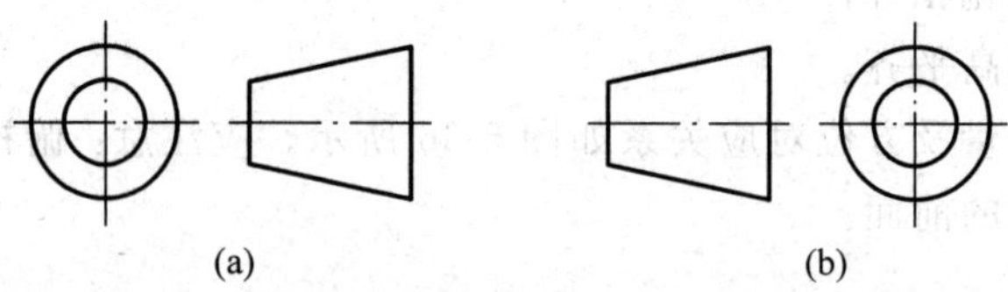

图 5-38 第三角画法与第一角画法的识别符号

(a) 第三角画法识别符号；(b) 第一角画法识别符号

下篇

化工图样

学习工程制图基本知识，是掌握绘图和读图能力的基础。但是，作为从事化工生产的技术人员来说，具备化工专业图样的绘制和识读能力才是学习本课程的最终目的。任何化工厂、化工车间及生产装置的设计，都是以工程图样作为技术资料，即以图纸、表格及必要的文字说明来表达生产工艺、技术装备等各种信息。并且，在化工厂的建设施工、设备的制造安装，及后续的生产过程中，更是依赖于化工图样的指导。

化工图样也是按照“正投影法”和国家标准《机械制图》《技术制图》的规定绘制图样，但它具有鲜明的专业特色。化工图样可分为：化工机器图、化工设备图和化工工艺图。化工机器是指压缩机、鼓风机、泵和离心机等机器。化工机器图的绘制除部分在防腐方面有特殊要求外，基本上属于机械图样的表达范畴，本书不做介绍。

化工图样的绘制参照了大量标准和有关规定，主要有国家标准(GB)、化工行业标准(HG)、能源行业标准(NB)和机械行业标准(JB)。本篇主要介绍化工设备图和化工工艺图。

第6章 化工设备零部件简介

化工设备是指在化工产品生产过程中，完成分离、合成、干燥、结晶、过滤、吸收、萃取、澄清等生产单元的装置。化工设备虽然尺寸大小不一，形状结构不同，内部结构形式多种多样，但它们都有一个被称做容器的外壳。容器是生产中所用各种化工设备外部壳体的总称，由各种零部件连接构成，其基本结构如图 6-1 所示。

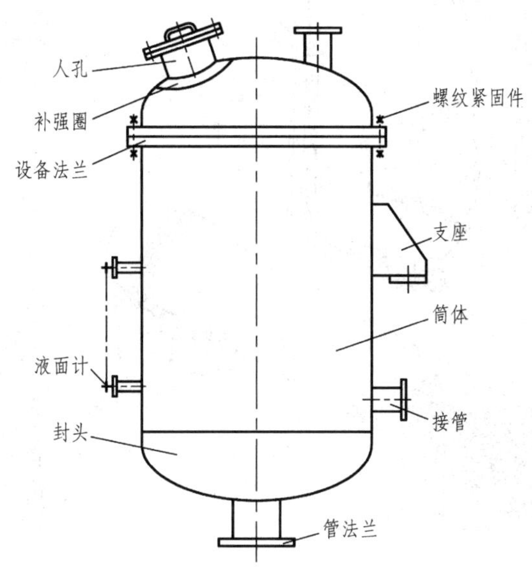

图 6-1　立式化工容器的结构示意图

化工设备的种类很多，根据它们在生产过程中的功能和结构特点，将其分成四大类典型设备，即储罐、换热器、反应釜(罐)和塔设备，结构如图 6-2 所示。化工设备图就是表达化工设备的结构、形状、大小、工作原理及制造、安装等技术要求的工程图样。本书主要就这四类典型设备图样的表达方式进行阐述和分析。

(1) 储罐：用于储存原料、中间产品和成品等的容器，还包括计量罐、缓冲罐、混合罐、包装罐等。按形状有圆柱形、球形等，其中圆柱形容器应用最广。

(2) 反应釜：为物料进行化学反应，或使物料进行搅拌、沉降、换热等操作提供场所。反应器的形式很多，反应釜是其中一种典型设备。本书主要介绍带有搅拌装置的反应釜。

(3) 换热器：用于两种不同温度的介质进行热量交换，从而使物料被加热或被冷却。目前，管壳式换热器应用最为广泛。

(4) 塔设备：用于吸收、精馏、萃取等化工单元操作的高大、细长型立式设备。

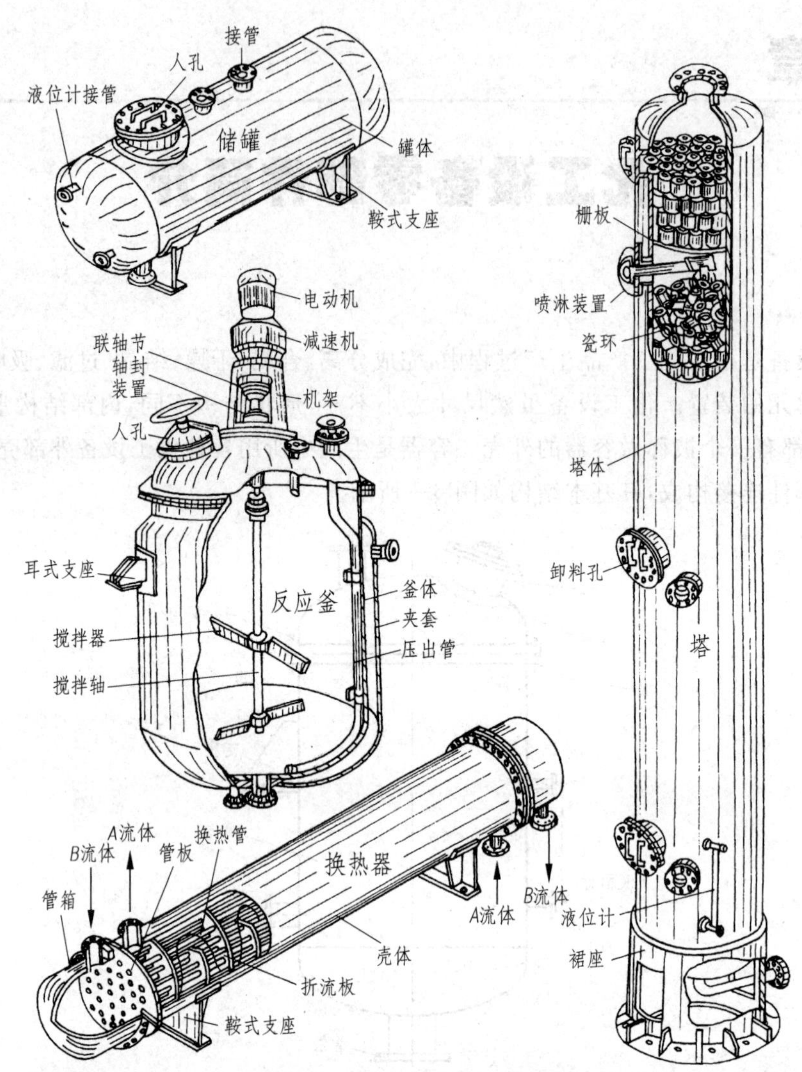

图 6-2　四类典型化工设备的直观图

任何机器、设备都是由许多零件按一定的装配关系和设计、使用要求装配而成的。构成化工设备的零部件种类和规格很多,总体上可分为三类:第一类是标准化的常用机械零件(如螺栓、螺母等),第二类是标准化的化工设备通用零部件(如法兰、支座等),第三类是各种典型化工设备的常用零部件(如折流板、夹套、塔盘等)。本章主要介绍前两类零部件,第三类零部件将在对应设备的章节中介绍。

在各种机械设备中,广泛应用螺栓、螺钉、螺母、垫圈、键、销等零件。由于它们的使用量大,为便于设计、制造和选用,对这些零部件的结构、尺寸或某些参数,有的已全部实行了标准化,如螺栓、螺母、螺钉、键、销、滚动轴承等,这些零部件称为标准件;也有的部分实行了标准化,如齿轮、弹簧等,通常把这些零部件称为常用件。标准化、系列化和通用化是现代化生产的重要标志,实现三化可以多生产优质产品,缩短设计和制造时间,降低成本,增加零件的互换性,增加经济效益。

6.1　常用标准件

本节重点介绍各种机械设备中均广泛使用的标准件——螺纹紧固件,键和销等。

6.1.1　螺纹的基本知识

1. 螺纹的形成

螺纹是在圆柱或圆锥表面上,经过机械加工而形成的具有规定牙型的连续螺旋的凸起和沟槽(又称丝扣)。在圆柱或圆锥外表面上所形成的螺纹称为外螺纹(见图 6-3(a));在内表面上所形成的螺纹称为内螺纹(见图 6-3(b))。作为各种零件上常用的结构形式,螺纹起到连接紧固、传递运动和动力的作用。

螺纹可采用多种方法加工,主要有车削、铣削、攻螺纹、套螺纹、磨削等,如图 6-3(a)、(b)所示为车削外、内螺纹。用丝锥和板牙可手工操作,进行攻螺纹(加工内螺纹)和套螺纹(加工外螺纹),一般小直径的内螺纹只能依靠丝锥加工,如图 6-3(c)所示。

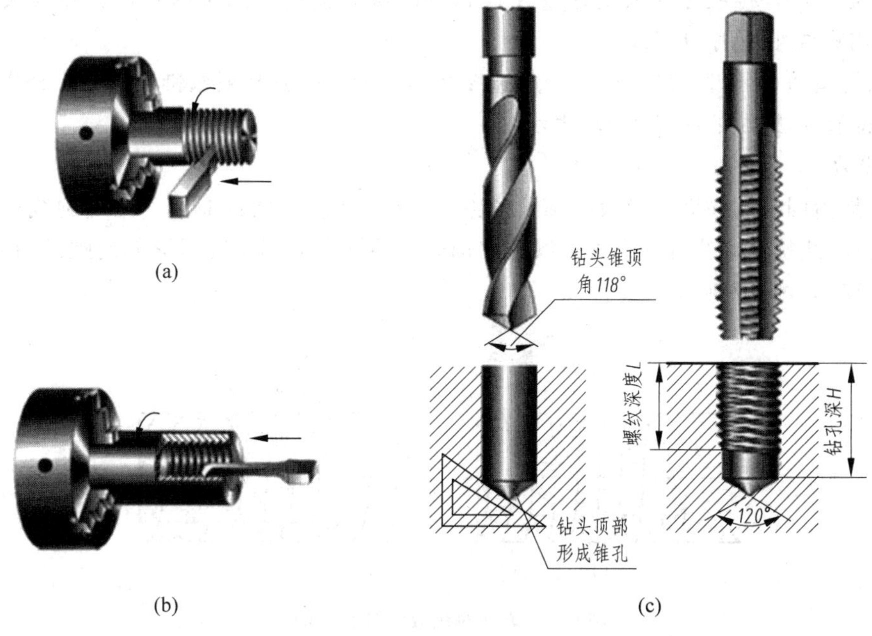

图 6-3　螺纹的形成

2. 螺纹的要素

内外螺纹总是成对使用,只有当内外螺纹的牙型、直径、螺距、线数和旋向 5 个要素完全一致时,才能正常旋合。

1) 牙型

通过螺纹轴线的断面上螺纹的轮廓形状称为螺纹牙型。常见的螺纹牙型有三角形、梯形、锯齿形和矩形。除矩形螺纹外,其他牙型的螺纹均为标准螺纹。

2）直径

螺纹的直径有大径、中径和小径，如图 6-4 所示为对应内外螺纹的直径。

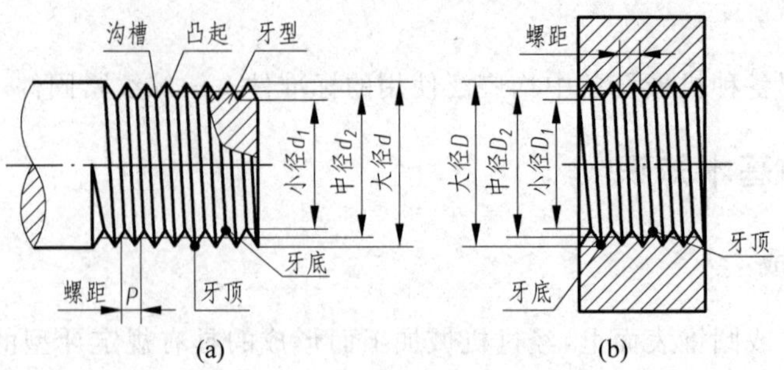

图 6-4　螺纹的牙型与直径

(a) 外螺纹；(b) 内螺纹

大径是指与外螺纹牙顶或内螺纹牙底相切的假想圆柱或圆锥的直径(即螺纹的最大直径)。外螺纹大径用 d 表示，内螺纹大径用 D 表示。螺纹的公称直径即为螺纹的大径，公称直径是作为螺纹基本尺寸的直径。

小径是指与外螺纹牙底或内螺纹牙顶相切的假想圆柱或圆锥的直径。外螺纹小径用 d_1 表示，内螺纹小径用 D_1 表示。

中径是指通过牙型上的沟槽和凸起宽度相等处的假想圆柱或圆锥的直径。外螺纹的中径用 d_2 表示，内螺纹的中径用 D_2 表示。

3）线数

线数是指同一圆柱面上形成的螺纹条数，用 n 表示。沿圆柱面上一条螺旋线所形成的螺纹，称为单线螺纹；沿两条或两条以上在轴向等距分布的螺旋线所形成的螺纹，称为双线或多线螺纹，如图 6-5 所示。

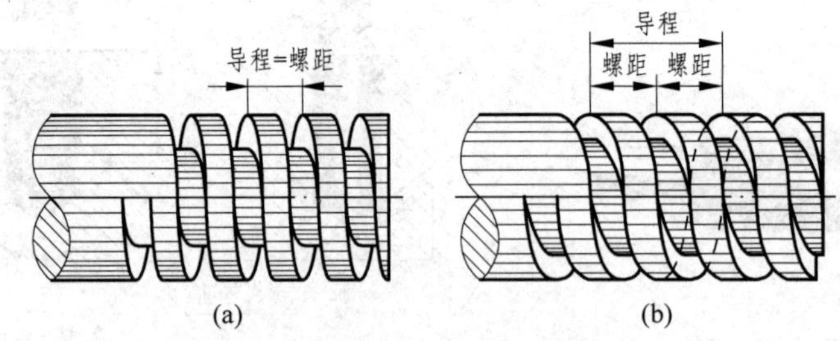

图 6-5　螺纹的线数、螺距及导程

(a) 单线螺纹；(b) 双线螺纹

4）螺距和导程

螺纹上相邻两牙在中径线上对应两点间的轴向距离称为螺距，用 P 表示。同一条螺旋线上的相邻两牙在中径线上对应两点间轴向距离称为导程，用 P_h 表示。对于多线螺纹，螺距等于导程除以线数，即 $P=P_h/n$。

5）旋向

旋向是指螺纹旋进的方向，有右旋和左旋两种。顺时针旋转时旋入的螺纹称为右旋螺纹，

逆时针旋转时旋入的螺纹称为左旋螺纹，判别旋向的方法如图 6-6 所示。工程上常用右旋螺纹。

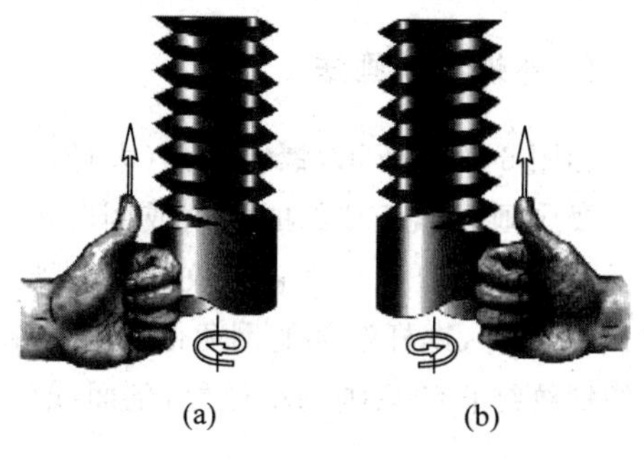

图 6-6　螺纹的旋向

(a) 左旋(左边高)；(b) 右旋(右边高)

3. 螺纹的结构

1) 螺纹的末端

为了便于装配和防止螺纹起止圈损坏，常将螺纹的起始处加工成一定的形式，如倒角、倒圆等，如图 6-7 所示。

2) 螺纹的收尾和退刀槽

车削螺纹时，当刀具接近螺纹末尾处要逐渐离开工件，故在螺纹的收尾部分形成了不完整的牙型，此部分称为螺尾，如图 6-8(a)所示。为了避免产生螺尾，可以预先在螺纹末尾处加工出退刀槽，然后再车削螺纹，如图 6-8(b)所示。

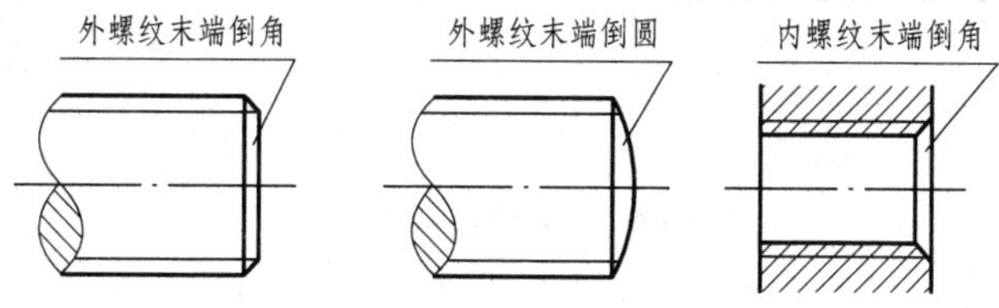

图 6-7　螺纹的倒角和倒圆

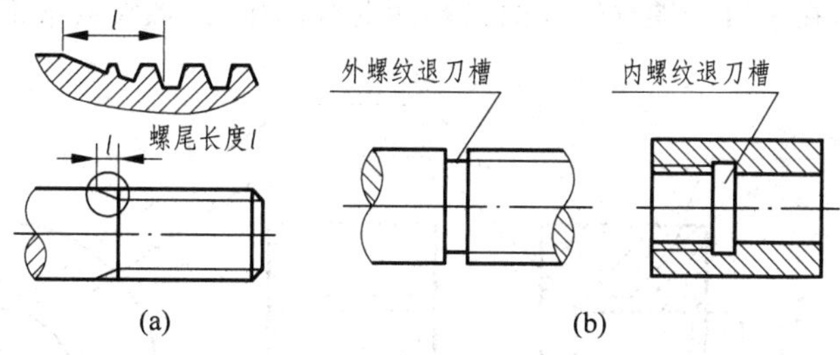

图 6-8　螺纹的收尾和退刀槽

(a) 螺纹收尾；(b) 螺纹的退刀槽

4. 螺纹的分类

螺纹按用途可分为 4 类：

(1) 紧固用螺纹，简称紧固螺纹，用来连接零件的连接螺纹，如应用最广的普通螺纹。

(2) 传动用螺纹，简称传动螺纹，用来传递动力和运动的传动螺纹，如梯形螺纹、锯齿形螺纹和矩形螺纹等。

(3) 管用螺纹，简称管螺纹，如 55°非密封管螺纹、55°密封管螺纹等。

(4) 专门用途螺纹，简称专用螺纹，如自攻螺钉用螺纹、气瓶专用螺纹等。

6.1.2　螺纹的规定画法

螺纹和螺纹紧固件的视图作图较为繁琐，为提高制图效率，通常按照《机械制图》国家标准的规定采用规定画法表达。

1. 外螺纹的画法

如图 6-9(a)所示,螺纹牙顶(大径)用粗实线表示;牙底(小径)用细实线表示,且牙底的细实线应画入螺杆端部的倒角或倒圆内;螺纹终止线用粗实线画出。通常,螺纹小径可按大径的 0.85 画出,在垂直螺纹轴线的视图中,表示牙底柱面投影的积聚圆用细实线只画约 3/4 圈,此时,螺杆端部的倒角圆按规定省略不画。在螺纹的剖视图(或断面图)中,剖切部分的螺纹终止线只画到小径处,剖面线应画到粗实线,如图 6-9(b)所示。

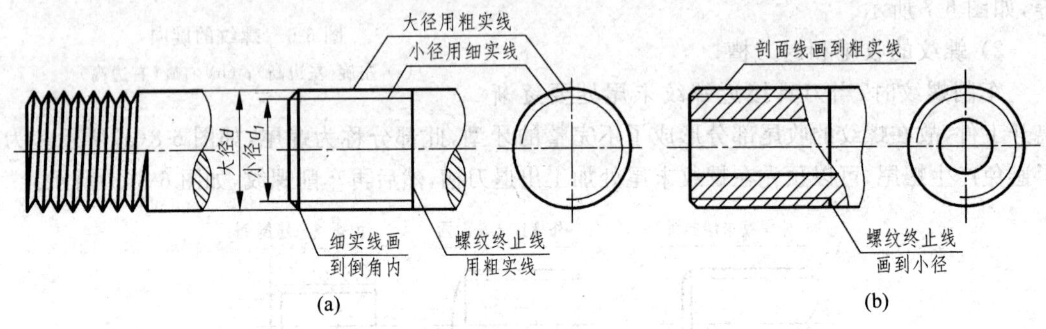

图 6-9 外螺纹的画法

2. 内螺纹的画法

如图 6-10 所示,在平行于螺纹轴线的投影面的视图中,内螺纹通常都画成剖视图。牙

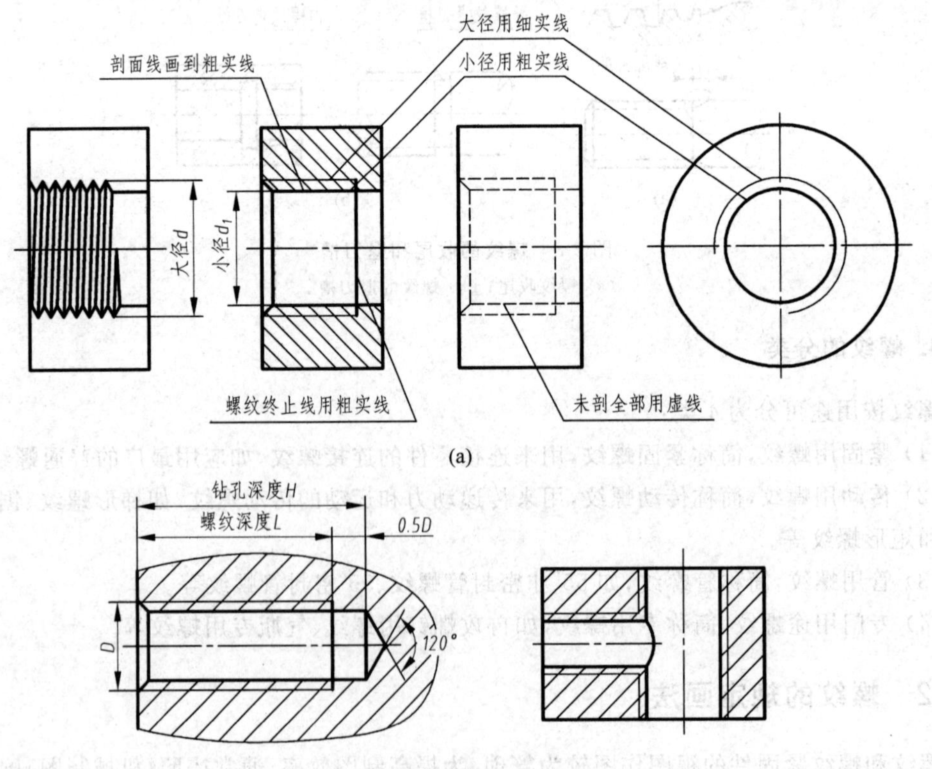

图 6-10 内螺纹的画法

顶(小径)用粗实线表示；牙底(大径)用细实线表示；螺纹终止线用粗实线表示；剖面线画到粗实线。在垂直螺纹轴线的视图中，表示牙底圆的细实线只画约 3/4 圈，螺杆端部的倒角圆省略不画。

对于不穿通的螺孔(即盲孔)，应将钻孔深度 H 与螺纹深度 L 分别画出，钻孔深度比螺纹部分深(0.3～0.5)D(D 为螺纹大径)，不通孔的底部绘成 120°(钻孔用钻头端部圆锥体锥顶角为 118°，为画图方便简化成 120°)，如图 6-10(b)所示。视图中若内螺纹未剖切，则所有图线均用虚线绘制，如图 6-10(a)所示。

3. 螺纹连接的画法

如图 6-11 所示，内、外螺纹连接常用剖视图表示，使剖切平面通过螺杆的轴线，此时螺杆按未剖切绘制，而螺纹的旋合部分按外螺纹的画法绘制，其余部分仍按各自的画法表示。画图时还应注意，表示螺纹大、小径的粗、细实线应分别对齐，与螺杆头部倒角大小无关。

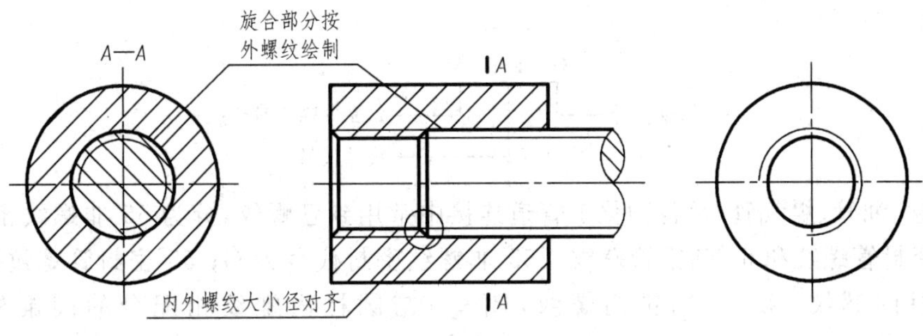

图 6-11　螺纹连接的画法

6.1.3　常用螺纹的标注

螺纹按规定画法简化画出后，在图上不能反映它的牙型、螺距、线数和旋向等结构要素。故按规定的标记方法在图样中进行标注。

1. 螺纹的标记规定

(1) 普通螺纹、梯形螺纹和锯齿形螺纹的螺纹标记形式为：

特征代号 | 公称直径 × 导程(P螺距) | 旋向 — 公差带代号 — 旋合长度代号

例如：

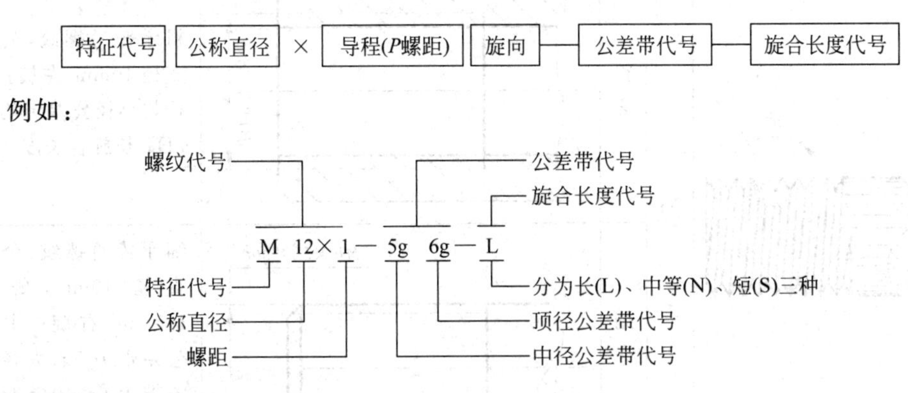

注意事项：

① 普通螺纹有粗牙和细牙两种。粗牙普通螺纹用得较多，且与大径相对应的螺距只有

一种,不必注出螺距;细牙普通螺纹与大径相对应的螺距有多种,则必须注明螺距。

② 单线螺纹和右旋螺纹使用非常广泛,标注时不必注明线数和旋向,左旋螺纹要注写"LH",多线螺纹需注出导程和螺距。

③ 螺纹公差带代号包括中径和顶径公差带代号(可参阅相关标准)。如5g6g,前者表示中径公差带,后者表示顶径公差带,小写字母表示外螺纹的公差带,大写字母则表示内螺纹的公差带。若中径与顶径的公差带代号相同,则只标注一个代号。当内外螺纹装配在一起时,其公差带代号可用斜线分开,如:M20-6H/6g,左边代号6H表示内螺纹公差带,右边代号6g表示外螺纹公差带。

④ 普通螺纹的旋合长度规定为短(S)、中(N)、长(L)三组,中等旋合长度(N)不必注出。

(2) 管螺纹的标记形式为:

特征代号 | 尺寸代号 | 公差等级代号 | 旋向

例如:

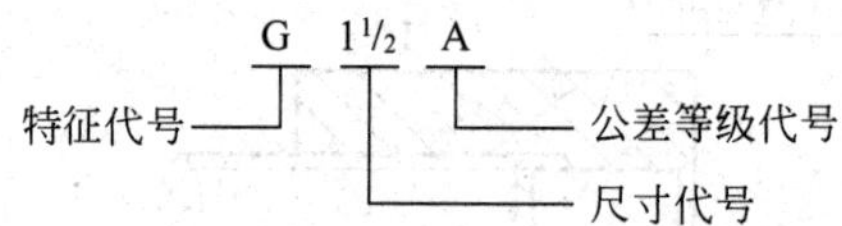

在水管、油管、煤气管,及各种化工管道连接中常用到管螺纹,分为55°非螺纹密封的管螺纹、55°密封管螺纹和60°圆锥管螺纹。55°非螺纹密封代号为G;55°密封管螺纹代号有:R_p——圆柱内螺纹,R_c——圆锥内螺纹,R_1——与圆柱内螺纹相配合的圆锥外螺纹,R_2——与圆锥内螺纹相配合的圆锥外螺纹;60°圆锥管螺纹代号为NPT。非螺纹密封的外管螺纹有A、B两种公差等级,标注在尺寸代号之后,如$G1^1/_2A$—LH(LH表示左旋),其他管螺纹只有一种公差等级,公差等级代号省略不注。

2. 常用螺纹的标注示例(见表6-1)

表6-1 常用螺纹的种类和标记示例

螺纹种类		牙型图	特征代号	标记示例		说明
连接螺纹	普通螺纹	60°	M	粗牙	M10LH-7H-L	粗牙普通螺纹,公称直径10mm,左旋;中径与小径公差带均为7H;长旋合长度
				细牙	M10×1.5-5g6g	细牙普通螺纹,公称直径10mm,螺距1.5mm,右旋;中径公差带为5g,大径公差带为6g,中等旋合长度(N省略不注)

续表

螺纹种类		牙型图	特征代号		标记示例	说　明
连接螺纹	管螺纹	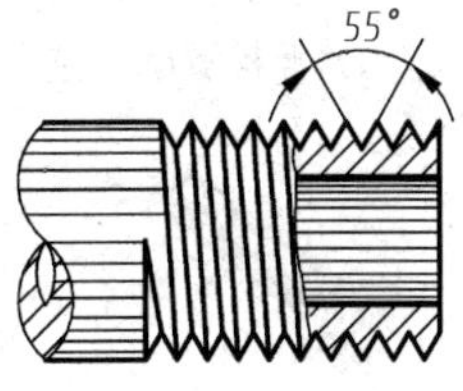 55°	G	55°非密封管螺纹	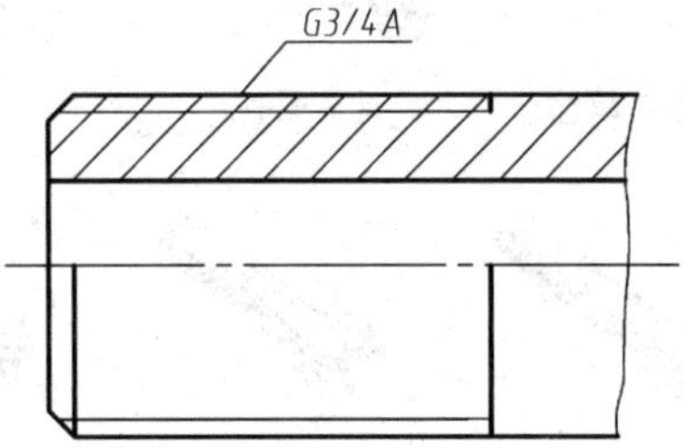 G3/4A	55°非密封圆柱外管螺纹，尺寸代号 3/4，公差等级为 A 级，右旋。用引出标注
连接螺纹	管螺纹	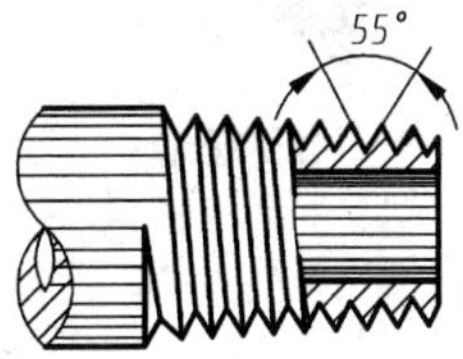 55°	R_p R_1 R_c R_2	55°密封管螺纹	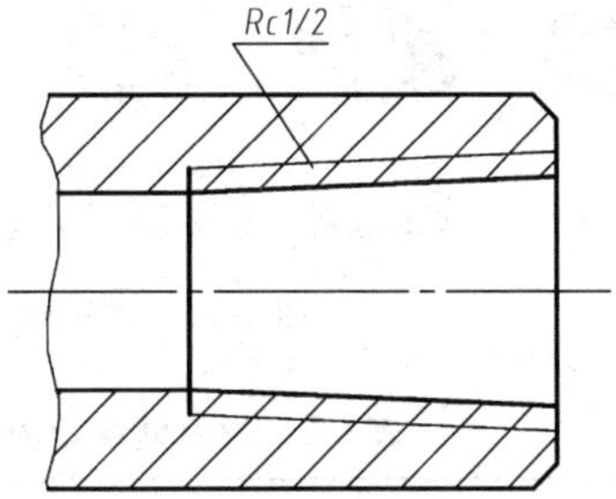 Rc1/2	55°密封圆锥内管螺纹，尺寸代号 1/2，右旋。用引出标注。与圆锥内螺纹旋合的圆锥外螺纹特征代号为 R_2；圆柱内螺纹与圆锥外螺纹旋合时，特征代号分别为 R_p 和 R_1
传动螺纹	梯形螺纹	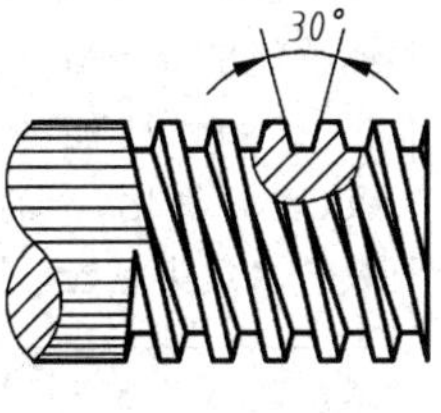 30°	Tr		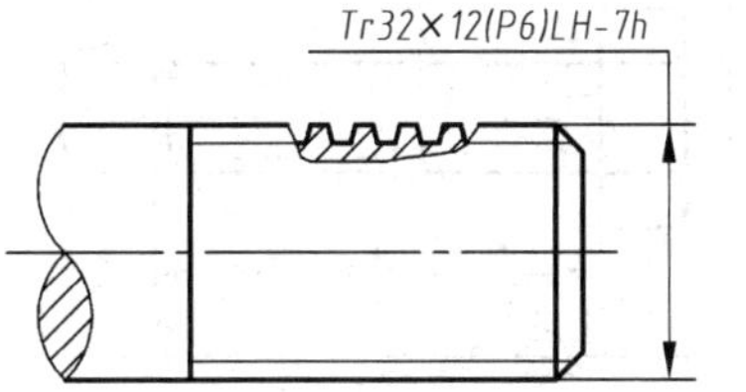 Tr32×12(P6)LH-7h	梯形螺纹，公称直径 32mm，双线螺纹，导程 12mm，螺距 6mm，左旋；中径公差带 7h；中等旋合长度
传动螺纹	锯齿形螺纹	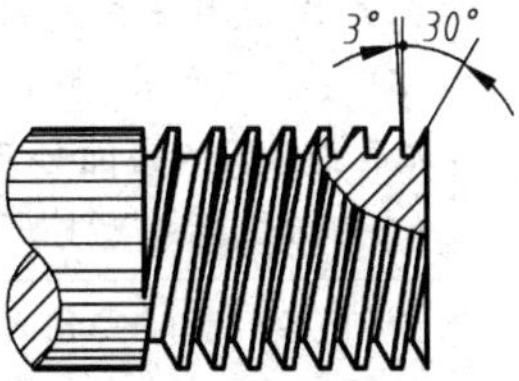 3° 30°	B		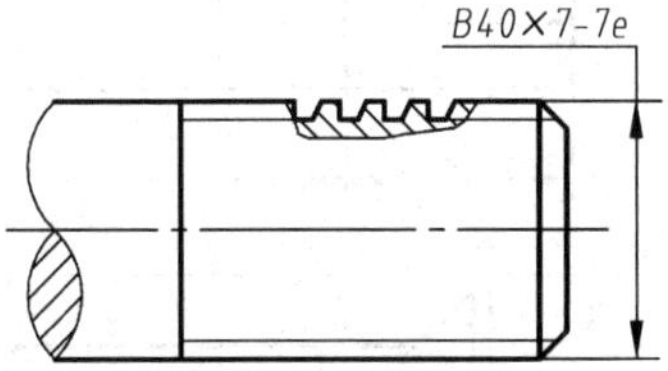 B40×7-7e	锯齿形螺纹，公称直径 40mm，单线螺纹，螺距 7mm，右旋；中径公差带 7e；中等旋合长度

6.1.4 螺纹紧固件

1. 常用螺纹紧固件的种类和标记

螺纹紧固件主要起连接和紧固作用，常用的螺纹紧固件有螺栓、螺母、垫圈、螺钉及双头螺柱等，如图 6-12 所示，它们的结构形式和尺寸都已标准化，通常由专业化工厂大批量生产和供应。需用时按其规定标记直接购买，无须绘制零件图，无须单独制造，标记示例见表 6-2。螺纹紧固件连接零件的方式通常有螺栓连接、螺柱连接和螺钉连接。在化工设备的法兰连接中经常用到螺栓连接和双头等长螺柱连接。

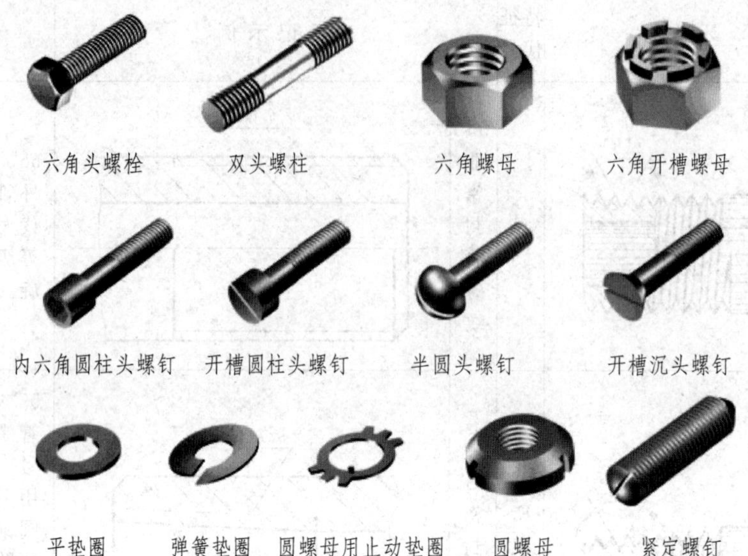

图 6-12 常用螺纹紧固件

表 6-2 常用螺纹紧固件的标记示例

名称及标准号	图例及规格尺寸	标记示例
六角头螺栓——A级和B级(GB/T 5782—2016)	d l	螺栓(GB/T 5782)M12×80 螺纹规格 d=M12、公称长度 l=80mm、性能等级为8.8级、表面氧化、产品等级为A级的六角头螺栓
双头螺柱——A级和B级(GB/T 897 GB/T 898,GB/T 899,GB/T 900)	d b_m l	螺柱(GB/T 897)M10×50 两端均为粗牙普通螺纹,d=M10、l=50mm、性能等级为4.8级、不经表面处理、B型、b_m=1d的双头螺柱
开槽沉头螺钉(GB/T 68—2016)	d l	螺钉(GB/T 68)M8×30 螺纹规格 d=M8、公称长度 l=30mm、性能等级4.8级、不经表面处理的开槽沉头螺钉
I型六角螺母——A级和B级(GB/T 6170—2015)	D	螺母(GB/T 6170)M12 螺纹规格 D=M12、性能等级为8级、不经表面处理、产品等级为A级的I型六角螺母

续表

名称及标准号	图例及规格尺寸	标 记 示 例
平垫圈——A级 GB/T 97.1—2002	d_1	垫圈(GB/T 97.1)16-140HV 标准系列，公称尺寸 d = 16mm、硬度等级为 140HV 级、不经表面处理、产品等级为 A 级的平垫圈
标准弹簧垫圈 GB/T 93—1987		垫圈(GB/T 93)16 规格为 16mm、材料为 65Mn、表面氧化的标准型弹簧垫圈

2. 螺纹紧固件连接的画法

在装配体中，零件与零件或部件与部件间常用螺纹紧固件进行连接，最常用的连接形式有螺栓连接(见图 6-13(a))、螺柱连接(见图 6-13(b))、螺钉连接(见图 6-13(c))。螺纹紧固件是标准件，一般无需画零件图。由于装配图主要表达零、部件之间的装配关系，故在装配图中为了简化作图，通常采用近似比例画法简化画出螺纹紧固件。

画螺纹紧固件的连接时一般规定：

(1) 当剖切平面通过螺杆轴线时，螺栓、螺柱、螺钉以及螺母、垫圈等均按未剖切绘制；

(2) 在剖视图上，两个零件的接触表面只画一条线，不接触表面画两条线；

(3) 两个零件邻接时，不同零件的剖面线方向相反，或方向一致、间隔不等。同一零件在各视图中的剖面线方向和间隔应保持一致。

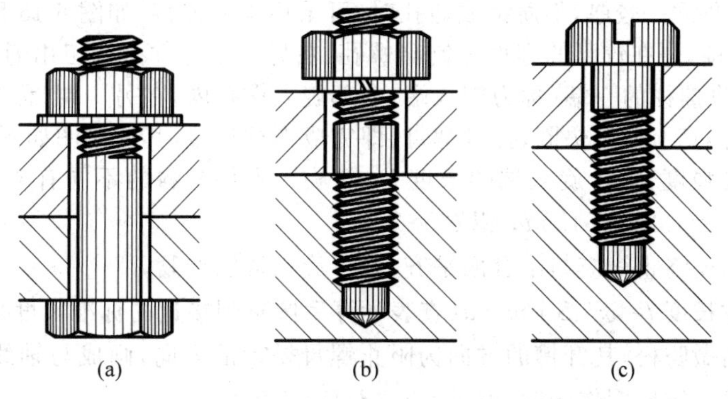

图 6-13　螺栓、螺柱、螺钉连接

1) 螺栓连接

用螺栓、螺母、垫圈把两个零件连接在一起，称为螺栓连接，如图 6-14 所示。这种连接适用于连接两个不太厚的并能钻成通孔的零件，受力较大，且需要经常装拆的场合，如法兰连接。连接时将螺栓穿过被连接两零件的光孔(孔径略大于螺栓的大径，一般可按 1.1d 画出)，套上垫圈，然后用螺母拧紧。

螺栓的公称长度 $l \geqslant \delta_1 + \delta_2 + h + m + a$(查表计算后圆整到最短的标准长度)。

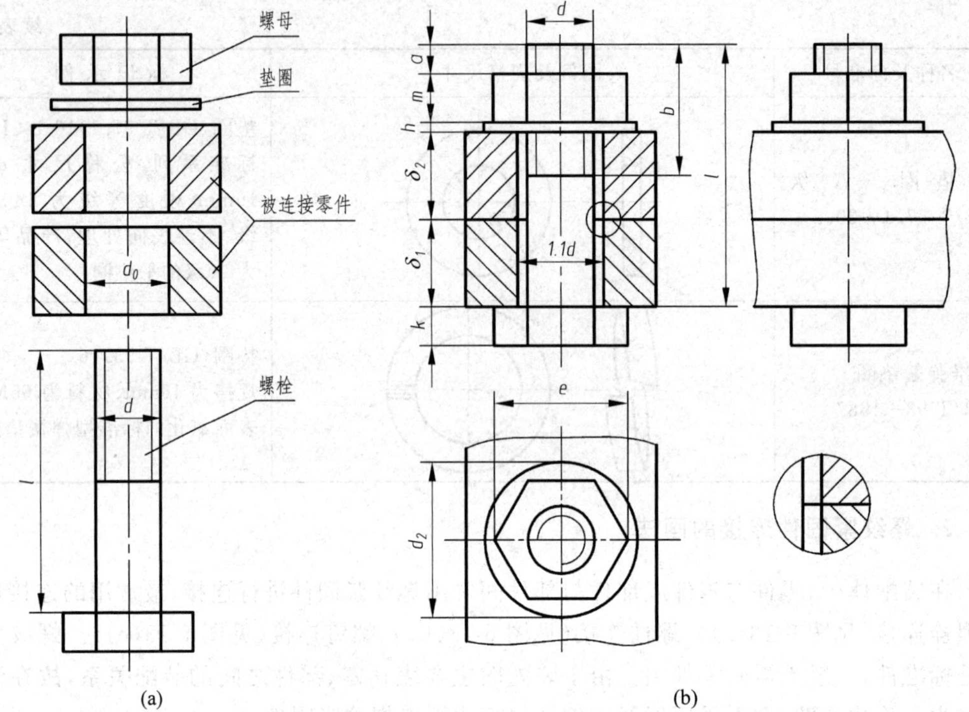

图 6-14 螺栓连接的简化画法

(a) 连接前;(b) 连接后

根据螺纹公称直径 d 按下列比例作图(螺纹小径按 0.85d 绘制):

$b=2d$, $h=0.15d$, $m=0.8d$, $a=0.3d$, $k=0.7d$, $e=2d$, $d_2=2.2d$

2) 螺柱连接

当被连接零件之一较厚,不便钻成通孔时,可采用螺柱连接,如图 6-15 所示,螺柱的两端均有螺纹。连接前,先在较厚的零件上制出螺孔,在另一个零件上加工出通孔,如图 6-15(a)所示。连接时,将螺柱的一端(称为旋入端)全部旋入螺孔内,在另一端(称为紧固端)套上制出通孔的零件,再套上弹簧垫圈,拧紧螺母,即完成螺柱连接,其连接图如图 6-15(b)所示。

为保证连接强度,螺柱旋入端的长度 b_m 随旋入零件材料的不同有 4 种规格:钢 $b_m=1d$;铸铁或铜 $b_m=1.25d \sim 1.5d$;铝 $b_m=2d$。

旋入端的螺纹终止线应与结合面平齐,表示旋入端已拧紧。

螺柱的公称长度 $l=\delta+S+m+a$(查表计算后圆整到接近的标准长度)。

弹簧垫圈用做防松,其开槽的方向为阻止螺母松动的方向,画成与轴线成 60°左上斜的两条平行粗实线。按比例作图时,取 $S=0.2d$,$D=1.5d$。

3) 螺钉连接

螺钉连接按用途可分为连接螺钉和紧定螺钉两种,连接螺钉用于连接零件,紧定螺钉用于固定零件。

连接螺钉用于受力不大且不经常拆卸的两零件间的连接。连接螺钉的头部有多种不同的结构形式,装配时螺钉直接穿过被连接零件上的通孔,再拧入另一被连接零件上的螺孔中,靠螺钉头部压紧被连接零件。常用的开槽圆柱头螺钉和开槽沉头螺钉采用比例画法绘制的连接图,如图 6-16 所示。

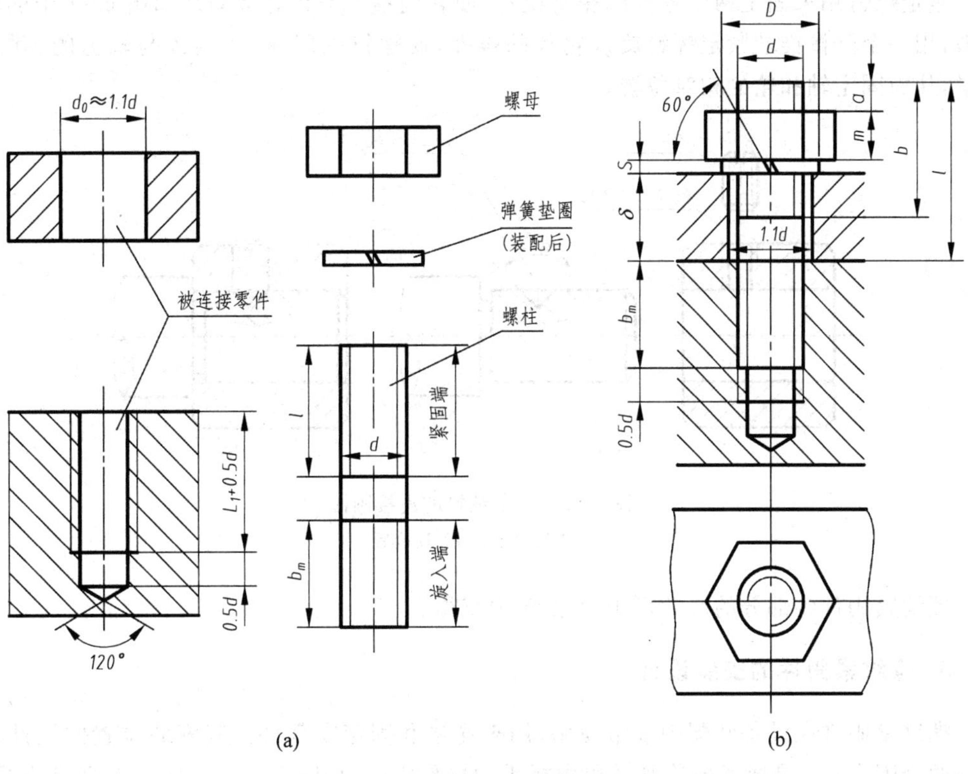

(a)　　(b)

图 6-15　螺柱连接的简化画法

(a) 连接前；(b) 连接后

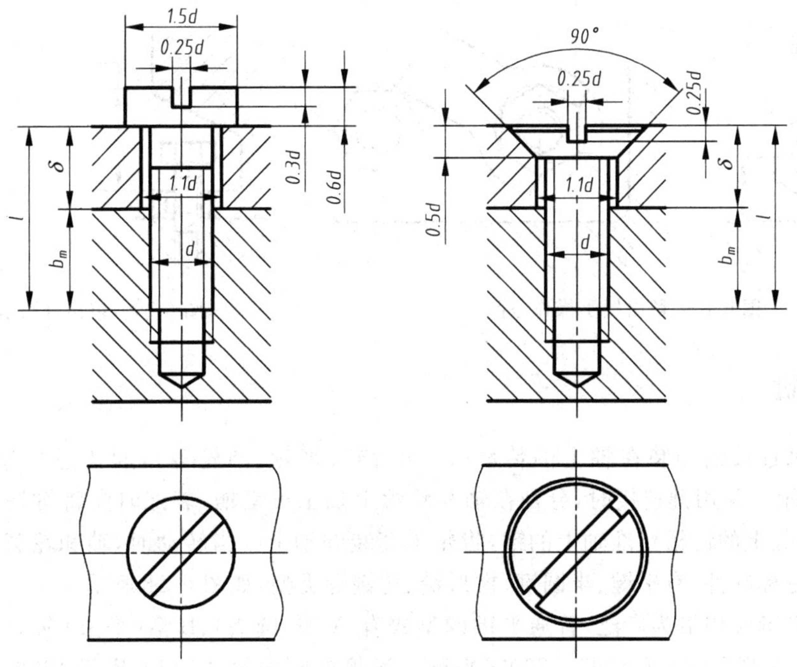

图 6-16　螺钉连接的简化画法

紧定螺钉用来固定两个零件的相对位置,使它们不产生相对运动。如图 6-17 中的轴和轮毂,用一个开槽锥端紧定螺钉旋入轮毂的螺孔,使螺钉端部的 90°锥顶与轴上的 90°锥坑压紧,从而固定轴和轮的相对位置。

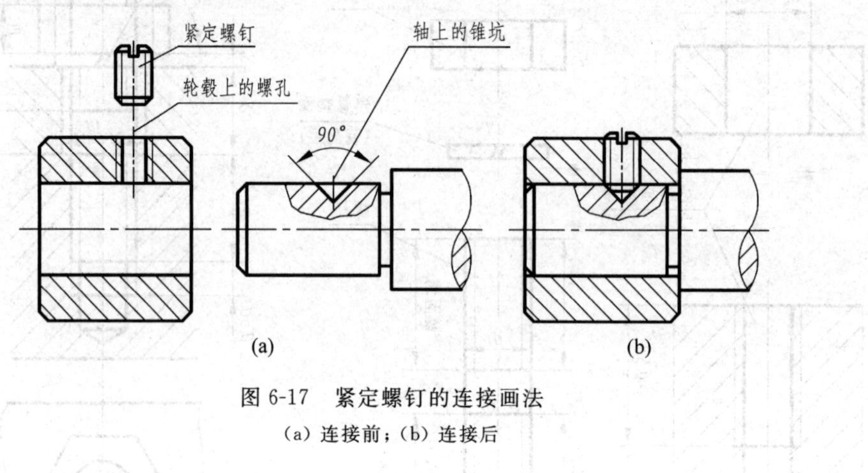

图 6-17 紧定螺钉的连接画法

(a) 连接前;(b) 连接后

螺纹紧固件各部分的尺寸可由附录 A 中查得。

3. 螺纹紧固件的安装设计

螺纹紧固件在设备装配中经常使用,用来连接和固定零部件。其安装位置的设计必须考虑两个因素:一是要考虑旋紧过程中扳手的操作空间,如图 6-18 所示;二是要考虑螺栓、螺柱或螺钉的装拆空间,如图 6-19 所示。

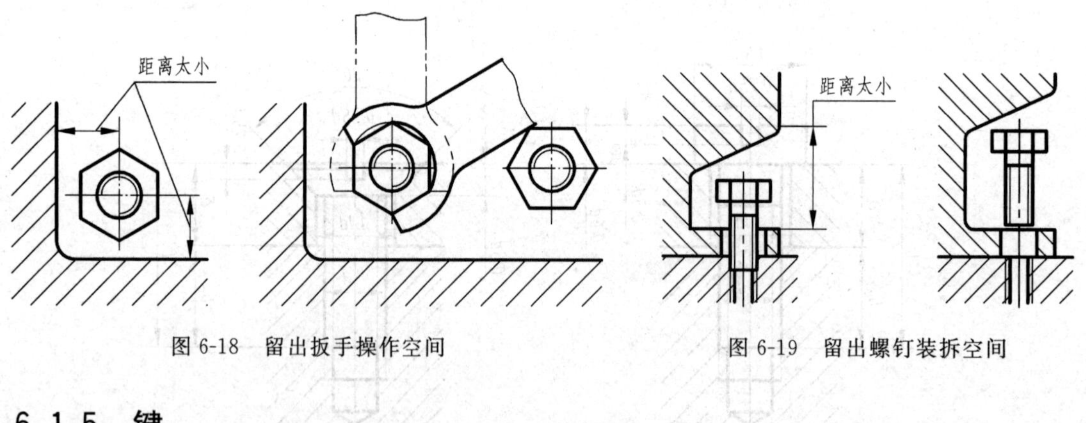

图 6-18 留出扳手操作空间

图 6-19 留出螺钉装拆空间

6.1.5 键

键用来连接轴和装在轴上的传动件(如齿轮、带轮、凸轮等),起传递扭矩的作用,如图 6-20 所示。采用键连接时,分别在轴和轮毂上加工出键槽,装配时先将键嵌入轴的键槽内,再将轮毂上的键槽对准轴上的键,将轮子套装到轴上。当转动时,轴和轮就可以一起转动了。键是标准件,有平键、半圆键、楔形键、花键等类型,如图 6-21 所示。

普通平键应用最为广泛,普通平键的型式有 A 型(圆头)、B 型(平头)和 C 型(单圆头)三种(常用 A 型),GB/T 1095—2003《平键 键槽的剖面尺寸》和 GB/T 1096—2003《普通型 平键》对平键的结构尺寸及其键槽的尺寸等作了相应的规定。

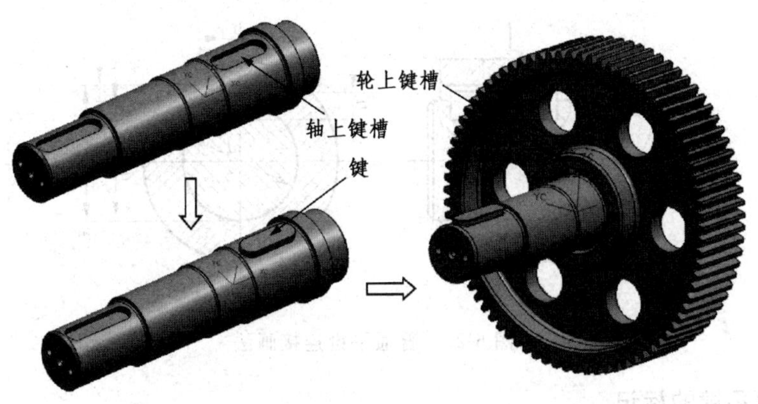

图 6-20 键连接装配过程示意图

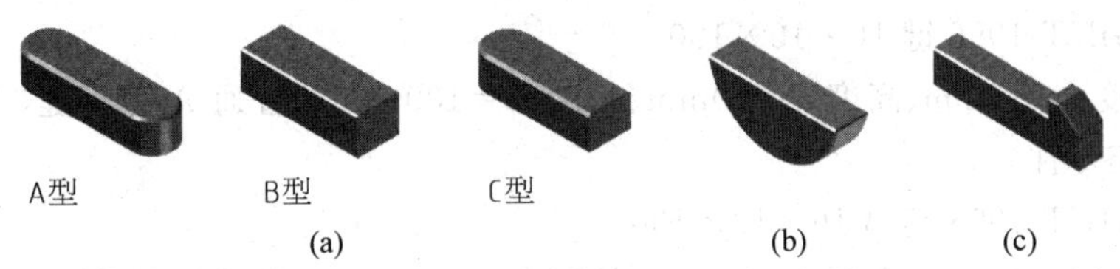

图 6-21 常用的几种键

(a) 普通平键；(b) 半圆键；(c) 钩头楔键

1. 键槽的画法及尺寸标注

单独绘制零件上的键槽时，如图 6-22 所示，键槽的长度 L、宽度 b、轴上的槽深 t_1 及轮毂上的槽深 t_2 可查阅标准确定。

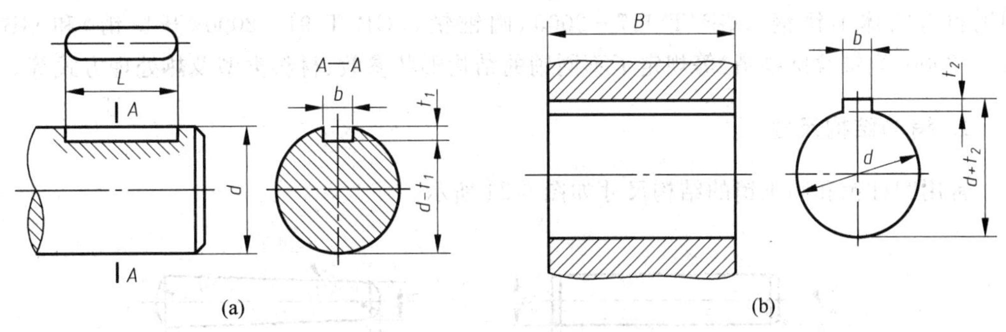

图 6-22 键槽的画法与尺寸标注

(a) 轴上的键槽；(b) 轮毂上的键槽

2. 键连接的画法

键连接装配图画法如图 6-23 所示，轮毂用全剖视，轴用局部剖视；键和键槽顶面不接触画两条线，键两侧与槽侧面接触画一条线，轴肩与轮毂侧面接触画一条线；当沿键的纵向剖切时，键按不剖来处理；键的倒角省略不画。

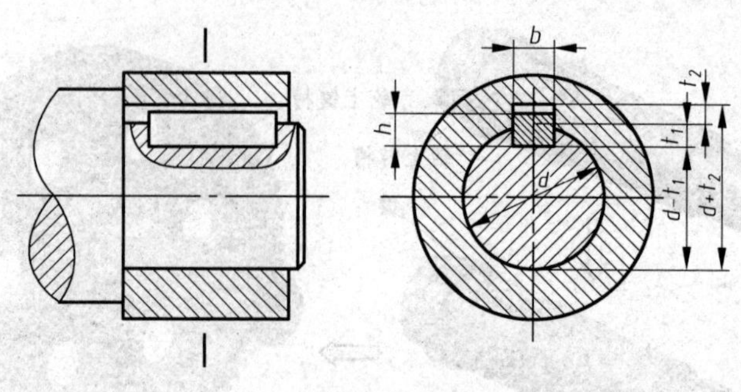

图 6-23 普通平键连接画法

3. 普通平键的标记

标记示例：

例1 GB/T 1096 键 16×10×100

表示宽度 $b=16$mm、高度 $h=10$mm、长度 $L=100$mm 的普通 A 型平键(A 型平键的型号"A"可省略不注)。

例2 GB/T 1096 键 B 16×10×100

表示宽度 $b=16$mm、高度 $h=10$mm、长度 $L=100$mm 的普通 B 型平键。

例3 GB/T 1096 键 C 16×10×100

表示宽度 $b=16$mm、高度 $h=10$mm、长度 $L=100$mm 的普通 C 型平键。

6.1.6 销

销常用于零件间的连接或定位。常用的销有圆柱销、圆锥销和开口销等，国家标准 GB/T 119.1—2000《圆柱销 不淬硬钢和奥氏体不锈钢》、GB/T 119.2—2000《圆柱销 淬硬钢和马氏体不锈钢》、GB/T 117—2000《圆锥销》、GB/T 91—2000《开口销》和 GB/T 120—2000《内螺纹圆柱销》等规定了不同销的结构形状参数、材料类型及热处理方式等。

1. 销的结构尺寸

常用圆柱销和圆锥销的结构尺寸如图 6-24 所示。

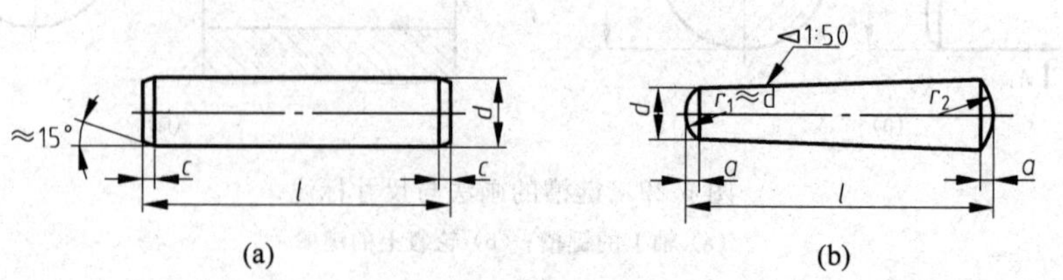

图 6-24 常用销的结构尺寸

(a) 圆柱销；(b) 圆锥销

2. 销连接的画法

销连接装配图画法如图 6-25 所示，销与孔的表面接触只画一条线；当沿销的轴线方向剖切时，销按不剖来处理。

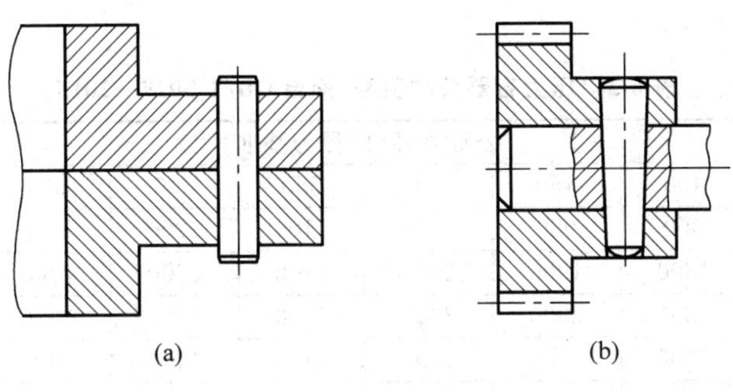
(a)　(b)

图 6-25　销连接的画法
(a) 圆柱销连接；(b) 圆锥销连接

3. 销的标记

标记示例：

例 1　销 GB/T 119.1　6 m6×30

表示公称直径 d=6mm、公差为 m6、公称长度 l=30mm、材料为钢、不经淬火、不经表面处理的圆柱销。

例 2　销 GB/T 119.2　6×30—C1

表示公称直径 d=6mm、公差为 m6、公称长度 l=30mm、材料为 C1 组马氏体不锈钢、表面简单处理的圆柱销。

例 3　销 GB/T 117　6×30

表示公称直径 d=6mm、公称长度 l=30mm、材料为 35 钢、热处理硬度 28～38HRC、表面氧化处理的 A 型圆锥销。

6.2　化工设备通用零部件

各种化工设备除内件结构不同，主体结构大多是由圆筒形的筒体和两端的封头构成，另外还有人(手)孔、支座、接管、液位计、法兰、视镜、补强圈等各种零部件，其封闭外壳即构成压力容器，如图 6-1 所示。化工设备通用零部件的主要参数为公称直径(DN)和公称压力(PN)。

6.2.1　筒体

筒体是压力容器的主体结构。压力容器公称直径以容器圆筒直径表示，按内、外径分两个系列，一是以内径为基准的压力容器公称直径，二是以外径为基准的压力容器公称直径，可按表 6-3 的规定选取。

筒体的主要尺寸包括直径、壁厚和高度(或长度)。壁厚是由强度计算所决定，直径和高度(或长度)是由工艺计算决定，且筒体直径须经圆整后符合 GB/T 9019—2015《压力容器公称直径》标准所规定的尺寸系列。一般来说，直径为 300～13200mm 的筒体可由钢板卷焊而成，其公称直径为筒体的内径；当 DN 在 1000mm 以下时，每增加 50mm 为一个直径档次，在 1000～13200mm 时每增加 100mm 为一个直径档次。对于直径小于 500mm 的筒体，可以直接使用无缝钢管来作筒体。筒体较长时，可由多个筒节焊接组成，也可以用设备法兰连接组装。

表 6-3 压力容器公称直径（摘自 GB/T 9019—2015） mm

公称直径（内径为基准）									
300	350	400	450	500	550	600	650	700	750
800	850	900	950	1000	1100	1200	1300	1400	1500
1600	1700	1800	1900	2000	2100	2200	2300	2400	2500
2600	2700	2800	2900	3000	3100	3200	3300	3400	3500
3600	3700	3800	3900	4000	4100	4200	4300	4400	4500
4600	4700	4800	4900	5000	5100	5200	5300	5400	5500
5600	5700	5800	5900	6000	6100	6200	6300	6400	6500
6600	6700	6800	6900	7000	7100	7200	7300	7400	7500
7600	7700	7800	7900	8000	8100	8200	8300	8400	8500
8600	8700	8800	8900	9000	9100	9200	9300	9400	9500
9600	9700	9800	9900	10000	10100	10200	10300	10400	10500
10600	10700	10800	10900	11000	11100	11200	11300	11400	11500
11600	11700	11800	11900	12000	12100	12200	12300	12400	12500
12600	12700	12800	12900	13000	13100	13200			

注：本标准并不限制在本标准直径系列外其他直径圆筒的使用。

公称直径（外径为基准）						
公称直径	150	200	250	300	350	400
外径	168	219	273	325	356	406

筒体的标记示例：

例 1 公称直径 DN 2800 GB/T 9019—2015

表示圆筒内径 2800mm 的压力容器公称直径。

例 2 公称直径 DN 200 GB/T 9019—2015

表示公称直径为 200、外径为 219mm 的管子做筒体的压力容器公称直径。

6.2.2 封头

封头是设备的重要组成部分，它与筒体一起构成化工设备的壳体。封头与筒体有两种连接方式，一种是直接焊接，形成不可拆卸连接，如储罐的筒体与封头；另一种是用法兰连接，形成可拆卸连接，如换热器的筒体与封头。

常用封头有半球形、椭圆形、碟形、球冠形、锥形及平板等型式，如图 6-26 所示。GB/T 25198—2010《压力容器封头》标准规定了钢制以及铝、钛、镍及镍合金制压力容器常用封头的型式与基本参数，以及封头的制造、检验与验收要求。常用封头的名称、断面形状、类型代号及型式参数关系见表 6-4，具体结构参数可查阅该标准。封头的直边高度按如下原则确定：当封头直径 DN≤2000mm 时，h 为 25mm；DN>2000mm 时，h 为 40mm。

在化工设备上应用最为广泛的主要是标准椭圆形封头，其长轴为短轴的 2 倍。以内径为基准的标准椭圆形封头代号为 EHA（参见附录 C1），以外径为基准的标准椭圆形封头代号为 EHB。

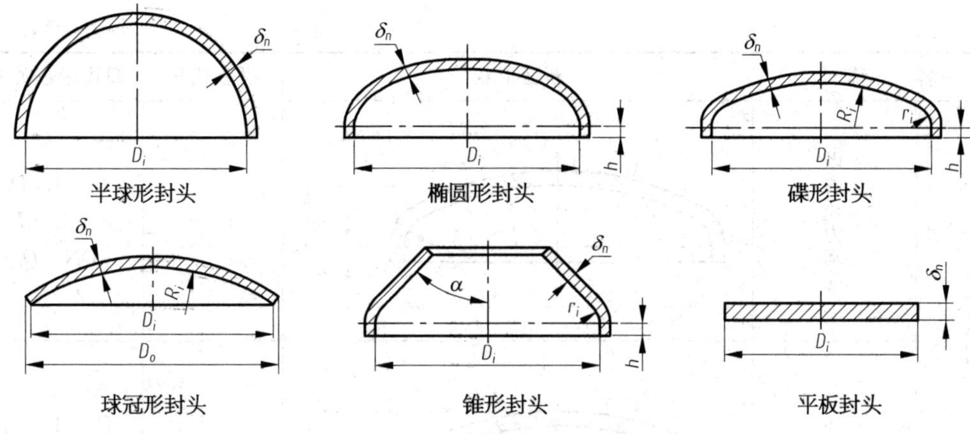

图 6-26　常见封头的结构型式

封头标记示例：

例 1　EHA 2400×20(18.2)—Q345R　GB/T 25198

表示公称直径 2400mm、封头名义厚度 20mm、封头最小成形厚度 18.2mm、材质为 Q345R 的以内径为基准的椭圆形封头。

例 2　EHB 325×12(10.4)—Q245R　GB/T 25198

表示公称直径 325mm、封头名义厚度 12mm、封头最小成形厚度 10.4mm、材质为 Q245R 的以外径为基准的椭圆形封头。

表 6-4　半球形、椭圆形、碟形和球冠形封头的断面形状、类型及型式(摘自 GB/T 25198—2010)

名称		断面形状	类型代号	型式参数关系
半球形封头*		δ_n, H, R_i, D_i	HHA	$D_i=2R_i$ $DN=D_i$
椭圆形封头	以内径为基准	δ_n, H, h, D_i	EHA	$\frac{D_i}{2(H-h)}=2$ $DN=D_i$
	以外径为基准	δ_n, H_o, h, D_o	EHB	$\frac{D_o}{2(H_o-h)}=2$ $DN=D_o$

续表

名称		断面形状	类型代号	型式参数关系
碟形封头	以内径为基准		THA	$R_i=1.0D_i$ $r_i=0.10D_i$ $DN=D_i$
	以外径为基准		THB	$R_o=1.0D_o$ $r_o=0.10D_o$ $DN=D_o$
球冠形封头			SDH	$R_i=1.0D_i$ $DN=D_o$

* 半球形封头三种型式：不带直边的半球($H=R_i$)、带直边的半球($H=R_i+h$)和准半球(接近半球 $H<R_i$)。

6.2.3 法兰

法兰是法兰连接的主要零件。法兰连接是由一对法兰、密封垫片、螺栓、螺母、垫圈等零件组成的一种可拆式连接,如图 6-27 所示。法兰连接具有较好的连接强度和密封性,其密封是通过法兰密封面的设计和密封垫片来实现的。化工设备常用的标准法兰有管法兰和压力容器法兰两种。标准法兰选型的主要参数是公称直径、公称压力和密封面型式,管法兰的公称直径为所连接管子的公称直径,压力容器法兰的公称直径为所连接筒体(或封头)的内径。

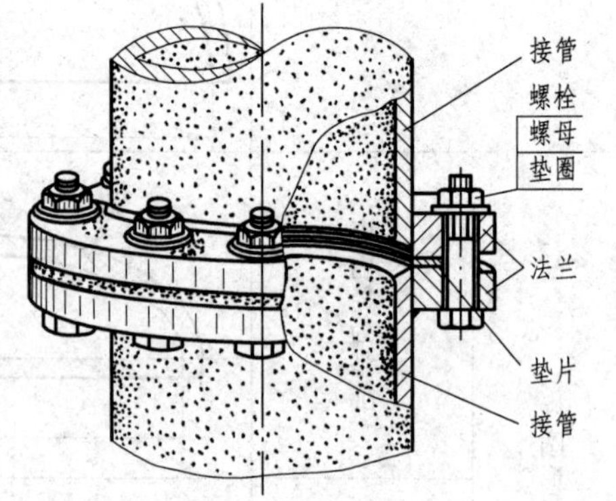

图 6-27 管法兰连接

1. 管法兰

管法兰用于设备上接管与外部管道或管道与管道的连接。现行的管法兰标准有两个：一个是化工行业标准 HG/T 20592～20635—2009《钢制管法兰、垫片、紧固件》；另一个是国家标准 GB/T 9112～9124—2010《钢制管法兰》。这两个标准都包括国际通用的两大管法兰、垫片和紧固件标准系列：PN 系列(欧洲体

系)和 Class 系列(美洲体系)。

我国特种设备安全技术规范 TSG 21—2016《固定式压力容器安全技术监察规程》中 3.17 条规定：钢制压力容器管法兰、垫片、紧固件的设计应当参照行业标准 HG/T 20592～20635—2009 系列标准的规定。故化工设备上的管法兰设计选型时优先选用化工行业管法兰标准。

化工行业管法兰标准中,HG/T 20592～20614—2009 属 PN 系列标准,HG/T 20615～20635—2009 属 Class 系列标准。PN 系列管法兰公称压力等级采用 PN(压力单位为 bar,1bar=100kPa)表示,包括 PN2.5、PN6、PN10、PN16、PN25、PN40、PN63、PN100、PN160 九个等级,共规定了八种不同类型的管法兰和两种法兰盖,如图 6-28 所示。Class 系列管法兰公称压力等级采用 Class 表示,包括 Class150、Class300、Class600、Class900、Class1500、Class2500 六个等级。

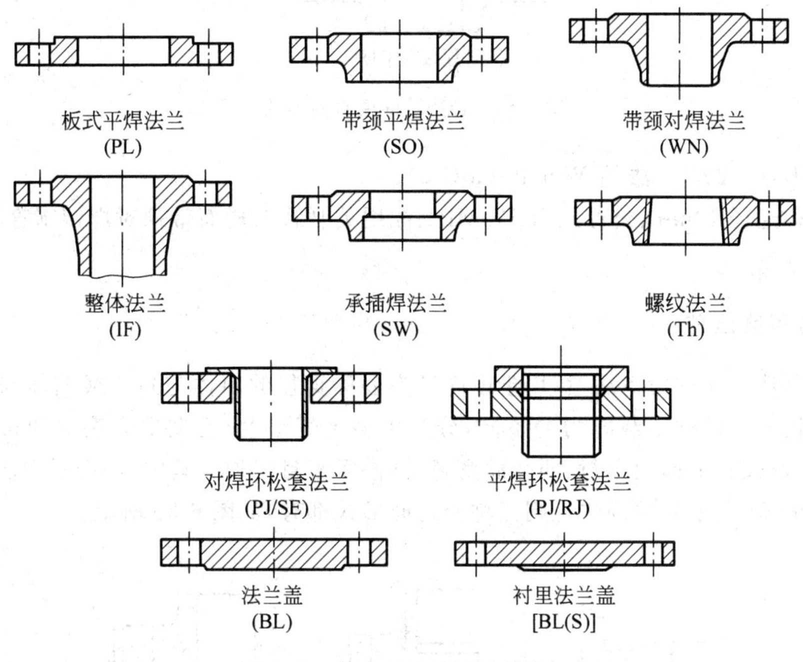

图 6-28 管法兰的类型及其代号

化工行业标准 PN 系列管法兰的密封面型式主要有突面(RF)、凹凸面(MFM)、榫槽面(TG)、环连接面(RJ)和全平面(FF)五种,如图 6-29 所示。通常突面和全平面密封的密封面为平面,常用于压力较低的场合;凹凸面密封的密封效果比平面密封好;榫槽面密封的密封效果比凹凸面密封好,但加工和更换较困难;环密封面常用于高压设备上。

管法兰的标记示例:

例 1 HG/T 20592 法兰 PL 300(B)- 6 RF Q235A

表示公称通径 300mm、公称压力 0.6MPa、配用公制管的突面板式平焊钢制法兰,法兰的材料为 Q235A(注:B 系列表示公制管尺寸,A 系列表示英制管尺寸,英制可省略 A)。

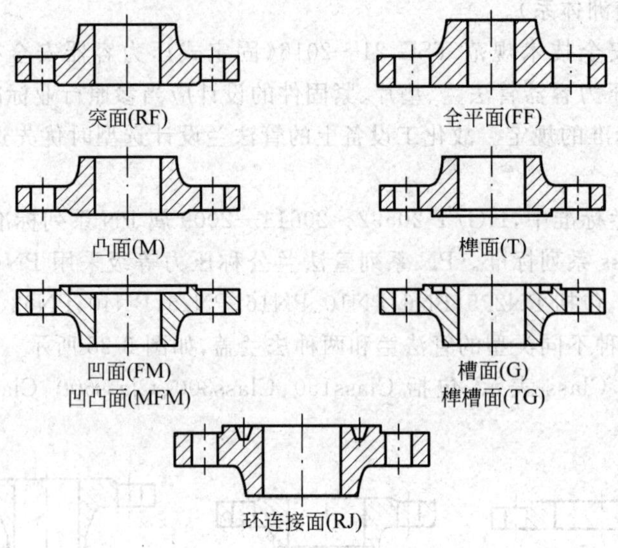

图 6-29　管法兰的密封面型式

例 2　HG/T 20592 法兰 WN 40-63 G 316

表示公称通径 40mm、公称压力 6.3MPa、配用英制管的槽面带颈对焊钢制管法兰，法兰的材料为 316 钢。

2. 压力容器法兰

压力容器法兰又称设备法兰，用于以内径为公称直径的筒体与封头或筒体与筒体的连接。压力容器法兰根据承载能力的不同，分为甲型平焊法兰、乙型平焊法兰和长颈对焊法兰，其密封面形式有平面型密封、凹凸面密封、榫槽面密封三种。其中，甲型平焊法兰只有平面型与凹凸面型，乙型与长颈法兰则三种密封面形式都有，如图 6-30 所示。

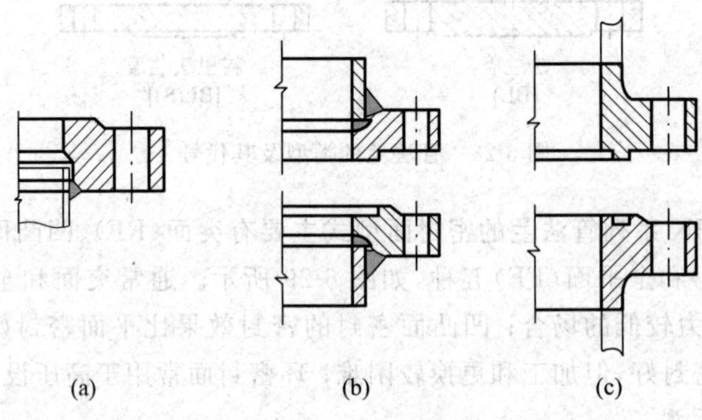

图 6-30　压力容器法兰的结构与密封面型式

(a) 甲型平焊法兰(平面密封)；(b) 乙型平焊法兰(凹凸面密封)；(c) 长颈对焊法兰(榫槽面密封)

压力容器法兰的主要性能参数有公称直径、公称压力、密封面型式、材料和法兰结构型式等。其公称压力是指一定材料制造的法兰在一定温度下的最大工作压力，通常是以 Q345R 材质法兰在 200℃时的最大工作压力作为公称压力的基础，当工作温度和材质不同

时，选型中要适当调整压力等级。

NB/T 47020～47027—2012《压力容器法兰、垫片、紧固件》标准规定了压力容器法兰的分类、规格，法兰、螺柱、螺母的材料及与垫片的匹配，各级温度下的最大允许工作压力、技术要求以及标记（NB 为能源行业标准），对应标准及代号见表 6-5。选用标准法兰时，所选取法兰的工作温度应不低于该法兰在使用条件下的设计温度；法兰最大允许工作压力应不小于该法兰在使用条件下的计算压力。压力容器法兰宜优先采用该标准法兰，按该标准选用的法兰可免除 GB 150《压力容器》中的有关设计校核计算。该标准中乙型法兰的适用腐蚀裕量为不大于 2mm，当腐蚀裕量超过 2mm 但不大于 3mm 时，应加厚短节厚度 2mm；长颈对焊法兰的适用腐蚀裕量不大于 3mm。

压力容器法兰的公称压力是在规定的设计条件下，在确定法兰结构尺寸时所采用的设计压力，共分为 7 个等级，即 0.25、0.6、1.0、1.6、2.5、4.0、6.4MPa，表 6-6 中列出了各种不同类型压力容器法兰的适用范围。

表 6-5　压力容器法兰的标准及代号

<table>
<tr><td rowspan="9">法兰、垫片及紧固件标准号</td><td colspan="2">法　兰　类　别</td><td>标　准　号</td></tr>
<tr><td colspan="2">压力容器法兰分类与技术条件</td><td>NB/T 47020—2012</td></tr>
<tr><td colspan="2">甲型平焊法兰</td><td>NB/T 47021—2012</td></tr>
<tr><td colspan="2">乙型平焊法兰</td><td>NB/T 47022—2012</td></tr>
<tr><td colspan="2">长颈对焊法兰</td><td>NB/T 47023—2012</td></tr>
<tr><td colspan="2">非金属软垫片</td><td>NB/T 47024—2012</td></tr>
<tr><td colspan="2">缠绕垫片</td><td>NB/T 47025—2012</td></tr>
<tr><td colspan="2">金属包垫片</td><td>NB/T 47026—2012</td></tr>
<tr><td colspan="2">压力容器法兰用紧固件</td><td>NB/T 47027—2012</td></tr>
<tr><td rowspan="6">密封面型式代号</td><td colspan="2">密封面型式</td><td>代　　号</td></tr>
<tr><td>平面密封面</td><td>平密封面</td><td>RF</td></tr>
<tr><td rowspan="2">凹凸密封面</td><td>凹密封面</td><td>FM</td></tr>
<tr><td>凸密封面</td><td>M</td></tr>
<tr><td rowspan="2">榫槽密封面</td><td>榫密封面</td><td>T</td></tr>
<tr><td>槽密封面</td><td>G</td></tr>
<tr><td rowspan="3">法兰名称及代号</td><td colspan="2">法兰类型</td><td>名称及代号</td></tr>
<tr><td colspan="2">一般法兰</td><td>法兰</td></tr>
<tr><td colspan="2">衬环法兰</td><td>法兰 C</td></tr>
</table>

压力容器法兰标记示例：

例 1　法兰 C—T　800—1.60/48—200　NB/T 47022—2012，并在图样明细表备注栏中注明：$\delta_1=18$

表示公称压力 1.60MPa、公称直径 800mm 的衬环榫槽密封面乙型平焊法兰的榫面法兰，且考虑腐蚀裕量为 3mm（即短节厚度应增加 2mm），δ_1 改为 18mm。

例 2　法兰—RF　1000—2.5/78—155　NB/T 47023—2012

表示公称压力 2.5MPa、公称直径 1000mm 的平面密封面长颈对焊法兰，其中法兰厚度改为 78mm（标准厚度为 68mm），法兰总高度仍为 155mm。

表 6-6　压力容器法兰分类及参数表(摘自 NB/T 47020—2012)

类型	平焊法兰										对焊法兰					
	甲型				乙型						长颈					
简图																
公称直径	公称压力 PN/MPa															
DN/mm	0.25	0.60	1.00	1.60	0.25	0.60	1.00	1.60	2.50	4.00	0.60	1.00	1.60	2.50	4.00	6.40
300	按															
350	PN=1.00															
400																
450								—								
500	按						—									
550	PN=															
600	1.00					—					—					
650																
700																
800																
900					—											
1000																
1100																
1200																
1300				—												
1400																
1500			—							—						
1600		—														—
1700									—							
1800																
1900																
2000								—								
2200					按PN											
2400					=0.6		—									
2600		—													—	
2800											—	—	—	—		
3000																

6.2.4　人孔和手孔

设备上安装人孔和手孔是为了安装、拆卸、清洗和检修设备内部的构件,其基本结构如

图 6-31 所示。当设备直径小于 800mm 时，应开设手孔。手孔大小应使工人戴上手套并握有工具的手能方便地通过，标准化手孔的公称直径有 DN150、DN250 两种。当设备直径大于或等于 800mm 时，应开设人孔。人孔的形状有圆形和椭圆形两种，圆形人孔制造方便，应用较为广泛；椭圆形人孔制造较困难，但对壳体强度削弱较小。人孔的大小及位置以工作人员进出设备方便为原则，其开孔尺寸应尽量小，以减少密封和减小开孔对壳体强度的削弱。

HG/T 21514—2014《钢制人孔和手孔的类型与技术条件》中规定：圆形人孔按公称直径有 DN400、DN450、DN500 和 DN600 四种型号；按公称压力有常压、PN2.5、PN6、PN10、PN16、PN25、PN40、PN63 八种(如：PN10 代表的压力等级是 1.0MPa)；椭圆形人孔的尺寸为 450mm×350mm。直径较大、压力较高的设备，一般选用 DN450mm 人孔；严寒地区的室外设备或有较大内件进出人孔的设备，可选用 DN500mm 或 DN600mm 的人孔。在设备使用过程中需要经常开启的人孔，可选用快开式人孔。我国现行的人、手孔标准有两个，一个是 HG/T 21514～21535—2014《钢制人孔和手孔》；另一个是 HG/T 21594～21604—2014《衬不锈钢人孔和手孔》。

在化工设备图中，人、手孔可以采用简化画法，如图 6-32 所示。

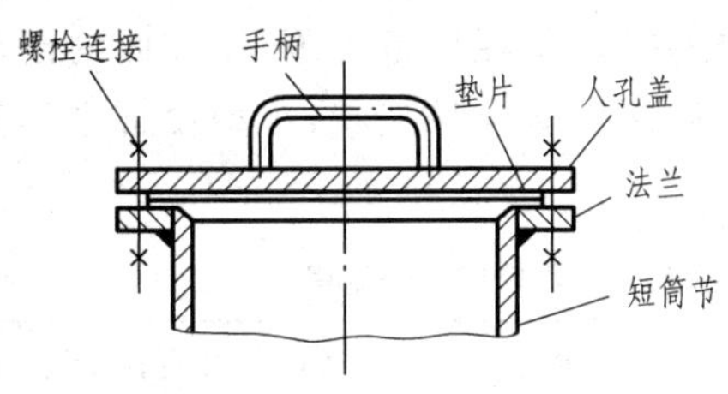

图 6-31　人(手)孔的基本结构

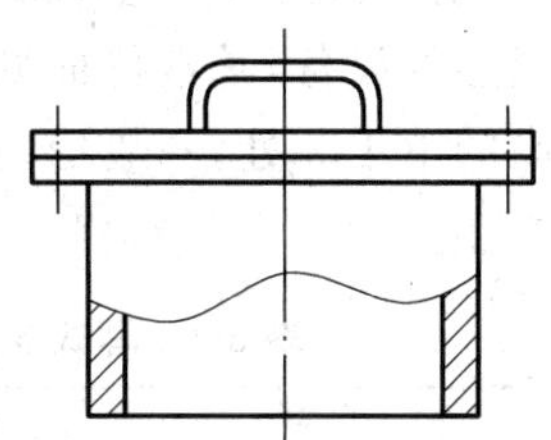

图 6-32　人(手)孔的简化画法

人孔标记示例：

例 1　人孔 Ⅰ(A-XB350) 450　HG/T 21515

表示公称直径 DN450、筒节高度 H_1＝160mm(标准高度，省略不标)、Ⅰ类材料、采用石棉橡胶板垫片的常压人孔。

例 2　人孔 Ⅲ(NM-XB350)A　450-6　H_1＝250　HG/T 21516

表示公称压力 PN6(0.6MPa)、公称直径 DN450、A 型盖轴耳、Ⅲ类材料、采用六角头螺栓、非金属平垫片(不带内包边的 XB350 石棉橡胶板)、筒节高度 H_1＝250mm(非标准尺寸必须标注，标准尺寸为 220mm)的回转盖板式平焊法兰人孔。

材料类别代号可查阅 HG/T 21514—2014《钢制人孔和手孔的类型与技术条件》附录 A 表 A.0.1。

6.2.5　支座

设备支座是用来支承设备重量和固定设备的位置，一般分为立式设备支座、卧式设备支座和球形容器支座三大类。在化工设备中常用的标准化支座有四种：耳式支座、鞍式支座、支承式支座和腿式支座,如图 6-33 所示。

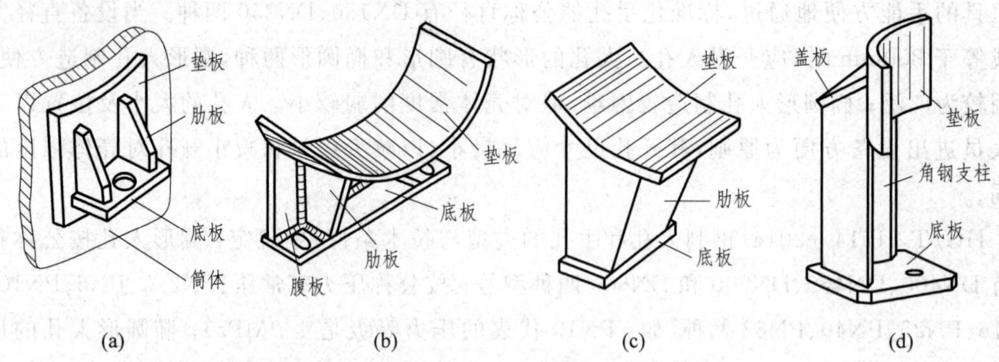

图 6-33 典型支座的结构图

(a) 耳式支座;(b) 鞍式支座;(c) 支承式支座;(d) 腿式支座

1. 耳式支座(JB/T 4712.3—2007)

耳式支座又称悬挂式支座,适用于公称直径不大于 4000mm 的立式圆筒形容器,有 A 型(短臂)、B 型(长臂)和 C 型(加长臂)三种类型,A 型用于不带保温层的设备,B 型和 C 型用于带保温层的设备,基本特征见表 6-7。耳式支座被焊接在设备周围,支撑面约设置在立式容器总高的下 1/3 处,一般均匀布置 4 个,安装后使设备成悬挂状,小型设备也可安装两个或三个支座。

表 6-7 耳式支座的型式和特征(摘自 JB/T 4712.3—2007)

型式		支座号	垫板	盖板	适用公称直径 DN/mm
短臂	A	1~5	有	无	300~2600
		6~8		有	1500~4000
长臂	B	1~5	有	无	300~2600
		6~8		有	1500~4000
加长臂	C	1~3	有	有	300~1400
		4~8			1000~4000

耳式支座由两块肋板、一块底板、一块垫板和一块盖板(有些类型无盖板)焊接而成,如图 6-34 所示。肋板与筒体之间加垫板是为了改善支承的局部应力状况;底板上有螺栓孔,以便用螺栓固定设备。垫板材料一般应与容器材料相同,肋板和底板材料有 4 种,其代号见表 6-8。

表 6-8 材料代号(摘自 JB/T 4712.3—2007)

材料代号	Ⅰ	Ⅱ	Ⅲ	Ⅳ
支座的肋板和底板材料	Q235A	16MnR	0Cr18Ni9	15CrMoR

耳式支座标记示例:

例 1 JB/T 4712.3—2007,耳式支座 A3-Ⅰ

材料:Q235A

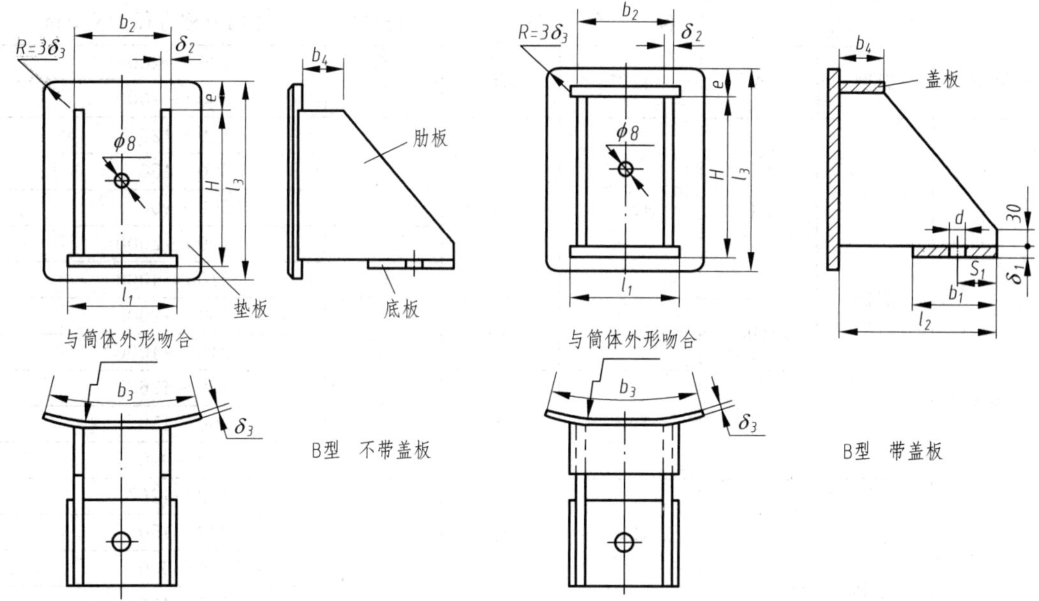

图 6-34　B 型耳式支座示意图

表示 A 型，3 号耳式支座，支座材料为 Q235A，垫板材料为 Q235A。

例 2　JB/T 4712.3—2007，耳式支座 B5-Ⅱ，$\delta_3=12$

材料：16MnR/0Cr18Ni9

表示 B 型，5 号耳式支座，支座材料为 16MnR，垫板材料为 0Cr18Ni9，垫板厚 12mm。

2. 鞍式支座(JB/T 4712.1—2007)

鞍式支座是卧式设备中应用最广的一种支座，常用于卧式换热器和储罐。卧式设备一般用两个鞍座支承，当设备过长，超过两个支座允许的支承范围时，应增加支座数目。

鞍式支座有 A 型(轻型)和 B 型(重型)两种，见表 6-9。每种类型又有 F 型(固定式)和 S 型(活动式)。F 型和 S 型常配对使用，其区别在于地脚螺孔的形式，F 型是圆形孔，S 型是长圆形孔，如图 6-35 示例，当容器因温差膨胀或收缩时，S 型活动式支座可以在基础座上滑动以调节两支座间的距离，不致使容器受附加应力的作用。

鞍座标记示例：

例 1　JB/T 4712.1—2007，鞍座 BⅤ325-F

材料栏内注：Q235A

表示公称直径 325mm、120°包角、重型不带垫板的标准尺寸的弯制固定式鞍座，鞍座材料为 Q235A。

例 2　JB/T 4712.1—2007，鞍座 BⅡ 1600－S，$h=400$，$\delta_4=12$，$l=60$

材料栏内注：Q235A/0Cr18Ni9

表示公称直径 1600mm，150°包角，重型滑动式鞍座，鞍座材料为 Q235A，垫板材料为 0Cr18Ni9，鞍座高度为 400mm，垫板厚度为 12mm，滑动长孔长度为 60mm。

表 6-9 鞍座的型式和特征(摘自 JB/T4712.1—2007)

型式			包角	垫板	肋板数	适用公称直径 DN/mm
轻型	焊制	A	120°	有	4	1000～2000
					6	2000～4000
重型	焊制	BⅠ	120°	有	1	159～426
						300～450
					2	500～900
					4	1000～2000
					6	2100～4000
		BⅡ	150°	有	4	1000～2000
					6	2100～4000
		BⅢ	120°	无	1	159～426
						300～450
					2	500～900
	弯制	BⅣ	120°	有	1	159～426
						300～450
					2	500～900
		BⅤ	120°	无	1	159～426
						300～450
					2	500～900

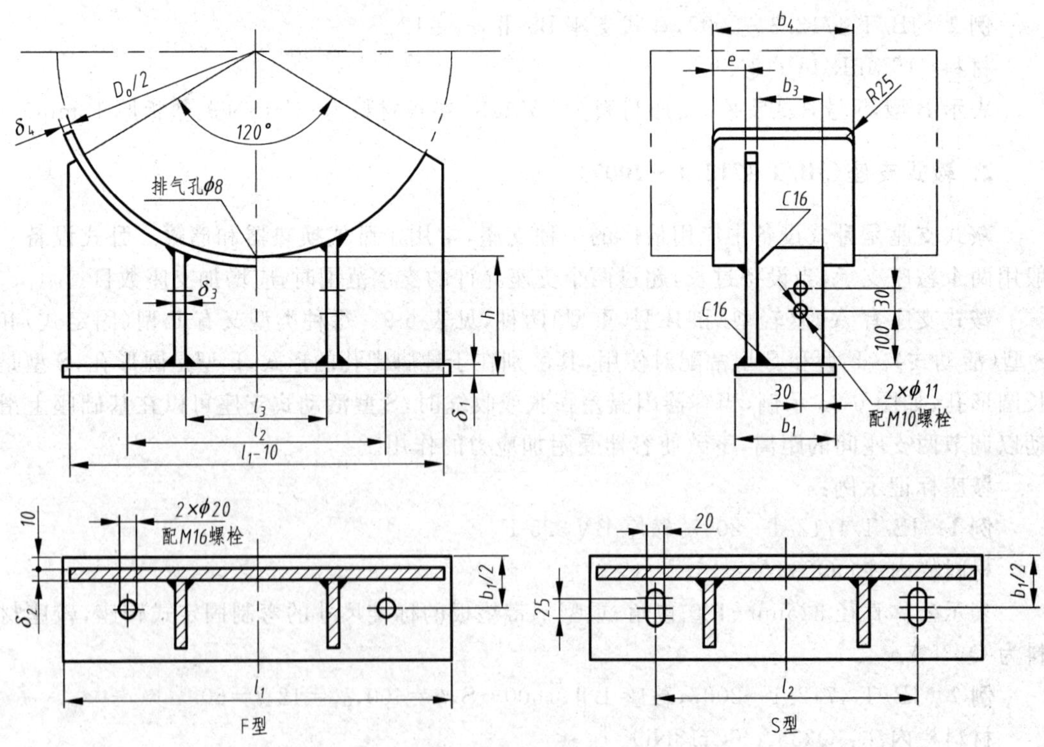

(适合DN500～900mm的120°包角重型带垫板或不带垫板鞍式支座)

图 6-35 BⅠ型焊制鞍式支座

3. 支承式支座(JB/T 4712.4—2007)

支承式支座适用于公称直径 DN 为 800～4000mm,圆筒长度与公称直径之比 $L/DN \leqslant 5$,且总高≤10m 的立式圆筒形设备。支承式支座分为 A、B 两种类型,见表 6-10。A 型由若干块钢板焊成,见图 6-36(a);B 型用钢管制作而成,见图 6-36(b)。一般安装 4 个支承式支座,小型设备可安装 3 个。

表 6-10 支承式支座型式和特征(摘自 JB/T 4712.4—2007)

型式		支座号	垫板	适用公称直径 DN/mm
钢板焊制	A	1～4	有	800～2200
		5～6		2400～3000
钢管制作	B	1～8	有	800～4000

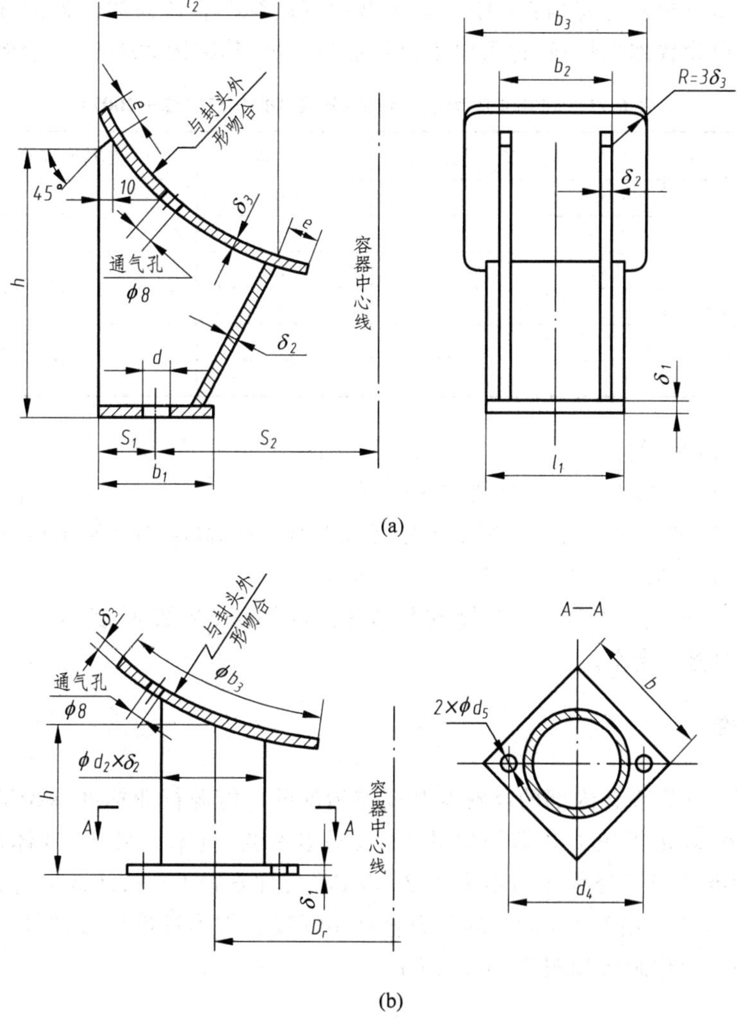

图 6-36 支承式支座

(a) 5～6 号 A 型支承式支座;(b) 1～8 号 B 型支承式支座

支承式支座标记示例:

例1 JB/T 4712.4—2007,支座 A5

材料:Q235A / Q235A

表示钢板焊制的5号支承式支座,标准尺寸,支座材料和垫板材料均为Q235A。

例2 JB/T 4712.4—2007,支座 B4,$H=600$,$\delta_3=12$

材料:10,Q235A / 0Cr18Ni9

表示钢管制作的4号支承式支座,支座高度为600mm,垫板厚度为12mm,钢管材料为10钢,底板材料为Q235A,垫板材料为0Cr18Ni9。

4. 腿式支座(JB/T4712.2—2007)

腿式支座适用于公称直径DN为400~1600mm,长径比$L/DN\leqslant5$,总高≤5m的容器(对角钢和钢管支柱总高≤5m,对H型钢支柱总高≤8m)。腿式支座分A型、B型和C型,见表6-11。腿式支座就是将角钢、钢管或H型钢直接焊在容器筒体的外圆柱面上,在筒体与支腿之间可以设置加强垫板,也可以不设置加强垫板,其结构如图6-37示例。

表6-11 腿式支座型式和特征(摘自JB/T 4712.2—2007)

型式		支座号	垫板	适用公称直径 DN/mm
角钢支柱	AN	1~7	无	400~1600
	A		有	
钢管支柱	BN	1~5	无	400~1600
	B		有	
H型钢支柱	CN	1~10	无	400~1600
	C		有	

腿式支座标记示例:

例1 JB/T 4712.2—2007,支腿 AN3—900

表示公称直径为800mm、角钢支柱支腿、不带垫板、支承高度$H=900$mm的腿式支座。

例2 JB/T 4712.2—2007,支腿 B4—1000-10

表示公称直径为1200mm、钢管支柱支腿、带垫板、垫板厚度为10mm、支承高度$H=1000$mm的腿式支座。

6.2.6 视镜

视镜是用来观察设备内部的物料及其反应情况的。能源行业标准NB/T 47017—2011《压力容器视镜》规定了压力容器视镜的型式、基本参数、技术条件等,具体规格及系列见表6-12。该标准适用于公称压力不大于2.5MPa、公称直径50~200mm、介质最高允许温度为250℃、最大急变温差为230℃的压力容器用视镜。作为标准组合部件,其基本型式如图6-38(a)所示,简化画法如图6-38(b)所示。

表 6-12　压力容器视镜系列(摘自 NB/T 47017—2011)

公称直径 DN/mm	公称压力 PN/Pa				射灯组合形式	冲洗装置
	0.6	1.0	1.6	2.5		
50	—	√	√	√	不带射灯结构 非防爆型射灯结构 不带射灯结构	不带冲洗装置
80		√		√		
100		√	√	√		
125	√	√	√	—	非防爆型射灯结构 防爆型射灯结构	带冲洗装置
150	√	√	√			
200	√	√				

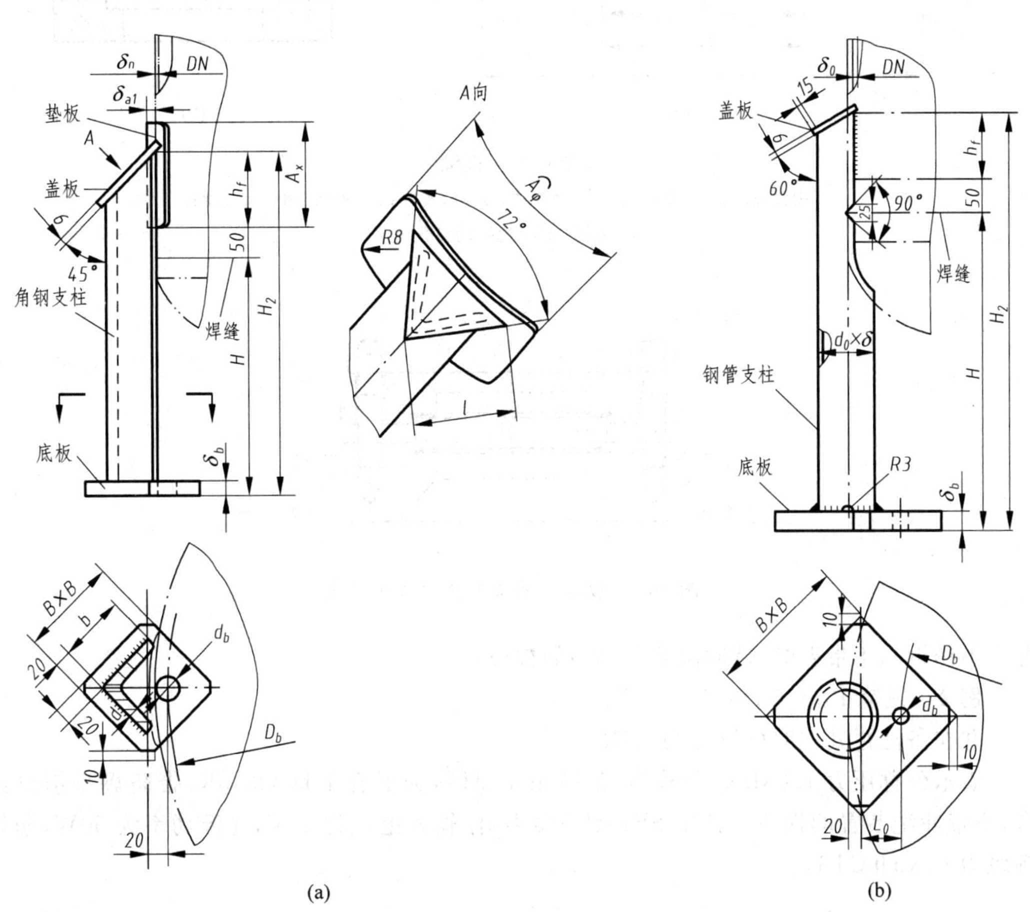

图 6-37　腿式支座

(a) A 型腿式支座；(b) BN 型腿式支座

视镜与容器的连接形式有两种：一种是视镜座外缘直接与容器的壳体或封头相焊，如图 6-39 所示；另一种是视镜座由配对管法兰(或法兰凸缘)加持固定，如图 6-40 所示，可参照标准选取。

视镜的标记示例：

例 1　视镜 PN2.5 DN50 Ⅱ-W

表示公称压力 2.5MPa、公称直径 50mm、材料为不锈钢 S30408(Ⅰ为碳钢或低合金钢，

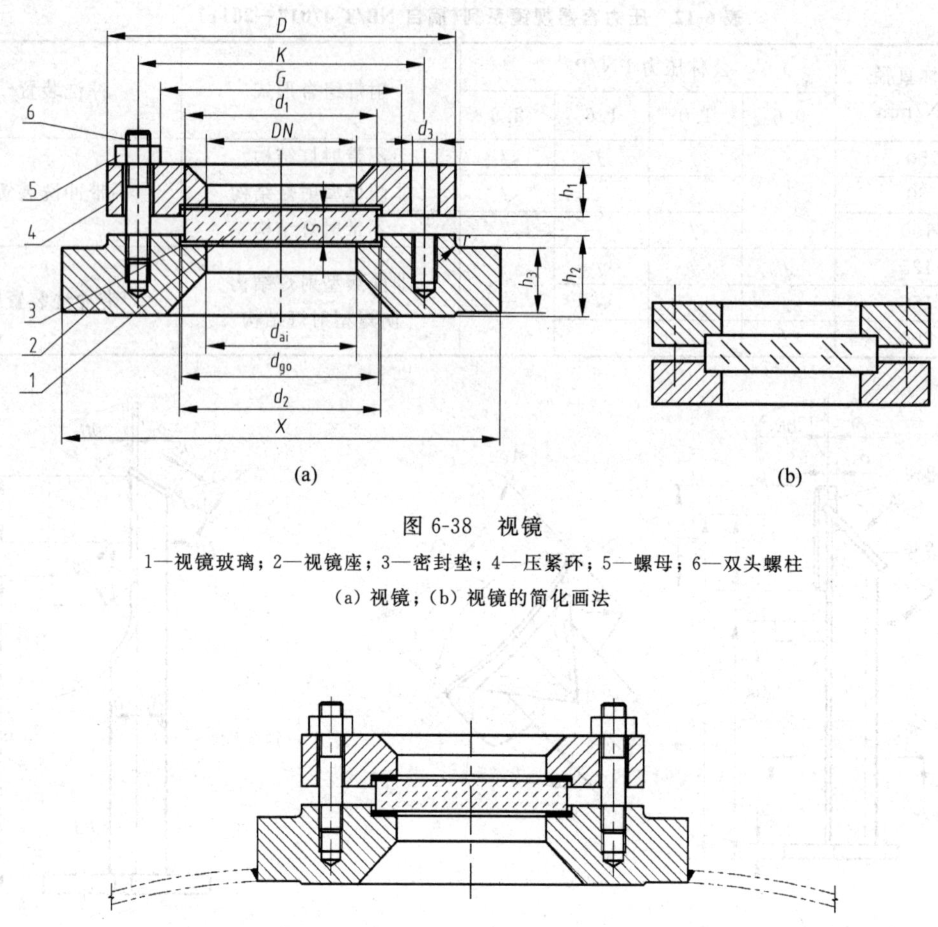

图 6-38 视镜

1—视镜玻璃；2—视镜座；3—密封垫；4—压紧环；5—螺母；6—双头螺柱

(a) 视镜；(b) 视镜的简化画法

图 6-39 视镜与容器壳体直接相焊式

Ⅱ为不锈钢)、不带射灯、带冲洗装置(W)的视镜。

例 2 视镜 PN1.0 DN150 Ⅰ-SF1

并在备注栏处注明材料为 Q345R。

表示公称压力 1.0MPa、公称直径 150mm、材料为低合金钢 Q345R、带防爆型射灯组合、不带冲洗装置的视镜。其中 SF1 型防爆射灯，输入电压为 24V，光源功率为 50W，防爆等级为 EexdⅡCT3。

6.2.7 液位计

液位计是用来观察设备内液面位置的装置。液位计有多种结构型式，其主要参数包括公称压力、公称长度等，可参照相关标准进行选用。常用的有玻璃管液位计、玻璃板液位计、化工压力容器用磁浮子液位计、磁性液位计等，标准 JB/T 9243—1999《玻璃管液位计》、JB/T 9244—1999《玻璃板液位计》、GB/T 25153—2010《化工压力容器用磁浮子液位计》和 HG/T 21584—1995《磁性液位计》等，规定了适用于指示化工、石油等工业设备内液位的液位计。

在化工设备图中，通常用粗实线在接管口绘制“+”，并用细点画线连接起来简化表示液位计及其安装位置，如图 6-41 所示。

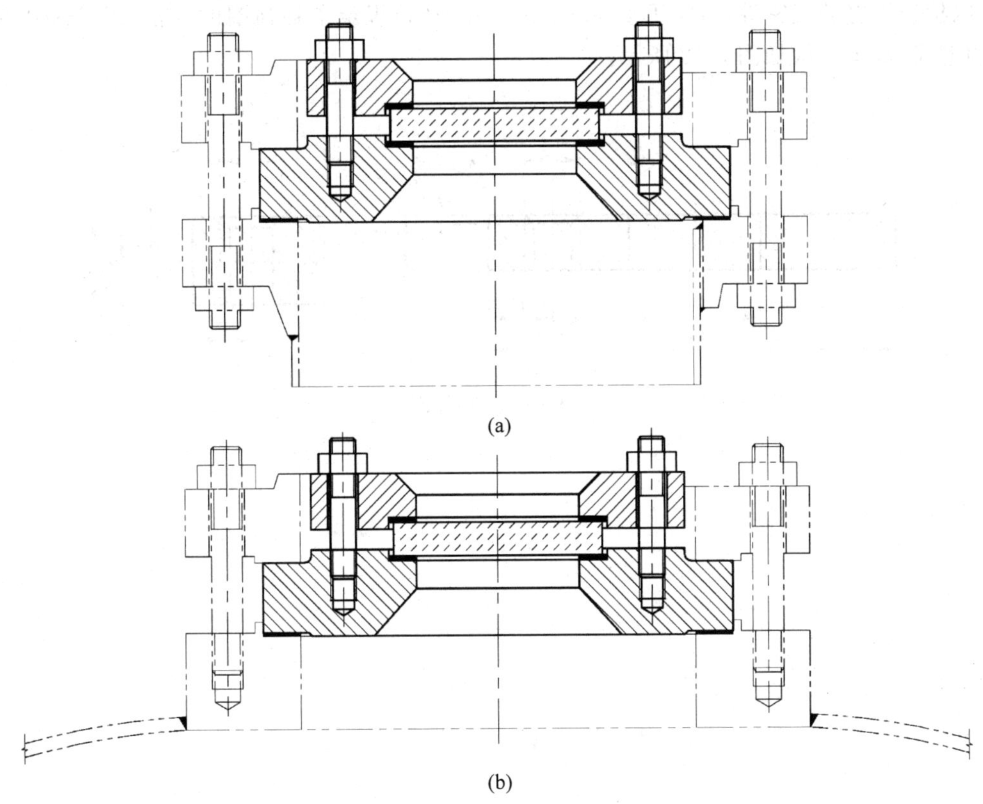

图 6-40　视镜由配对管法兰(或法兰凸缘)夹持固定式

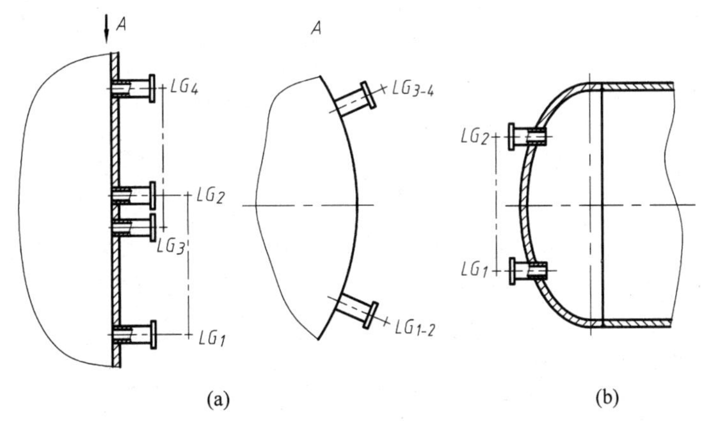

图 6-41　液位计简化画法

(a) 立式设备上液位计；(b) 卧式设备上液位计

6.2.8　补强圈

化工设备上开孔较多，作为承压设备开孔会对壳体的强度有所削弱，在开孔较大的情况下需要进行开孔补强计算，来判断是否要对开孔进行补强。如需补强，则按照计算所得的补强面积来选择补强圈，将其焊接在孔的周围。补强圈上有一个小螺纹孔，焊后通入压缩空气,以检查焊缝的气密性。JB/T 4736—2002《补强圈》规定了补强圈的规格、尺寸和内侧坡口的型式,基本结构如图 6-42 所示。

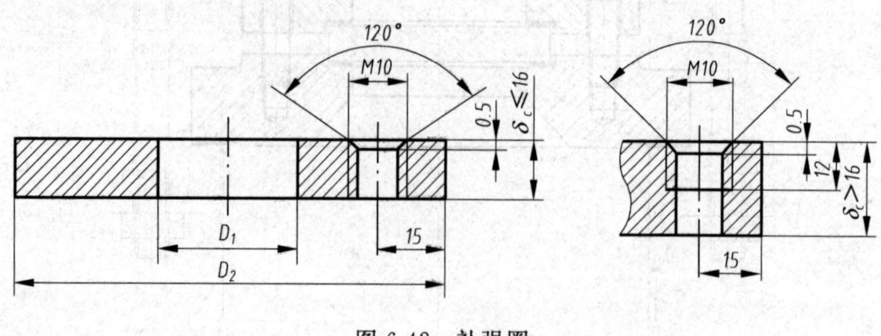

图 6-42 补强圈

第7章

化工设备图的内容与表达方法

化工设备图是表达化工设备的结构、形状、大小、性能及制造、安装、检验等技术要求的工程图样。鉴于化工设备的特殊性，为了完整、正确、清晰地表达化工设备，既要遵守《技术制图》和《机械制图》国家标准的有关规定，还要符合化工行业对于化工设备表达的特有规定和要求。

化工设备图除了具有与一般机械图样相同的内容和表达方法外，还有其特有的一些规定内容和表达方法。本章将主要介绍化工设备图的基本知识、相关规定和表达特点。

7.1 化工设备图的种类

供设备制造、安装、生产使用的图纸称为设备施工图。一套完整的化工设备施工图由图纸和技术文件构成。图纸包括装配图、部件图、零件图、零部件图、表格图、标准图（或通用图）、梯子平台图、预焊件图、特殊工具图和管口方位图等；技术文件由技术要求、计算书、说明书和图纸目录构成。

(1) 装配图：表示设备的全貌、组成和特性的图样，它表达设备各主要部分的结构特征、装配和连接关系、特征尺寸、外形尺寸、安装尺寸及对外连接尺寸、技术要求等。

(2) 部件图：表示可拆或不可拆部件的结构、尺寸，以及所属零部件之间的关系、技术特性和技术要求等资料的图样。

(3) 零件图：表示零件的形状、尺寸、加工，以及热处理和检验等资料的图样。主要用来表达在装配图中没有表达清楚的非标零件。

(4) 零部件图：由零件图、部件图组成的图样。

(5) 表格图：用表格表示多个形状相同、尺寸不同的零件的图样。

(6) 标准图（或通用图）：指国家有关部门和各设计单位编制的化工设备上常用零部件的标准图和通用图。

(7) 梯子平台图：表示支承于设备外壁上的梯子、平台结构的图样。

(8) 预焊件图：表示设备外壁上保温、梯子、平台、管线支架等安装前在设备外壁上需预先焊接的零件的图样。

(9) 特殊工具图：表示设备安装、试压和维修时使用的特殊工具的图样。

(10) 管口方位图：表示设备上管口、支耳、吊耳、人孔吊柱、板式塔降液板、换热器折流板缺口位置、地脚螺栓、接地板、梯子及铭牌等方位的图样。

(11) 技术要求：表示设备在制造、试验、验收时应遵守的条款和文件。

(12) 计算书：表示设备强度、刚度等的计算文件。当用计算机计算时，应将输入数据和计算结果作为计算文件。

(13) 说明书：表示设备结构原理、技术特性、制造、安装、运输、使用、维护、检修及其他需说明的事项的文件。

(14) 图纸目录：表示每个设备的图纸及技术文件的全套设计文件的清单。

7.2 化工设备图的内容

7.2.1 化工设备装配图的基本内容

任何类型的机器、设备都是由一定数量的零部件按照其性能要求连接装配到一起的，装配图是设备设计、制造、安装、使用、维修、改造和技术交流的重要技术文件。

一张化工设备的装配图通常包括以下内容。

(1) 一组视图：用一组视图(包括基本视图和一定数量的其他视图)表达设备的结构形状和各零部件间的连接装配关系。

(2) 必要的尺寸：装配图中不必标出所有零件的定形、定位、总体尺寸，一般只标注装配体的规格性能尺寸、装配尺寸、安装尺寸、总体尺寸和其他重要的尺寸。

(3) 零部件序号及明细栏：按照一定的格式对构成设备的各个零部件进行编号，然后将对应序号的零部件信息顺次填写在明细栏中，包括零件的序号、名称、标准号或图号、材料、数量、质量、备注等内容。

(4) 管口表：化工设备上管口较多，因此用管口表来列出设备上所有接管的规格尺寸、密封面型式、标准号和用途。

(5) 技术数据表：表示设备的设计数据和通用技术要求。

(6) 技术要求：对装配图，在设计数据表中未列出的技术要求，需以文字条款表示。当设计数据表中已表示清楚时，此处不标注出。对零件、部件和零部件图，需填写技术要求。

(7) 标题栏：用来填写设备名称、主要规格、作图比例、图样编号等。

(8) 其他：图中还有一些其他内容，如签署栏、质量及盖章栏(装配图用)、设备总质量、特殊材料质量、注等。

7.2.2 绘制化工设备图的基本规定

1. 图纸幅面

化工设备施工图的图纸幅面一般为 A1、A1、A2、A3、A4，加长加宽幅面尽量不用，A3 幅面不允许单独竖放，A4 幅面不允许横放，A5 幅面(即 148mm×210mm)不允许单独存在。

化工设备图允许在一张图上绘制多个图样，且允许装配图与零件图绘制在一张图纸上，只要其图纸按照国标 GB/T 14689—2008 规定的幅面尺寸进行分割即可。如图 7-1 所示，可将 A1 图纸按图中方式进行分割，图 7-1(a)中图纸幅面框用细实线绘制，图框用粗实线绘制；图 7-1(b)以内边框为准，用细实线划分为接近标准幅面尺寸的图纸幅面。

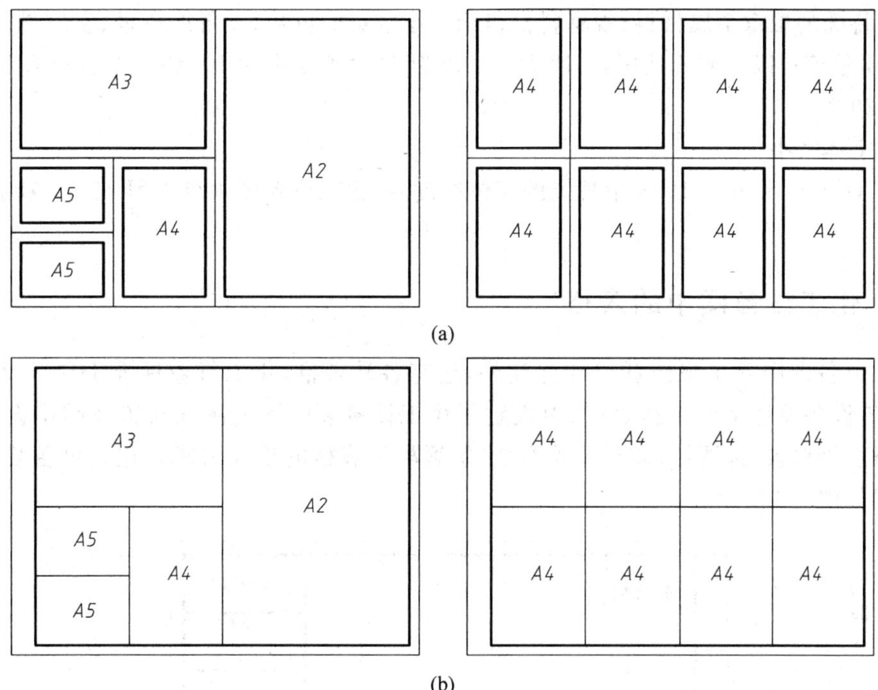

图 7-1　A1 幅面图纸划分示例

(a) 分割为标准幅面图纸；(b) 分割为接近标准幅面图纸

2. 比例

图样的比例应符合国家标准 GB/T 14690—1993 规定，除了表 1-2 中“优先选择系列”的比例外，该表中“允许选择系列”的比例 1 ∶ 1.5、1 ∶ 2.5、1 ∶ 3、1 ∶ 4、1 ∶ 6、2.5 ∶ 1、4 ∶ 1 等均可使用。在图样中，与主视图比例相同的视图、剖视图、断面图可以不标注比例；与主视图比例不同的视图、剖视图、剖面图及局部放大图，应在该图上方符号名称下方标注比例数字。如图 7-2 所示，横线用细实线绘制，横线上方代号用 5 号字，下方比例数字用 3.5 号字。

I	A	A—A	B—B
1∶2.5	1∶6	1∶4	不按比例

图 7-2　图样中比例标注方法

3. 文字、符号、代号及其尺寸

(1) 文字的标注：应字迹清晰，语言简洁，标点符号合适，句子通顺，意思准确。

文字、汉字为仿宋体，拉丁字母(英文字母)为 B 型直体。

(2) 数字的标注：阿拉伯数字、罗马数字均采用 B 型直体。

尺寸数字：字迹应清楚。

计量数字：如表示公差范围的数字应写为“20±2℃”“0.65±0.05”等，不应写为：“20℃±2℃”“0.65±.05”等。

质量数字：零、部件的质量一般准确到小数点后 1 位，标准零、部件的质量按标准的要求填写；特殊的贵重金属材料，视材料价格确定小数点的位数；设备净质量、空质量、操作质量、充水质量等均以0或5结尾，一般大于1进为5，大于6进为10，如111表示为115，116表示为120等。

(3) 字体大小

除了GB/T 14691—1993中规定的字体高度外，化工设备图中可采用2、3、4号字高(单位mm)。

7.2.3 化工设备图中的表格

化工设备图中除了视图和尺寸标注外，还有各种表格，化工行业标准HG/T 20668—2000《化工设备设计文件编制规定》中规定了化工设备装配图的图面布置及图中设计数据表、明细栏、管口表、标题栏、质量及盖章栏、签署栏等表格的格式要求。化工设备装配图的图面布置如图7-3所示。

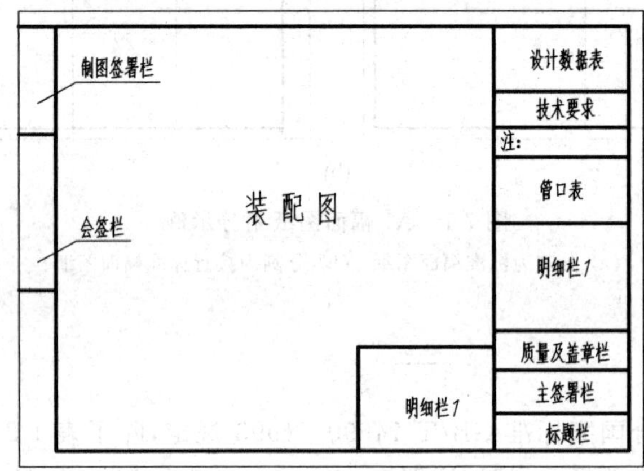

图7-3 化工设备装配图图面布置

1. 明细栏

明细栏包括明细栏1、明细栏2、明细栏3三种，明细栏边框为粗实线，其余为细实线，如图7-4所示。明细栏1用于设备装配图及部件图，零件按照视图中编写的序号自下而上填写，根据零件数量可向上增加表格；如位置不够可将明细栏1分段画在标题栏的左方，如图7-3所示。明细栏2用于零部件图，对于部件图，需要同时绘制明细栏1和明细栏2，将明细栏1置于明细栏2的上方；对于零件图，仅用明细栏2即可。明细栏3用于管口零件，将所有管口零件作为一个部件编入装配图中，以一个单独部件图存在(具体用法参见HG/T 20668—2000)，这样可以减少装配图的明细栏篇幅，且简化管口修改和统计工作量。

2. 管口表

管口表是说明设备上所有管口的用途、规格、连接面型式等内容的一种表格，供配料、制作、检验、使用时参考。管口表的格式如图7-5所示。标准HG/T 20668—2000《化工设备设计文件编制规定》中规定，视图上管口编号以大写拉丁字母A、B、C……表示，常用管口符

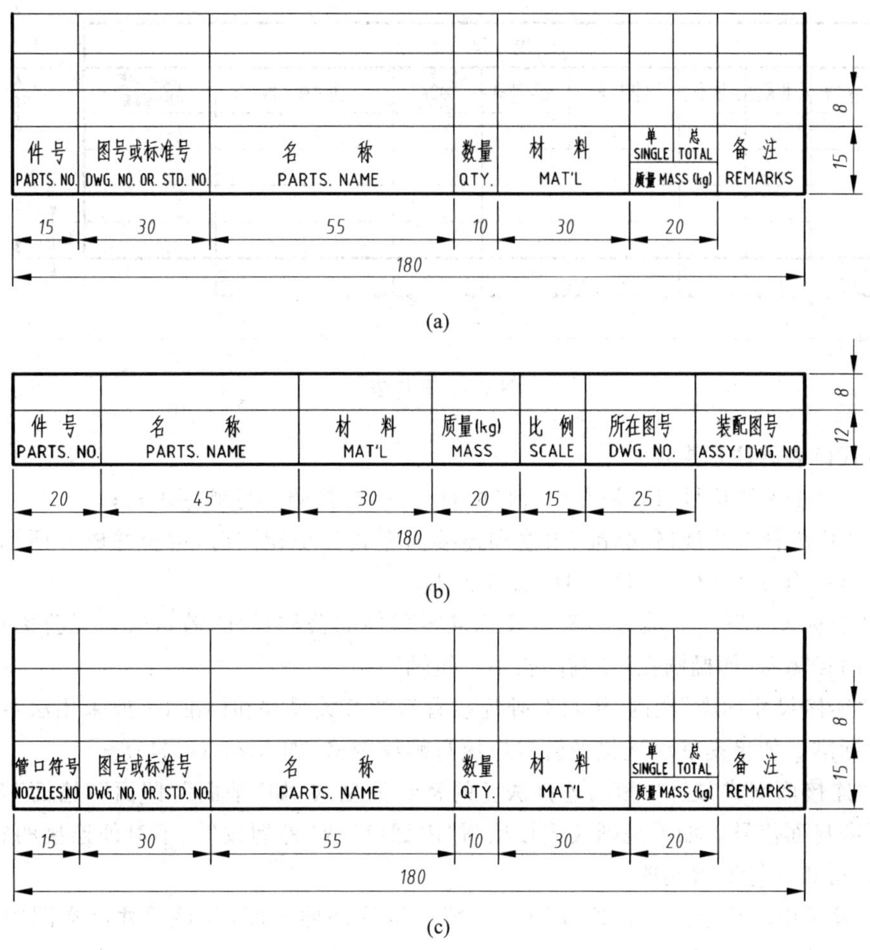

图 7-4　明细栏

(a) 装配图或部件图用明细栏 1；(b) 零部件图用明细栏 2；(c) 管口零件用明细栏 3

号推荐按表 7-1 选用。管口符号的标注由带圈的字母组成(在装配图中圈径 $\phi 8$，5 号字体)，管口符号在图中以字母的顺序由主视图左下起，按顺时针沿垂直和水平方向依次标注，推荐符号除外。管口符号标注在图中管口图样附近，或管口中心线上，以不引起管口相混淆为原则。且在主、俯、侧(左或右)视图中均应标注，其他位置可不标注。

表 7-1　推荐使用管口符号表(摘自 HG/T 20668—2000)

管口名称或用途	管口符号	管口名称或用途	管口符号
手孔	H	在线分析口	QE
液位计口(现场)	LG	安全阀接口	SV
液位开关口	LS	温度计口	TE
液位变送器口	LT	温度计口(现场)	TI
人孔	M	裙座排气口	VS
压力计口	PI	裙座入口	W
压力变送器口	PT		

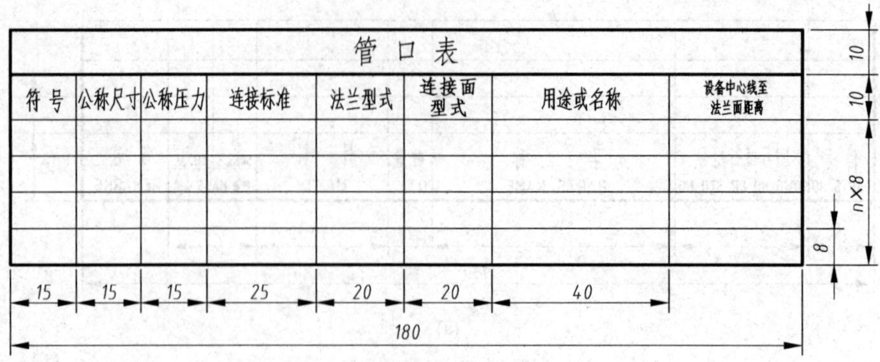

图 7-5 管口表

填写管口表的注意事项：

(1) 管口表中的符号应和视图中管口的符号一致，按照字母顺序填写；

(2) 当几个管口的规格、标准、用途和连接面型式完全相同时，可合并成一项填写。如将 LG_1～LG_4 合并为 LG_{1-4}，H_1～H_2 合并为 H_{1-2}；

(3) “公称尺寸”栏内，填写各管口及标准零部件的公称尺寸，若该管口无公称直径时，可按实际内径填写(如椭圆孔填“椭圆长轴×短轴”)；

(4) “连接尺寸标准”栏内，填写对外连接管口的有关尺寸和标准，一般采用法兰连接的填写法兰标准。如果是螺纹连接的管口应填写螺纹规格，如 M24、G3/4 等；

(5) “连接面型式”栏内，填写连接法兰的密封面型式，如“平面”“凹面”“槽面”等，也可直接填写密封面代号。如果是螺纹连接填写“内螺纹”或“外螺纹”。不对外连接的管口，如人(手)孔、检查孔等不填此项。

(6) “设备中心线至法兰面距离”栏内，填写接管外伸长度，如该尺寸已在图中标注清楚，可在该栏内填写“见图”。

3. 设计数据表

设计数据表是化工设备装配图中的主要表格，用来表示设计数据和通用技术要求，包括设备设计、制造与检验各环节的主要技术数据、标准规范、检验要求等，具体如：工作压力、设计压力、工作温度、设计温度、焊缝系数、腐蚀裕度、容器类别、介质名称、设备的防腐、焊接、探伤、耐压试验及设计规范等。根据化工设备的类别不同，可对填写内容进行相应的调整。如图 7-6 所示分别为换热器、塔器、带搅拌反应釜的设计数据表。

目前，国家对化工设备的设计、制造、检验等建立了一系列的标准，在设计数据表“规范”一栏可填写设备设计、制造、检验等遵循的相关标准。常用标准主要有：

TSG 21—2016《固定式压力容器安全技术监察规程》

GB 150—2011《压力容器》

GB/T 151—2014《热换热器》

NB/T 47041—2014《塔式容器》

NB/T 47042—2014《卧式容器》

JB/T 4732—2005《钢制压力容器——分析设计标准》

设计数据表 DESIGN SPECIFICATION							
规范 CODE	（注写规范的标准号或代号，当规范、标准无代号时标全名。）						
	壳程 SHELL	管程 TUBE	压力容器类型 PRESS VESSEL CLASS				
介质 FLUID			焊条型号 WELDING ROD TYPE			按JB/T4709规定	
介质特性 FLUID PERFORMANCE			焊接规程 WELDING CODE			按JB/T4709规定	
工作温度 (°C) WORKING TEMP. IN/OUT			焊接结构 WELDING STRUCTURE			除注明外采用全焊透结构	
工作压力 (MPaG) WORKING PRESS			除注明外角焊缝腰高 THICKNESS OF FILLET WELD EXCEPT NOTED				
设计温度 (°C) DESIGN TEMP.			管法兰与接管焊接标准 WELDING BETW. PIPE FLANGE AND PIPE			按相应法兰标准	
设计压力 (MPaG) DESIGN PRESS			管板与筒体连接应采用 CONNECTION OF TUBESHEET AND SHELL				
金属温度 (°C) MEAN METAL TEMP.			管子与管板连接 CONNECTION OF TUBE AND TUBESHEET				
腐蚀裕量 (mm) CORR. ALLOW			无损探伤 N.D.E	焊接接头类型 WELDED JOINT CATEGORY		方法-检测率 EX.METHOD%	标准-级别 STD-CLASS
焊接接头系数 JOINT EFF.				A,B	壳程 SHELL SIDE		
程数 NUMBER OF PASS	20				管程 TUBE SIDE	20	
热处理 PWHT				C,D	壳程 SHELL SIDE		
水压试验压力 卧式/立式 (MPaG) HYDRO. TEST PRESS			15	7.5	管程 TUBE SIDE		
气密性试验压力 (MPaG) GAS LEAKAGE TEST PRESS			管板密封面与壳体轴线垂直度公差 (mm) VERTICAL TOLERANCE OF TUBESHEET SEALING SURFACE AND SHELL AXIS				
保温层厚度/防火层厚度 (mm) INSULATION/FIRE PROTECTION							
换热面积（外径） (m²) TRANS SURFACE(O.D.)			其他（按需填写） OTHER				
表面防腐要求 REQUIREMENT FOR ANTI-CORROSION			管口方位 NOZZLE ORIENTATION				

15　10　20　10　nX10　50　50　90　90

(a)

设计数据表 DESIGN SPECIFICATION							
规范 CODE	（注写规范的标准号或代号，当规范、标准无代号时标全名。）						
介质 FLUID			压力容器类型 PRESS VESSEL CLASS				
介质特性 FLUID PERFORMANCE			焊条型号 WELDING ROD TYPE			按JB/T4709规定	
工作温度 (°C) WORKING TEMP. IN/OUT			焊接规程 WELDING CODE			按JB/T4709规定	
工作压力 (MPaG) WORKING PRESS			焊接结构 WELDING STRUCTURE			除注明外采用全焊透结构	
设计温度 (°C) DESIGN TEMP.			除注明外角焊缝腰高 THICKNESS OF FILLET WELD EXCEPT NOTED				
设计压力 (MPaG) DESIGN PRESS			管法兰与接管焊接标准 WELDING BETW. PIPE FLANGE AND PIPE			按相应法兰标准	
腐蚀裕量 (mm) CORR. ALLOW			无损探伤 N.D.E	焊接接头类型 WELDED JOINT CATEGORY		方法-检测率 EX.METHOD%	标准-级别 STD-CLASS
焊接接头系数 JOINT EFF.				A,B	容器 VESSEL		
热处理 PWHT				C,D	容器 VESSEL		
水压试验压力 卧式/立式 (MPaG) HYDRO. TEST PRESS (注2)			全容积 (m³) FULL CAPACITY				
气密性试验压力 (MPaG) GAS LEAKAGE TEST PRESS			基本风压 (N/m²) WIND PRESSURE				
保温层厚度/防火层厚度 (mm) INSULATION/FIRE PROTECTION			地震烈度 EARTHQUAKE				
表面防腐要求 REQUIREMENT FOR ANTI-CORROSION		(注1)	场土地类别/地震影响 SITE CLASS/EARTHQUAKE INFLUENCE				
其他（按需填写） OTHER			管口方位 NOZZLE ORIENTATION				

(b)

图 7-6　设计数据表

(a) 换热器的设计数据表；(b) 塔器的设计数据表；(c) 带搅拌反应釜的设计数据表

注：表中 MPaG 为化工设备设计中要求用的压力单位，表示表压，以区别于绝对压力。

设计数据表 DESIGN SPECIFICATION						
规范 CODE	(注写规范的标准号或代号，当规范、标准无代号时标全名。)					
	容器 VESSEL	夹套 JACKET	压力容器类型 PRESS VESSEL CLASS			
介质 FLUID			焊条型号 WELDING ROD TYPE		按JB/T4709规定	
介质特性 FLUID PERFORMANCE			焊接规程 WELDING CODE		按JB/T4709规定	
工作温度 (°C) WORKING TEMP. IN/OUT			焊接结构 WELDING STRUCTURE		除注明外采用全焊透结构	
工作压力 (MPaG) WORKING PRESS			除注明外角焊缝腰高 THICKNESS OF FILLET WELD EXCEPT NOTED			
设计温度 (°C) DESIGN TEMP.			管法兰与接管焊接标准 WELDING BETW. PIPE FLANCE AND PIPE		按相应法兰标准	
设计压力 (MPaG) DESIGN PRESS			无损探伤 N.D.E	焊接接头类型 WELDED JOINT CATEGORY	方法-检测率 EX.METHOD%	标准-级别 STD-CLASS
腐蚀裕量 (mm) CORR. ALLOW				A,B 容器 VESSEL		
焊接接头系数 JOINT EFF.				A,B 夹套 JACKET		
热处理 PWHT				C,D 容器 VESSEL		
水压试验压力 卧式/立式 (MPaG) HYDRO. TEST PRESS (注2)				C,D 夹套 JACKET		
气密性试验压力 (MPaG) GAS LEAKAGE TEST PRESS		(注1)	全容积 (m^3) FULL CAPACITY			
换热面积(外径) (m^2) TRANS SURFACE(O.D.)			搅拌器型式 AGITATOR TYPE			
保温层厚度/防火层厚度 (mm) INSULATION/FIRE PROTECTION			搅拌器转速 AGITATOR SPEED			
表面防腐要求 REQUIREMENT FOR ANTI-CORROSION			电机功率/防爆等级 B.H.P/ENCLOSURE TYPE			
其他(按需填写) OTHER			管口方位 NOZZLE ORIENTATION			

注：1.当容器无夹套时，此栏（线）取消。
2.当设计压力为常压时，应改为盛水试漏。

(c)

图 7-6 （续）

NB/T 47003.1—2009《钢制焊接常压容器》

HG/T 20584—2011《钢制化工容器制造技术要求》

NB/T 47015—2011《压力容器焊接规程》

NB/T 47013—2015《承压设备无损检测》

GB/T 985.1—2008《气焊、焊条电弧焊、气体保护焊和高能束焊的推荐坡口》

GB/T 985.2—2008《埋弧焊的推荐坡口》

GB/T 324—2008《焊缝符号表示法》

……

4. 技术要求

对装配图，在设计数据表中未列出的技术要求，需以文字条款表示，可在技术数据表下方添加一栏进行注写。当设计数据表中已表示清楚时，则不需注写。

对零件图、部件图和零部件图，要求填写技术要求。技术要求在图中空白处用长仿宋体汉字书写，以阿拉伯数字1、2、3……顺序依次编号书写。

5. 标题栏

目前，各工厂企业、设计单位采用的标题栏格式有多种，有的直接应用企业内部规定格

式的标题栏，有的采用国标 GB/T 10609.1—2008 中规定的标题栏，如图 1-3 所示为格式之一。标准 HG/T 20668—2000 推荐化工设备装配图（施工图）采用如图 7-7 所示标题栏，此标准采用国际上多数工程公司的做法，取消了标题栏中的签字栏，在图样中增加主签署栏用来签字。该标题栏可用于化工设备施工图 A0～A4 幅面的图纸，边框用粗实线，其余用细实线绘制。

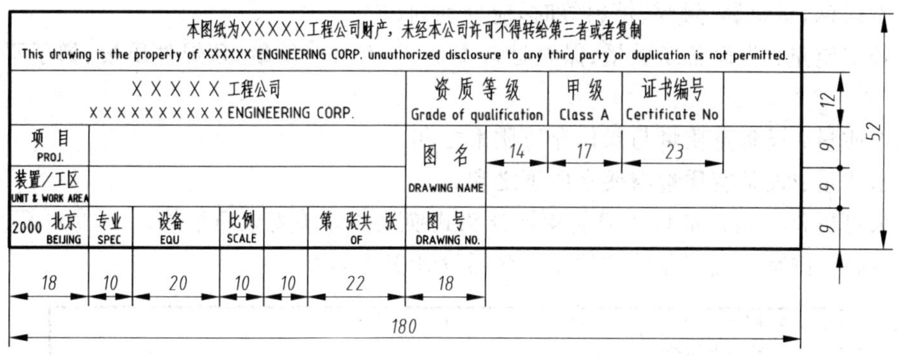

图 7-7　化工设备装配图用标题栏

6. 签署栏

签署栏包括：主签署栏、会签签署栏和制图签署栏，格式如图 7-8 所示。主签署栏布置在标题栏上方，“版次”栏以 0、1、2、3 数字表示，“说明”栏表示此版图的用途，如询价用、基础设计用、制造用等。当图纸修改时，在“说明”栏填写修改内容。

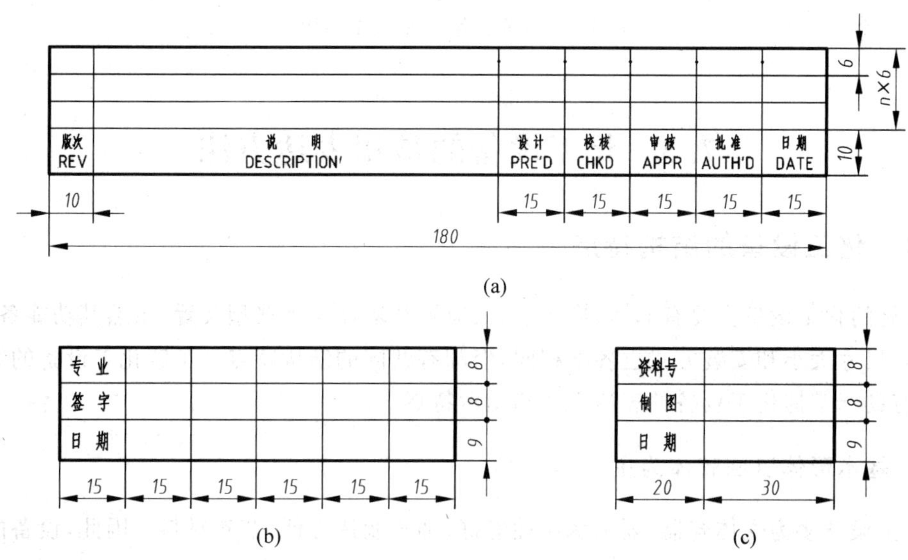

图 7-8　签署栏格式

（a）主签署栏；（b）会签签署栏；（c）制图签署栏

会签签署栏和制图签署栏旋转 90°后布置在图面左侧装订线框内。

7. 质量及盖章栏

质量及盖章栏用于化工设备装配图,布置在主签署栏的上方,格式如图 7-9 所示。其填写内容如下所述。

设备净质量:表示设备所有零、部件,金属和非金属材料质量的总和。当设备中有特殊材料如不锈钢、贵金属、触媒、填料等时,应分别列出。

设备空质量:为设备净质量、保温材料质量、防火材料质量、预焊件质量、梯子平台质量的总和。

操作质量:设备空质量与操作介质质量之和。

盛水质量:设备空质量与盛水质量之和。

最大可拆件质量:如 U 形管管束或浮头式换热器浮头管束质量等。

盖章栏:按有关规定盖单位的压力容器设计资格印章。

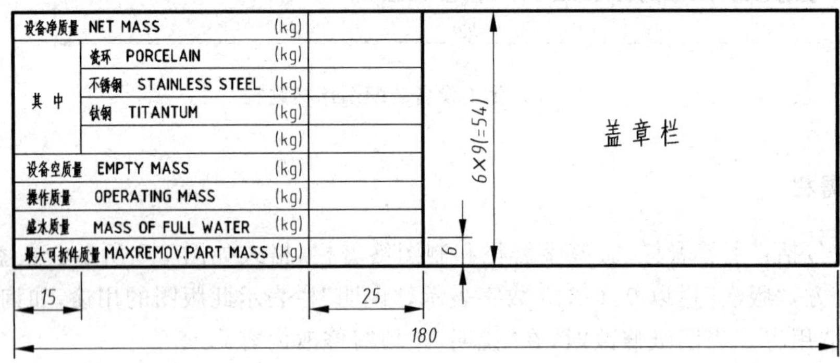

图 7-9 质量及盖章栏(装配图用)

7.3 化工设备的常用表达方法

7.3.1 化工设备的结构特点

常见的化工设备主要有储罐、换热器、反应器和塔器 4 类典型装置,虽然其功能各异,内件结构、尺寸大小和安装方式也各不相同,但却有共同的结构特点。了解化工设备的结构特点,将有助于掌握化工设备的表达方法和图示特点。

1. 基本形体以回转体为主

化工设备多为壳体容器,要求承压性能好、加工制造方便、节省材料。因此,设备的主体结构(如筒体、封头),以及一些零部件(如人孔、手孔、接管等)大多采用圆柱、圆锥、圆球或椭球等回转型曲面立体。

2. 尺寸大小相差悬殊

化工设备的高(或长)径比大。设备的总体尺寸(如长、高、直径等)与壳体壁厚或其他细部结构尺寸大小相差悬殊。大尺寸大至几十米，甚至近百米，而小尺寸可小至几毫米。

3. 壳体上开孔和接管多

为了满足化工工艺的需要，在设备壳体(筒体和封头)上，有众多的开孔和接管口，如进(出)料口、放空口、排液口、观察孔、人(手)孔，及温度、压力、液位、取样等检测口，用以装配各种零部件和连接管道。

4. 广泛采用标准化零部件

化工设备中许多通用的零部件都已标准化、系列化，如封头、支座、管法兰、设备法兰、人(手)孔、视镜、液面计、补强圈等。另外，典型化工设备中的一些常用零部件也有了相应的标准，如搅拌器、填料箱、波形膨胀节、浮阀、泡罩等。广泛采用标准件，使零件的互换性增强，便于设备的设计、制造和维修，并降低了生产维修成本。

5. 大量采用焊接结构

化工产品的生产条件相对比较苛刻，设备大多是在一定的温度、压力和有防腐、防泄漏等要求下工作，故设备主体结构及零部件的安装大都采用焊接结构。焊接工艺简单，连接部位强度高，可靠性、密封性好。

6. 防泄漏安全结构要求高

化工设备中的介质大多为有毒、有腐蚀性、易燃、易爆介质，因此要求设备密封结构要好，安全装置要可靠，以免发生“跑、冒、滴、漏”及爆炸等危险性事故。通常，化工设备不仅要对焊接结构中的焊缝进行严格的探伤检验，还对各连接面的密封结构提出了较高要求。

7.3.2　化工设备的表达特点

由于化工设备结构上的特点，决定了其视图表达的图示特点。

1. 视图配置灵活

由于化工设备的主体结构多为回转体，其基本视图常采用两个视图。立式设备一般为主、俯视图；卧式设备一般为主、左(右)视图，用以表达视图的主体结构。

当设备的长径比较大时，由于图幅有限，俯、左(右)视图难以安排在基本视图位置，可以将其安排在图面的空白处，注明其视图名称。也允许将视图画在另一张图纸上，只要在装配图“注：”中说明该视图所在图纸编号即可。

2. 多次旋转的表达方法

设备的回转壳体周围布置有各种管口或零部件，为在主视图上清楚地表达它们的形状和高度方向位置，主视图常采用多次旋转的画法，即假想将不在剖切面位置的周向管口及其附件旋转到与主视图所在的投影面平行的位置，然后进行投影。这样使不与投影面平行的设备周向的构件假想旋转到了与投影面平行的位置，投影得到构件的实形，从而方便绘图和读图。如图 7-10 所示,假想将人孔 M 由俯视图所示位置逆时针旋转 45°、液位计接管 LG_1、LG_2 顺时针转 30°,液位计接管 LG_3、LG_4 顺时针转 60°,然后向正面投影得到图中主视图。

在化工设备图中采用多次旋转的画法时,允许不作任何标注,但这些结构的周向方位必须以俯(左)视图或管口方位图为准。

3. 局部放大图和夸大的表达方法

由于化工设备的各部分结构尺寸相差悬殊,按缩小比例画出的基本视图中,很难兼顾到把细部结构也表达清楚。因此,化工设备图中较多地使用了局部放大图和夸大的画法来表达这些细部结构。

局部放大图是将设备部分结构用大于原视图所采用的比例画出的图形,可用细实线圈出被放大的部位,用罗马数字依次标明被放大的部位,并在局部放大图的上方标注出相应的罗马数字和所采用的比例。局部放大图可画成局部视图、剖视或断面等形式,放大比例可按规定比例,也可不按比例作适当放大,但都要标注。

另外,对于化工设备中的壳体壁厚、各种接管壁厚及折流板、管板、垫片厚度等,在按总体比例缩小后,难以表达其厚度,可作适当地夸大后画出,不按比例。其余细小结构或较小零部件,在基本视图中也允许作适当地夸大画出。一般化工设备图中壁厚均采用夸大画法绘制。

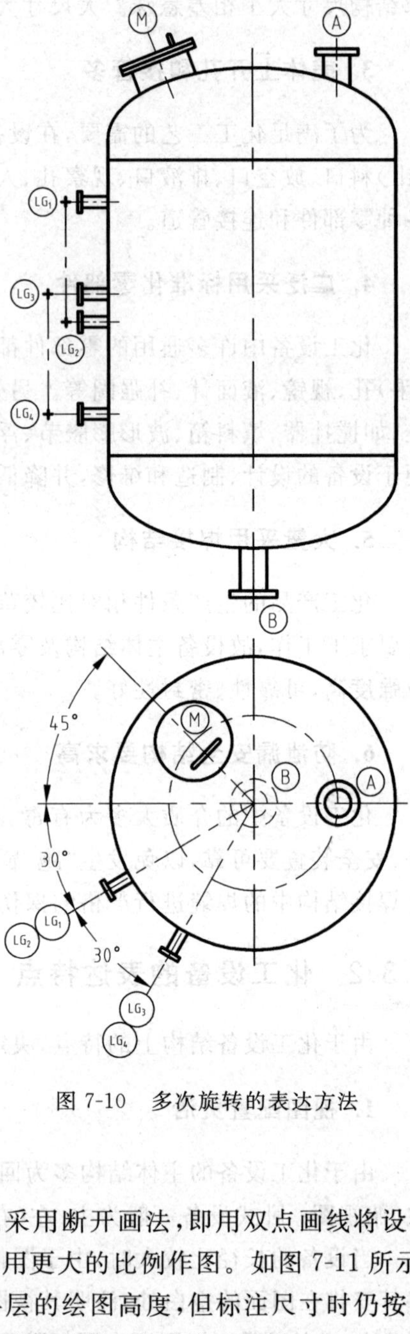

图 7-10 多次旋转的表达方法

4. 断开或分层画法

对于高(长)径比较大的设备,如果沿轴线方向其内部构件的形状和结构相同,或按规律变化时,可以采用断开画法,即用双点画线将设备中重复出现的结构或相同结构断开,缩短图形,以便选用更大的比例作图。如图 7-11 所示,塔中填料层段采用断开画法(用双点画线)缩短了填料层的绘图高度,但标注尺寸时仍按照填料层的实际高度尺寸进行标注。有些设备(如塔体)形体较长,且不适于用断开画法,为了合理选用比例和充分利用图纸,可把整个设备分成若干段(层)画出,如图 7-12 所示的塔节采用了分层表达方法。

当设备采用断开画法和分层画法造成设备总体形象表达不完整时,可采用缩小比例,单线条画出设备的整体外形图或剖视图来表达设备完整结构,即整体图。在整体图中,应标注设备总高、各主要零部件的定位尺寸及各管口的标高。对于板式塔,塔盘应按顺序从下至上编号,且应注明塔盘间距尺寸。如图 7-13 所示为板式塔的整体剖视图。

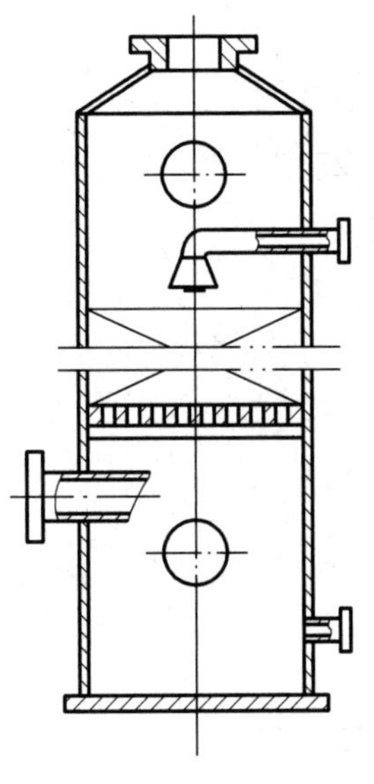
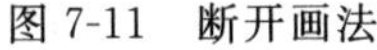

图 7-11　断开画法

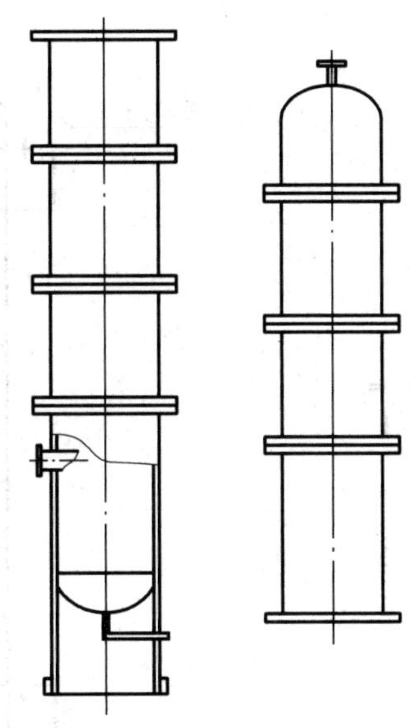

图 7-12　分层画法

5. 管口方位的表达方法

化工设备上的管口较多，其方位布置对工艺管道安装和生产非常重要，必须在图样中表达清楚。管口的周向方位可用俯(左)视图或管口方位图来表示。管口方位图中用单线(粗实线)示意画出设备管口，以中心线表明管口的位置。同一管口在主视图和方位图上要标相同的字母，如图 7-14 所示。当俯(左)视图必须画出时，管口方位在俯(左)视图中能表达清楚的，可不必画出管口方位图。

6. 简化画法的表达

在绘制化工设备图时，为了减少一些不必要的绘图工作量、提高绘图效率，图中大量采用了各种已经通用的简化画法。除前述标准件人孔、视镜、液位计的简化画法外，接管及管法兰也采用简化画法，并采用局部剖视来表达，如图 7-15 所示，法兰的具体密封面型式不需绘出，而是在明细栏及管口表中注明。

对于装配图中法兰连接中的螺栓、螺母紧固件连接，可采用简化画法来表示，如图 7-16 所示，中心线表示螺栓孔的位置，一对粗实线的“×”表示螺栓、螺母紧固件。在零件图中，螺栓孔用中心线表示出孔圆心的位置，可以省略圆孔的投影，如图 7-15 中反映的是在法兰圆形的视图上螺栓孔的表示。

化工设备图中，外购部件只需根据主要尺寸按比例用粗实线画出外形轮廓简图，如图 7-17 所示。并在明细栏中注写名称、规格、主要性能参数和“外购”字样。

另外，还有一些典型设备中用到的简化画法会在后面相关章节中介绍。

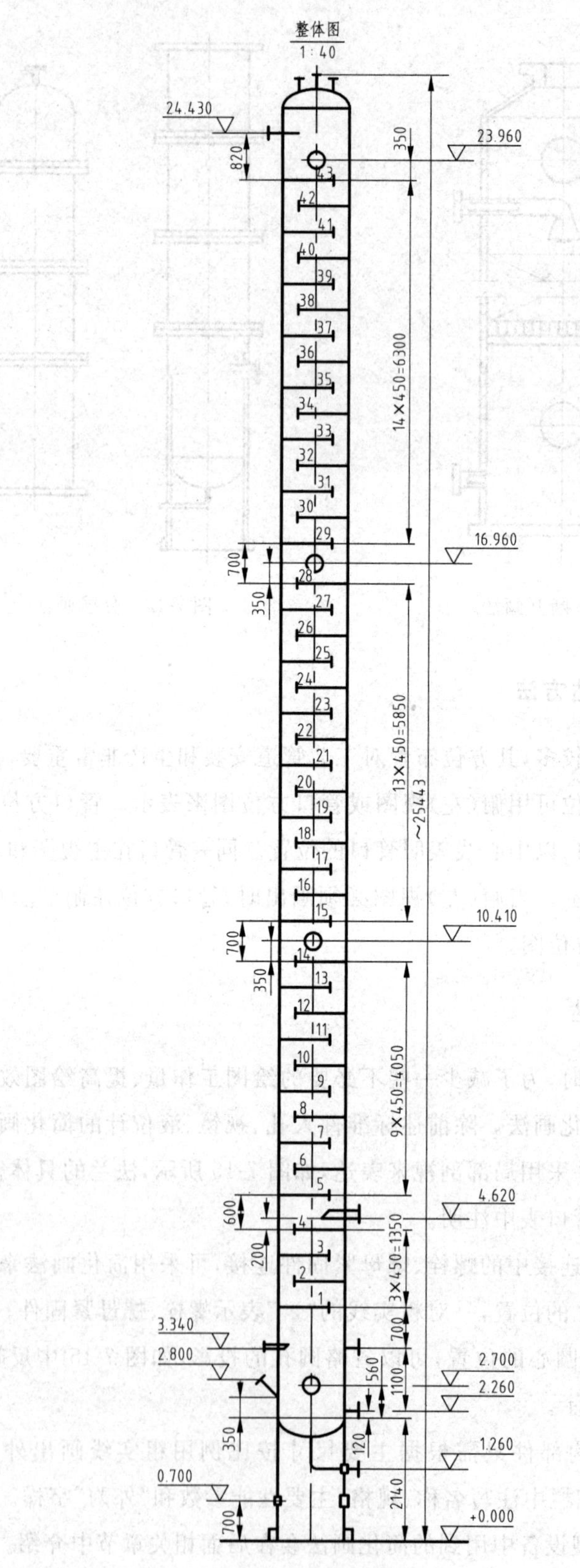
整体图
1:40
24.430
23.960
820
350
14×450=6300
16.960
700
350
13×450=5850
~25443
10.410
700
350
9×450=4050
4.620
600
200
3×450=1350
3.340
2.800
700
560
1100
2.700
2.260
350
120
1.260
0.700
2140
700
+0.000

图 7-13 整体图

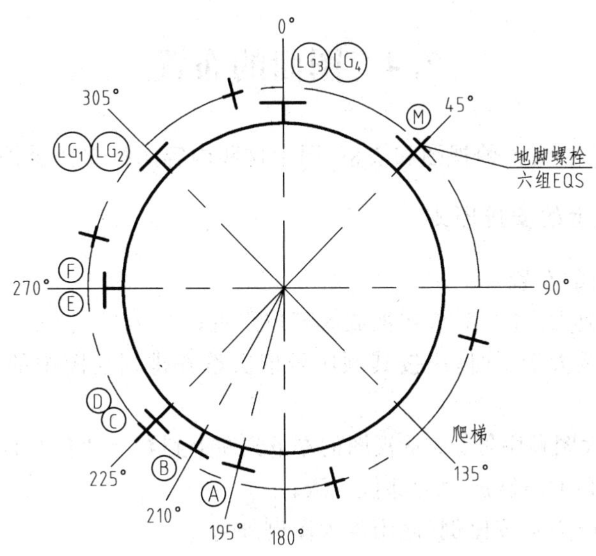

图 7-14　管口方位图（“EQS”表示“均布”）

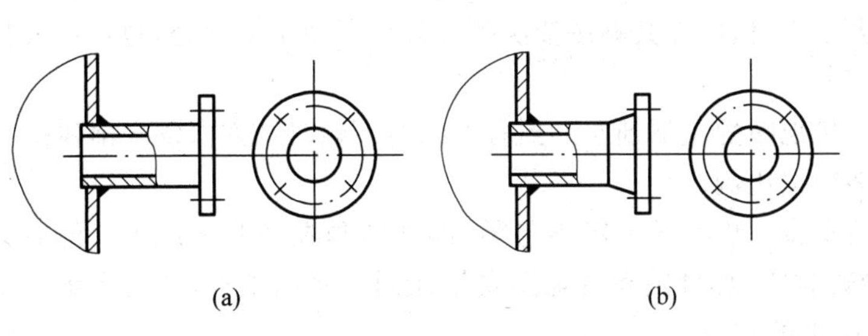

图 7-15　管法兰的简化画法
(a) 平焊法兰；(b) 对焊法兰

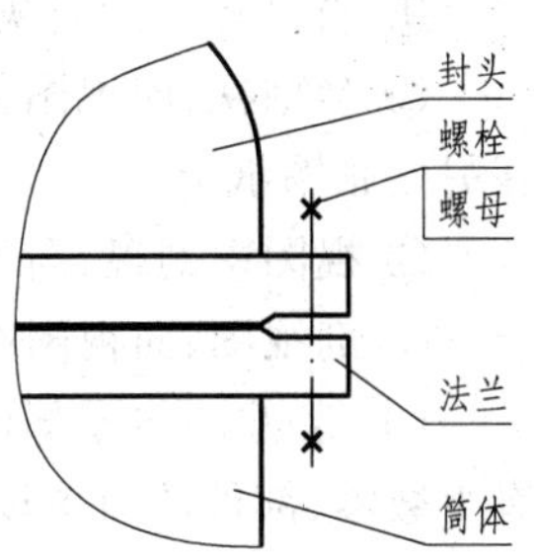

图 7-16　螺纹紧固件的简化画法

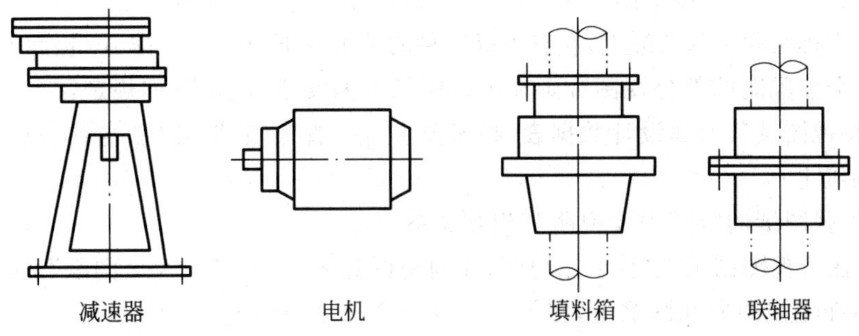

图 7-17　常用外购件简图

7.4 图面的布置

化工设备的表达需要各种视图和表格,图中这些内容的排布要遵循相关标准的规定。

1. 图样在图纸上的安排原则

(1) 局部放大图的布置:

① 当只有一个放大图时,应放在被放大部位附近;

② 当放大图数量大于1时,应按其顺序号依次整齐排列在图中的空白处,也可安排在另一张图纸上;

③ 在视图中放大图顺序号:应从视图的左下到左上到右上到右下顺时针方向依次排列;

④ 放大图图样必须与被放大的部位一致;

⑤ 放大图的图样必须按比例(通用放大图例外);

⑥ 放大图图样在图中应从左到右、从上到下,依次整齐排列。

(2) 剖视、向视图的布置:

① 当只有一个剖视、向视图时应放在剖视、向视部位附近;

② 当剖视、向视图数量大于1时,应按其顺序依次整齐排列在图中空白处,也可以安排在另一张图纸上;

③ 视图中剖视、向视图应从视图的左下到左上到右上到右下顺时针方向依次排列;

④ 剖视图、向视图图样必须按比例。

(3) 装配图与零部件图的安排:装配图一般不与零、部件图画在一张图纸上。但对只有少数零、部件的简单设备允许将零、部件图和装配图安排在同一张图纸上,此时图纸应不超过A1幅面,装配图安排在图纸的右方。

(4) 部件及其零件图的安排:部件及其所属零件的图样,应尽可能画在同一张图纸上。此时部件图应安排在图纸的右下方或右方。

(5) 同一设备零部件图的安排:同一设备的零、部件图样,应尽量编排成A1图纸。若干零、部件图需安排成两张以上图纸时,应尽可能将件号相连的零件图或加工、安装、结构关系密切的零件图安排在同一张图纸上,在有主标题栏的图纸右下角不得安排A5幅面的零件图。

(6) 一个装配图的部分视图分画在数张图纸上的安排,应按下列规定:

① 主要视图及其所属设计数据表、技术要求、注、管口表、明细栏、主签署栏等均应安排在第一张图纸上;

② 在每张图纸的"注"中要说明其相互关系。

例如:在主视图图纸上"注:左视图、*A*向视图见××-××××-2图纸",表示左视图和*A*向视图不在主视图所在图纸上,在××-××××-2图纸上。

2. 图纸中各要素的布置

装配图中各要素的布置可按照图7-3所示的位置进行图面布置。如同一设备的零、部件图要安排在一张图纸上,可将图面进行分割后布置,一般部件图要位于右下角,如图7-18所示。如分别单独绘制部件图和零件图,则其图面内容可按图7-19所示进行布置。

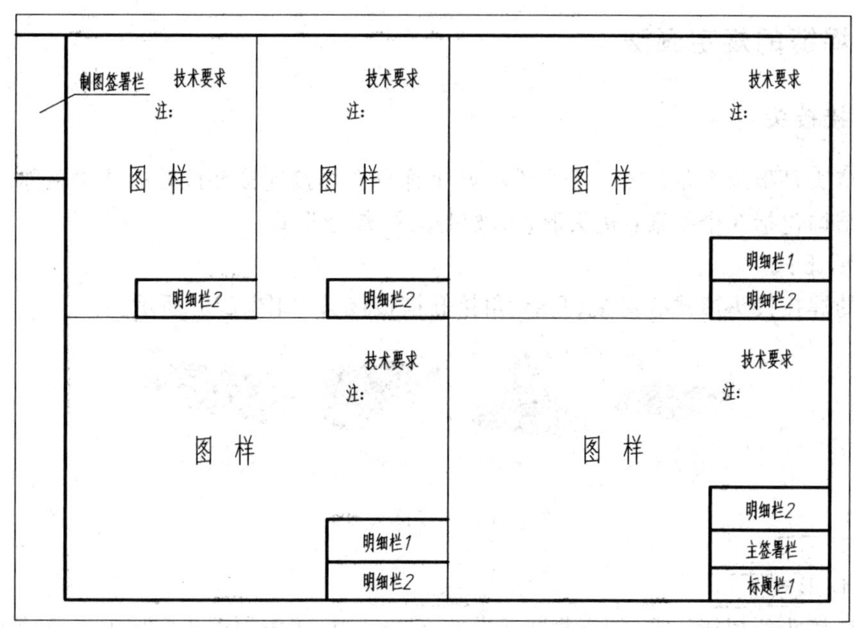

图 7-18　部件图附有零件图的图面布置

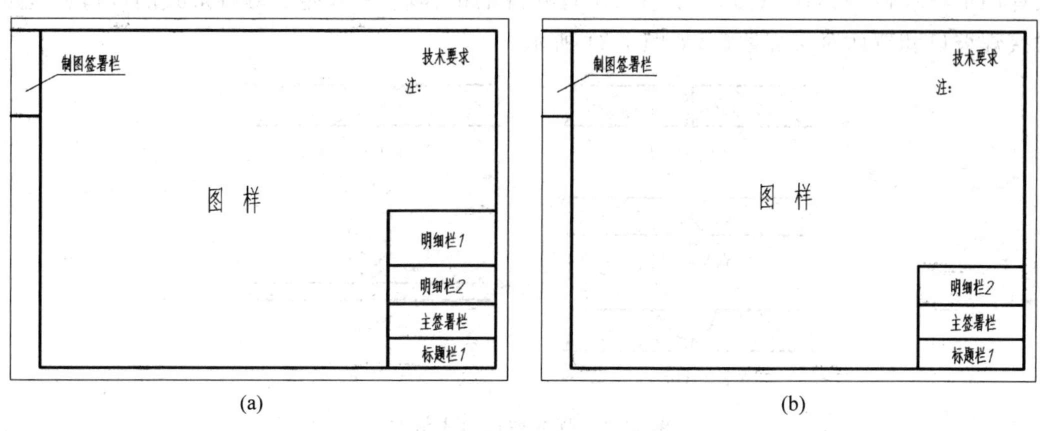

图 7-19　单独绘制部件图和零件图的图面布置

(a) 部件图图面布置；(b) 零件图图面布置

7.5　焊接结构的表达

焊接是将零件的连接处加热熔化，或者加热加压熔化(用或不用填充材料)，使连接处熔合为一体的制造工艺，焊接属于不可拆卸连接。由于焊接具有工艺简单、密封性好、连接强度高、可靠、结构重量轻等优点，在化工设备的加工制造中广泛应用。

焊接时形成的连接两个被连接体的接缝称为焊缝。在工程图样中，焊缝要参照国家标准，采用规定的画法和标注来表达。

7.5.1 焊缝的规定画法

1. 焊接接头

焊接接头是指两个零件或一个零件的两个部分在焊接连接部位处的结构总称。一个焊接接头的结构包括3个要素：接头形式、坡口形式、焊缝形式。

1）接头形式

常见的焊接接头形式有对接、T形、角接和搭接接头，如图7-20所示。

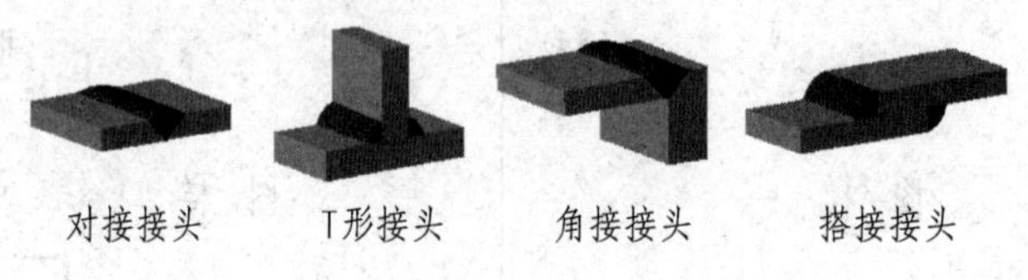

图7-20 焊接接头形式

2）坡口形式

为保证接头的焊接质量，根据焊接工艺需要，经常将接头的熔化面加工成各种形状的坡口，以提高连接强度、保证焊透。GB/T 985.1—2008《气焊、焊条电弧焊、气体保护焊和高能束焊的推荐坡口》和GB/T 985.2—2008《埋弧焊的推荐坡口》规定了两种形式的坡口：单面对接焊坡口和双面对接焊坡口，如图7-21所示。

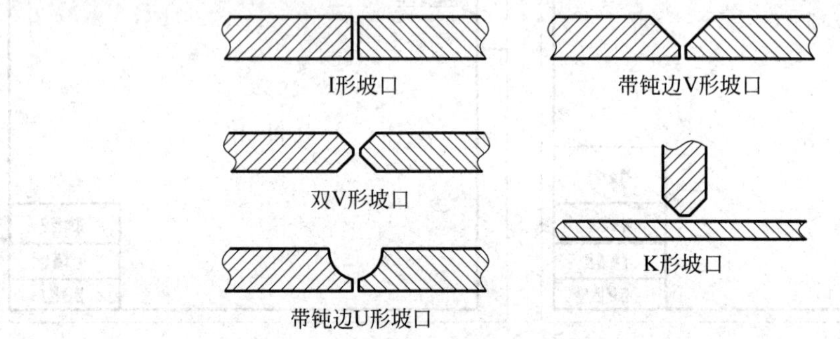

图7-21 焊接坡口形式示例

3）焊缝形式

焊缝形式表明的是焊接接头中熔化面间的关系，有两种基本形式和一种组合形式，共三种。

对接焊缝：由两个相对的熔化面及其中间的焊缝金属构成。对接接头中的焊缝均属对接焊缝。

角焊缝：由相互垂直或相交为某一角度的两个熔化面及呈三角形断面形状的焊缝金属构成。

组合焊缝：由对接焊缝和角焊缝组合而成的焊缝。

2. 焊缝的规定画法

在画焊接图时，焊缝可见面用粗实线表示，焊缝不可见面用波纹线表示，焊缝的断面需涂黑。当图形较小时，可不必画出焊缝断面的形状。图 7-22 所示为常见焊缝的画法，当焊接件上的焊缝比较简单时，焊缝的画法可以简化成可见焊缝用粗实线表示，不可见焊缝用虚线表示。

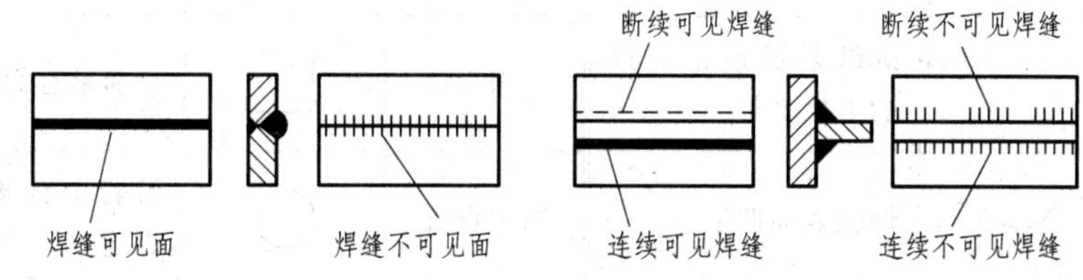

图 7-22　常见焊缝的画法

7.5.2　焊缝的标注

当焊缝分布较简单时，可不必画焊缝，只在焊缝处标注焊缝符号即可。焊缝的标注一般由基本符号和指引线组成，必要时可加上辅助符号、补充符号、焊接方法的数字代号和焊缝的尺寸符号等。

1. 焊缝的基本符号

基本符号表示焊缝横断面的基本形状或特征。基本符号用粗实线绘制，常用焊缝的基本符号见表 7-2。标注双面焊焊缝或接头时，基本符号可以组合使用，即双面 V 形焊缝、双面单 V 形焊缝、带钝边的双面 V 形焊缝、带钝边的双面单 V 形焊缝、双面 U 形焊缝 5 种。

表 7-2　焊缝的基本符号（摘自 GB/T 324—2008）

序号	名　称	示意图	符号	序号	名　称	示意图	符号
1	I 形焊缝		‖	6	带钝边单边 V 形焊缝		⊬
2	卷边焊缝		八	7	带钝边 U 形焊缝		Y
3	V 形焊缝		V	8	封底焊缝		⌓
4	单边 V 形焊缝		⅃	9	角焊缝		◺
5	带钝边 V 形焊缝		Y				

2. 补充符号

补充符号用来补充说明有关焊缝或接头的某些特征(诸如表面形状、衬垫、焊缝分布、施焊地点等),补充符号用粗实线绘制,参见表 7-3。

表 7-3 焊缝的补充符号(摘自 GB/T 324—2008)

名称	符号	说明	名称	符号	说明
平面		焊缝表面通常经过加工后平整	三面焊缝		三面带有焊缝
凹面		焊缝表面凹陷	周围焊缝		沿着工件周围施焊的焊缝
凸面		焊缝表面凸起	现场焊缝		在现场焊接的焊缝
永久衬垫	M	衬垫永久保留			
临时衬垫	MR	衬垫在焊接完成后拆除	尾部		可以表示所需的信息

3. 焊缝符号

焊缝的基准线由两条相互平行的细实线和细虚线组成,基准线一般与图样标题栏的长边平行,必要时也可与图样标题栏的长边垂直。焊缝符号的指引线用细实线绘制,如图 7-23(a)所示。标注焊缝时,箭头指向焊缝,如有必要,可在实基准线的另一端画出尾部,如图 7-23(b)所示,以注明其他附加内容(如标注焊接方法代号)。

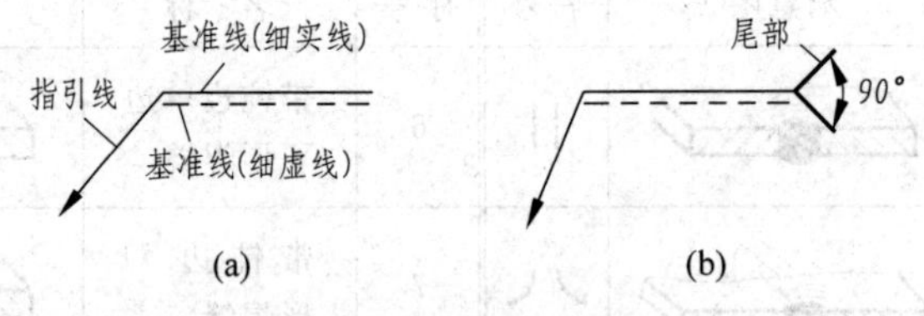

图 7-23 焊缝的标注符号

两条基准线,一条为实线,另一条为虚线,实线和虚线的位置可根据需要互换。当基本符号在实线侧时,表示焊缝在箭头侧;当基本符号在虚线侧时,表示焊缝在非箭头侧;对称焊缝允许省略虚线,在明确焊缝分布位置的情况下,有些双面焊缝也可省略虚线。

4. 焊接及相关工艺方法代号

国家标准 GB/T 5185—2005《焊接及相关工艺方法代号》规定:焊接及相关工艺方法一般采用三位数代号表示。其中,一位数代号表示工艺方法大类,两位数代号表示工艺方法分类,三位数代号表示某种工艺方法,如表 7-4 所示。

表7-4 常见焊接工艺方法代号(摘自GB/T 5185—2005)

大类代号		分类代号		具体焊接工艺方法代号	
代号	焊接方法	代号	焊接方法	代号	焊接方法
1	电弧焊			101	金属电弧焊
		11	无气体保护的电弧焊	111	焊条电弧焊
				112	重力焊
		12	埋弧焊	121	单丝埋弧焊
				122	带极埋弧焊
				123	多丝埋弧焊
		13	熔化极气体保护电弧焊	131	熔化极惰性气体保护电弧焊
				135	熔化极非惰性气体保护电弧焊
		15	等离子弧焊	151	等离子MIG焊
				152	等离子粉末堆焊
2	电阻焊	21	电焊	211	单面电焊
				212	双面电焊
		22	缝焊	221	搭接焊缝
				222	压平缝焊
3	气焊	31	氧燃气焊	311	氧乙炔焊
				312	氧丙烷焊
4	压力焊	41	超声波焊		
		42	摩擦焊		
		44	高机械能焊	441	爆炸焊

5. 焊缝的完整标注

图7-24所示焊缝标注图,共标注了三条焊缝,上面标注表示沿工件四周、焊角高度为5mm的单面角焊缝,焊缝在箭头侧;中间标注同上面一样;下面标注表示焊角高度为7mm的双面对称角焊缝,省略虚线。图中焊缝均采用焊条电弧焊。

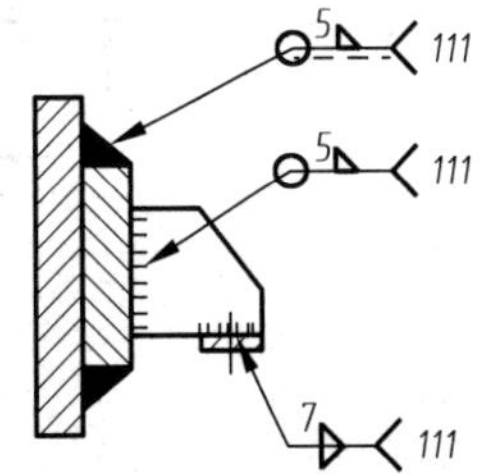

图7-24 焊缝完整标注示例

7.5.3 化工设备焊缝的画法及标注

由于焊接具有工艺简单、连接强度高、密封效果好等优点,化工设备的制造中广泛采用了焊接方法。容器受压元件之间的焊接接头分为A、B、C、D四类,非受压元件与受压元件的连接接头为E类焊接接头,如图7-25所示。

根据焊接接头形式的不同,应选择合适的坡口型式,以保证焊接质量。化工设备图中焊缝的画法按其重要程度一般有两种:

(1) 对于第一类压力容器及其他常、低压设备,一般可直接在其剖视图中的焊接处,画出焊缝的横剖面形状并涂黑,图中可不标注,但需在技术要求中,对焊接接头的设计标准、焊

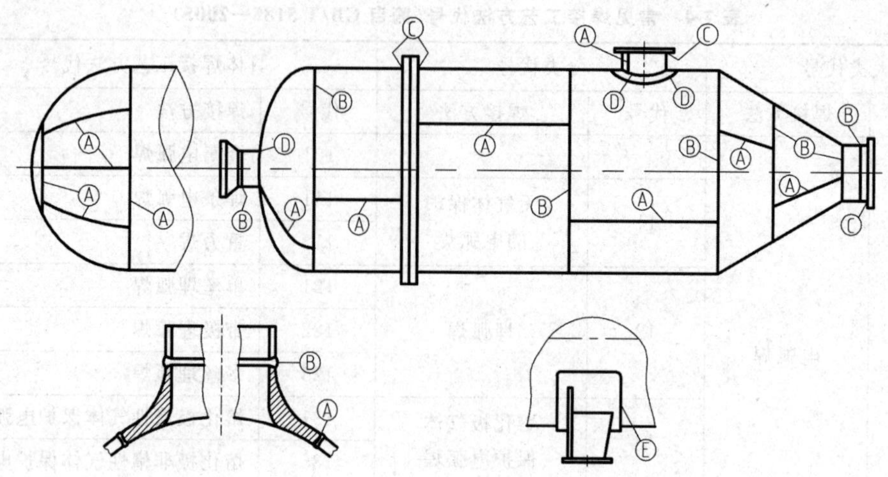

图 7-25　焊接接头分类

条型号、焊缝质量要求作出说明。

(2) 对于第二、三类压力容器及其他中、高压设备上重要的或非标准型式的焊缝，可用局部放大的剖视图表达其结构形状并标注尺寸，焊缝的横剖面填充交叉线或直接涂黑，如图 7-26 所示。其接头形式及尺寸可按 GB/T 985.1—2008《气焊、焊条电弧焊、气体保护焊和高能束焊的推荐坡口》、GB/T 985.2—2008《埋弧焊的推荐坡口》和 GB 150—2011《压力容器》中的规定选用。

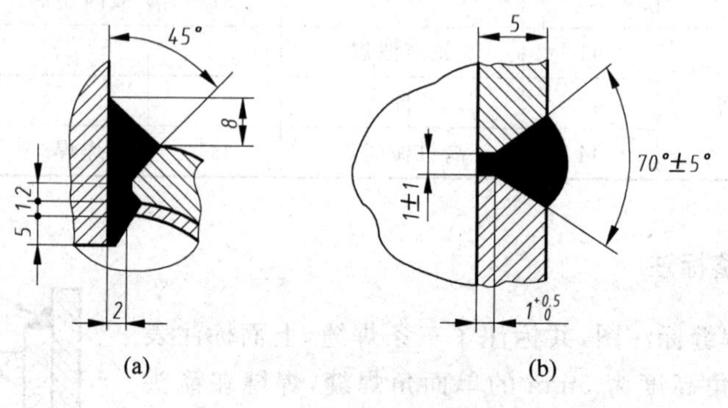

图 7-26　焊接接头局部放大图

(a) 复合板的焊接；(b) 筒体与筒体的对接

第8章 化工设备图的绘制

8.1 化工设备图的绘制方法

化工设备图的绘制与机械制图有很多相似之处，如视图选择、常用表达方法、尺寸标注等，但由于化工设备的特殊性，它又有与机械制图不同的内容和要求，如夸大画法、多次旋转等特殊表达方法、各种表格等。化工设备图的绘制方法主要有两种。

一是对已有设备进行测绘，主要用于仿制已有设备或对现有设备进行技术改造，其绘制方法与一般机械的测绘步骤基本相同。

二是依据化工工艺人员提供的"设备设计条件单"进行设计和绘图。

本书主要介绍第二种方法的绘图步骤。

8.1.1 设备设计条件单

1. 提供设备设计条件单

"设备设计条件单"是进行化工设备设计的主要依据，是由工艺人员完成工艺过程的物料衡算、热量衡算和设备工艺计算后，向化工机械专业技术人员提出的设备设计要求，如图8-1所示。设备设计条件单包括的内容有如下几个。

(1) 设备简图：用单线条绘成的简图，表示工艺设计所要求的设备结构形式、尺寸、设备上的管口及其初步方位等。

(2) 技术特性指标：列表给出工艺要求，如工作压力、工作温度、介质名称、容积、换热面积、搅拌功率、搅拌器型式、保温等各项要求。

(3) 管口表：列表注明各管口符号、用途、公称尺寸和连接面型式等。

2. 进行设备机械设计

设备设计人员根据"设备设计条件单"(见图8-1)，参照相关设备设计标准，对设备进行强度设计和零部件选型，通过设计计算确定相关尺寸后绘制图样。

8.1.2 化工设备图的规定画法

化工设备图样的画法应符合GB/T 4458.1—2002《机械制图　图样画法　视图》的规定，并遵循HG/T 20668—2000《化工设备设计文件编制规定》中的以下原则。

条件内容修改							
修改标记	修改内容	签字	日期				
简图与说明						比例	

参考图				
设计参数及要求				
		容器内		容器内
操作物料	名称	液氨	腐(磨)蚀速率	0.20mm/年
	组分		设计寿命	10年
	密度		壳体材料	Q345R
	特性		内件材料	
	黏度		衬里防腐材料	
工作压力(MPa)			安装检修要求	人孔
设计压力(MPa)			场地类	工类
安全阀	位置/型式		密封要求	安装完毕,盛水试漏
	规格/数量	1	操作方式及要求	
	开启(爆破)压力(MPa)		静电接地	支座处
			其他要求	
工作温度		25~40°C		
设计温度		50°C		
环境温度				
壁温				
全容积		$5.9m^3$		
操作容积				

管口表

符号	公称尺寸	公称压力	连接面型式	用途	符号	公称尺寸	公称压力	连接面型式	用途
A	50	1.6	凸面	排放口	M	450	1.6	凹凸面	人孔
LG_{1-4}	20	1.6	凹面	液位计接口	SV	50	1.6	平面	安全阀接口
PI	20	1.6	平面	压力表接口	D	50	1.6	凹面	液氨进口
B	50	1.6	凹面	液氨出口	E	50	1.6	凹面	预留口
C	50	1.6	凹面	放空口	LT_{1-2}	80	1.6	平面	自控液位接口

	设计	校核	审核	日期	位号/台数	工程名称	
工艺						设计项目	
管道						设计阶段	施工图
电控							
					设备图号		

图 8-1 某液氨储罐的“设备设计条件单”

1. 视图选择的原则

(1) 在明确表示物体的前提下，使视图(包括向视图、剖视图等)的数量应为最少。

(2) 尽量避免使用虚线表示物体的轮廓及棱线。

(3) 避免不必要的重复。

2. 不需单独绘制图样的原则

每一个设备、部件或零件，一般均应单独绘制图样，但符合下列情况时，可不单独绘制。

(1) 国家标准、专业标准等标准的零部件和外购件。

(2) 对结构简单，而尺寸、图形及其他资料已在部件图上表示清楚，不需机械加工(焊缝坡口及少量钻孔等加工除外)的铆焊件、浇铸件、胶合件等，可不单独绘制零件图。

(3) 几个铸件在制造过程中需要一起备模划线者，应按部件图绘制，不必单独绘制零件图(如分块铸造的篦子板和分块焊接的篦子板)。此时在部件上必须表示出制造件所需的一些资料。

(4) 尺寸符合标准的螺栓、螺母、垫圈、法兰等连接零件，其材料虽与标准不同，也不单独绘制零件图。但在明细栏中注明规格和材料，并在备注栏内注明“尺寸按×××标准”字样。此时，明细栏中的“图号或标准号”一栏不应标注标准号。

(5) 两个相互对称、方向相反的零件一般应分别绘出图样。但两个简单的对称零件，在不致造成施工错误的情况下，可以只画出其中一个。但每件应标以不同的件号，并在图样中予以说明。如“本图样系表示件号×，而件号×与件号×左右(或上下)对称”。

(6) 形状相同、结构简单可用同一图样表示清楚，一般不超过 10 个不同可变参数的零件，可用表格图绘制。

3. 需单独绘制部件图的原则

(1) 由于加工工艺或设计的需要，零件必须在组合后才进行机械加工的部件，如带短节的设备法兰、由两半组成的大齿轮、由两种不同材料的零件组成的涡轮等。

(2) 具有独立结构，必须画部件图才能清楚地表示其装配要求、机械性能和用途的可拆或不可拆部件，如搅拌传动装置、对开轴承、联轴节等。

(3) 复杂的设备壳体。

(4) 铸制、锻制的零件。

8.1.3 化工设备图的绘图步骤

绘制化工设备图之前首先应确定其视图表达方案，其表达方案要满足上述画法的规定，主要包括选择主视图、确定视图数量和表达方法。

1. 视图选择

1) 选择主视图

不论是装配图还是零件图，主视图是图样表达的核心。选择主视图时要考虑使形状特征最明显，优先选取加工位置或工作位置。对于化工设备一般应按工作位置选择，并使主视图能充分表达其工作原理、主要装配关系及主要零部件的形状结构。

2）确定其他基本视图

主视图确定后,应根据设备的结构特点,确定基本视图数量及选择其他基本视图,用以补充表达设备的主要装配关系、形状、结构。选择其他视图时,应使每个视图都有明确的表达重点,各视图表达内容不重复,且根据零件形状结构灵活运用剖视、断面、局部放大等表达方法。

3）选择辅助视图和各种表达方法

根据化工设备的结构特点,多采用局部放大图,局部视图及剖视、断面等表达方法来补充基本视图表达的不足,将设备各部分的形状结构表达清楚。

2. 具体作图步骤

1）选定视图表达方案

根据设备的结构特点选定表达方案,包括选择主视图、确定视图数量和表达方法。对于一般的化工设备,通常采用两个基本视图来表达设备的主体结构和零部件间的装配关系。再配以适当的局部放大图,补充表达基本视图中尚未表达清楚的部分。不论是立式或卧式设备,其主视图一般都采用全剖视图的方法绘图,如果内部构件较少,可采用局部剖视。

2）确定视图的比例,进行视图的布局

表达方案选定后,要按设备的总体尺寸确定基本视图的比例并选择图纸幅面,化工设备图的比例一般按表1-2中“优先选用系列”的比例,但由于设备尺寸较大,还常用“允许选择系列”的比例,如1∶6、1∶15、1∶30等。进行视图布局时,除了要考虑各视图所占的幅面及其间距外,还应考虑标注尺寸、零部件编号、明细栏、管口表、设计数据表和标题栏所需的幅面。力求把所要画的视图和各种表格等做到既能排得下,又布置得均匀,使图面美观、整齐。

3）画视图底稿和标注尺寸

视图的布局和位置确定后,开始画各视图的底稿。画图时,根据化工设备的特点确定画图步骤,先画出主要基准线,从主视图画起,左(俯)视图配合一起画。一般按照“先画主后画辅,先外件后内件,先定位后定形,先主体后零部件”的顺序进行,完成基本视图后,最后再画必要的局部视图。

视图的底稿完成后,即可编写零件序号、管口序号及标注尺寸。

4）编写各种表格和技术要求

在视图上应根据条件单上的要求编写明细栏、管口表、设计数据表、主签署栏、质量及盖章栏和标题栏等项内容。填写明细栏时,零部件序号应与图中的零部件件号一致;填写管口表时,管口符号应与图中接管符号一致。

5）检查、描深图线

完成上述各项内容后,对视图底稿、尺寸标注等所有内容进行仔细、全面地检查,无误后,再描深图线。

第5)步是手工绘制图样时的最后步骤,如采用计算机绘图(如利用AutoCAD软件),通常在绘图前设置好图层、图线类型和图线线宽,不需描深图线,且图形修改非常方便,可大大减少绘图的工作量。

8.2节将以储罐的表达为例,详细介绍化工设备装配图的绘制方法和步骤。

8.2　储罐的表达

按使用目的不同,储罐可分为计量罐、回流罐、中间罐、缓冲罐、混合罐等工艺容器。按安装方式不同,可分为卧式和立式。按形状不同,可分为圆筒形、球形和方形储罐,其中圆筒形应用最广泛。如图 8-2 所示的液氨储罐是根据图 8-1 所示的“设备设计条件单”设计绘制的储罐装配图,本节将以此圆筒形容器为例进行分析。

8.2.1　储罐装配图表达方案的确定

1. 储罐的基本结构

圆筒形储罐的主体结构由筒体和两个封头构成,另外还有接管、人孔、支座、液位计等附件。各零部件间采用焊接的方式连接。

2. 确定储罐的表达方案

图 8-2 所示的液氨储罐为卧式容器,故按其工作位置选择主视图。由于其结构简单,基本没有内件结构,故主视采用局部剖视来表达,以兼顾表达设备外部与支座的装配关系。

除主视图外,选用左视图来表达设备上各接管的周向方位及支座的安装。考虑到图面位置有限,将左视图灵活配置到图面的左下角,但必须标注出视图的名称。

其他辅助视图选用局部放大图来补充表达基本视图中没有表达清楚的结构。图 8-2 中采用三个局部放大图表达几种焊缝结构。

8.2.2　储罐装配图的绘制

1. 储罐装配图的绘图方法

确定表达方案后,先根据设备的尺寸选择合适的图幅和比例,并按照规定布置图面内容,将标题栏、主签署栏、质量与盖章栏、明细栏 1、管口表、设计数据表等从图面的右下角依次向上布置。接着在绘图区进行视图定位,即画出主要基准线,如卧式储罐主视图中筒体和封头的回转轴线、左视图中相互垂直的中心线及局部放大图的位置,如图 8-3 所示。然后按照 8.1.3 节中所述的绘图方法绘出各个视图。

2. 装配结构的合理性简介

装配图是用来表达机器、设备或部件的结构形状、装配关系、工作原理和技术要求的图样,用以指导设备或部件的装配、检验、调试、安装、维修等,是设计、制造、使用、检修及进行技术交流的重要技术文件。

在设计和绘制装配图的过程中,必须要考虑装配结构的合理性,以保证机器、设备和部件的性能,并使零件连接可靠,加工、装拆方便。以下介绍常见两种装配结构的合理性设计方案,以供画装配图时在类似结构中参考。

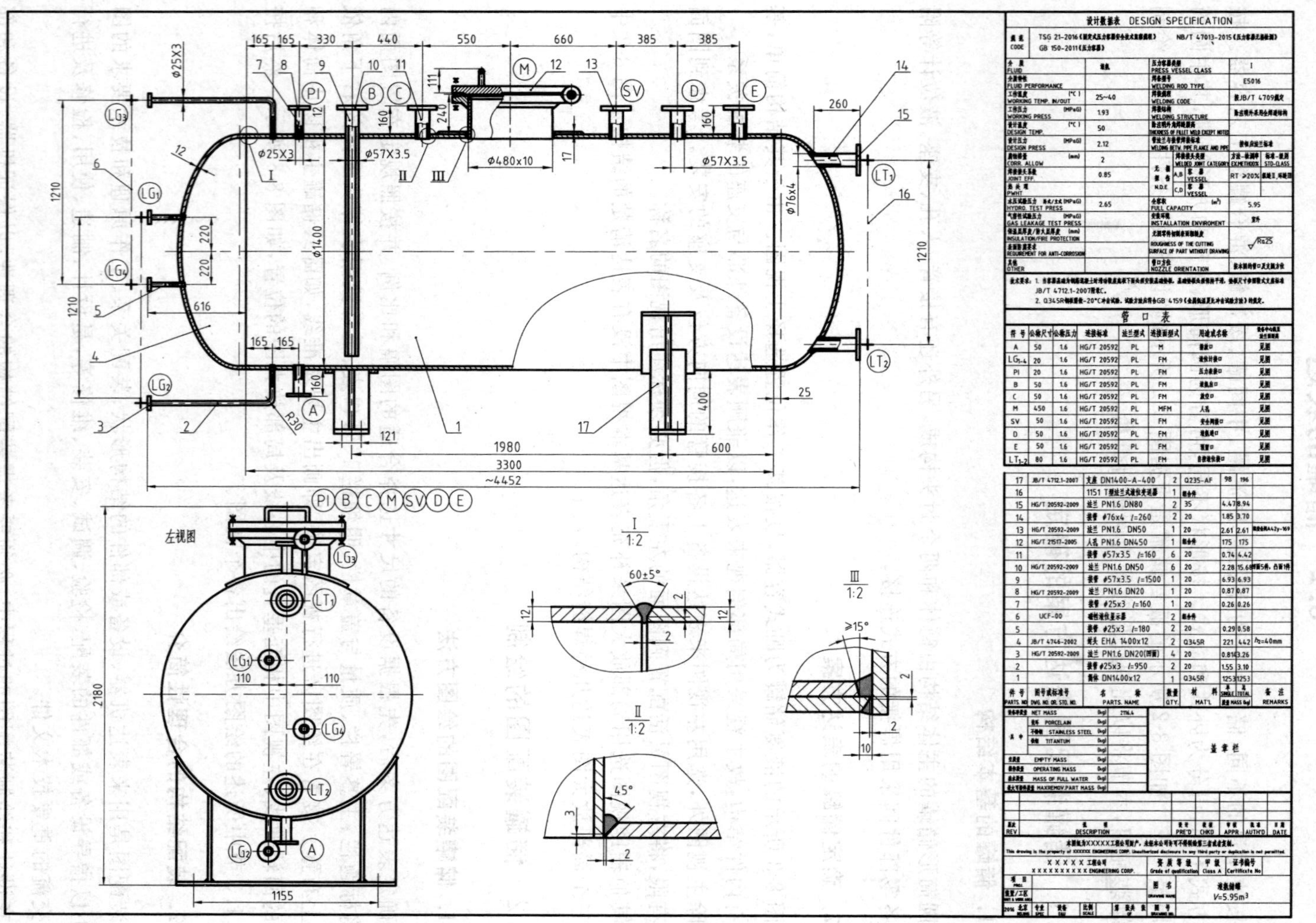

图 8-2 某液氨储罐的装配图

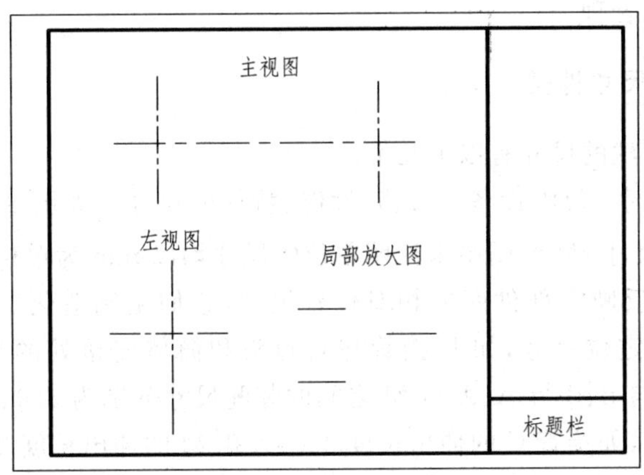

图 8-3　卧式储罐的图面布置与定位基准线

(1) 当两个零件接触时，在同一方向上只能有一个接触面和配合面，如图 8-4 所示。

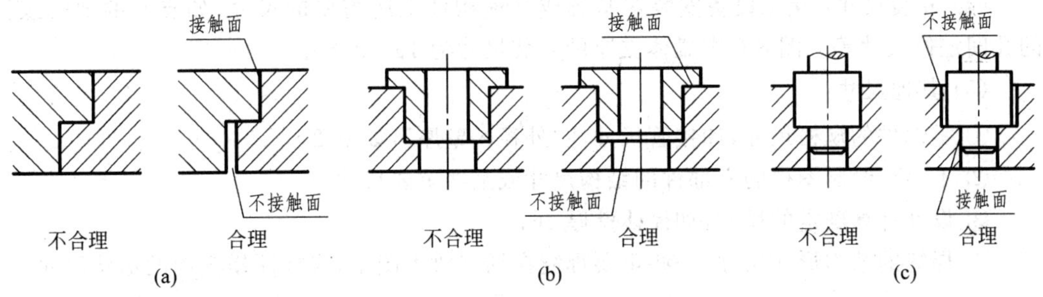

图 8-4　常见装配结构(一)

(2) 当孔和轴配合时，为保证轴肩端面与孔端面接触，应在孔的接触端面加工倒角或在轴肩处加工退刀槽，如图 8-5 所示。

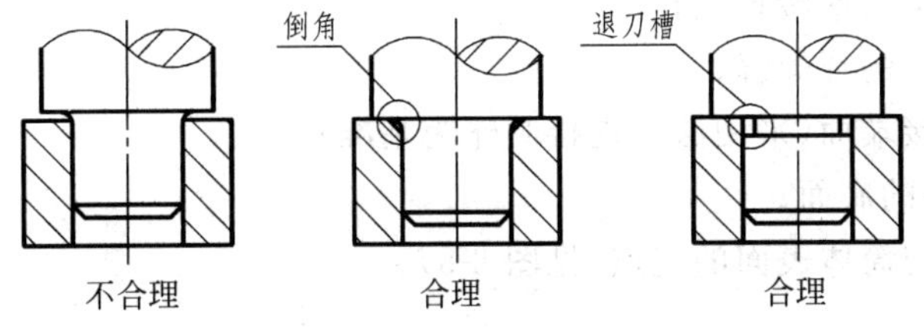

图 8-5　常见装配结构(二)

8.2.3　装配图中的尺寸标注

在装配图中，除了要表达清楚视图，还要标注一些必要的尺寸和相关的技术要求。

化工设备图的尺寸标注，与一般机械装配图基本相同，需要标注一组必要的尺寸反映设备的大小规格、装配关系、主要零部件的结构形状及设备的安装定位，以满足化工设备制造、安装、检验的需要。与一般机械装配图比较，化工设备的尺寸数量稍多，有的尺寸较大，尺寸精度要求较低，允许注成封闭尺寸链(加近似符号～)。总之，化工设备的尺寸标注，除遵守 GB/T 4458.4—2003《机械制图　尺寸注法》中的规定外，还可结合化工设备的特点，使尺寸标注做到完整、清晰、合理。

1. 装配图中的尺寸种类

装配图中需要标注的尺寸有以下几类。

(1) 规格性能尺寸：反映设备的规格、性能、特征的尺寸。如图8-6所示储罐的筒体内径ϕ2600、筒体长度尺寸4800(图中未注明单位的尺寸均以mm为单位)。

(2) 装配尺寸：反映零部件间的相对位置尺寸，它们是制造化工设备时的重要依据。如图8-6中接管间的定位尺寸，如D接管与右封头和筒体连接处的环焊缝的装配尺寸为500，接管D与C、C与B、B与A、A与M之间的装配尺寸分别为500、800、600、1500。还有接管的外伸长度尺寸，如接管C的伸出长度200、人孔M的伸出长度250等都是装配尺寸。

(3) 外形尺寸：表达设备的总长、总高、总宽(或外径)的尺寸。这类尺寸较大，对于设备的包装、运输、安装及厂房设计是必要的依据。如图8-6中罐体的总长6416、总高3300均为外形尺寸。

(4) 安装尺寸：化工设备安装在基础或其他构件上所需要的尺寸，如支座的地脚螺栓的孔间定位尺寸等。图8-6中罐体支座的安装尺寸为160、2080。

(5) 其他尺寸：

① 零部件的规格尺寸，如接管尺寸注"外径×壁厚"，如ϕ32×3.5；

② 不另行绘制图样的零部件的结构尺寸或某些重要尺寸；

③ 设计计算确定的尺寸，如筒体壁厚16；

④ 焊缝的结构形式尺寸，一些重要焊缝在局部放大图中，应标注横截面的形状尺寸。

2. 尺寸基准

化工设备装配图在标注尺寸时也要先选择尺寸基准作为标注尺寸的起点，一般常作为基准的有(见图8-6、图8-7)：

(1) 筒体和封头的回转轴线；

(2) 筒体与封头的环焊缝；

(3) 法兰的连接端面(采用法兰连接时作为基准)；

(4) 支座、裙座的底面；

(5) 接管轴线与筒体表面的交点(见图8-8)。

8.2.4 零部件编号

为了便于在设计和生产过程中查阅有关零件和阅读图样，在装配图中必须对每个零件进行编号。件号的标注应符合GB/T 4458.2—2003《机械制图　装配图中零、部件序号及其编排方法》。

1. 编写零件序号的一般规定

(1) 装配图中的每个零部件都必须编写序号。同一装配图中相同的零部件只编写一个序号，且一般只注一次。如图8-2中件号2接管有2个，件号3管法兰有4个，件号6液位

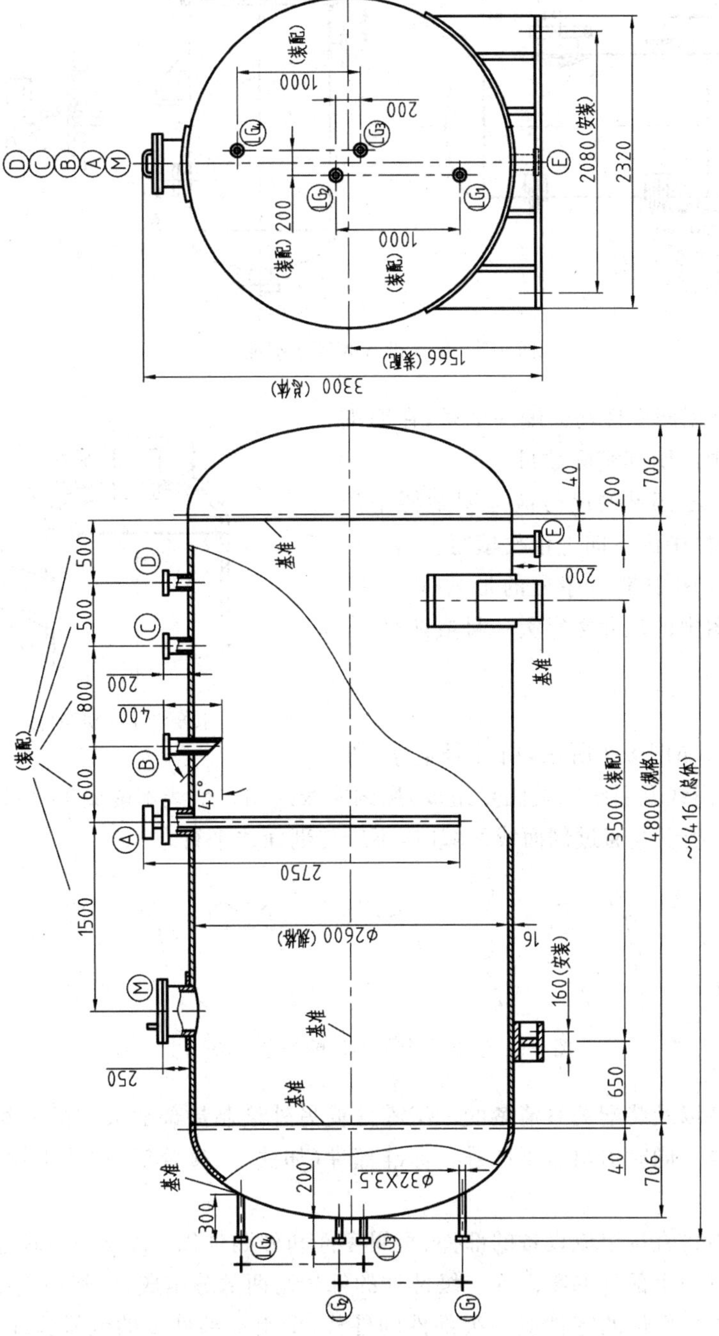

图 8-6　化工设备的尺寸标注

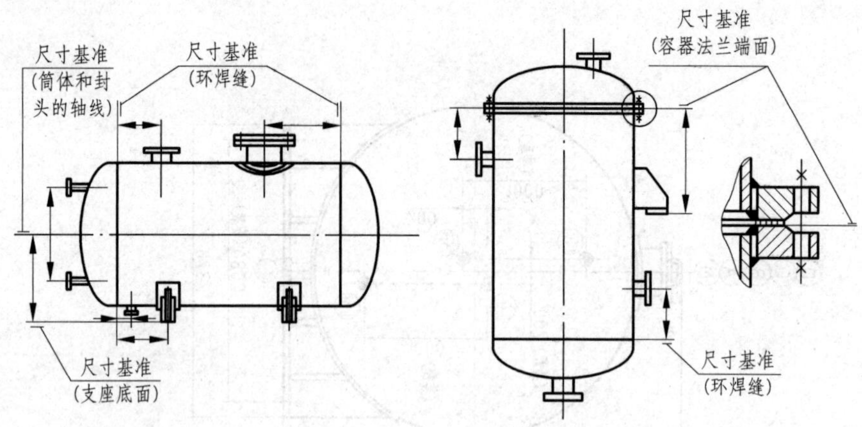

图 8-7 化工设备的尺寸基准

计有 2 个等；多个相同零件均只编一个号，在明细栏的“数量”一栏中注明其实际数目。

(2) 装配图中零部件的序号应与明细栏中的序号一致，在明细栏中由下向上依次填写。

(3) 同一装配图中编写序号的形式应一致。序号数字比装配图中的尺寸数字大一号或两号。

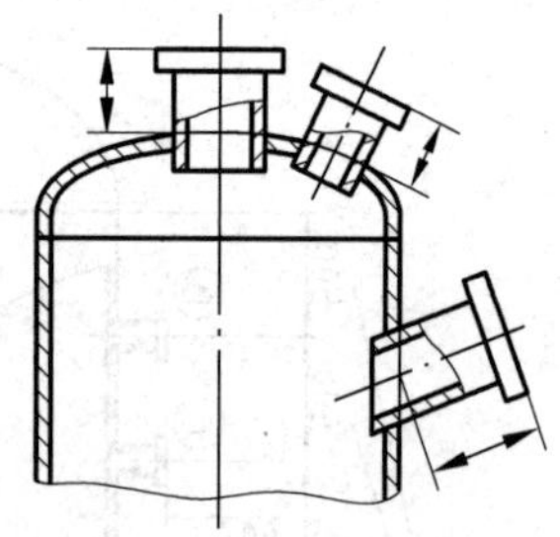

图 8-8 接管外伸长度的标注及其基准

2. 编号方法

件号表示方法如图 8-9 所示，由件号数字、件号线(横线或圆)、引线及引线末端圆点组成，用细实线绘制。引线不能交叉，可以画成折线，但只可曲折一次；当引线通过剖面线区域时，不应与剖面线平行。

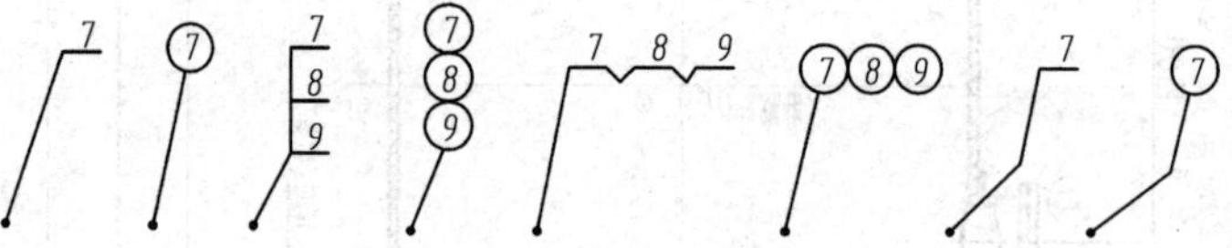

图 8-9 装配图中零部件的编号方法

同一组紧固件以及装配关系清楚的一组零件或另外绘制局部放大图的一组零部件，允许在一个公共引线上同时引出若干件号。标准部件(如法兰、接管等)在图中被当成一个部件，只编写一个序号。

在一个设备内将直接组成设备的部件、直属零件和外购件以 1、2、3……顺序表示，如装配图中件号。组成一个部件的零件或二级部件的件号由两部分组成，中间用连字符号隔开，如 2-4 表示组成一个部件的零件或二级部件的件号，即组成部件 2 的编号为 4 的零件或二级部件，一般在部件图上注写此类件号，如图 8-26 所示。组成二级部件的零件的件号由二级部件件号及零件顺序号组成，如“2-4-3”，依此类推。

3. 件号标注

零件序号应填写在引线一端的横线上(或圆圈内,一般常用横线),引线的另一端应自所指零件的可见轮廓内引出,并在末端画一圆点。当所指部分不宜画圆点(零件很薄或涂黑的剖面)时,可在指引线一端画箭头指向该部分的轮廓。

件号应尽量编排在主视图上,并由左下方开始,按件号顺序顺时针整齐地沿垂直方向或水平排列;可布满四周,但应尽量编排在图形的左方和上方,并安排在外形尺寸线的内侧。若有遗漏或增添的件号应在外圈编排补足。

8.2.5　填写装配图中表格

完成装配图视图的绘制、尺寸标注、件号编写和管口符号编写(详见 7.2.3 节中所述),还需填写图中的明细栏、管口表、设计数据表、技术要求、标题栏等表格,填写方法及要求按照 7.2.3 节中所述。

8.3　换热器的表达

换热器是化学工业、石油化学及石油炼制工业、煤化工及其他一些行业中广泛使用的热量交换设备,它不仅可以单独作为加热器、冷却器等使用,也是一些化工单元操作的重要附属设备,因此在化工生产中占有重要的地位。其主要作用为:

(1) 使热量从温度较高的流体传递给温度较低的流体(或反之),使流体温度达到工艺流程规定的指标;

(2) 回收余热、废热,提高热能总利用率。

8.3.1　管壳式换热器

1. 管壳式换热器的基本结构

管壳式换热器是目前工业中应用最为广泛的一种列管式换热器,换热器内部被分成管程和壳程,冷热流体通过管壁进行热量交换,处理能力和适应性强,能承受高温、高压,易于制造,生产成本低,清洗方便。常用的有固定管板式、浮头式、U 型管式、填函式等型式,如图 8-10 所示。其基本结构主要由管箱、壳体、管板、管束、折流板、拉杆和定距管等零件组成。管壳式换热器的设计、制造、检验等可参照 GB/T 151—2014《热交换器》。

2. 管壳式换热器的主要零部件

如图 8-11 所示为一固定管板式换热器,换热器的主体结构由筒体和两端的管箱构成,筒体与管箱用法兰连接,构成可拆式连接。另外还有管板、折流板、管束、支座、容器法兰、挡板、导流筒、分程隔板、拉杆、定距管、膨胀节等零部件。

1) 管板

管板是管壳式换热器的主要零件,呈圆形平板状。如图 8-12 所示为一管板两侧的结构型

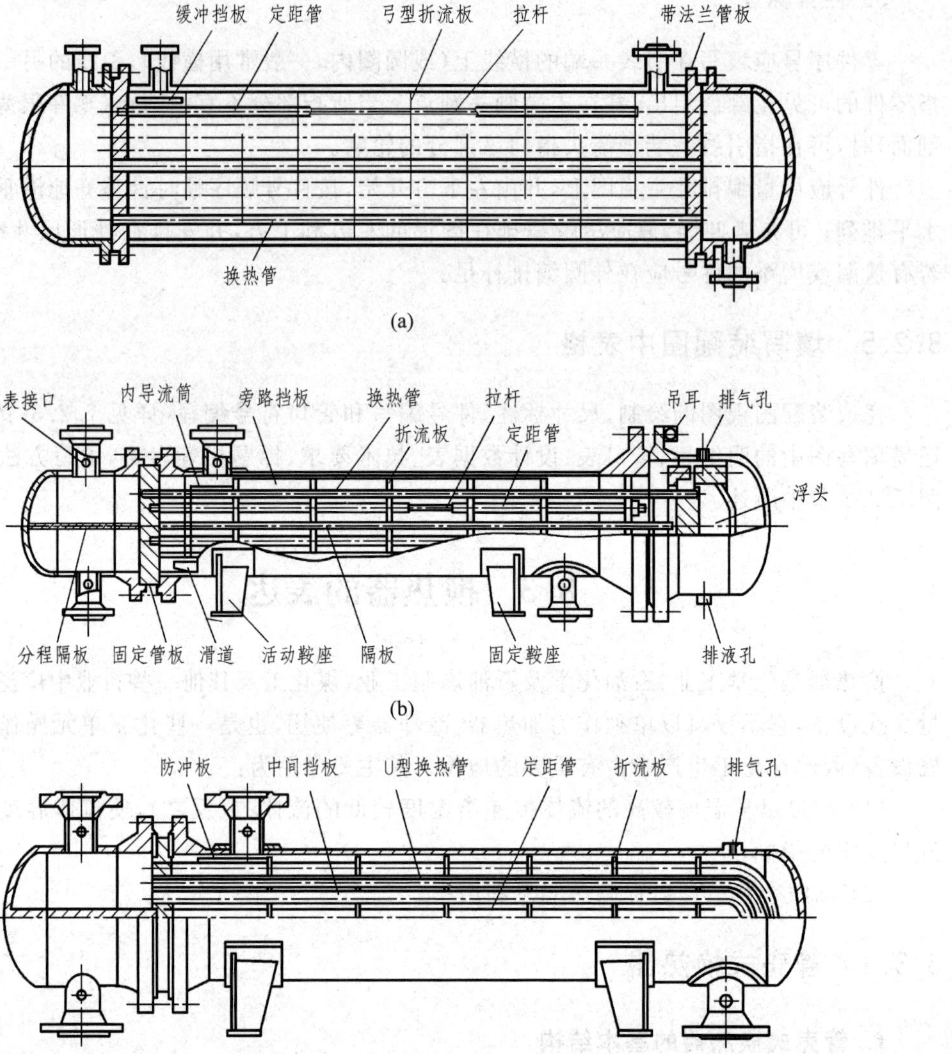

缓冲挡板 定距管 弓型折流板 拉杆 带法兰管板
换热管

(a)

仪表接口 内导流筒 旁路挡板 换热管 拉杆 吊耳 排气孔
折流板 定距管
浮头
分程隔板 固定管板 滑道 活动鞍座 隔板 固定鞍座 排液孔

(b)

防冲板 中间挡板 U型换热管 定距管 折流板 排气孔

(c)

填料

(d)

图 8-10 管壳式换热器结构型式

(a) 固定管板式换热器；(b) 浮头式换热器；(c) U 型管式换热器；(d) 填函式换热器

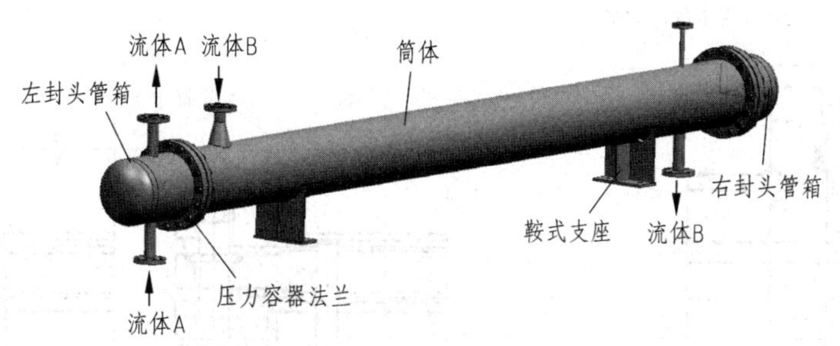

图 8-11 固定管板式换热器立体图

式，图(a)是管板面向管箱侧，带有分程隔板槽，图(b)为面向壳程侧，上面分布有 4 个螺纹孔，是拉杆的旋入孔，用来固定折流板。板上规则排布的管孔用来安装换热管，换热器常用管束排列型式如图 8-13 所示，即正三角形、转角正三角形、正方形、转角正方形等布管方式，当管间需要机械清洗时，应采用正方形排列，且管间通道应连续直通。换热管与管板的连接方式有：胀接、焊接或胀焊并用，连接应保证充分的密封性能和足够的连接强度，需要时可采用内孔焊。

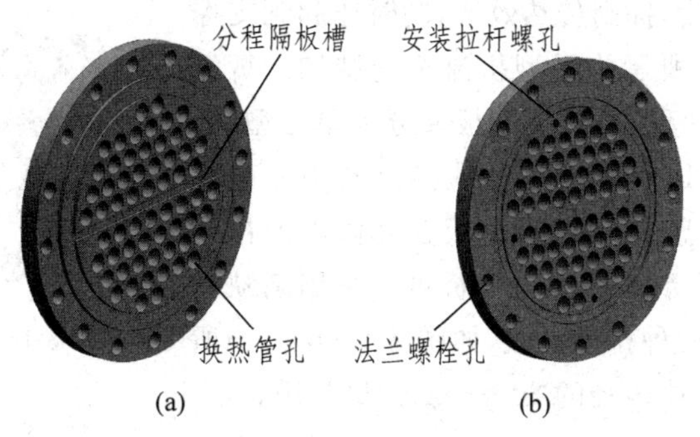

图 8-12 管板结构

(a) 面向管箱一侧；(b) 面向壳程一侧

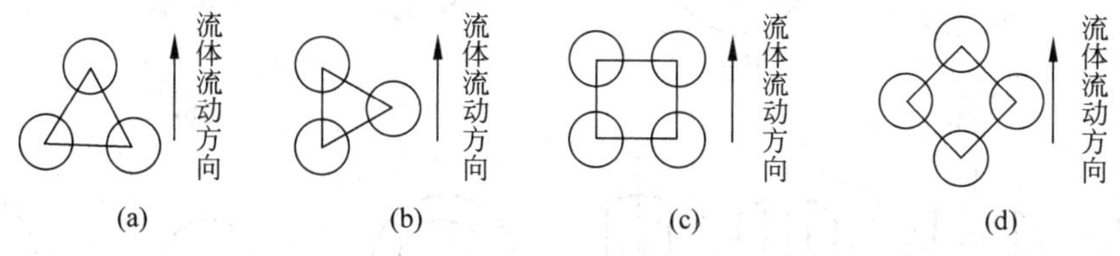

图 8-13 换热管排列型式

(a) 正三角形排列；(b) 转角正三角形排列；(c) 正方形排列；(d) 转角正方形排列

管板通常被固定在壳体和管箱之间，可采用可拆式和不可拆式两种连接方式。固定管板式换热器的管板与壳体焊接在一起，形成不可拆连接方式，如图 8-14 所示。这种连接方式由于会产生温差应力，不适用于管、壳程温差较大的情况。浮头式、填函式、U 型管式换热器常采用可拆连接，即把管板固定在壳体法兰和管箱法兰之间，如图 8-15 所示。此种连接方式管束可以从壳体中抽出来，不会产生温差应力。

2) 折流板

折流板安装在换热器的壳程，可使管间流体沿着折流板缺口的通道流动，从而提高壳程

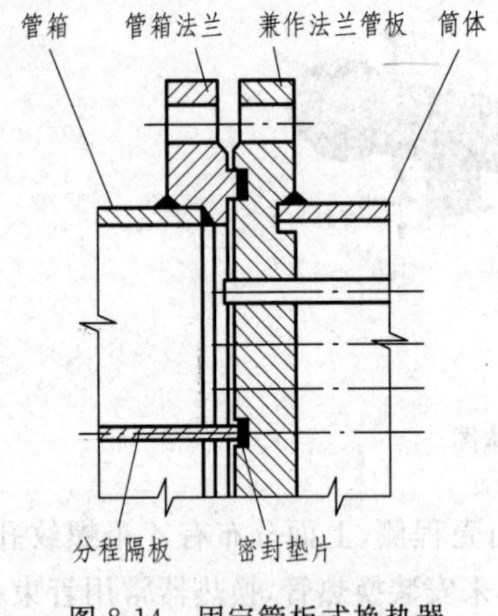

图 8-14 固定管板式换热器不可拆式管板

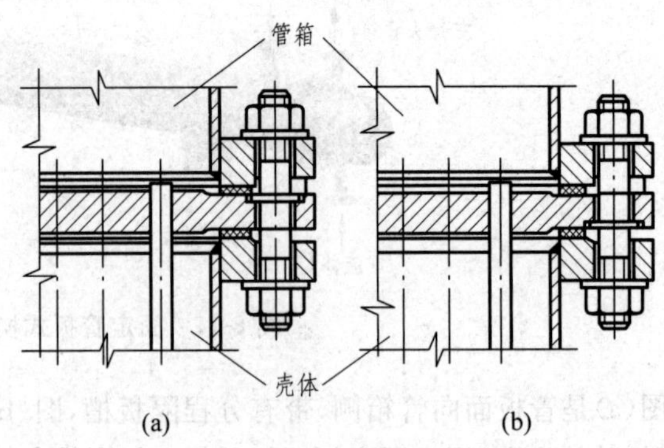

图 8-15 可拆式管板与筒体和管箱的连接方式

(a) 只需卸下管箱侧螺母即可清洗管程(上螺母);

(b) 只需卸下壳程侧螺母即可清洗壳程(下螺母)

内流体的流速和湍动程度,提高传热效率,同时还起到支撑管束的作用。如图 8-16 所示为弓型折流板的结构。折流板有弓型、圆盘-圆环型两种,弓型折流板又分为单弓型、双弓型、三弓型等,如图 8-17 所示。管壳式换热器中弓型折流板应用比较广泛。圆盘-圆环型折流板在壳体内的排列布置型式如图 8-18(a)所示。弓型折流板可以采用圆缺口在上下方向和左右方向两种排列方式,如图 8-18(b)、(c)所示,其缺圆高度一般以壳体内径的 20%~25%最常用。

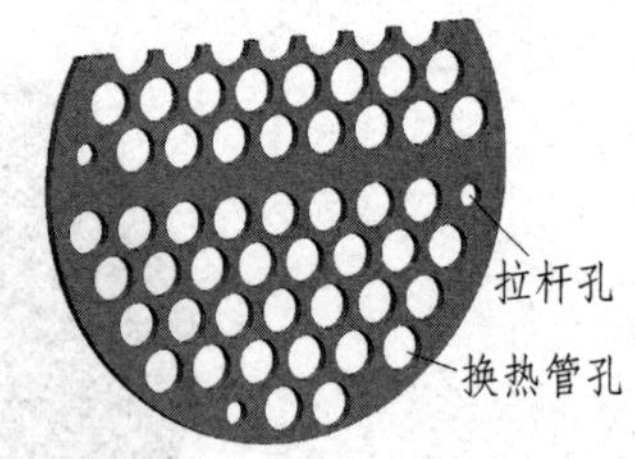

图 8-16 弓型折流板结构

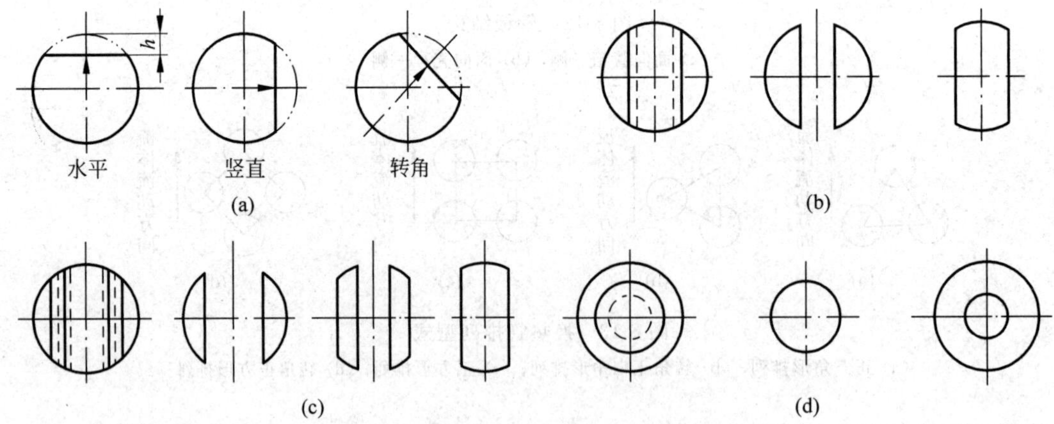

图 8-17 折流板的类型

(a) 单弓型; (b) 双弓型; (c) 三弓型; (d) 圆盘-圆环型

同一换热器中,折流板与管板为保证穿管,通常管孔采用同时配钻。折流板是用拉杆和定距管固定在换热器壳程,如图 8-19 所示。

3) 管箱

管箱是换热器的重要部件,由封头、短筒节、压力容器法兰、接管、分程隔板(单管程没

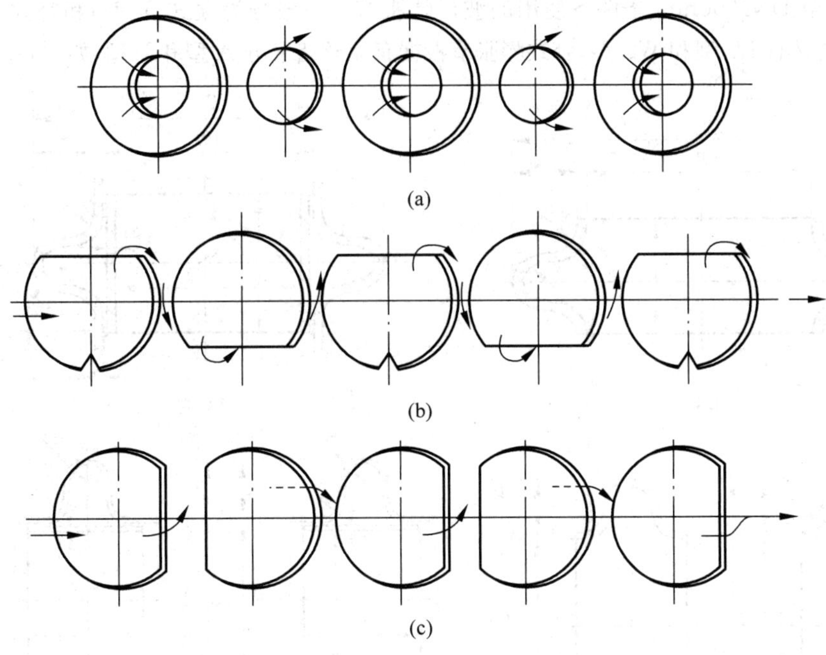

图 8-18　折流板的布置方式

(a) 圆盘-圆环型折流板布置；(b) 弓型折流板缺口上、下方排列；(c) 弓型折流板缺口左、右排列

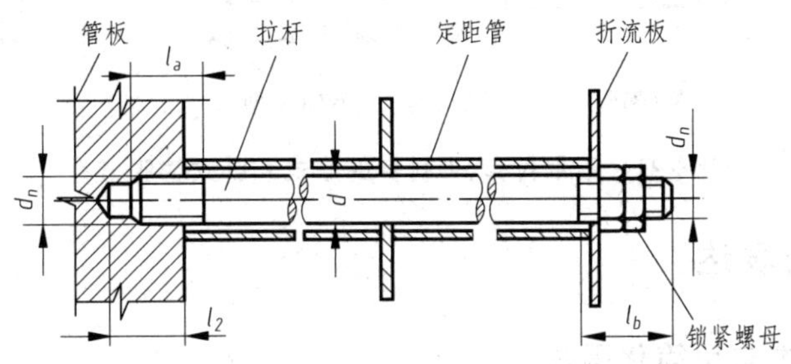

图 8-19　拉杆、定距管装配结构

有)等零件组成。其作用是把从外管路中进入管程的流体均匀地分布到各换热管中去,再把经过换热后从换热管流出的流体汇集起来送出换热器。在多管程换热器中,管箱还起着改变管程流体流向的作用。如图 8-20 所示为图 8-11 固定管板式换热器的左管箱,中间用分程隔板将管程分为两程。

4）膨胀节

膨胀节是装在固定管板式换热器壳体上的挠性部件。由于固定管板式换热器的管板与壳体、管束刚性地连接在一起,管内外冷热流体的温度不同从而产生热应力,过大的应力容易导致管子拉脱。故在管程与壳程温差较大的情况下,在壳体上安装波形膨胀节以补偿温差引起的变形。

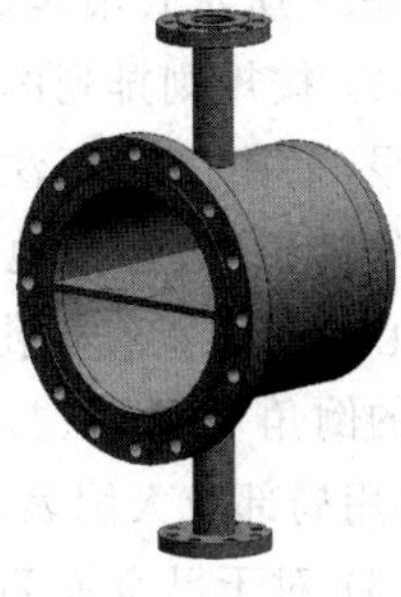

图 8-20　封头管箱立体图

波形膨胀节属于标准件,GB 16749—1997《压力容器波形膨胀节》规定了公称压力 PN0.25MPa 至 PN6.4MPa,公称直径

DN150mm 至 DN2000mm 条件下使用的波形膨胀节。一般分为立式(L 型)和卧式(W 型)两种,若带衬套又有 LC 型和 WC 型,卧式膨胀节根据有无丝堵又分 A 型和 B 型,如图 8-21 所示。

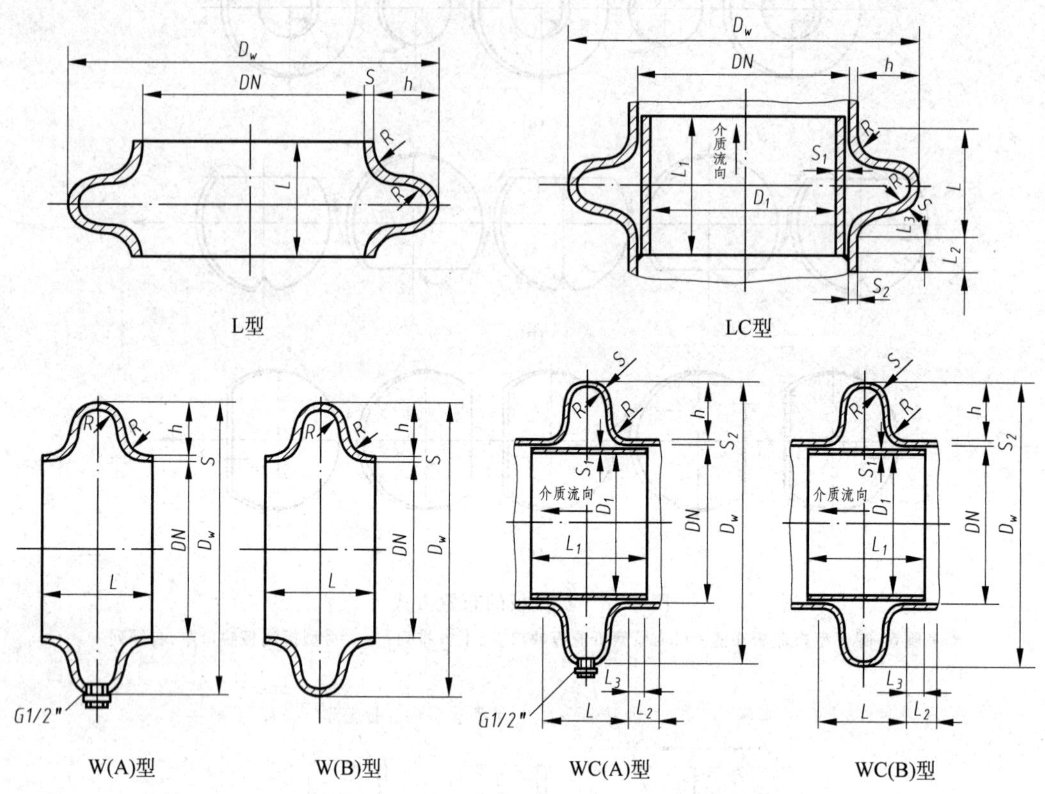

图 8-21 不带衬套、带衬套的立式和卧式膨胀节

8.3.2 换热器的表达

1. 换热器表达中常用简化画法

换热器结构较复杂,在绘制其图样时,根据规定很多结构在表达时可采用简化画法。

(1) 换热器管束采用简化画法表达,只在图中画出一根换热管,其余的仅画出中心线,如图 8-22 所示管束表达。

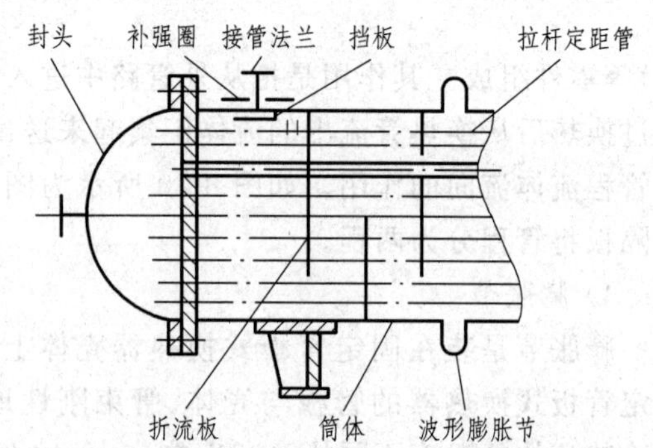

图 8-22 管束的简化画法及单线表示方法

(2) 按规则排列的管板、折流板或塔板上的孔眼,采用简化画法示意画出几个孔表示出孔的排布规律,其他孔不需绘出,只要表示出圆心所在位置或布孔区域,如图 8-23 所示。孔眼的倒角和开槽、排列方式、间距、加工情况,可用局部放大图表示。剖视图中多孔板孔眼的轮廓线可不画出,如图 8-24 所示。

(3) 对于已有零部件图、剖视图、局部放大图等能清楚表示出结构的情况下,装配图中这些零部件均可按比例简化为单线(粗实线)表示,如图 8-22 中筒体、封头、折流板、膨胀节、挡板、接管法兰等。

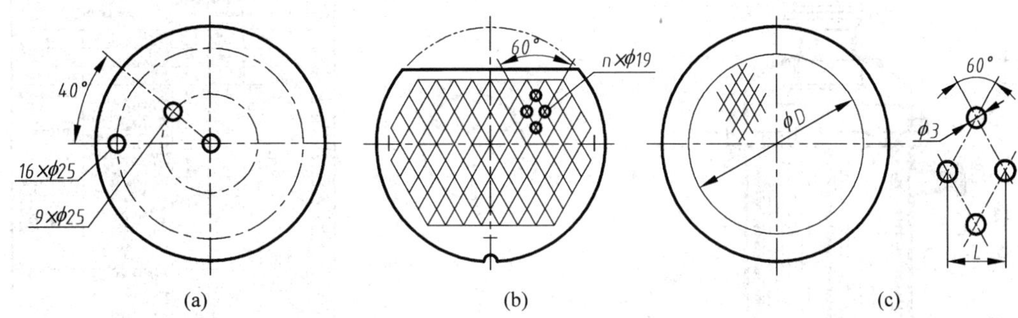

图 8-23　常用设备多孔板采用的简化画法

(a) 管板上同心圆布孔；(b) 折流板上布孔；(c) 筛板塔塔盘上小孔排布

2. 换热器的图样表达

图 8-24　多孔板的剖视画法

换热器结构较复杂，其图样表达一般需要装配图、部件图、零件图等一组图样。

1) 装配图

图 8-25 所示固定管板式换热器是一立式设备，其图面布置采用图纸竖放。表格布置在图纸的右边，视图布置在图纸的左边，表达方案主要采用：

(1) 基本视图为主视图和俯视图，主视图选择全剖视图，并用多次旋转的画法，以清晰地表达各零部件间的相互连接关系；俯视图表达设备管口及周向支座的布置情况。

(2) 管束采用简化画法，只在图中画出一条换热管，其余的仅画出中心线。壳体、接管和折流板厚度采用夸大画法。

(3) 对称均布的支座只详细地绘出一个，其他 3 个省略不画；法兰上的螺纹连接件采用简化画法。

(4) 用 5 个局部放大图表达几处在主视图中未表达清楚的结构或连接关系。

2) 部件图

图 8-26 所示为装配图明细栏中 23 号部件——上封头管箱的部件图，在标题栏上方用明细栏 2 及明细栏 1 分别注明该部件和组成部件的零件的信息(图中省去了主签署栏，工程设计中不能省略)。零件编号由一级部件编号和其所属零件编号组成。

部件图主要表达各零件间的连接装配关系，尺寸标注与装配图相似，并要注写技术要求。

3) 零件图

零件是组成各种机械、设备的最小单元，除了标准化、系列化的标准件和常用件外，很多零件为非标件。非标件必须依据内容完整的零件图来进行加工制造。

零件图是生产中指导制造和检验零件的主要图样，是重要的技术文件。它既要把零件的内、外结构形状和大小表达清楚，还要对零件的材料、加工、检验、测量等提出必要的技术要求。因此，一张完整的零件图应具备以下内容。

(1) 一组视图：用来表达零件的结构形状。可以利用视图、剖视图、断面图、局部放大图或简化画法等各种表达方法，尽量以最简单、最少数量的图达到正确、完整、清晰地表达零

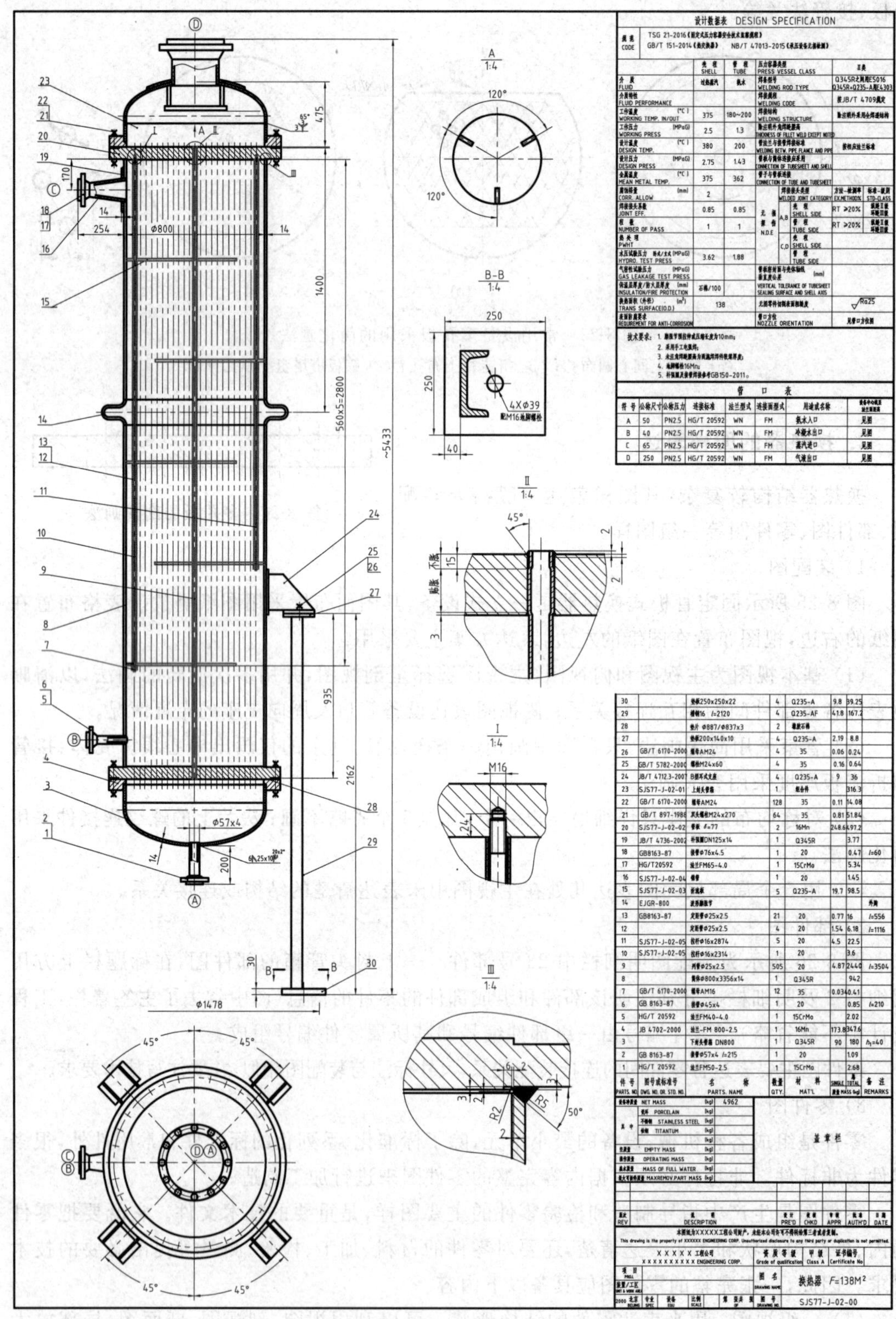

图 8-25 某换热器装配图

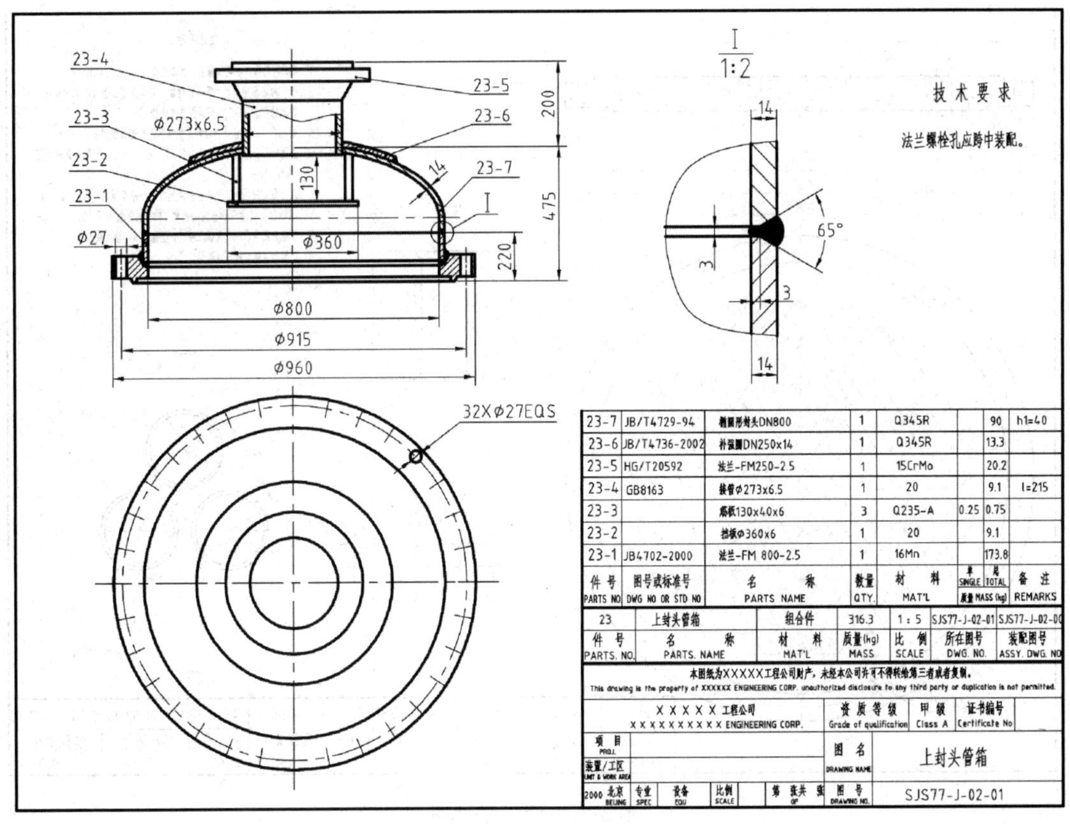

图 8-26　上封头管箱部件图

件结构形状的目的。

(2) 完整尺寸：用来表示零件特征的大小及相对位置。所标注的尺寸要正确、完整、清晰、合理。

(3) 技术要求：用来表示零件在制造和检验时所要求达到的各项技术指标。通常采用标注零件的尺寸公差、几何公差、表面粗糙度和书写技术要求等方式来表达。

(4) 标题栏：配置在图框的右下角，用来填写零件名称、材料、数量、比例、图号以及制图、审核人员的责任签字等。标题栏根据国家标准和行业标准来选定。

图 8-27、图 8-28 所示为换热器管板和折流板的零件图(作为施工图，若零件图单独存在，右下角需增加标题栏、主签署栏，即参照图 7-19(b)布置。此处进行了简化)，管板和折流板是长径比较小的回转型零件。此类零件的表达，在选择视图时，一般选择过对称面或回转轴线的剖视图作主视图，再增加适当的其他视图(如左视图、右视图或俯视图)，把零件的外形和所带的凸缘、均布结构等表达出来。一般来说采用两个基本视图，再辅以局部放大图、简化画法等表达方式补充表达。

图 8-27 所示管板兼作法兰，主视图采用全剖视图表达管板上的通孔、螺纹盲孔、螺栓孔及管板的密封结构；俯视图直接采用基本视图表达管板上的管孔、螺栓孔等的布置情况；图中 3 个局部放大图Ⅰ、Ⅱ、Ⅲ用来表达尺寸较小在基本视图中没有表达清楚的细部结构。另外，图中还采用了简化画法来表达重复结构。

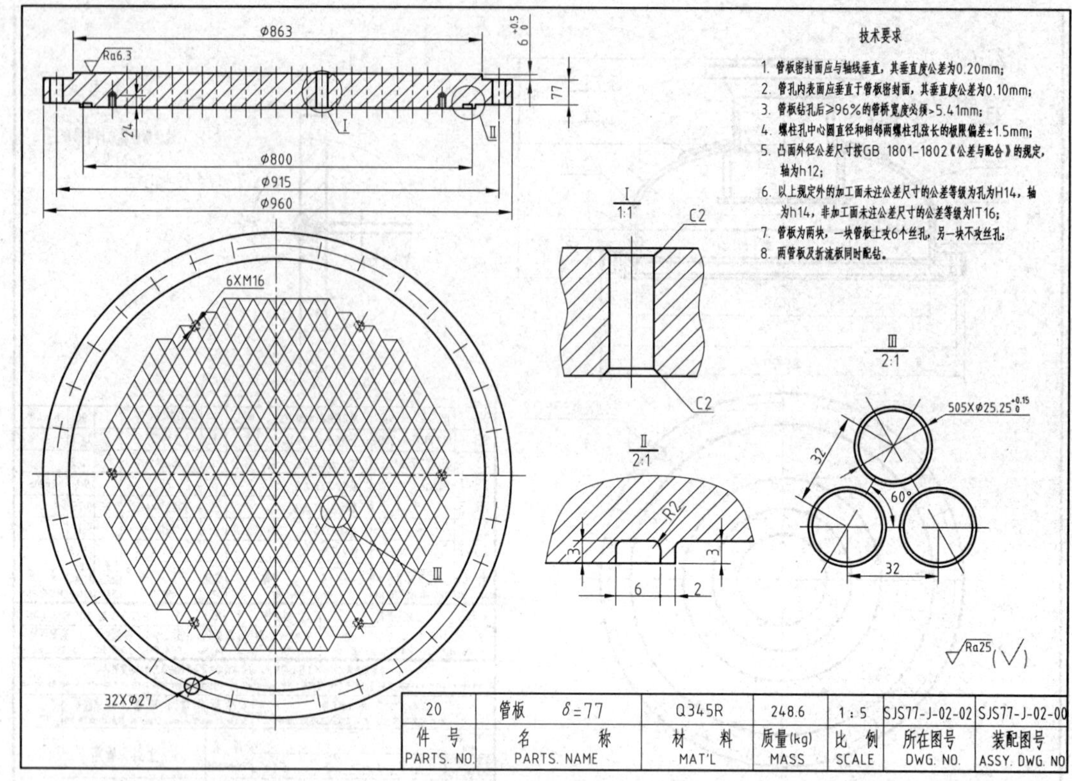

图 8-27 管板零件图

标注零件尺寸要做到正确、齐全、清晰、合理。

零件图中除了视图、尺寸外，图中还利用有上下标的尺寸、一些规定符号和技术要求对零件尺寸公差、几何公差、表面粗糙度及加工制造方面进行规定，如图 8-27 中出现的 $6^{+0.5}_{0}$、$\sqrt{Ra12.5}$、技术要求中的“垂直度公差”等。

对零件的设计、加工制造、检验、测量等方面的技术要求及其标注方法将在 8.4 节中进行介绍。

8.4 零件图上的技术要求

零件图作为生产中指导制造和检验零件的主要图样，图中的技术要求是零件在设计、制造和检验时应遵循的规范标准或要达到的技术要求，主要包括结构形状要求、尺寸极限与公差配合、表面几何公差、表面粗糙度、制造、检验等要求。技术要求一般应采用规定的代号、符号、数字和字母等标注在图上，有些内容需要文字说明，可在图样右上方空白处注写“技术要求”，如图 8-27 和图 8-28 所示。

8.4.1 尺寸公差简介

在现代制造业中，大批量的规模化生产已非常普遍，为了提高生产效率，降低生产成本，

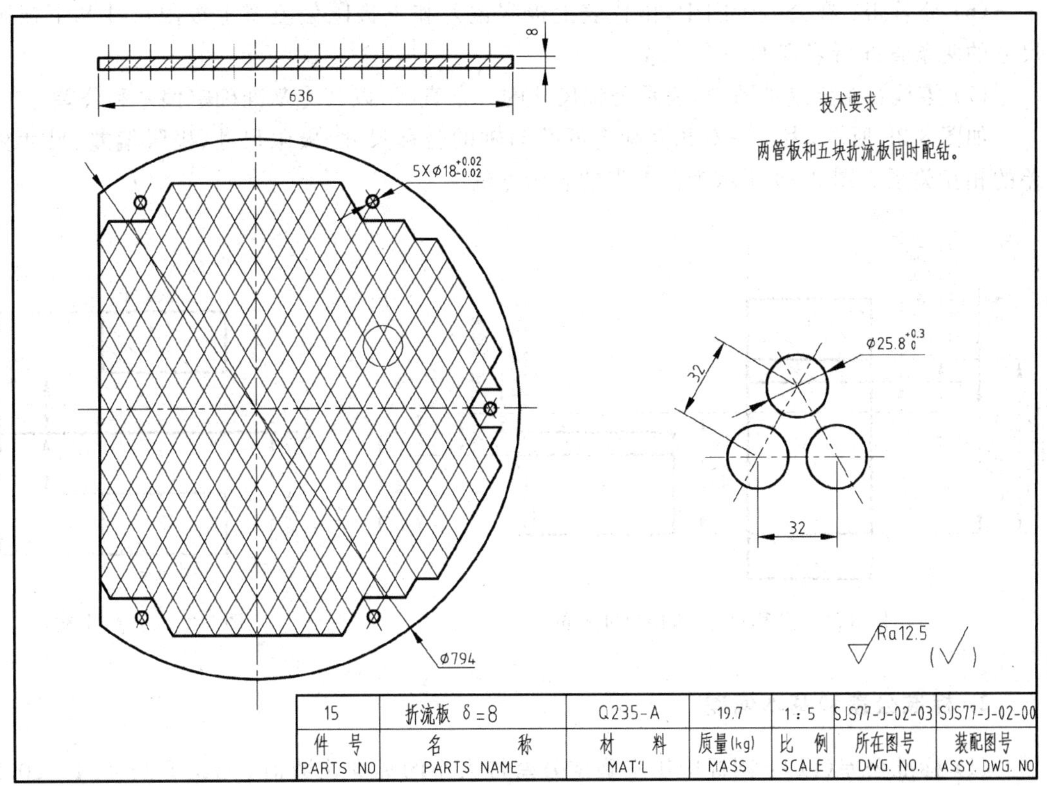

图 8-28　折流板零件图

保证产品质量的稳定性及便于维修，要求相同的机械零件必须具有互换性，即当装配或维修一台机器或部件时，从一批相同规格的零件中任取一件就能直接装配到机器或部件上，满足性能要求。但在实际加工制造中，零件的尺寸不可能加工得绝对准确，只能根据尺寸的重要程度对其规定允许变动的范围，故零件的互换性就是通过规定零件实际尺寸的加工精度来保证的。

1. 基本概念

(1) 公称尺寸：由图样规范确定的理想形式要素的尺寸。

(2) 实际(组成)要素：由接近实际(组成)要素所限定的工件实际表面的组成要素部分。

(3) 极限尺寸：允许尺寸要素变动的两个极限值，包括上极限尺寸和下极限尺寸。

(4) 极限偏差：上或下极限尺寸减去其公称尺寸所得的代数值称为上或下极限偏差，上、下极限偏差统称为极限偏差，可以是正值、负值或零。孔和轴的上极限偏差分别用 ES 和 es 表示；孔和轴的下极限偏差分别用 EI 和 ei 表示。

上极限偏差 = 上极限尺寸 − 公称尺寸

下极限偏差 = 下极限尺寸 − 公称尺寸

(5) 尺寸公差：允许尺寸的变动量，简称公差，是一个没有符号的绝对值。

尺寸公差 = 上极限尺寸 − 下极限尺寸

或　公差 = 上极限偏差 − 下极限偏差

(6) 公差带：在公差带图中，由代表上极限偏差和下极限偏差或上极限尺寸和下极限尺寸的两条直线所限定的一个区域。

(7) 零线：在公差带图中，表示公称尺寸的一条直线，以其为基准确定偏差和公差。

如图 8-29 所示，表示一对相互配合的孔与轴的公称尺寸、极限尺寸、极限偏差、尺寸公差的相互关系。图 8-30 所示为公差带的表示方法。

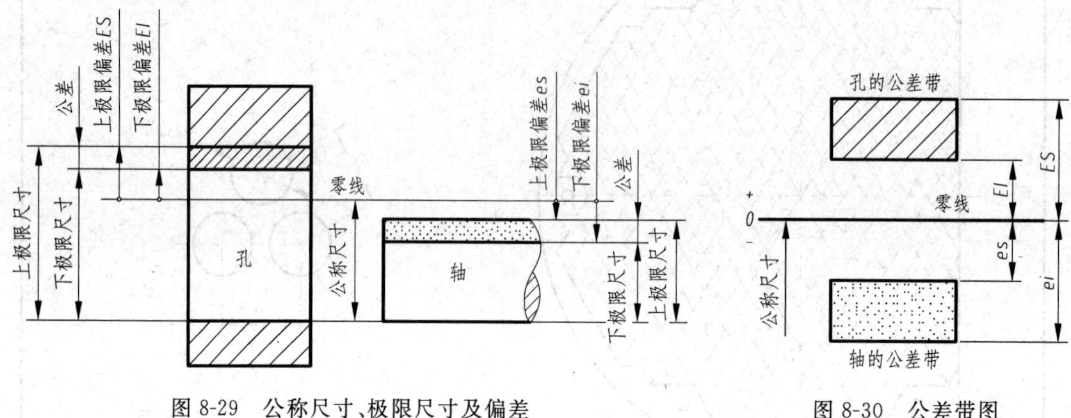

图 8-29 公称尺寸、极限尺寸及偏差

图 8-30 公差带图

2. 标准公差和基本偏差

(1) 标准公差(IT)：国标中用来确定公差带大小的标准化数值。GB/T 1800.1—2009《极限与配合》将标准公差分为 20 个等级，即 IT01、IT0、IT1～IT18。IT01 级最高，IT18 级最低，公差等级越高，则公差数值越小，表示零件的精度等级越高。

(2) 基本偏差：确定公差带相对零线位置的那个极限偏差，可以是上极限偏差或下极限偏差。GB/T 1800.1—2009 中对孔和轴分别规定了 28 个基本偏差，孔的偏差用大写字母 A,B,…,ZC 表示；轴的偏差用小写字母 a,b,…,zc 表示，如图 8-31 所示。

(3) 公差带是由标准公差和基本偏差所确定，标准公差确定公差的大小，基本偏差确定公差带相对零线的位置。

3. 配合

配合是公称尺寸相同，相互结合的孔和轴公差带之间的关系。

1) 配合种类

根据使用要求的不同，孔和轴装配可能出现不同的松紧程度，据此分为三类：间隙配合、过盈配合和过渡配合。

(1) 间隙配合：孔轴装配后具有间隙(包括最小间隙等于零)的配合。孔的公差带完全在轴的公差带之上，即孔径大于或等于轴径，如图 8-32(a)所示。

(2) 过盈配合：孔轴装配后具有过盈(包括最小过盈等于零)的配合。孔的公差带完全在轴的公差带之下，即轴径大于或等于孔径，如图 8-32(b)所示。

(3) 过渡配合：孔轴装配后可能具有间隙或过盈的配合，其间隙或过盈量都较小。孔的公差带和轴的公差带相互有重叠，如图 8-32(c)所示。

一般来说，当配合件间有相对运动时，采用间隙配合；当配合件间不允许相对运动，且

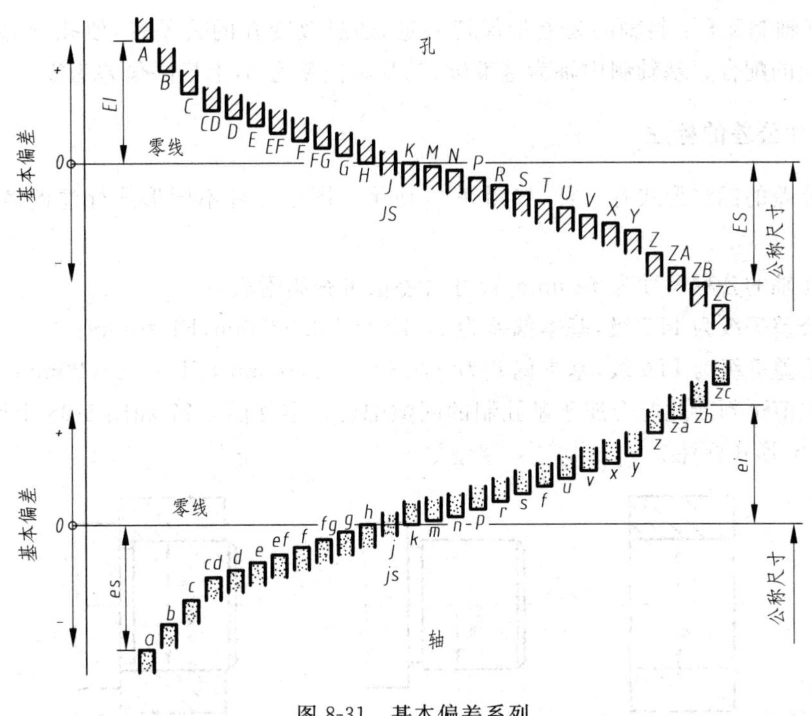

图 8-31 基本偏差系列

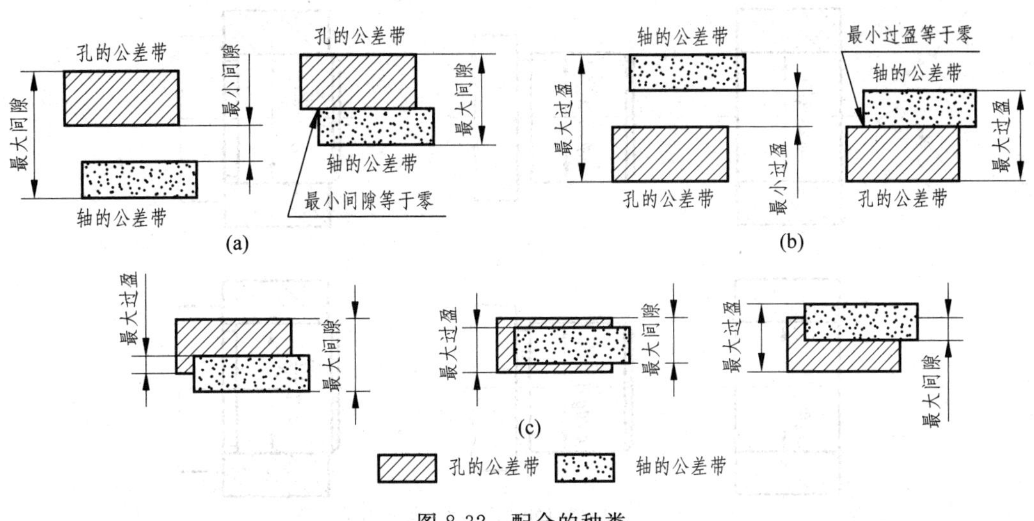

图 8-32 配合的种类

(a) 间隙配合；(b) 过盈配合；(c) 过渡配合

要承受较大的力时，则要用有绝对过盈量的配合。

2）配合制

为了便于零件的设计和制造，使其中一种零件基本偏差固定，通过改变另一种零件的基本偏差来获得各种不同性质配合的制度称为配合制。国家标准规定了两种配合制度：基孔制和基轴制，一般应优先采用基孔制。

(1) 基孔制配合：将孔的公差带保持一定，通过改变轴的公差带，使孔、轴之间形成松紧程度不同的配合。基孔制中的孔为基准孔，其基本偏差为 H，下极限偏差为零。

(2) 基轴制配合：将轴的公差带保持一定，通过改变孔的公差带，使孔、轴之间形成松紧程度不同的配合。基轴制中轴为基准轴，其基本偏差为 h，上极限偏差为零。

4. 尺寸公差的标注

尺寸公差的标注形式有三种，如图 8-33 所示。图中三种不同形式标注的意义都相同，均表示：

配合孔轴的公称尺寸为 ϕ20mm(尺寸公差值可查阅附表)；

孔的公差等级为 IT7 级，基本偏差为 H，ES=+0.021mm，EI=0mm；

轴的公差等级为 IT6 级，基本偏差为 g，ES=−0.007mm，EI=−0.020mm。

由偏差值可判断此配合属于基孔制的间隙配合。零件图 8-27 和图 8-28 中尺寸公差采用图 8-33(b)形式标注。

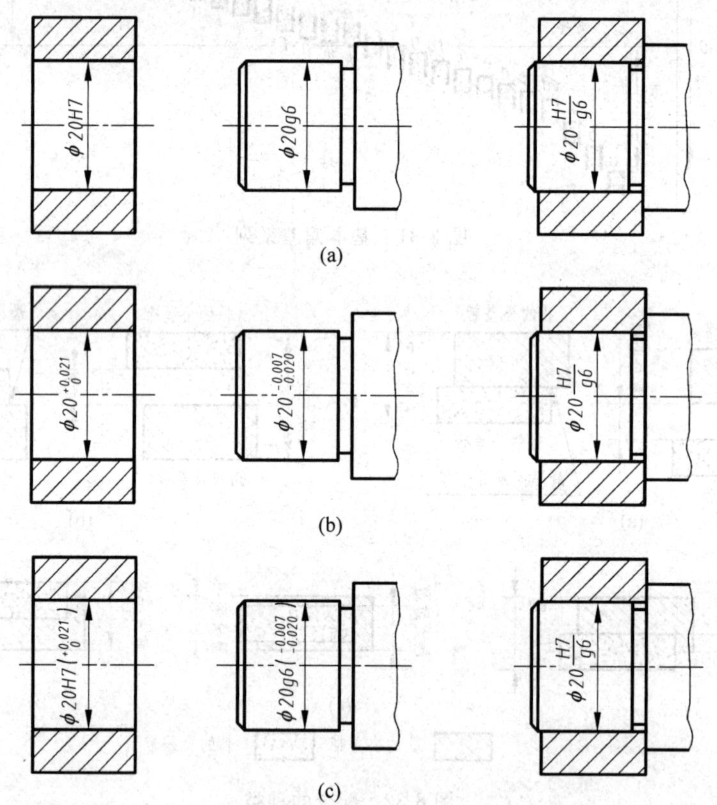

图 8-33 孔、轴及装配后尺寸公差的标注方法

8.4.2 几何公差简介

1. 几何公差的概念及类型

1) 基本概念

零件在加工过程中，不仅尺寸会存在误差，而且几何形状和相对位置也会产生误差。零件的实际形状和实际位置相对其理想形状和理想位置的允许变动量，称为几何公差。

几何公差也是评定产品质量的一个重要指标，GB/T 1182—2008《产品几何技术规范（GPS）几何公差 形状、方向、位置和跳动公差标注》规定用代号标注几何公差。对于一般零件，如果没有标注几何公差，其几何公差可用尺寸公差加以限制，但是对于某些精度较高的零件，在零件图中不仅要规定尺寸公差，而且还要规定几何公差。当无法用代号标注几何公差时，允许在技术要求中用文字说明，如图 8-27 中在“技术要求”里规定垂直度公差。

2）几何公差的类型（见表 8-1）

表 8-1　几何公差的几何特征类型（摘自 GB/T 1182—2008）

公差类型	几何特征	符号	有无基准	公差类型	几何特征	符号	有无基准
形状公差	直线度	—	无	位置公差	位置度	⌖	有
	平面度	⏥	无		同心度（用于中心点）	◎	有
	圆度	○	无				
	圆柱度	⌭	无		同轴度（用于轴线）	◎	有
	线轮廓度	⌒	无				
	面轮廓度	⌓	无		对称度	⌯	有
方向公差	平行度	//	有		线轮廓度	⌒	有
	垂直度	⊥	有		面轮廓度	⌓	有
	倾斜度	∠	有	跳动公差	圆跳动	↗	有
	线轮廓度	⌒	有		全跳动	⌰	有
	面轮廓度	⌓	有				

2. 几何公差的代号及标注方法

几何公差用公差框格来标注，框格内自左至右依次标注：几何特征符号、公差值和基准。标注几何公差时，用引自框格的带终端箭头的指引线指向被测要素的轮廓线或其延长线，应与尺寸线明显错开；当被测要素是轴线时，指引线的箭头应与被测要素尺寸线的箭头对齐。有些几何公差要有基准，基准是用一个大写字母表示，字母注在基准方格内，与一个涂黑或空白的三角形相连，如图 8-34 中基准 *A* 和基准 *B*。基准要素是轴线时，要将基准符号与该要素的尺寸线对齐。

图 8-34 所示轴有 *A*、*B* 两个基准，基准 *A* 表示 ϕ50 中间轴段的中心轴线，基准 *B* 表示轴左端 ϕ30 轴段的中心轴线；几何公差标注从左起第一个表示 ϕ40 轴段左端面对于基准 *B* 的垂直度公差是 0.03mm，第二个表示 ϕ50 轴段的外圆柱表面的圆柱度公差为 0.01mm，第三个表示最右端 M32 螺纹段的轴线对于基准 *A* 的同轴度公差为 ϕ0.1mm，第四个表示轴的最右端面对于基准 *A* 的圆跳动公差为 0.1mm。

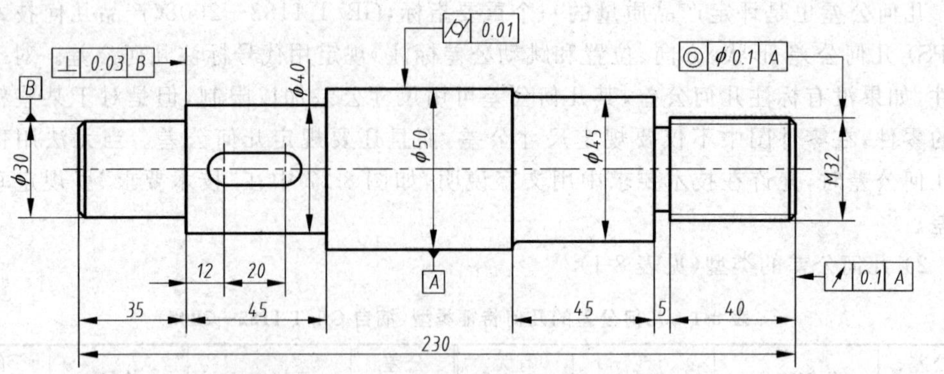

图 8-34 几何公差标注示例

8.4.3 表面粗糙度简介

1. 表面粗糙度概念及评定参数

零件在加工过程中,由于加工刀具或表面金属的塑性变形,在零件表面产生具有较小间距峰谷所形成的微观几何形状,称为表面粗糙度,它是评定零件表面质量的一项重要指标。

GB/T 131—2006《产品几何技术规范(GPS)技术产品文件中表面结构的表示法》规定,表面结构的评定参数有:R轮廓(粗糙度轮廓)、W轮廓(波纹度轮廓)和P轮廓(原始轮廓)。其中粗糙度轮廓是我国机械图样中目前最常用的评定参数,即轮廓算术平均偏差 Ra 和轮廓最大高度 Rz 两个参数。

(1) 算术平均偏差 Ra:指在一个取样长度内纵坐标 $Z(x)$ 绝对值的算术平均值,如图 8-35 所示。

(2) 轮廓最大高度 Rz:指在同一取样长度内,最大轮廓峰高与最大轮廓谷深之和的高度,如图 8-35 所示。

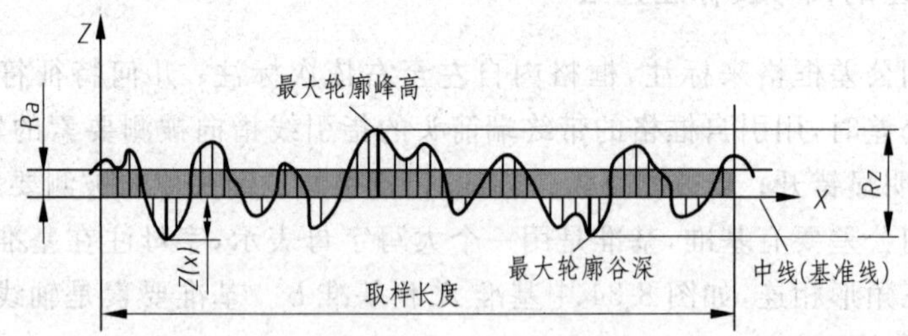

图 8-35 轮廓的算术平均偏差 Ra 和轮廓最大高度 Rz

GB/T 1031—2009《产品几何技术规范(GPS)表面结构 轮廓法 表面粗糙度参数及其数值》规定:表面粗糙度参数从轮廓的算术平均偏差 Ra 和轮廓的最大高度 Rz 中选取,其常用参数值范围:Ra 为 0.025~6.3μm,Rz 为 0.1~25μm。一般来说,表面质量要求越高,参数值越小,表面越平滑;反之,表面越粗糙。

2. 表面粗糙度的代号

国家标准对表面结构符号、表面粗糙度代号等作了规定，见表 8-2。

表 8-2　表面粗糙度的图形符号及画法（摘自 GB/T 131—2006）

符号名称	符号(代号)	含　义
基本符号	H_1 60° 60° H_2 H_1略高于字高；H_2取决于内容	基本图形符号，表示未指定工艺方法的表面，当通过一个注释解释时可单独使用
扩展符号		用去除材料方法获得的表面；仅当其含义是“被加工表面”时可单独使用
		不用去除材料方法获得的表面；也可用于表示保持上道工序形成的表面，不管这种状况是通过去除或不去除材料形成的
完整符号		在长边上加一横线，以注写对表面结构的要求。三种符号在文本中分别用文字 APA、MRR、NMR 表达
带补充注释的符号		对投影图上封闭的轮廓线所表示的各表面有相同的表面结构要求
注写具体参数的代号	Ra0.8	表示不允许去除材料，轮廓算术平均偏差为 0.8μm
	Ra3.2	表示去除材料，轮廓算术平均偏差为 3.2μm
	Rzmax 0.4	表示去除材料，轮廓最大高度为 0.4μm

3. 表面粗糙度的标注方法

表面结构要求对每一表面一般只标注一次，并尽可能注在相应的尺寸及公差的同一视图上。其注写和读取方向与尺寸的注写和读取方向一致，如图 8-36(a)所示。

表面粗糙度代号可注写在可见轮廓线上，符号应从材料外指向并接触表面。必要时，也可用带箭头或黑点的指引线引出标注，如图 8-36(b)所示。在不致引起误解时，表面结构要求可以标注在给定的尺寸线上，也可以标注在几何公差框格的上方、圆柱和棱柱表面上或其延长线上。

如果在工件的多数(包括全部)表面有相同的表面结构要求，可将表面结构要求统一标

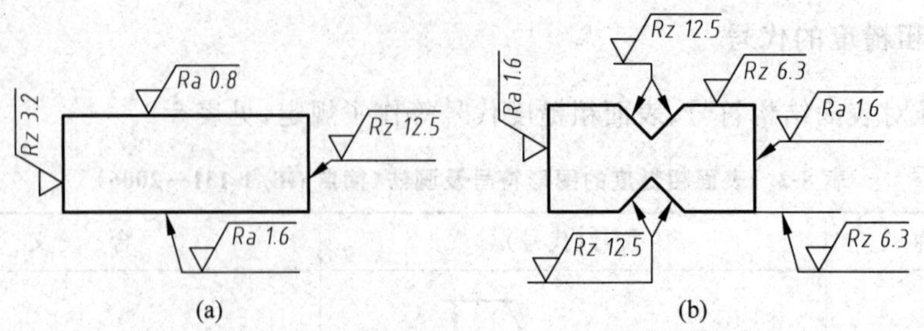

图 8-36　表面粗糙度注法及代号标注方向

(a) 表面结构要求的注写方向；(b) 表面结构要求在轮廓线上的标注

注在图样的标题栏附近，并在符号后面的圆括号内给出无任何其他标注的基本符号，而不同的表面结构要求应直接标注在图形中，如图 8-37 所示。

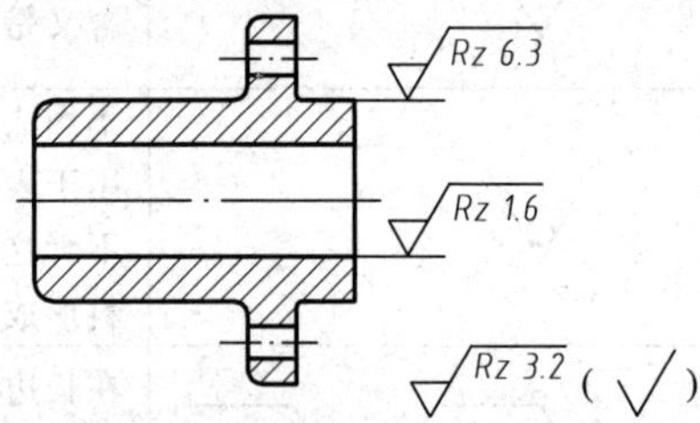

图 8-37　多数表面有相同粗糙度要求时的简化注法

图 8-27 和图 8-28 中均标注了管板和折流板零件表面结构的粗糙度要求。管板中除了图中标示出的零件表面结构要求为 MRR *Ra* 12.5(图中符号的文本标示方法，见表 8-2 说明)，其余表面均为 NMR，即不采用去除材料方式获得表面。而折流板零件所有表面粗糙度要求均为 MRR *Ra* 12.5。

4. 零件图上标注技术要求的步骤

完成零件图视图绘制和尺寸标注后，根据零件的技术要求，一般在零件图上分步骤进行标注：

(1) 标注零件表面粗糙度要求；

(2) 标注尺寸公差要求；

(3) 标注几何公差要求(无法标注时，可注写在文字“技术要求”中)；

(4) 注写文字技术要求。

第9章

化工设备图的阅读

化工设备图样是化工生产中设备的设计、制造、安装、使用、维修的重要技术文件，也是进行技术交流、设备改造的依据。因此，作为从事化工生产的专业技术人员，都必须具备熟练阅读设备图样的能力。

9.1 化工设备图样的阅读方法

1. 阅读化工设备图的基本要求

通过阅读一张复杂的化工设备装配图，应达到以下基本要求：

(1) 了解设备的性能、作用和工作原理；

(2) 了解设备各零部件之间的装配关系和装拆顺序；

(3) 了解设备中各零部件的形状、结构和作用，从而了解整个设备的结构特点；

(4) 了解设备的设计、制造、检验和安装方面的技术规范和技术要求。

2. 阅读化工设备图的方法和步骤

阅读化工设备图基本上与阅读机械装配图一样，一般可分为概括了解、详细分析、归纳总结3个步骤。同时还要注意化工设备图的各种表达特点、简化画法、管口方位和技术要求等。

1) 概括了解

(1) 阅读标题栏，了解设备名称、规格、材料、质量、绘图比例等内容。

(2) 阅读明细栏、管口表、设计数据表、技术要求等，了解设备零部件和接管的名称、数量，对照零部件序号和管口符号在设备图上查找到其所在位置，了解设备在设计、施工方面的要求。

(3) 对视图进行分析，了解表达设备所采用的视图数量和表达方法，找出各视图、剖视等的位置及各自的表达重点。

2) 详细分析

(1) 装配连接关系分析：从设备的主视图入手，结合其他基本视图，详细了解设备的装配关系、形状、结构、各接管及零部件方位，并结合辅助视图了解各相应部位的形状、结构的细节。

(2) 零部件结构形状分析：按明细栏中的序号，将零部件逐一从视图中找出，了解其主要结构、形状、尺寸、与主体或其他零部件的装配关系等。对于另有图样的组合件或零件应结合阅读它们的零部件图,从其部件装配图和零件图中弄清其结构形状。对于标准零部件,则应查阅有关标准、手册。

(3) 了解设计数据与技术要求:通过对零部件的连接装配关系与结构形状的分析,并结合图中的设计数据表和技术要求,进一步了解设备的设计、制造、安装、检验等所遵循的规范、标准和要求,了解设备的工作、设计、性能参数。

3) 归纳总结

通过详细分析后,将各部分的内容加以综合归纳,从而得出设备完整的结构形象,进一步了解设备的结构特点、物料流向、工作原理等。

下面以化工生产中常用的设备——塔设备和反应釜为例,介绍化工设备图的阅读方法。

9.2 塔设备装配图的阅读

9.2.1 塔设备的结构特点

塔设备广泛用于化工、石油化工和轻工食品等生产中的精馏、吸收等传质单元过程。塔设备通常分为板式塔和填料塔两大类,如图 9-1 所示。根据塔盘上传质零件的不同,可将板式塔分为泡罩塔、浮阀塔和筛板塔。填料塔可以采用不同类型的填料和填料堆砌方式。

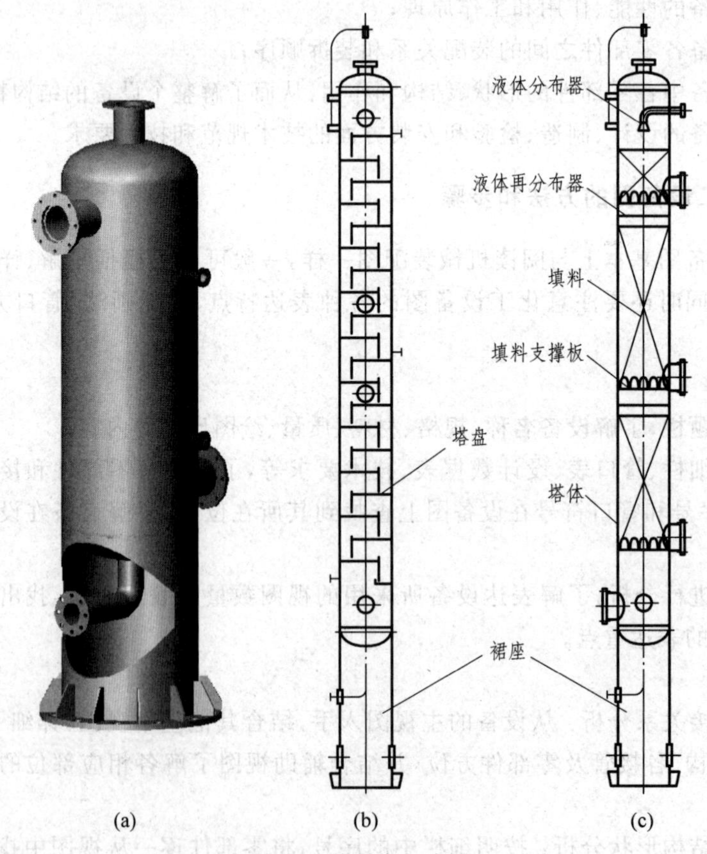

图 9-1 塔设备示意图

(a) 塔立体示意图;(b) 板式塔;(c) 填料塔

一般塔设备的高径比为 8～30，属于高大立式设备，通常布置在室外，故设计中需考虑风压、地震所引起的载荷。

9.2.2 塔设备的常用零部件

塔设备的零部件很多，这里重点介绍板式塔和填料塔中具有代表性的常用零部件。

1. 栅板

栅板是填料塔的主要零件之一，其作用是支撑填料。栅板可分为整块式和分块式两种，如图 9-2 所示。当塔体直径小于 500mm 时，一般使用整块式；当直径超过 500mm 时，可将其分成多块，每块的宽度为 300～400mm，以便装拆及进出人孔。

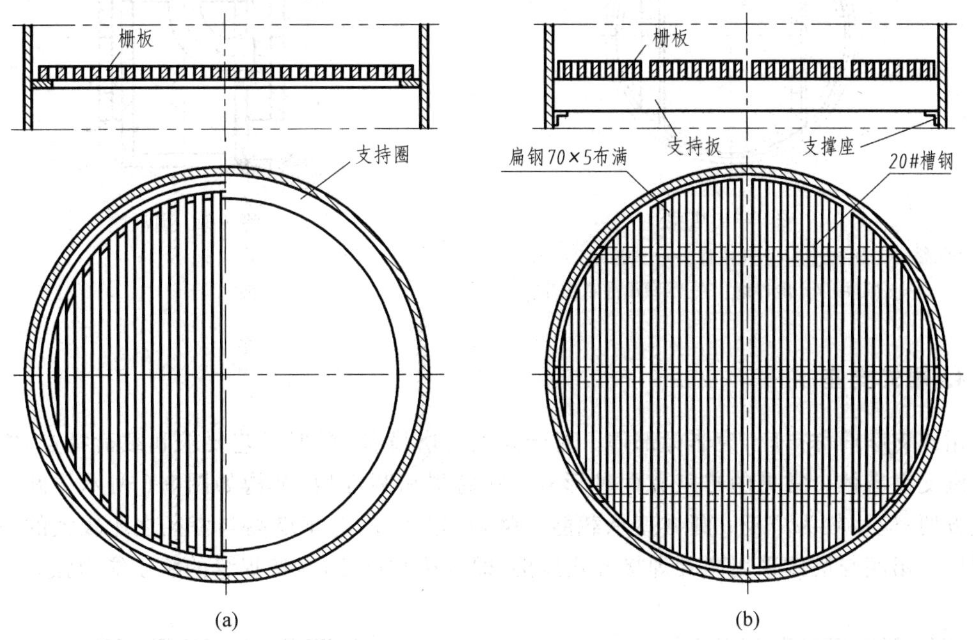

图 9-2 栅板
(a) 整块式栅板；(b) 分块式栅板(4 块)

2. 塔盘

塔盘是板式塔的主要部件之一，是实现传热传质的部件。塔盘包括塔板、降液管、受液盘、溢流堰、紧固件和支撑件等，如图 9-3 所示。塔盘可分为整块式与分块式两种，一般塔径为 300～800mm 时，采用整块式；当塔径大于 800mm 时，可采用分块式。

3. 浮阀与泡帽

浮阀和泡帽是浮阀塔与泡罩塔的主要传质零件。

浮阀有圆盘形和条形两种。圆浮阀已标准化，最常用的为 F1 型浮阀，如图 9-4 所示。泡帽有圆泡帽和条形泡帽两种。圆泡帽已标准化，如图 9-5 所示。

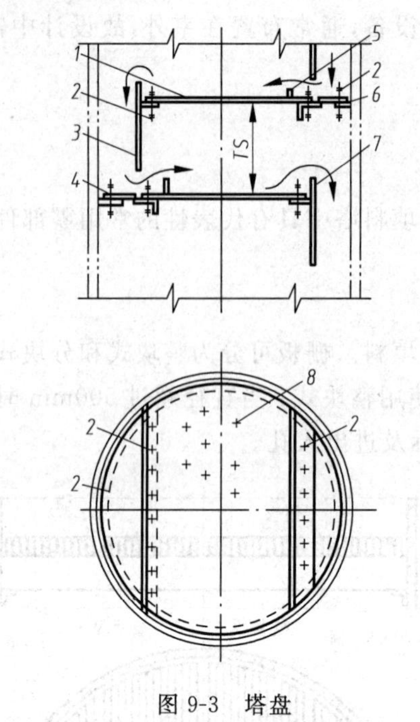

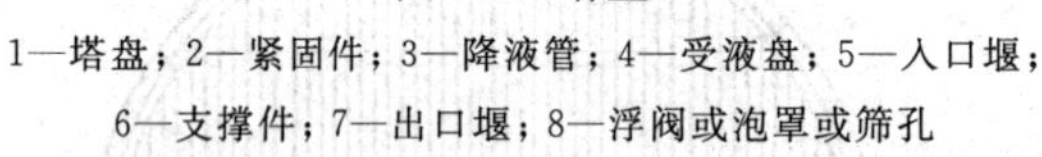

图 9-3 塔盘

1—塔盘；2—紧固件；3—降液管；4—受液盘；5—入口堰；6—支撑件；7—出口堰；8—浮阀或泡罩或筛孔

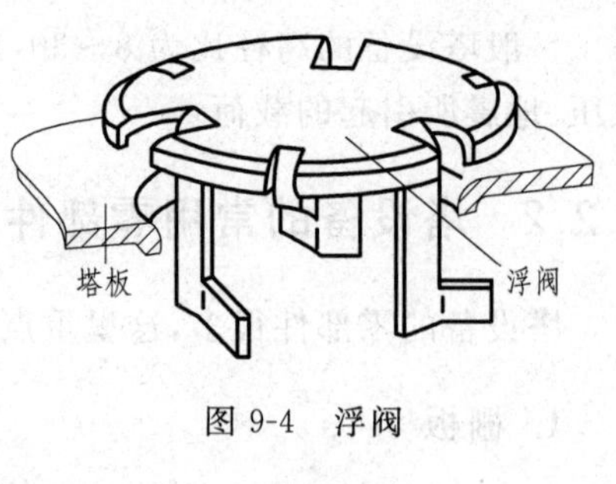

图 9-4 浮阀

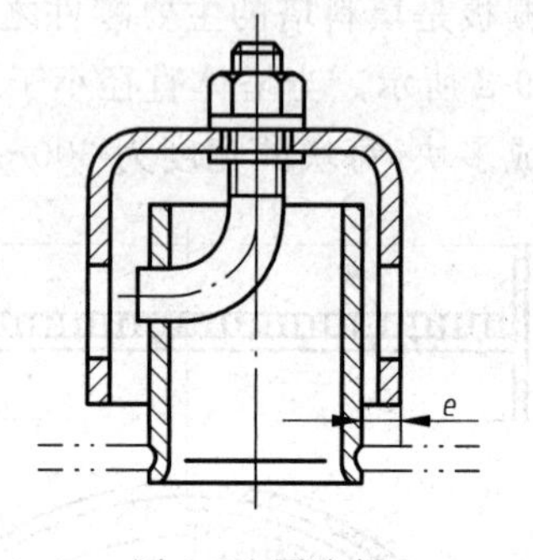

图 9-5 圆泡帽

4. 裙式支座

裙式支座简称裙座，为非标部件。对于高大的塔设备，根据工艺要求和载荷特点，常采用裙座支撑塔体。常见的裙座有两种形式：圆筒型和圆锥型，结构如图 9-6 所示。圆筒型制造方便，应用较为广泛；圆锥型承载能力强，稳定性好，对于塔高与塔径之比较大的塔特别适用。裙座与塔体采用两种焊接方式连接，即对接和搭接，对接焊缝的承压能力强。

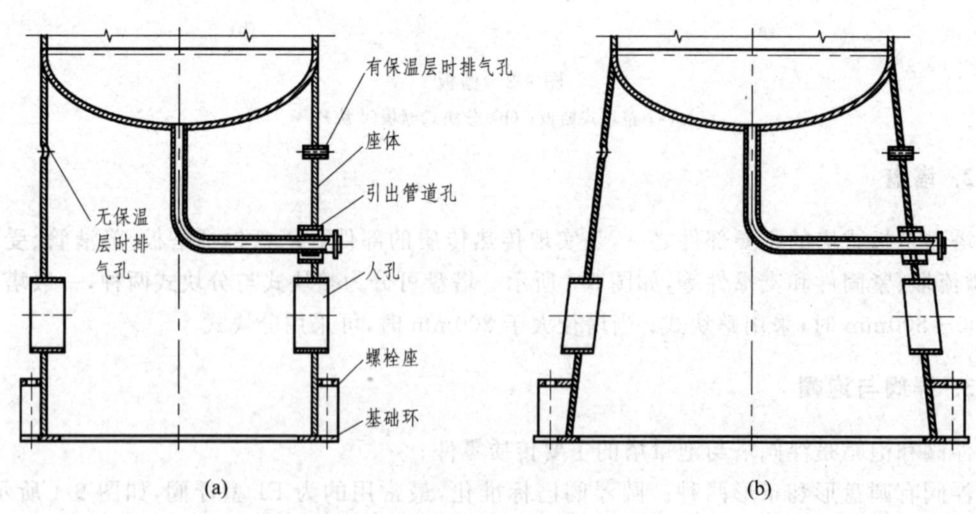

图 9-6 裙座

(a) 圆筒型裙座；(b) 圆锥型裙座

5. 液体分布器

液体分布器即喷淋装置，它的作用是使进入填料塔的液体均匀分布在填料层表面。常见的液体喷淋装置根据适用的塔径不同，有莲蓬头式、单直管式、多孔直列排管式等，如图 9-7 所示。

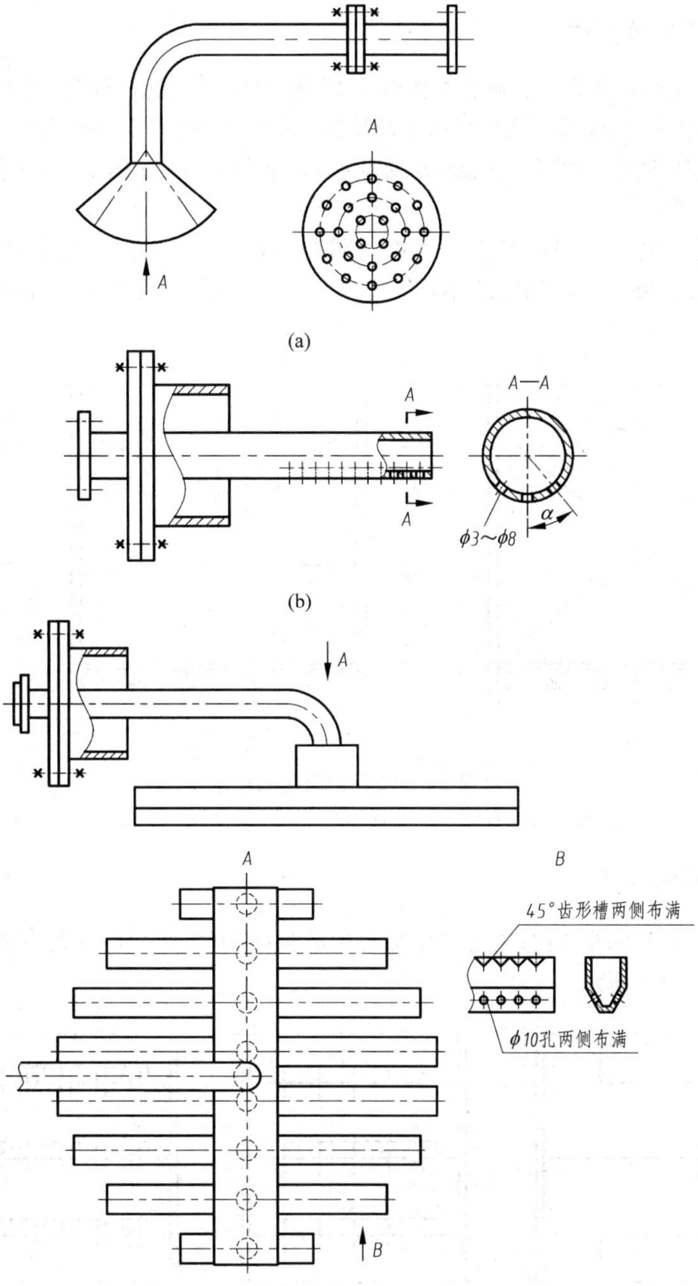

(a)

(b)

(c)

图 9-7　填料塔液体分布器

(a) 莲蓬头式液体分布器；(b) 单直管式液体分布器；(c) 多孔直列排管式槽形液体分布器

9.2.3 塔设备常用表达方法

塔设备比较高大,且不论是板式塔还是填料塔,其内件结构和排布都具有一定的规律性。故为使结构表达更加清晰,常采用断开画法、分段画法、简化画法等表达方法。下面主要介绍简化画法。

1. 填充物的表达方法

化工设备中有很多设备为了满足功能要求,需要装填一定规格、材料和统一堆放方法的填充物(如瓷环、木格条、触媒等),如填料塔中的填料、固定床反应器中的触媒层等。这些填充物在表达设备结构时,通常采用交叉的细实线表示,并进行标注,如图 9-8(b)中“35×35×4”为瓷环的规格尺寸。

所装填充物的规格、材料、堆砌方式均相同时,可表示为如图 9-8(a)所示。若填充物有不同规格或规格相同但堆砌方式不同,则必须分层表示,分别注明规格和堆放方法,如图 9-8(b)所示。

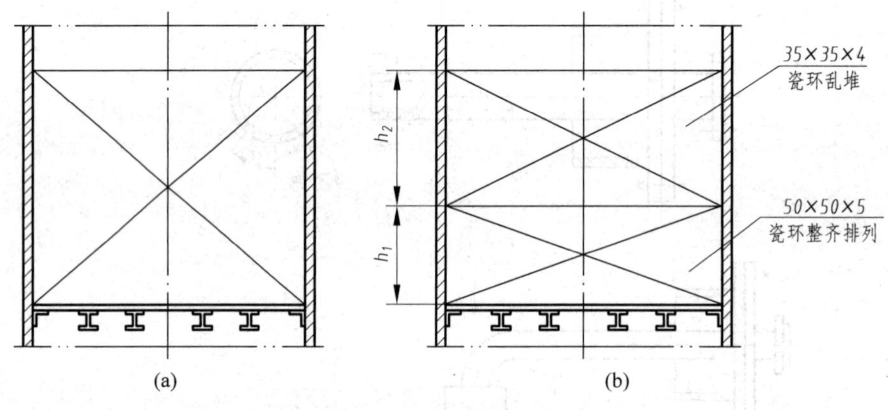

图 9-8 填料的简化画法

(a) 单一填料层;(b) 不同规格、不同堆砌方式的填料层

2. 塔板的简化画法

对于已经有零部件图、局部放大图详细表达塔盘结构时,可以将装配图中的塔盘用单线条示意画出,如图 9-9 所示。

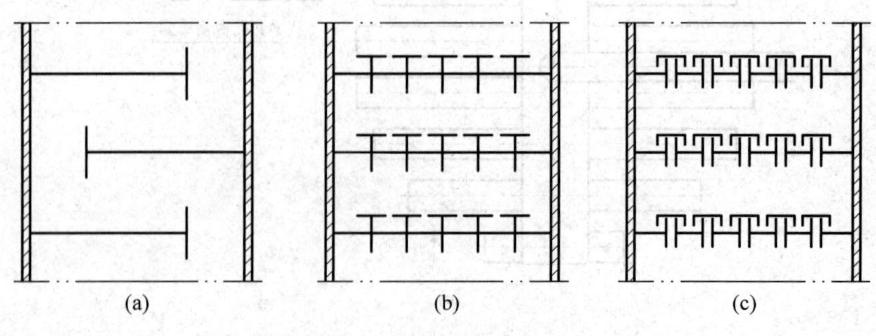

图 9-9 塔盘的简化画法

(a) 筛板塔盘;(b) 浮阀塔盘;(c) 泡罩塔盘

9.2.4　阅读塔设备装配图

图 9-10 所示为氨吸收塔的装配图。氨吸收塔是合成氨厂氨回收工段的主要设备。

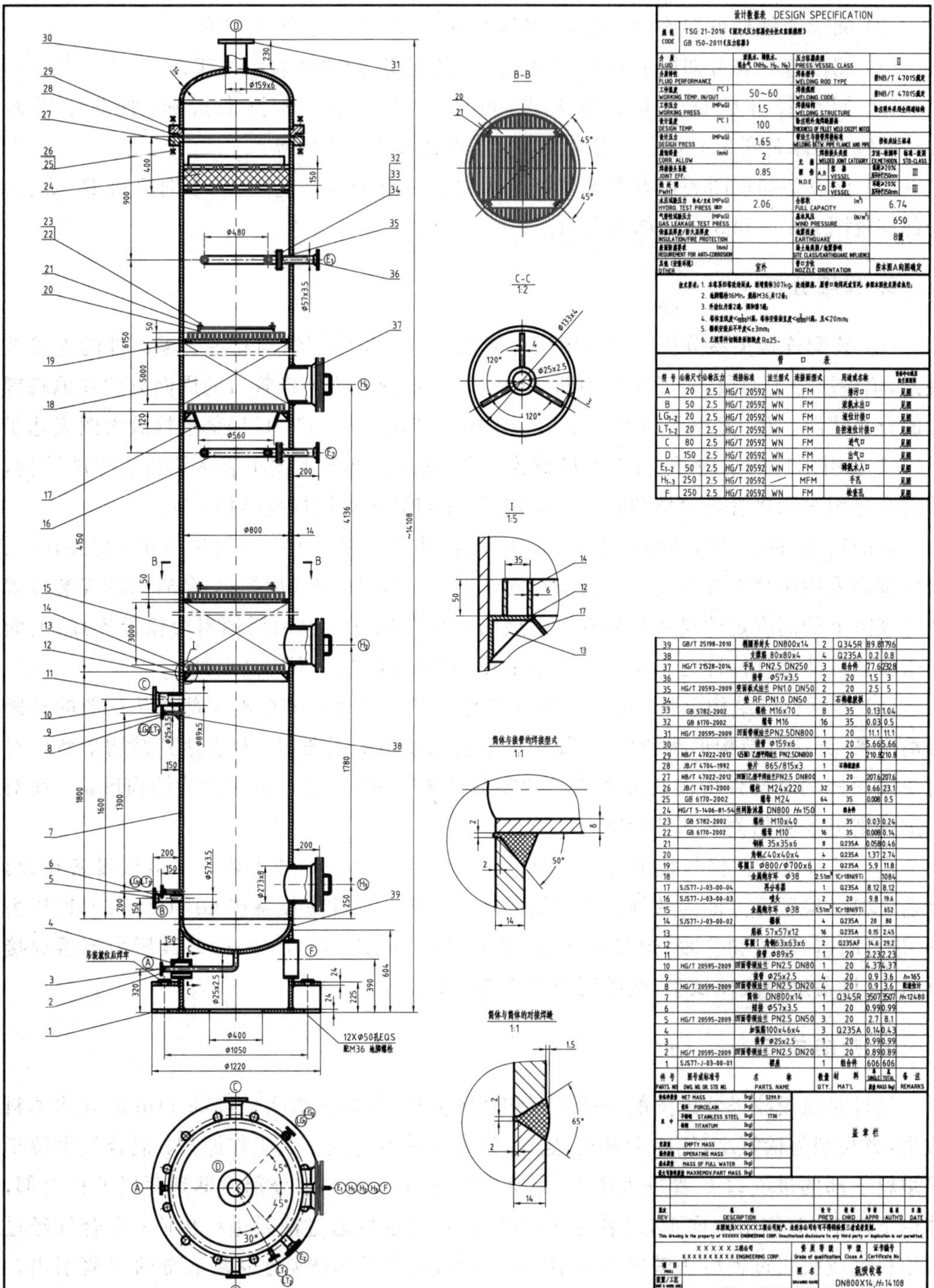

设计数据表 DESIGN SPECIFICATION			
规范 CODE	TSG 21-2016《固定式压力容器安全技术监察规程》 GB 150-2011《压力容器》		
介质 FLUID	浓氨水、稀氨水、混合气 (NH_3, H_2, N_2)	压力容器类别 PRESS VESSEL CLASS	Ⅱ
介质特性 FLUID PERFORMANCE		焊条型号 WELDING ROD TYPE	按NB/T 47015规定
工作温度 (℃) WORKING TEMP. IN/OUT	50~60	焊接规程 WELDING CODE	按NB/T 47015规定
工作压力 (MPaG) WORKING PRESS	1.5	焊接结构 WELDING STRUCTURE	除注明外采用全焊透结构
设计温度 (℃) DESIGN TEMP.	100	除注明外角焊缝腰高 THICKNESS OF FILLET WELD EXCEPT NOTED	
设计压力 (MPaG) DESIGN PRESS	1.65	管法兰与接管焊接标准 WELDING BETW. PIPE FLANGE AND PIPE	按相应法兰标准
腐蚀裕量 (mm) CORR. ALLOW	2	无损检测 N.D.E 焊接接头类型 WELDED JOINT CATEGORY / 方法-检测率 EX.METHOD% / 标准-级别 STD-CLASS	
焊接接头系数 JOINT EFF.	0.85	A,B 容器 VESSEL：射线≥20% 且不小于250mm	Ⅲ
热处理 PWHT		C,D 容器 VESSEL：射线≥20% 且不小于250mm	Ⅲ
水压试验压力 卧式/立式 (MPaG) HYDRO. TEST PRESS	2.06	全容积 (m^3) FULL CAPACITY	6.74
气密性试验压力 (MPaG) GAS LEAKAGE TEST PRESS		基本风压 (N/m^2) WIND PRESSURE	650
保温层厚度/防火层厚度 INSULATION/FIRE PROTECTION		地震烈度 EARTHQUAKE	8级
表面防腐要求 (mm) REQUIREMENT FOR ANTI-CORROSION		场地土类别/地震影响 SITE CLASS/EARTHQUAKE INFLUENCE	
其他 (安装环境) OTHER	室外	管口方位 NOZZLE ORIENTATION	按本图A向图确定

技术要求：1. 本塔系旧塔改造而成，新增筒体307kg，改造部分，原管口均焊死或盲死，参照本图技术要求执行；
2. 地脚螺栓16Mn，规格M36，共12条；
3. 外涂红丹漆2遍，调和漆1遍；
4. 塔体直线度 $<\frac{1}{1000}$ H高，塔体安装垂直度 $<\frac{2}{1000}$ H高，且<20mm；
5. 栅板安装后不平度<±3mm；
6. 无图零件切割表面粗糙度Ra25。

管口表

符号	公称尺寸	公称压力	连接标准	法兰型式	连接面型式	用途或名称	设备中心线至法兰面距离
A	20	2.5	HG/T 20592	WN	FM	排污口	见图
B	50	2.5	HG/T 20592	WN	FM	浓氨水出口	见图
LG_{1-2}	20	2.5	HG/T 20592	WN	FM	液位计接口	见图
LT_{1-2}	20	2.5	HG/T 20592	WN	FM	自控液位计接口	见图
C	80	2.5	HG/T 20592	WN	FM	进气口	见图
D	150	2.5	HG/T 20592	WN	FM	出气口	见图
E_{1-2}	50	2.5	HG/T 20592	WN	FM	稀氨水入口	见图
H_{1-3}	250	2.5	HG/T 20592	/	MFM	手孔	见图
F	250	2.5	HG/T 20592	WN	FM	检查孔	见图

件号 PARTS. NO	图号或标准号 DWG. NO. OR. STD. NO.	名称 PARTS. NAME	数量 QTY.	材料 MAT'L	单 SINGLE 质量 MASS (kg)	总 TOTAL 质量 MASS (kg)	备注 REMARKS
39	GB/T 25198-2010	椭圆形封头 DN800x14	2	Q345R	89.8	179.6	
38		支撑筋 80x80x4	4	Q235A	0.2	0.8	
37	HG/T 21528-2014	手孔 PN2.5 DN250	3	组合件	77.6	232.8	
36		接管 φ57x3.5	2	20	1.5	3	
35	HG/T 20593-2009	突面板式法兰 PN1.0 DN50	2	20	2.5	5	
34		垫 RF PN1.0 DN50	2	石棉橡胶板			
33	GB 5782-2002	螺栓 M16x70	8	35	0.13	1.04	
32	GB 6170-2002	螺母 M16	16	35	0.03	0.5	
31	HG/T 20595-2009	凹面带颈法兰PN2.5DN800	1	20	11.1	11.1	
30		接管 φ159x6	1	20	5.66	5.66	
29	NB/T 47022-2012	(凸面) 乙型平焊法兰 PN2.5DN800	1	20	210.8	210.8	
28	JB/T 4704-1992	垫片 865/815x3	1	石棉橡胶板			
27	NB/T 47022-2012	(凹面)乙型平焊法兰PN2.5 DN800	1	20	207.6	207.6	
26	JB/T 4707-2000	螺柱 M24x220	32	35	0.66	23.1	
25	GB 6170-2002	螺母 M24	64	35	0.008	0.5	
24	HG/T 5-1406-81-54	丝网除沫器 DN800 H=150	1	组合件			
23	GB 5782-2002	螺栓 M10x40	8	35	0.03	0.24	
22	GB 6170-2002	螺母 M10	16	35	0.008	0.14	
21		钢板 35x35x6	8	Q235A	0.058	0.46	
20		角钢∠40x40x4	4	Q235A	1.37	2.74	
19		塔圈Ⅱ φ800/φ700x6	2	Q235A	5.9	11.8	
18		金属鲍尔环 φ38	2.51m^3	1Cr18Ni9Ti		1084	
17	SJS77-J-03-00-04	再分布器	1	Q235A	8.12	8.12	
16	SJS77-J-03-00-03	喷头	2	20	9.8	19.6	
15		金属鲍尔环 φ38	1.51m^3	1Cr18Ni9Ti		652	
14	SJS77-J-03-00-02	栅板	4	Q235A	20	80	
13		垫板 57x57x12	16	Q235A	0.15	2.45	
12		塔圈Ⅰ 角钢63x63x6	2	Q235AF	14.6	29.2	
11		接管 φ89x5	1	20	2.23	2.23	
10	HG/T 20595-2009	凹面带颈法兰 PN2.5 DN80	1	20	4.37	4.37	
9		接管 φ25x2.5	4	20	0.9	3.6	h=165
8	HG/T 20595-2009	凹面带颈法兰 PN2.5 DN20	4	20	0.9	3.6	配液位计
7		筒体 DN800x14	1	Q345R	3507	3507	H=12480
6		短接 φ57x3.5	1	20	0.99	0.99	
5	HG/T 20595-2009	凹面带颈法兰 PN2.5 DN50	3	20	2.7	8.1	
4		加强筋100x46x4	3	Q235A	0.14	0.43	
3		接管 φ25x2.5	1	20	0.99	0.99	
2	HG/T 20595-2009	凹面带颈法兰 PN2.5 DN20	1	20	0.89	0.89	
1	SJS77-J-03-00-01	裙座	1	组合件	606	606	

设备净质量 NET MASS	(kg)	5299.9
其中 瓷环 PORCELAIN	(kg)	
其中 不锈钢 STAINLESS STEEL	(kg)	1736
其中 钛材 TITANTUM	(kg)	
空质量 EMPTY MASS	(kg)	
操作质量 OPERATING MASS	(kg)	
盛水质量 MASS OF FULL WATER	(kg)	
最大可拆件质量 MAXREMOV.PART MASS	(kg)	

盖章栏

氨吸收塔 DN800X14，H=14108　SJS77-J-03-00

图 9-10　氨吸收塔装配图

1. 概括了解

(1) 阅读标题栏可知图中设备为氨吸收塔的装配图,其规格为公称直径800mm,壁厚14mm,塔总高14.108m,是填料塔。

(2) 阅读明细栏可知该设备由39种零部件组成,其中标准件18种。

(3) 阅读管口表可知塔上共有14个管口,其规格、用途从表中可获知。

(4) 阅读设计数据表和技术要求,可知该设备的基本技术指标,如设计压力为1.65MPa,设计温度为100℃,介质是浓氨水、稀氨水和混合气等。

(5) 该设备的视图表达方案是采用主视和俯视两个基本视图、一个剖视图 *B*—*B*、一个局部剖视图 *C*—*C* 和3个局部放大图。

2. 详细分析

(1) 装配连接关系分析。主视图用全剖视表达设备内部结构和主要零部件的连接装配关系,填料层分为两段,每段均采用断开画法。俯视图表达了各管口的周向方位和地脚螺栓孔的分布情况。*B*—*B* 剖视图表达了填料压盖的结构形式;*C*—*C* 局部剖视放大图表达了排污口 *A* 管引出口的结构形式;3个局部放大图,其中局部放大图Ⅰ表示填料支撑圈结构,另外两个分别表示接管与筒体角接焊缝结构、筒体与筒体对接焊缝结构。

塔的筒体(件7)与下封头(件39)采用焊接,并与圆筒形裙座采用对接方式焊接在一起。筒体顶部采用法兰连接方式。各管口与筒体、封头装配时均采用焊接,各管口的安装位置可从主视图上的高度定位尺寸和俯视图中周向方位共同确定。两层填料由栅板支撑,上面有压盖压紧以防被气体冲起。塔上有3个手孔,分布在塔右侧不同高度处。

(2) 零部件的结构形状分析。按明细栏中的序号逐个将非标准零部件从视图的投影中分离出来,弄清其结构形状和尺寸,如图中填料压盖用剖视图 *B*—*B* 表达其结构形状。对于有单独图样的零部件应同时阅读它们的零部件图,有助于进一步弄清其结构形状;而对于标准件则可参阅相关零部件标准。

(3) 了解设计数据与技术要求。通过阅读设计数据表和技术要求了解该设备在设计、制造、安装、检验等方面的数据和所遵循的规范标准。如此塔设备按GB 150—2011《压力容器》进行制造、试验和验收,焊接方法、焊缝质量参照NB/T 47015—2011《压力容器焊接规程》。此设备进行液压试验,试验压力为2.06MPa。

3. 归纳总结

经过对氨吸收塔装配图的概括了解和详细分析,可知该塔为一高约14m的立式填料吸收塔,吸收剂为稀氨水,气体为氨气、氢气、氮气等的混合气。其工作原理:混合气由位于下层填料下部的进气口 *C* 管进入塔内,稀氨水由进液口 E_1、E_2 分别喷淋到两层填料上部,气体由下向上,液体由上向下,二者逆向流动,在填料层内通过液膜进行传质;混合气经过两层填料完成吸收过程后从塔顶的 *D* 管出塔,吸收氨气后的浓氨水从塔底部的 *B* 管引出。

9.3　带搅拌反应釜装配图的阅读

化工生产主要是围绕化学反应来进行的，反应器就是为原料间进行化学反应提供场所，是化学工业中非常重要的设备。带搅拌的反应釜广泛应用于化肥、医药、农药、基本有机合成、有机染料及三大合成材料（合成橡胶、合成塑料和合成纤维）等化工行业中。

反应器有多种型式，按构型特征可分为釜式、管式、塔式、固定床、流化床反应器；按相态可分为均相反应器和非均相反应器。本节主要介绍带搅拌和夹套的釜式反应器。

9.3.1　反应釜的基本结构

带搅拌反应釜通常由以下几个部分组成。

（1）釜体部分：是物料进行化学反应的空间。由筒体及上、下封头组成，其高径比一般为 1～3，装料系数为 0.4～0.85。

（2）传热装置：化学反应总是伴随有吸热和放热的过程，为了控制反应的温度，往往需要配备供热或冷却装置。反应釜常用的传热装置有外置式夹套和内置式蛇管。如图 9-11 所示反应釜采用常见的外置式夹套传热装置，图 9-12 所示为内置式蛇管传热装置。

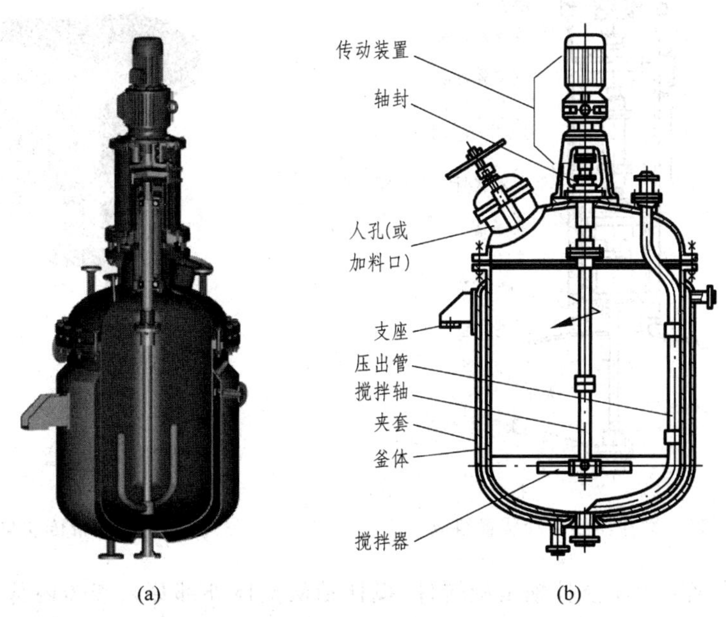

图 9-11　带搅拌的反应釜

（a）立体图；（b）基本结构图

（3）搅拌装置：搅拌装置是为了使反应器内部各种物料混合均匀、接触良好。搅拌装置由搅拌轴和搅拌器组成。

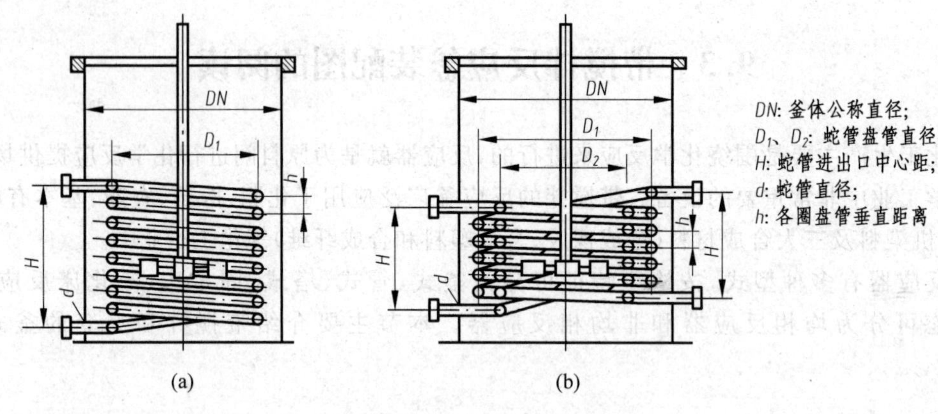

图 9-12　内置式蛇管传热装置

(a) 单组单列蛇管；(b) 单组双列蛇管

(4) 传动装置：传动装置是将电机输出的动力传递给搅拌器的装置，由电动机和减速器(带联轴器)、联轴器等组成，如图 9-13、图 9-14 所示。

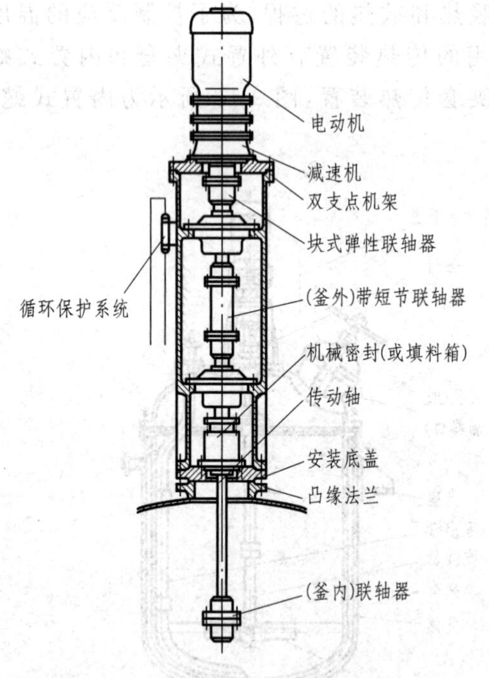

图 9-13　搅拌器的传动装置组成

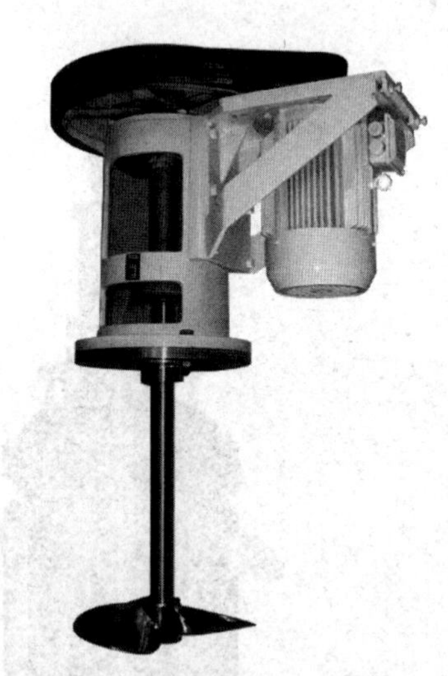

图 9-14　皮带传动与搅拌装置

(5) 轴封装置：由于搅拌轴是旋转件，搅拌轴从釜体外部穿入釜体内部必须对其进行密封，以防止釜内介质泄漏。常用的轴封装置有填料箱密封和机械密封两种。

(6) 其他结构：除了上述主要结构外，设备上通常还要安装人(手)孔、视镜、支座、各种接管、测控仪表、安全泄放装置等附件，以方便检修、加料、排料、监视反应进行、监控设备等。

9.3.2　反应釜的常用零部件

1. 釜体与夹套

大多数反应釜的釜体都带有夹套作为传热装置，一般为整体夹套，如图 9-15 所示。整体夹套与釜体的连接方式有可拆卸式和不可拆卸式两种，如图 9-16、图 9-17 所示。

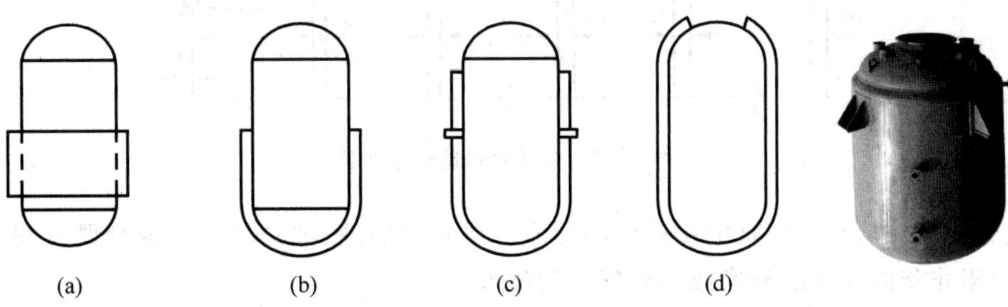

图 9-15　夹套结构类型

(a) 筒体夹套（用在需要传热面积不大的场合）；(b) U 型夹套（最常用的典型结构）；(c) 分段夹套（可分段控制温度）；(d) 全包式夹套（不多用）

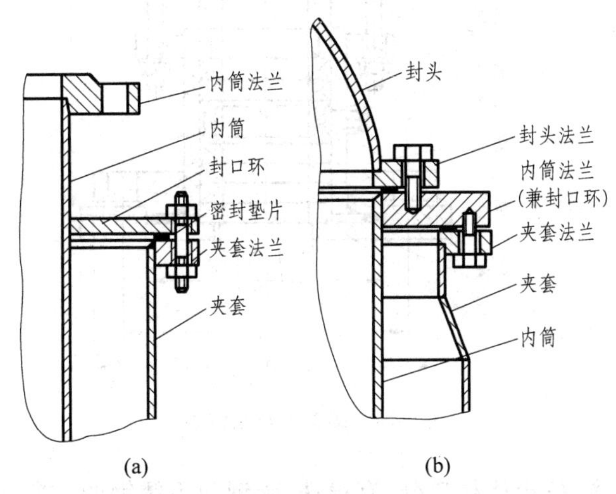

图 9-16　可拆卸式整体夹套

(a) 筒体和夹套的高度不一致；(b) 筒体和夹套的高度一致

2. 轴封装置

反应釜的密封有两种：一种是静密封，如法兰连接的密封；另一种是动密封，如搅拌轴的轴封。反应釜中应用的轴封主要有填料箱密封和机械密封两大类。

1）填料箱密封

填料箱密封的结构简单，制造、安装、检修都较方便，故应用较普遍。如图 9-18 所示，它由填料箱体、填料、压盖、螺栓等基本零件组成，置于箱体与转轴之间的填料（5～7 组）在螺栓力及压盖的轴向挤压下，产生径向延伸，使填料紧贴在转轴的四周，从油杯加入的润滑油

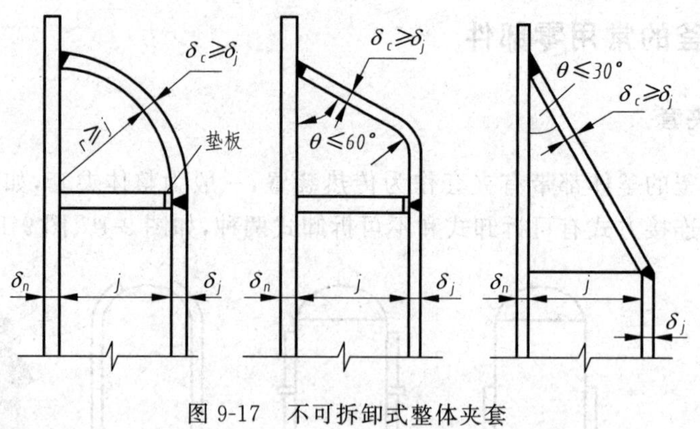

图 9-17　不可拆卸式整体夹套

在轴旋转时会使填料与转轴的接触面间形成一层极薄的液(油)膜,这层液膜既有润滑的作用,又可阻止釜内介质的外逸或釜外气体的渗入。

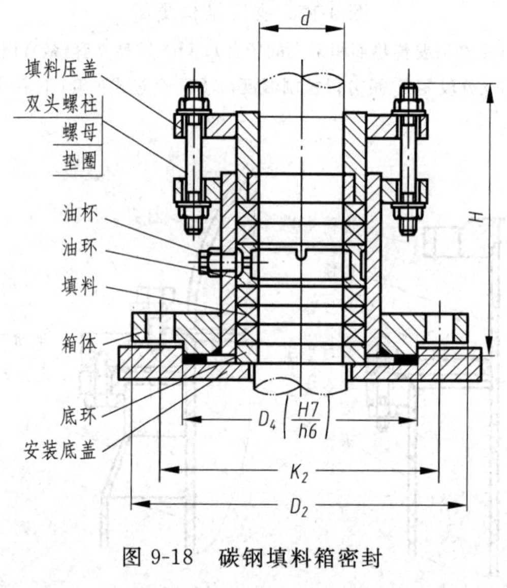

图 9-18　碳钢填料箱密封

填料箱的种类很多,按箱体材料分,有铸铁、碳钢和不锈钢的;按结构分,有带衬套、带油杯和带冷却水套的。其性能参数主要是压力等级和公称轴径,可参照 HG 21573—1992《填料箱》进行造型。

2）机械密封

机械密封是一种比较新型的密封结构,其泄漏量少、使用寿命长、摩擦功率损耗小、轴或轴套不受磨损、耐振性能好,常用于高低温、易燃易爆、有毒介质的场合。但其结构复杂,密封环加工精度要求高,安装技术要求高,装拆不方便,成本高。机械密封主要是靠垂直于轴的两个密封元件(静止环与旋转环)相互贴合(依靠介质压力或弹簧力)且相对运动的平面,起到密封的作用。钢制带搅拌反应釜用机械密封可参照 HG 2264—1992《釜用机械密封类型主要尺寸及标志》造型。

如图 9-19 所示机械密封结构,在密封箱内的传动轴上共套装有 4 个截面形状不同的圆

环，从上向下，分别是弹簧座、压环、旋转环和静止环。矩形截面的弹簧座用紧定螺钉固定在轴上，可以随轴一起旋转。弹簧座下面的压环松套在轴上，其主要作用有两个，一是通过其下面的 O 型密封圈将轴向的弹簧力传递给旋转环，使旋转环的下端面紧贴在静止环的上端面上；二是通过传动螺钉和传动销钉将轴的旋转运动传递给旋转环，使旋转环与轴同步旋转。与旋转环紧贴的静止环被固定在箱体的底座内，用图中防转销保证静止环不会发生相对于轴的转动。

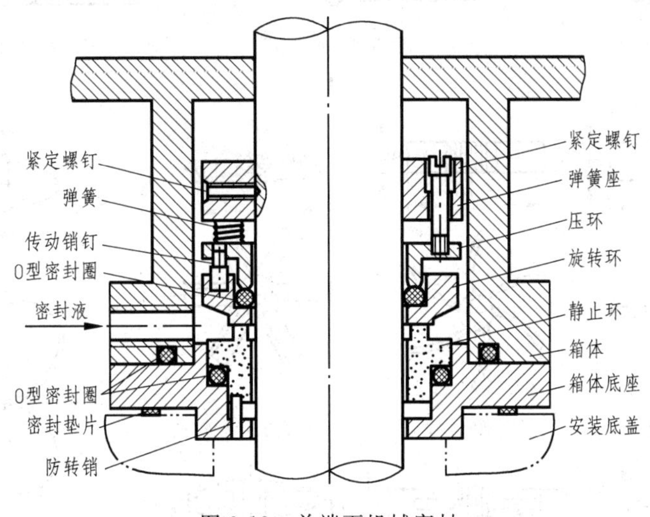

图 9-19　单端面机械密封

由图 9-19 可见，釜内介质的外泄通道有 4 条：一是箱体底座与安装底盖之间，二是静止环与箱体底座之间，三是旋转环内表面与轴外表面之间，四是旋转环与静止环的贴合端面之间。4 条泄漏通道中的前 3 条其相互连接的零件都是相对静止的，故可以采用密封垫片或 O 型密封圈进行密封，即属于静密封。第 4 条泄漏通道是要在旋转环和静止环相对运动的状态下对其接触端面进行封堵，即进行端面密封。其密封是靠对密封端面高光洁度的研磨加工、弹簧和介质压力所施加的端面贴合力和密封液的协助来实现。

3. 搅拌器

搅拌器用于提高反应釜内的传热、传质速度和加快介质的反应速率。常用的有浆式、涡轮式、推进式、锚框式、螺带式等搅拌器，其结构型式如图 9-20 所示。化工行业标准 HG/T 3796.1—2005《搅拌器形式及基本参数》规定了用于密度小于 2000kg/m^3 的液-液、气-液、固-液两相及气-液-固三相介质进行各种物理和化学过程搅拌的搅拌器。

搅拌器标记示例：

例　PJ 600-40S_3

标记中 PJ 为搅拌器类型代号，表示平直叶整体桨式搅拌器，直径为 600mm，轮毂内孔直径为 40mm，S_3 为材料代号，表示材质为 0Cr18Ni9 不锈钢(304)。

常用搅拌器类型代号见表 9-1，材料代号见表 9-2。

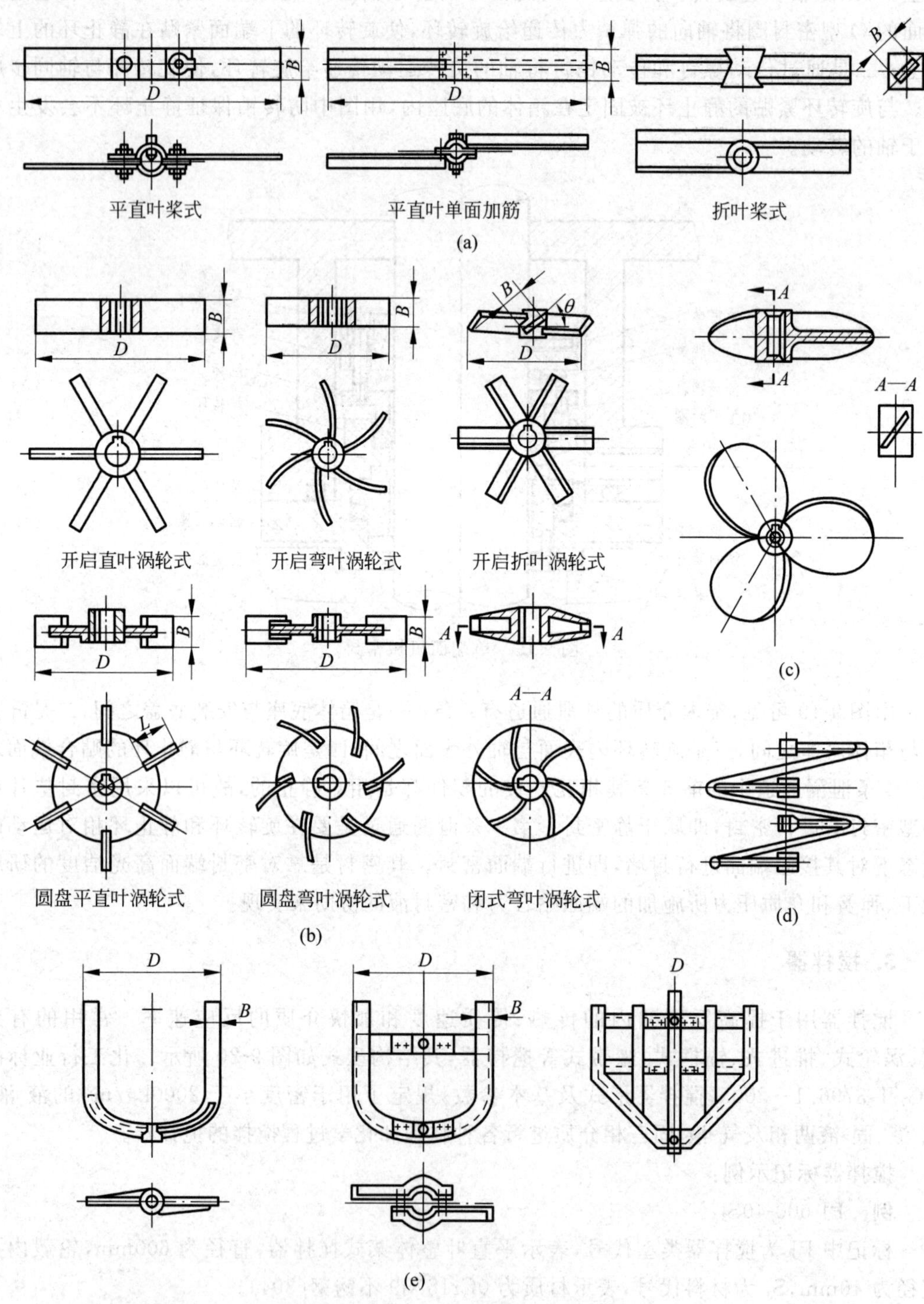

图 9-20 各种搅拌器的结构

(a) 桨式搅拌器；(b) 涡轮式搅拌器；(c) 推进式搅拌器；(d) 螺带式搅拌器；(e) 锚式及框式搅拌器

表 9-1　搅拌器类型代号(摘自 HG/T 3796.1—2005)

搅拌器类型	代号	搅拌器类型	代号	搅拌器类型	代号
平直叶整体桨式	PJ	弯叶圆盘涡轮式	WY	三叶右旋推进式	TXR
平直叶可拆桨式	PCJ	弯叶可拆圆盘涡轮式	WCY	螺杆式	LG
斜叶整体桨式	XJ	弯叶对开圆盘涡轮式	WDY	螺带式	LD
C 型双折叶桨式	CJ	圆弧叶圆盘涡轮式	HY	锚式	MS
六直叶整体开启涡轮式	PK	三叶后弯整体式	HQ	锚框式	MKS
平直叶圆盘涡轮式	PY	三叶左旋推进式	TXL	方框式	FKS

表 9-2　搅拌器材料代号(摘自 HG/T 3796.1—2005)

材料牌号	国外常用牌号	代号	材料牌号	国外常用牌号	代号
00Cr18Ni11Ti，1Cr18Ni9Ti	321	S_1	00Cr17Ni14Mo2	316L	S_5
			0Cr18Ni12Mo2Ti	316Ti	S_6
0Cr17Ni12Mo2	316	S_2	00Vr20Ni25Mo4.5Cu	904L	S_7
0Cr18Ni9	304	S_3	Q235-A		T_1
00Cr19Ni11	304L	S_4	20-35		T_2

4. 搅拌轴

搅拌轴是搅拌装置中的主要零件之一，是长径比较大的回转类零件。通常采用一个主视图和若干断面图来表达其结构和各轴段的截面特点，当轴较长时可采用断开画法来表达，如图 9-21 所示搅拌轴的零件图。

该轴采用一个主视图、一个断面图和一个向视图表达。主视图采用了断开画法；断面图 *A*—*A* 反映出键槽深度和宽度，同时，轴主视图上反映出采用的是圆头普通平键；*B* 向视图反映了轴端面上螺孔和光孔的位置。图中搅拌轴两端均有键槽，即轴与联轴器、搅拌器均采用键连接方式。该零件图中对轴加工的尺寸偏差及表面粗糙度均作了要求(图中标注“*C*2”表示 45°倒角，直角边长度为 2mm)。

9.3.3　反应釜装配图的阅读

图 9-22 所示为某反应釜的装配图，是带搅拌的夹套式反应釜。由图中标题栏和设计数据表与技术要求可知，此反应釜容积为 2.5m^3，容器设计压力为 0.22MPa，工作温度小于 100℃；夹套内的设计压力为 0.33MPa，工作温度小于 100℃，工作介质是冷盐水。由明细栏可知，该反应釜共由 52 种零部件组成，其中标准化零件有法兰、封头、耳式支座、机械密

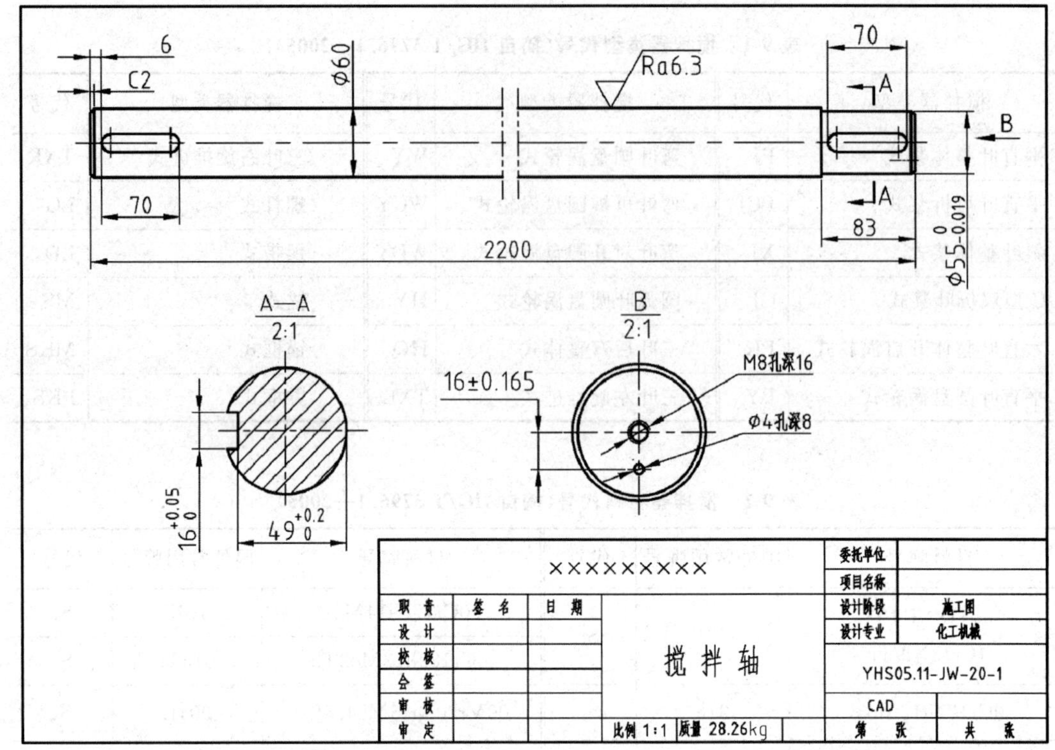

图 9-21 搅拌轴零件图

封、联轴器、人孔、搅拌器、垫片等。由管口表可知设备上共有10个接管。

该反应釜采用一个全剖的主视图和一个俯视图表达,主视图表达了反应釜釜体与夹套的结构及连接方式、零部件结构及装配关系,俯视图表达了接管及4个耳式支座的周向布置。图9-22中共有5个局部放大图,*A*—*A* 表达压料管 *E* 在釜内的固定方式,*B*—*B* 表达浓硫酸入口管 *C* 的结构尺寸及安装方式,*C*—*C* 表达压缩空气管 *D* 的结构尺寸及安装方式,*D*—*D* 表达温度计在管口 *TE* 处的装配结构,*E*—*E* 表达氧气入口管 *B* 的结构尺寸及安装方式。从图中可见,该设备上封头处共有7个接管,主视图中仅表达清楚人孔 *M* 和压料口 *E*、*F*,其他4个管口未能在主视图上表达清楚,故采用了局部放大图补充表达。

此反应釜的传动装置是通过功率为4kW电机带动减速器,将电机输出的高转速降低到搅拌转速85r/min,中间用联轴器将减速器与搅拌轴连接在一起。其传热装置采用整体式夹套,整个设备由4个耳式支座支撑。

分析其物料走向:反应介质从罐顶的管口 *E* 压入罐内,并由 *B* 管通入氧气、*C* 管加入浓硫酸,经过搅拌器的搅拌混合均匀并反应,反应过程中产生的热量由夹套中的冷盐水移走。夹套中的冷盐水由夹套封头底部的 *H* 管进入夹套,从夹套上部的 *A* 管流出。罐内的物料反应完成后,从罐底的 *G* 管出料。

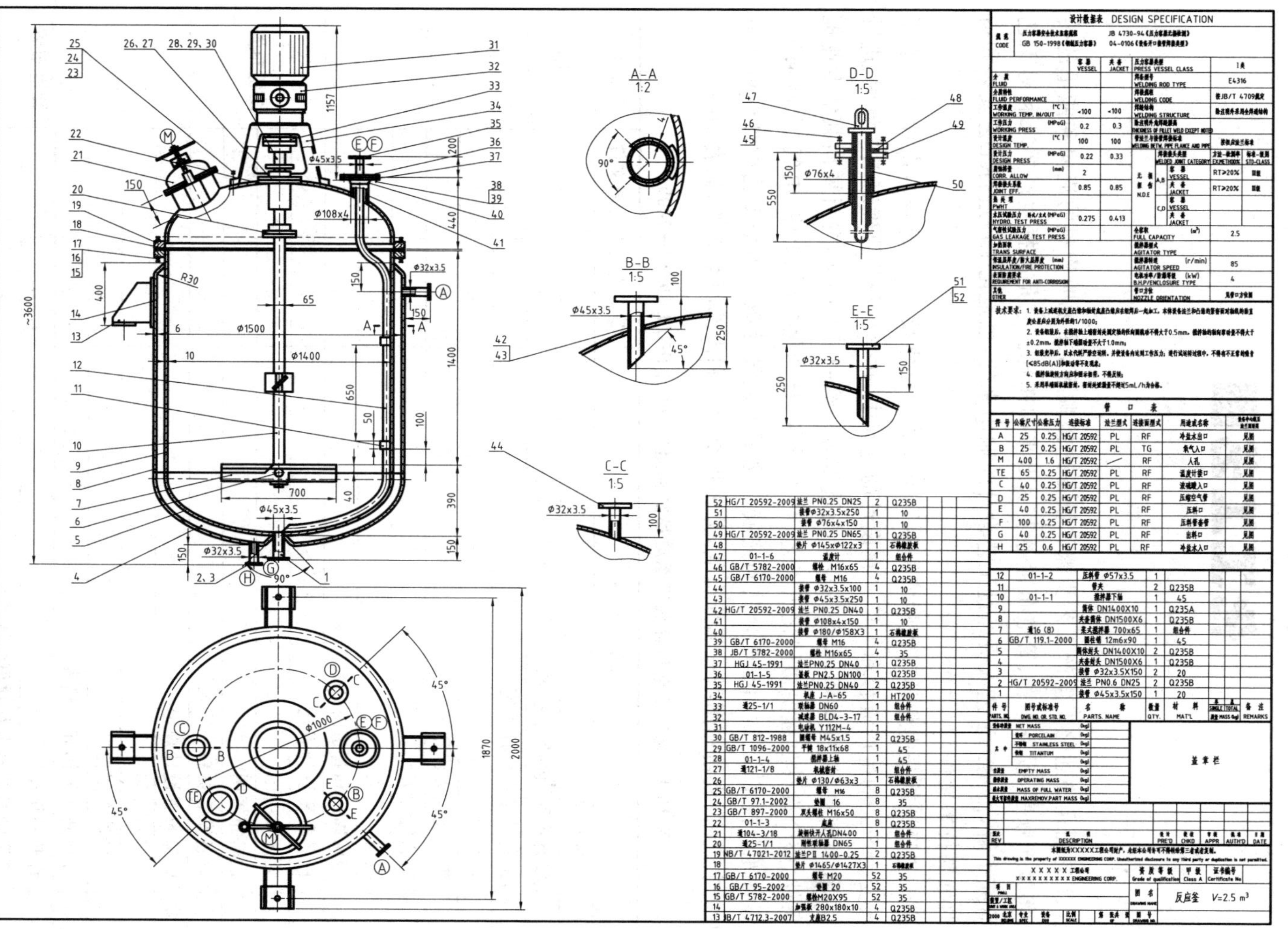

图 9-22　某反应釜装配图

第 10 章

化工工艺图

化工工艺图是描述化工生产工艺步骤和设备连接顺序，并说明物料的流向和能量的传递情况，将生产顺序、设备布置、管道布置等表示出来的图样。它是根据生产要求和对工艺过程的研究了解，由化工工艺人员经过工艺设计绘制出来的，也是化工厂进行工艺安装和指导生产的重要技术文件。

化工工艺设计就是由化学工程师依据单一个或数个化学反应（或过程），设计出一个能将原料转变为产品的生产流程和工厂。在设计的过程中，化学工程师要确定工艺流程、进行工艺计算（物料衡算、热量衡算、设备的设计与选型等）、绘制工艺图样，并且要向其他专业提出设计条件，整个设计过程要协同化工工艺、化工设备、自动化控制、土建、电气、采暖通风、给排水等各专业技术人员，相互配合共同完成。化工工艺设计施工图是工艺设计的最终成品，它由文字说明、表格和图纸三部分组成，分为提交业主和内部两类文件，见表 10-1。

表 10-1　化工工艺设计施工图成品文件组成（摘自 HG/T 20519—2009）

序号	名　　称	提交业主	内部文件	备注
1	图纸目录	√		总则
2	设计说明（包括工艺、设备、管道、绝热及防腐设计说明）	√		
3	工艺及系统设计规定		√	工艺系统
4	首页图	√		
5	管道及仪表流程图	√		
6	管道特性表	√		
7	设备一览表	√		
8	特殊阀门和管道附件数据表	√		
9	设备布置设计规定		√	设备布置
10	分区索引图	√		
11	设备布置图	√		
12	设备安装材料一览表	√		
13	管道布置设计规定		√	管道布置
14	管道布置图	√		
15	软管站布置图	√		
16	伴热站布置图和伴热表	√		
17	伴热系统图	√		
18	管道轴测图索引及管道轴测图	√		
19	管道材料表索引及管道材料表	√		
20	管架表	√		
21	设备管口方位图	√		

续表

序号	名称	提交业主	内部文件	备注
22	管道机械设计规定		√	管道机械
23	管道应力计算报告		√	
24	管架图索引及特殊管架图	√		
25	波纹膨胀节数据表	√		
26	弹簧汇总表	√		
27	管道材料控制设计规定		√	管道材料
28	管道材料等级索引表及等级表*		√	
29	阀门技术条件表	√		
30	绝热工程规定		√	
31	防腐工程规定		√	
32	特殊管件图	√		
33	绝热材料表	√		
34	防腐材料表	√		
35	综合材料表	√		

* 管道材料等级索引表提交业主。

在化工工艺设计的过程中,化工工艺图样主要包括工艺流程设计、设备布置设计和管道布置设计的相关图样,如图 10-1 所示。

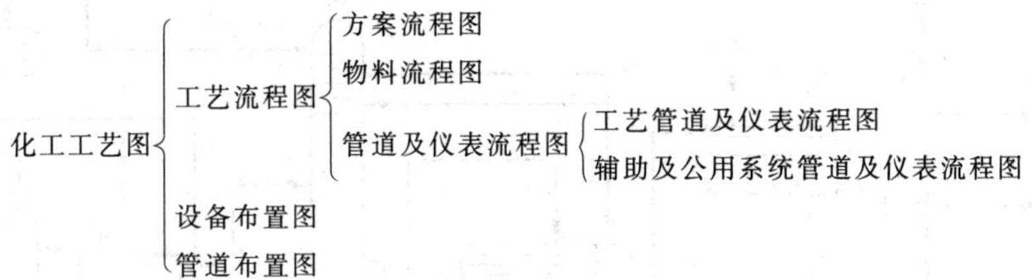

图 10-1 化工工艺图样的分类

10.1 工艺流程图

10.1.1 工艺流程设计概述

工艺设计的核心是工艺流程设计,工艺流程是以化学反应为工艺核心,并连接反应前后对物料进行处理的工艺步骤,形成一个由原料到产品的生产工艺程序。把这个生产工艺程序用图形描绘出来,并说明物料的流向和能量的传递情况,即形成一个工艺流程图。

一般工艺流程都可分为 4 个部分,即原料预处理过程、反应过程、产物的后处理过程和“三废”的处理过程,如图 10-2 所示。流程设计的主要任务在于两个方面:一是确定生产流

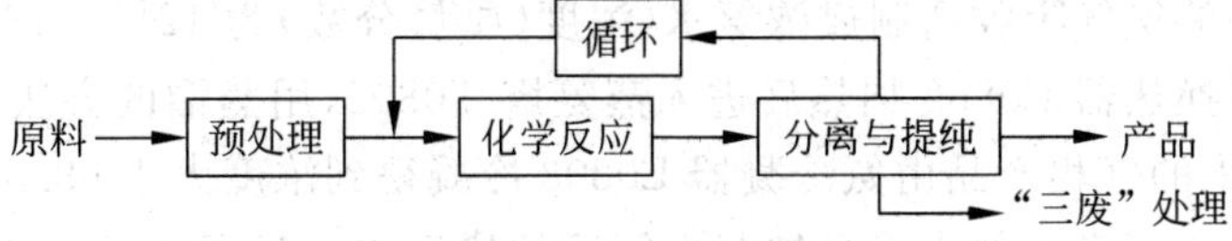

图 10-2 化工生产工艺流程

程中各个生产过程的具体内容、顺序和组合方式；二是绘制工艺流程图。

工艺流程图是采用展开画法,用图例、符号及代号等把化工工艺流程和所需的全部设备、机器、管道、阀门、管件和仪表表示出来的图样。根据设计阶段和设计过程中需要表达的重点不同,工艺流程图可分为：方案流程图、物料流程图和管道及仪表流程图。

10.1.2 方案流程图

1. 方案流程图的内容

方案流程图又称流程示意图或流程简图,是用来表达整个工厂或车间物料从原料到成品或半成品的生产流程的图样。它是在化工厂初步设计阶段提供的图样,可用于设计开始时工艺方案的对比讨论,也可作为物料衡算和能量衡算的基础,作为施工流程图设计的主要依据。方案流程图的图幅一般不作规定,且可以省略图框和标题栏。

如图 10-3 所示为合成氨厂氨回收工段的方案流程图。

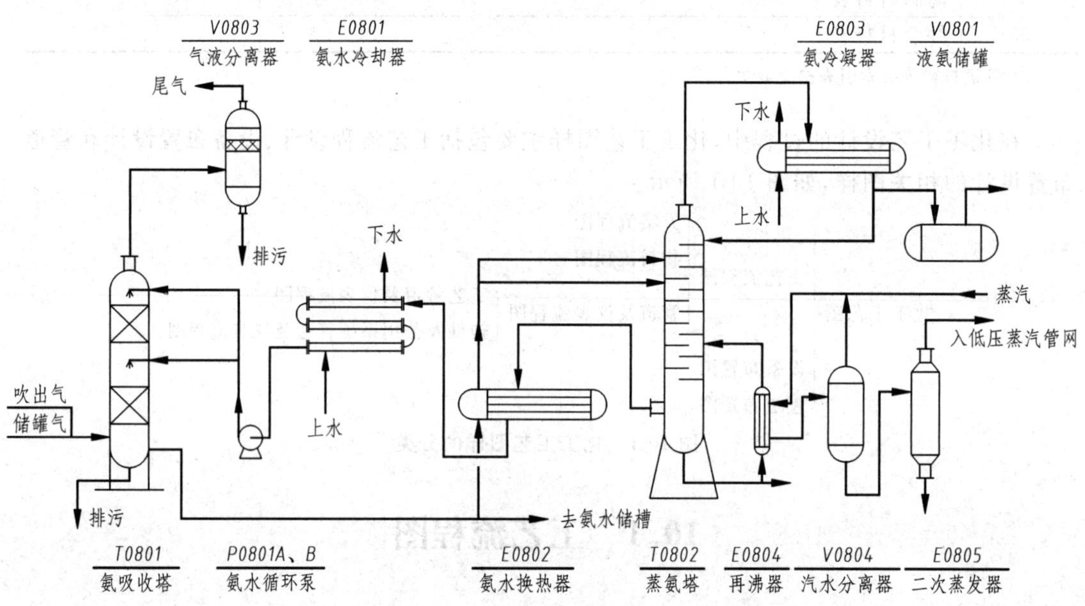

图 10-3 氨回收工段的方案流程图

在合成氨厂,为了达到节能减排、增产增效的目的,通常采取一定的措施对氨合成尾气进行回收。这部分尾气主要由两部分气体组成,即合成吹出气和液氨储罐施放气。氨回收工艺通过吸收、解吸的循环过程完成氨的回收利用,不仅能增加氨产量,而且能有效降低有害气体的排放量。

此工艺采用化学软水吸收的方法,在填料吸收塔 T0801 中用稀氨水(补充部分清水)将吹出气及储罐气中的氨气吸收后制成浓氨水(浓度(质量分数)为 12%～18%),浓氨水从塔底部引出后经氨水换热器 E0802 加热后进入蒸氨塔 T0802,用蒸馏的方法将浓氨水中的氨蒸馏出来,塔顶出来的气相产品由氨冷凝器 E0803 冷凝得到浓度大于 98.5%的液氨进入液氨储罐 V0801。从蒸氨塔下部出来已被蒸出氨后的稀氨水通过 E0802 降温,再经氨水冷却器 E0801 进一步冷却后由循环泵 P0801 输送回吸收塔继续作为吸收液。被吸收氨后的尾气从吸收塔顶出来经气液分离器 V0803 后排空。

由图 10-3 可见，方案流程图包括的内容主要有：

(1) 工艺生产过程中所采用的各种机器、设备；

(2) 物料由原料转变为半成品或成品的运行路线，即工艺流程线。

2. 方案流程图的画法

方案流程图是按照工艺流程的顺序，把所采用的设备和工艺流程线自左至右示意性地展开画到一个平面上，并对设备及物料的来源、去向进行标注。

1) 设备的画法

流程图中的设备用细实线按流程顺序依次画出大致轮廓或示意图，一般不按比例，但应保持相对大小，且设备间相对高低位置和设备上的重要接管口位置应大致符合实际情况。设备之间要留出足够的距离以绘制流程线，对于相同的设备可只画出一套。常见设备示意图如表 10-2 所示。

表 10-2　管道及仪表流程图中设备、机器图例(摘自 HG/T 20519—2009)

设备类型及代号	图　例	设备类型及代号	图　例
塔(T)	填料塔　板式塔　喷洒塔	换热器(E)	换热器(简图)　固定管板式列管换热器 U形管式换热器　浮头式列管换热器 套管式换热器　釜式换热器 板式换热器　蛇管式(盘管式)换热器 翅片管换热器　螺旋板式换热器 喷淋式冷却器　刮板式薄膜蒸发器
塔内件	浮阀塔塔板　筛板塔塔板　泡罩塔塔板　格栅塔 降液管　升气管　湍球塔　填料除沫层 丝网除沫层　受液盘　液体分布器、喷淋器		
反应器(R)	固定床反应器　列管式反应器　流化床反应器　反应釜(带搅拌、夹套)		

续表

设备类型及代号	图　例	设备类型及代号	图　例
泵 (P)	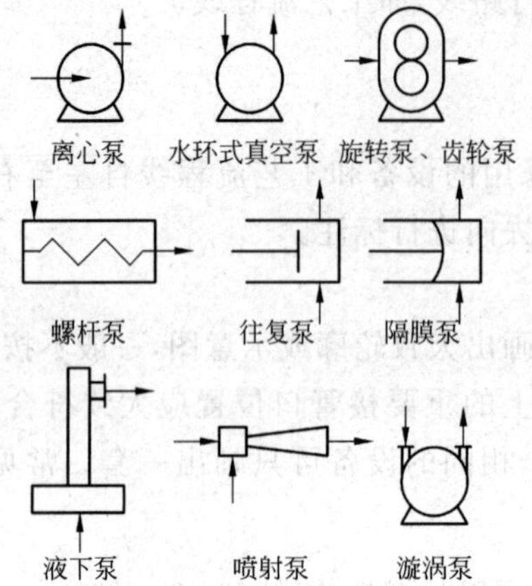 离心泵　水环式真空泵　旋转泵、齿轮泵 螺杆泵　往复泵　隔膜泵 液下泵　喷射泵　漩涡泵	鼓风机 压缩机 (C)	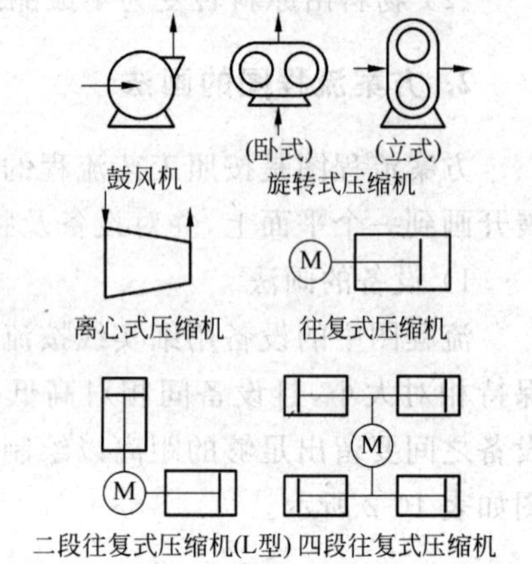 鼓风机　(卧式)　(立式)　旋转式压缩机 离心式压缩机　M　往复式压缩机 M　M 二段往复式压缩机(L型) 四段往复式压缩机
容器 (V)	锥顶罐　(地下/半地下)池、槽、坑　浮顶罐 圆顶锥底容器 蝶形封头容器 平顶容器 干式气柜　湿式气柜　球罐 卧式容器　卧式容器 填料除沫分离器 丝网除沫分离器 旋风分离器 干式电除尘器　湿式电除尘器 固定床过滤器　带滤筒的过滤器	起重运 输机械 (L)	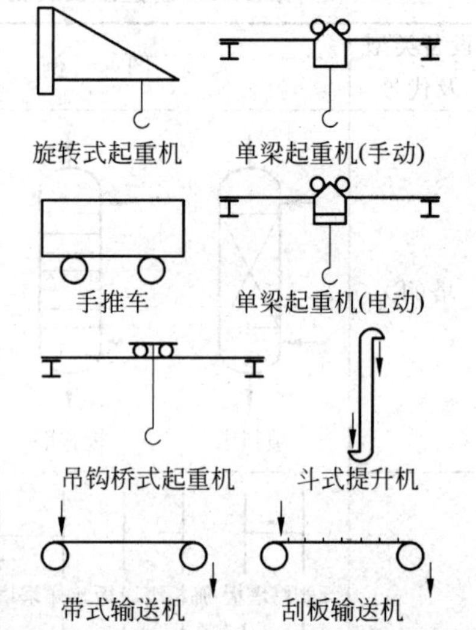 旋转式起重机　单梁起重机(手动) 手推车　单梁起重机(电动) 吊钩桥式起重机　斗式提升机 带式输送机　刮板输送机
		动力机 (M、E、S、D)	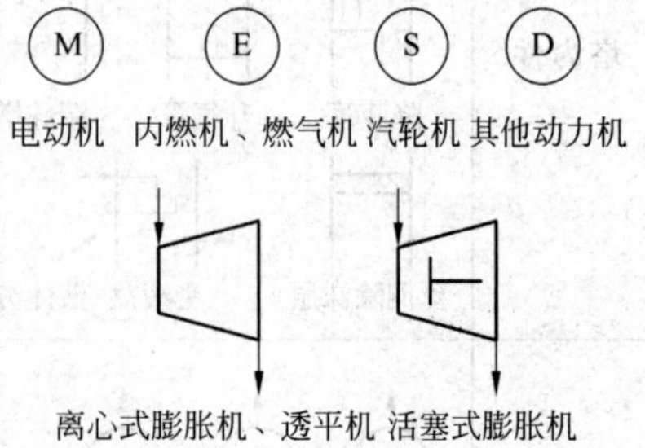 M　E　S　D 电动机　内燃机、燃气机 汽轮机 其他动力机 离心式膨胀机、透平机 活塞式膨胀机
		火炬 (S)	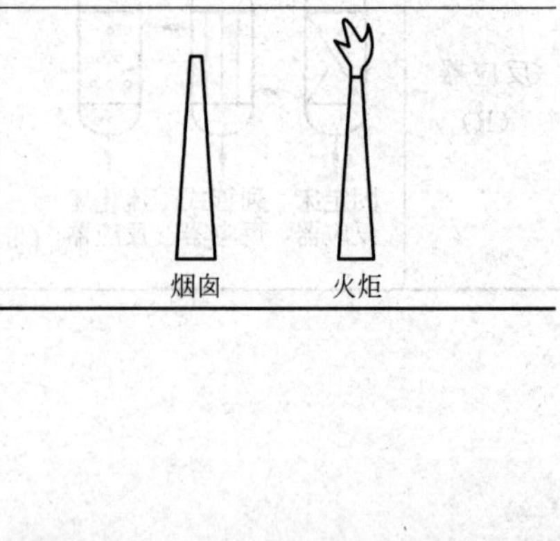 烟囱　火炬

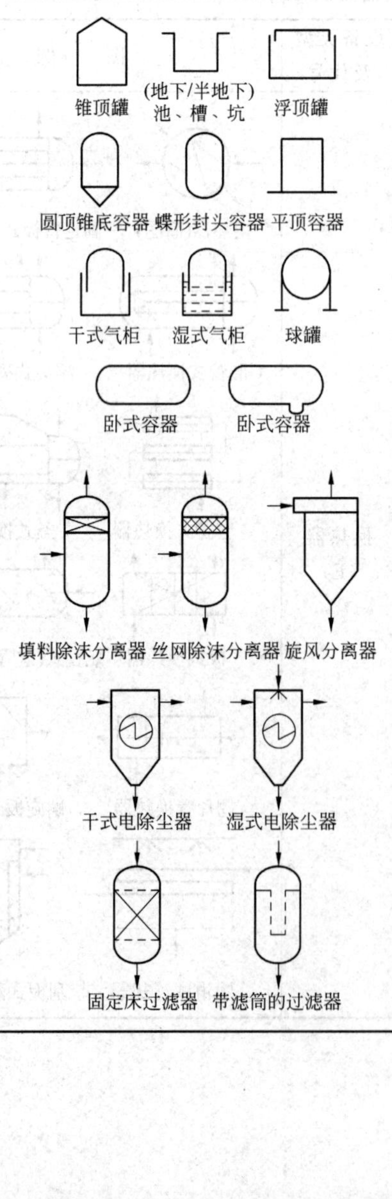

续表

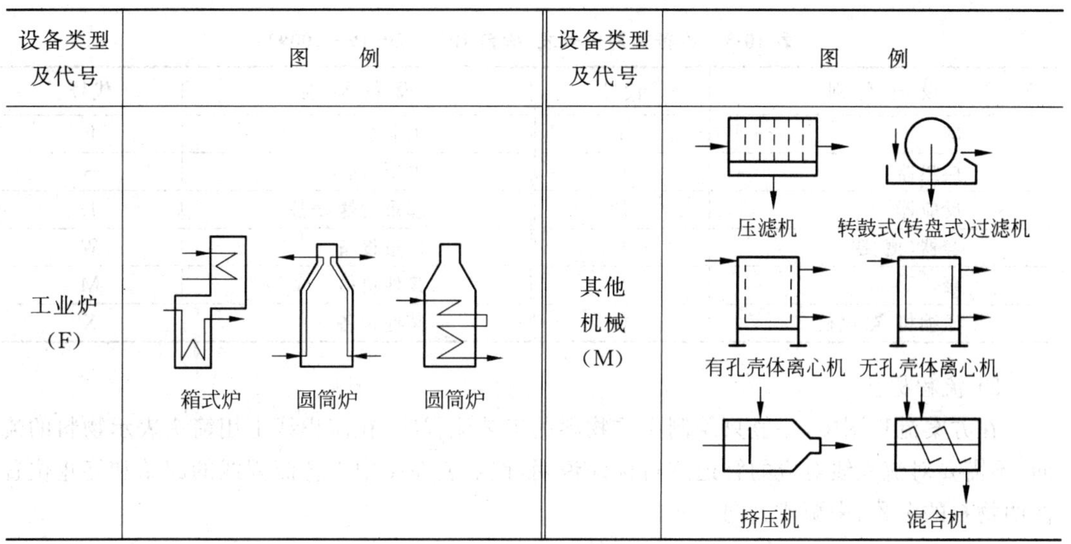

设备类型及代号	图　　例	设备类型及代号	图　　例
工业炉（F）	箱式炉　圆筒炉　圆筒炉	其他机械（M）	压滤机　转鼓式(转盘式)过滤机 有孔壳体离心机　无孔壳体离心机 挤压机　混合机

2）工艺流程线的画法

主要物料的工艺流程线用粗实线绘出，在两设备间的流程线上必须有一个箭头标明物料流向。流程线一般画成水平或垂直，当发生交叉时应断开其中一条，如图 10-4 所示。方案流程图中一般只画出主要工艺流程线。

3. 方案流程图中的标注

1）设备的标注

在流程图中，将设备的位号及名称标注在设备的正上方或正下方，并排成一行；或者标注在靠近设备图形的显著位置，当设备较少时，可以不对设备编号，将名称直接标注在图形上。设备位号及名称的标注方法如图 10-5 所示。

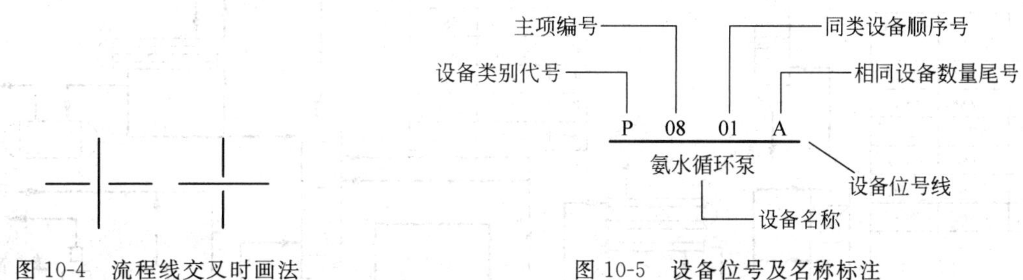

图 10-4　流程线交叉时画法　　图 10-5　设备位号及名称标注

(1) 设备类别代号：设备、机器的类别代号用一个大写拉丁字母表示，见表 10-3。

(2) 主项编号：指车间或工段的编号，可由 1 位或 2 位数字顺序表示，即 1～9 或 01～99 之间的数字。当工艺较复杂，无法用一张图纸绘制完成工艺图样时，通常将主项划分成若干个绘图区域。

(3) 同类设备顺序号：表示同一类设备的编号，由 01～99 之间的两位数字构成。

(4) 相同设备数量尾号：对于完全相同的多个设备，在其他编号均相同的情况下，在设备顺序号的后面注写尾号，采用 A、B、C……大写拉丁字母表示其数量。

(5) 设备位号线：采用粗实线绘制。

表 10-3 设备类别代号表(摘自 HG/T 20519—2009)

设备类别	代号	设备类别	代号
塔	T	工业炉	F
换热器	E	火炬、烟囱	S
反应器	R	起重运输设备	L
容器(槽、罐)	V	计量设备	W
泵	P	其他机械	M
压缩机、鼓风机	C	其他设备	X

2) 流程标注

在方案流程图中，一般只绘制主要物料的工艺流程线，在流程线上用箭头表示物料的流向，不需要对流程线对应的管道进行标注说明，但需要在图中工艺流程线的起始和终止位置注明物料的名称、来源或去向。

10.1.3 物料流程图

物料流程图是在初步设计阶段，完成物料衡算和热量衡算后在方案流程图的基础上所绘制的图样。物料流程图采用图形与表格相结合的形式，反映出设计计算的结果。通常在流程线的起始部位，物料产生变化的设备之后或流程线的终端，列表标出物料的组分名称、含量比例，并且给出一些关键设备的规格特性参数，如：塔设备的直径和高度、换热器的换热面积、储罐的容积等，如图 10-6 所示。如流程较为复杂时，可对流股编号，将物流信息列表置于图中。

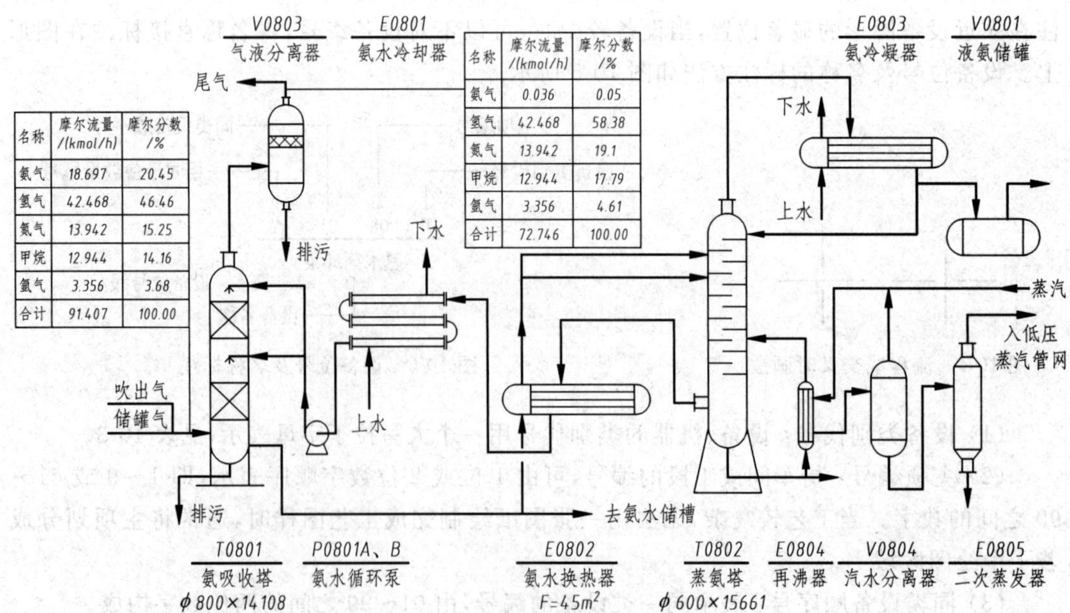

名称	摩尔流量/(kmol/h)	摩尔分数/%
氨气	18.697	20.45
氢气	42.468	46.46
氮气	13.942	15.25
甲烷	12.944	14.16
氩气	3.356	3.68
合计	91.407	100.00

名称	摩尔流量/(kmol/h)	摩尔分数/%
氨气	0.036	0.05
氢气	42.468	58.38
氮气	13.942	19.1
甲烷	12.944	17.79
氩气	3.356	4.61
合计	72.746	100.00

图 10-6 氨回收工艺物料流程图

10.1.4 首页图

在工艺设计施工图中,将设计中所采用的部分规定以图表形式绘制成首页图,以便更好地了解和使用各设计文件。

首页图包括的内容:

(1) 管道及仪表流程图中所采用的管道、阀门及管件符号标记、设备位号、物料代号和管道标注方法等。

(2) 自控(仪表)专业在工艺过程中所采取的检测和控制系统的图例、符号、代号等。

首页图的图幅大小可根据内容而定,一般为A1,特殊情况可采用A0图幅,如图10-7所示。

10.1.5 管道及仪表流程图

管道及仪表流程图适用于化工工艺装置,是用图示的方法把化工工艺流程和所需的全部设备、机器、管道、阀门及管件和仪表表示出来,是设计和施工的依据,也是开/停车、操作运行、事故处理及维修检修的指南。

管道及仪表流程图分为"工艺管道及仪表流程图"和"辅助及公用系统管道及仪表流程图"。工艺管道及仪表流程图是以工艺管道及仪表为主体的流程图;辅助系统包括正常生产和开、停车过程中所需用的仪表空气、工厂空气、加热用的燃料(气或油)、制冷剂、脱吸及置换用的惰性气、机泵的润滑油及密封油、废气、放空系统等;公用系统包括自来水、循环水、软水、冷冻水、低温水、蒸汽、废水系统等,一般按介质类型分别绘制。

对流程简单、设备不多的工程项目,其辅助及公用系统管道及仪表流程图的内容并入工艺管道及仪表流程图,不再另行出图。图10-8所示为氨回收工段的工艺管道及仪表流程图,图中包括辅助及公用系统管道及仪表流程图的内容,是在图10-3方案流程图基础上绘制的。

1. 管道及仪表流程图的一般规定

管道及仪表流程图一般以工艺装置的主项(工段或工序)为单元绘制,当工艺过程比较简单时,也可以装置为单元绘制。

(1) 图幅:管道及仪表流程图应采用标准规格的A1图幅,横幅绘制,流程简单者可用A2图幅。

(2) 比例:管道及仪表流程图不按比例绘制,但应示意出各设备相对位置的高低,一般设备(机器)图例只取相对比例,实际尺寸过大的设备(机器)比例可适当缩小,实际尺寸过小的设备(机器)比例可适当放大。整个图面应协调、美观。

(3) 文字:图纸中的数字及字母字高为2~3mm,表格中的文字(格高小于6mm时)为3mm。

(4) 标题栏:管道及仪表流程图要有标题栏。

2. 管道及仪表流程图的画法与标注

管道及仪表流程图在方案流程图的基础上进行绘制,要绘出工艺设备一览表所列的所

管道符号标记

主要工艺物料和主要管道
辅助物料及次要管道
引线、管件、阀门、仪表线、设备轮廓线等
蒸汽伴热管
电热伴热管
绝热管
物料流向
进装置来源标记
出装置来源标记
管道相连
管道交叉（不相连）

阀门和管件

闸阀
截止阀
球阀
止回阀
隔膜阀
带法兰盖阀门

减压阀
底阀
放空管（帽）
漏斗
敞口
封闭
同心异径管
偏心异径管
喷淋管
八字盲管（正常开启）
八字盲管（正常关闭）
管端法兰及法兰盖
焊接式设备管口

特殊阀门和管件

SP Y型过滤器
RO 限流孔板
SP 减压阀
SV 疏水阀
SV 爆破片
SV 安全阀

管道标注方法

PL	-	08	05	-	125	-	L1B	-	H
1		2	3		4		5		6

1 物料代号
2 主项编号
3 管道顺序号
4 管道公称直径
5 管道等级
6 绝热、隔声代号

被测变量和仪表功能的字母代号

字母	首位字母 被测变量	修饰词	后继字母 功能
A	分析		报警
C	电导率		控制
D	密度	差	
F	流量	比（分数）	
G	长度		玻璃观察
H	手动（人工触发）		高位
	电流		指示
L	物位		信号
M	水分或湿度		
P	压力或真空		试验点（接头）
Q	数量或件数		积分、计算
R	放射性		记录或打印
S	速度、速率		联锁
T	温度		传递
W	称重		

物料代号

代号	物料	代号	物料
PG	工艺气体	MS	中压蒸汽
PL	工艺液体	HS	高压蒸汽
PA	工艺空气	LS	低压蒸汽
SG	合成气	TS	伴热蒸汽
CG	转化气	PW	工艺水
AR	空气	CSW	化学污水
AW	氨水	SW	软水
AL	液氨	FG	燃料气
SC	蒸汽冷凝水	FO	燃料油
BW	锅炉给水	DR	排液、导淋
CWR	循环冷却水回水	AD	添加剂
CWS	循环冷却水上水	VT	放空
FW	消防水	VE	真空排放
WW	生产废水	FV	火炬排放气
NG	天然气	LO	润滑油

表示仪表安装位置的图形符号

就地安装仪表
集中仪表盘面安装仪表
就地仪表盘面安装仪表
集中进计算机系统

连接和信号线

电动控制线
气动信号线
过程连接或机械连接线

设备位号

T	08	05	A
1	2	3	4

1 设备类别代号
2 主项编号
3 同类设备中的设备顺序号
4 相同设备的尾号

设备类别代号

C 压缩机、风机
E 换热器
P 泵
L 起重设备
R 反应器
M 其他机械
S 火炬、过滤设备
T 塔
V 容器、槽罐

图形符号的表示方法

测量点

职责	签名	日期	首页图	工程名称	
设计				项目名称	
校核				设计阶段	
会签				设计专业	
标准化			比例	描校	第 页
审核				复校	共 页

图 10-7 首页图

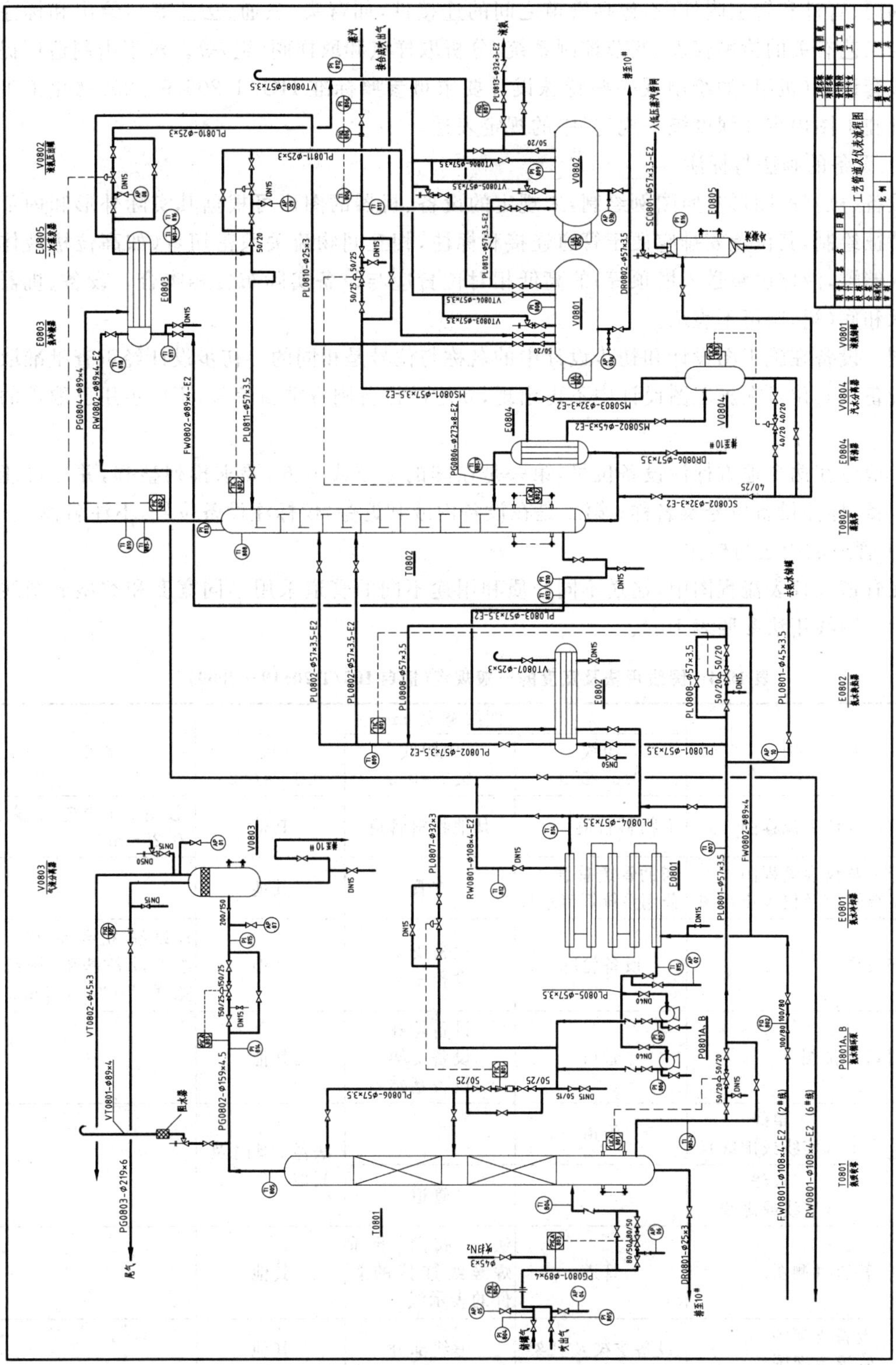

图 10-8　氨回收工段工艺管道及仪表流程图

有设备(机器),绘出全部管道以及与工艺有关的一段辅助及公用管道,绘出和标注上述管道上的阀门、管件和管道附件(不包括管道之间的连接件,如弯头、三通、法兰等),绘出和标注全部与工艺有关的检测仪表、调节控制系统、分析取样点和取样阀(组)等。对于由制造厂提供的成套设备(机组)的绘制及一些特殊设计要求可参照标准 HG/T 20519—2009《化工工艺设计施工图内容和深度统一规定》中的规定表达。

1) 设备的画法与标注

设备、机器的图形参照图例绘制,未规定的设备、机器的图形可根据其实际外形和内部结构特征绘制,其位置安排应便于管道连接和标注,相互间物流关系密切者(如高位槽液体自流入储罐,液体由泵送入塔顶等)的高低相对位置应与设备实际布置相吻合。设备、机器的支承和底(裙)座可不表示。

同一设备在施工图设计和初步设计中的名称与位号是相同的。初步设计经审查批准取消的设备及其位号在施工图设计中不再出现,新增的设备则应重新编号,不应占用已取消的位号。

一般应在两个地方标注设备位号,第一是在图的上方或下方,要求排列整齐,并尽可能正对设备,标注设备位号及名称;第二是在设备内或其近旁,仅标注设备位号,不注名称。

2) 管道的画法与标注

在管道及仪表流程图中,输送不同介质和用途不同的管道采用不同宽度和类型的图线来表示。图线用法参照表 10-4。

表 10-4 图线用法及宽度的一般规定(摘自 HG/T 20519—2009)

<table>
<tr><th colspan="2" rowspan="2">类 别</th><th colspan="3">图线宽度/mm</th><th rowspan="2">备注</th></tr>
<tr><th>粗线
0.6～0.9</th><th>中粗线
0.3～0.5</th><th>细线
0.15～0.25</th></tr>
<tr><td colspan="2">工艺管道及仪表流程图</td><td>主物料管道</td><td>其他物料管道</td><td>其他</td><td>设备、机器轮廓线 0.25mm</td></tr>
<tr><td colspan="2">辅助管道及仪表流程图
公用系统管道及仪表流程图</td><td>辅助管道总管
公用系统管道总管</td><td>支管</td><td>其他</td><td></td></tr>
<tr><td colspan="2">设备布置图</td><td>设备轮廓</td><td>设备支架
设备基础</td><td>其他</td><td>动设备(机泵等)如只绘出设备基础,图线宽度用 0.6～0.9mm</td></tr>
<tr><td colspan="2">设备管口方位图</td><td>管口</td><td>设备轮廓
设备支架
设备基础</td><td>其他</td><td></td></tr>
<tr><td rowspan="2">管道
布置图</td><td>单线
(实线或虚线)</td><td>管道</td><td></td><td rowspan="2">法兰、阀门及其他</td><td rowspan="2"></td></tr>
<tr><td>双线
(实线或虚线)</td><td></td><td>管道</td></tr>
<tr><td colspan="2">管道轴测图</td><td>管道</td><td>法兰、阀门、承插焊螺纹连接的管件的表示线</td><td>其他</td><td></td></tr>
<tr><td colspan="2">设备支架图
管道支架图</td><td>设备支架及管架</td><td>虚线部分</td><td>其他</td><td></td></tr>
<tr><td colspan="2">管件图</td><td>管件</td><td>虚线部分</td><td>其他</td><td></td></tr>
</table>

注:凡界区线、区域分界线、图形接续分界线的图线采用双点画线,宽度均用 0.5mm。

管道及仪表流程图中的每根管道都必须标注管道组合号，水平管道标注在管道上方，垂直管道标注在管道的左方；也可将管道组合号标注在管道的上下(左右)方，即管段号、管径放一侧，管道等级和绝热(或隔声)代号放另一侧；当管道密集、无处标注时，可引出标注。

管道应标注的内容有四部分，即管段号(由物料代号、主项代号和管道顺序号组成)、管径、管道等级和绝热(或隔声)代号，如图 10-9 所示。当工艺流程简单、管道品种规格不多时，管道组合号中的管道等级和绝热(或隔声)代号可省略。

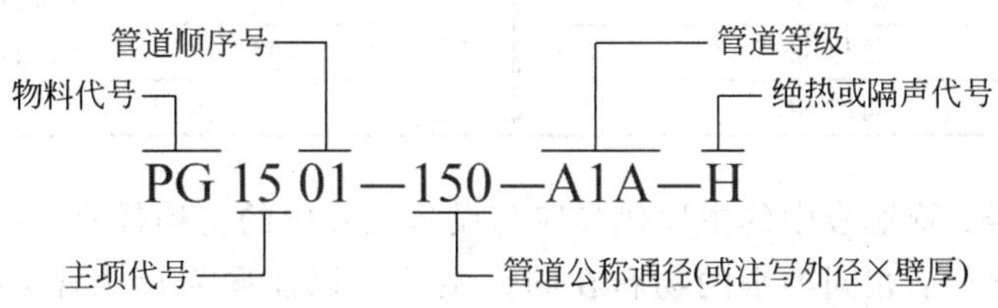

图 10-9 管道标注方法

(1) 物料代号：是由物料的名称和状态的英文名词的字头组成，一般采用 2～3 个大写英文字母来表示，常用物料代号见表 10-5。

表 10-5 管道及仪表流程图上的物料代号(摘自 HG/T 20519—2009)

分类	物料代号	物料名称	分类	物料代号	物料名称
工艺物料	PA	工艺空气	水	BW	锅炉给水
	PG	工艺气体		CSW	化学污水
	PGL	气液两相流工艺物料		CWR	循环冷却水回水
	PGS	气固两相流工艺物料		CWS	循环冷却水上水
	PL	工艺液体		DNW	脱盐水
	PLS	液固两相流工艺物料		DW	自来水、生活用水
	PS	工艺固体		FW	消防水
	PW	工艺水		HWR	热水回水
空气	AR	空气		HWS	热水上水
	CA	压缩空气		RW	原水、新鲜水
	IA	仪表空气		SW	软水
蒸汽、冷凝水	HS	高压蒸汽		WW	生产废水
	HUS	高压过热蒸汽	燃料	FG	燃料气
	LS	低压蒸汽		FL	液体燃料
	LUS	低压过热蒸汽		FS	固体燃料
	MS	中压蒸汽		NG	天然气
	MUS	中压过热蒸汽		LPG	液化石油气
	SC	蒸汽冷凝水		LNG	液化天然气
	TS	伴热蒸汽	其他	H	氢
制冷剂	AG	气氨		O	氧
	AL	液氨		N	氮
	RWR	冷冻盐水回水		DR	排液、导淋
	RWS	冷冻盐水上水		FSL	熔盐
	FRG	氟利昂气体		FV	火炬排放气
	ERG	气体乙烯或乙烷		IG	惰性气
	ERL	液体乙烯或乙烷		SL	泥浆
	PRG	气体丙烯或丙烷		VE	真空排放气
	PRL	液体丙烯或丙烷		VT	放空

续表

分类	物料代号	物料名称	分类	物料代号	物料名称
油	DO	污油	其他	WG	废气
	FO	燃料油		WS	废渣
	GO	填料油		WO	废油
	RO	原油		FLG	烟道气
	SO	密封油		CAT	催化剂
	HO	导热油		AD	添加剂
	LO	润滑油			

(2) 主项代号：管道号中的主项代号应与设备位号中的主项代号一致。

(3) 管道顺序号：相同类别的物料在同一主项内以流向先后为序，顺序编号。采用两位数字，从01～99依次编写。

(4) 管径：一般标注管道公称通径，以mm为单位，也可直接标注成"外径×壁厚"。

(5) 管道等级：等级编号由管道公称压力等级(MPa)、管道材料等级顺序号、管道材质构成。压力等级代号用大写英文字母表示，A～G用于ASME标准压力等级代号，H～Z用于国内标准压力等级代号(其中I、J、O、X不用)，见表10-6；管道材料等级顺序号用阿拉伯数字表示，由1～9组成；管道材质类别用大写英文字母表示，常用材质见表10-7。

表10-6 管道公称压力等级(摘自HG/T 20519—2009)

压力等级(用于ASME标准)			压力等级(用于国内标准)			
代号	公称压力/LB	公称压力/MPa	代号	公称压力/MPa	代号	公称压力/MPa
A	150	2.0	H	0.25	R	10.0
B	300	5.0	K	0.6	S	16.0
C	400		L	1.0	T	20.0
D	600	11.0	M	1.6	U	22.0
E	900	15.0	N	2.5	V	25.0
F	1500	26.0	P	4.0	W	32.0
G	2500	42.0	Q	6.4		

表10-7 管道材质类别(摘自HG/T 20519—2009)

代号	管道材料	代号	管道材料	代号	管道材料	代号	管道材料
A	铸铁	C	普通低合金钢	E	不锈钢	G	非金属
B	碳钢	D	合金钢	F	有色金属	H	衬里及内防腐

(6) 绝热或隔声代号：见表10-8。

表10-8 绝热及隔声代号(摘自HG/T 20519—2009)

代号	功能类型	备　注	代号	功能类型	备　注
S	蒸汽伴热	采用蒸汽伴管和保温材料	H	保温	采用保温材料
W	热水伴热	采用热水伴管和保温材料	C	保冷	采用保冷材料

续表

代号	功能类型	备　注	代号	功能类型	备　注
O	热油伴热	采用热油伴管和保温材料	P	人身防护	采用保温材料
J	夹套伴热	采用夹套管和保温材料	D	防结露	采用保冷材料
E	电伴热	采用电热带和保温材料	N	隔声	采用隔声材料

当工艺流程较为复杂，分多张图纸绘制时，在管道的来源和去向处要绘制接续标志，进出装置或主项的管道或仪表信号线的图纸接续标志如图 10-10(a)所示，同一装置或主项内的管道或仪表信号线的图纸接续标志如图 10-10(b)所示，相应的图纸编号填在空心箭头内，在空心箭头上方注明来或去的设备位号或管道号或仪表位号。

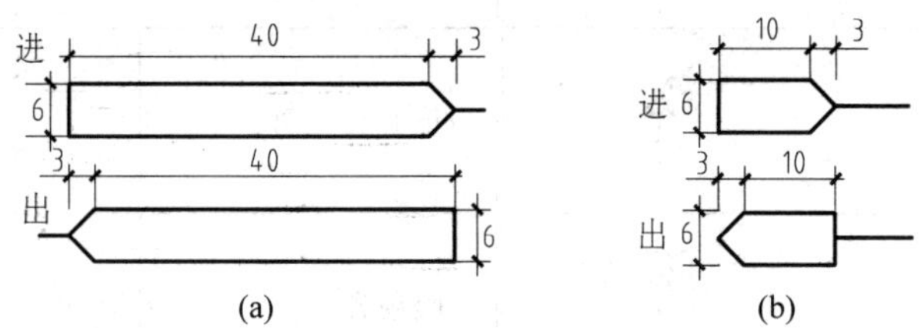

图 10-10　图纸接续标志

(a) 进出装置或主项；(b) 同一装置或主项内

3）阀门及管件等的画法与标注

阀门、管件等在管道中用来调节流量、切断或切换管道，对管道起安全、控制作用。管道中的阀门及管件等用细实线绘制，常用图形符号见表 10-9。

表 10-9　常用阀门、管件及管道附件图例（摘自 HG/T 20519—2009）

名　称	符　号	名　称	符　号
蒸汽伴热管道		翅片管	
电伴热管道		柔性管	
闸阀		蝶阀	
截止阀		减压阀	
节流阀		疏水阀	
球阀		阻火器	
旋塞阀		消声器	

续表

名　称	符　号	名　称	符　号
隔膜阀		Y型过滤器	
止回阀		锥形过滤器	
柱塞阀		视镜、视钟	
角式截止阀		同心异径管	
角式节流阀		偏心异径管	(底平)　(顶平)
角式球阀		喷射器	
三通截止阀		文氏管	
三通球阀		放空帽(管)	(帽)　(管)
三通旋塞阀		角式重锤安全阀	
四通截止阀		角式弹簧安全阀	
四通球阀		四通旋塞阀	

注：阀门图例尺寸一般为长 4mm，宽 2mm；或长 6mm，宽 3mm。

4）仪表控制点的画法与标注

在管道及仪表流程图中，要绘出所有与工艺有关的仪表、调节控制系统、分析取样点等。仪表控制点的符号由图形符号和仪表位号两部分组成，图形符号见表 10-10，常用一直径为 10mm 的细实线圆表示，再用细实线连到设备轮廓线或工艺管道的测量点上。仪表位号由仪表功能标志与仪表回路编号两部分组成，仪表位号中的功能标志填写在图形符号的上半部分，回路编号填写在下半部分。

表 10-10　仪表设备与功能的图形符号(摘自 HG/T 20505—2014)

序号	共享显示、共享控制		C	D	安装位置与可接近性
	A	B			
	首选或基本工程控制系统	备选或安全仪表系统	计算机系统及软件	单台(单台仪表设备或功能)	
1					位于现场； 非仪表盘、柜、控制台安装； 现场可视； 可接近性——通常允许
2					位于控制室； 控制盘/台正面； 在盘的正面或视频显示器上可视； 可接近性——通常允许
3					位于控制室； 控制盘背面； 位于盘后的机柜内； 在盘的正面或视频显示器上不可视； 可接近性——通常不允许
4					位于现场控制盘/台正面； 在盘的正面或视频显示器上可视； 可接近性——通常允许
5					位于现场控制盘背面； 位于现场机柜内； 在盘的正面或视频显示器上不可视； 可接近性——通常不允许

仪表位号应是唯一的，用以定义组成监测或控制回路的每一个设备和(或)功能的用途。仪表位号通过在仪表回路号的标志字母后增加变量修饰字母(如果需要)和增加后缀字母形成，后缀和间隔符根据需要选择使用。

仪表功能标志由首位字母(回路标志字母)和后继字母(功能字母、功能修饰字母)构成。标志字母的选用应符合表 10-11 的规定，可以仅为一个被测变量/引发变量字母，如：分析(A)、流量(F)、物位(L)、压力(P)、温度(T)等；也可以是一个被测变量/引发变量字母附带修饰字母，如：累计流量(FQ)、压差(PD)、温差(TD)、流量比率(FF)等。功能修饰字母对被测变量/引发变量会引起的动作或功能(读出功能/输出功能)的含义进行说明。就地仪表，如流量视镜、液位计、压力表、温度计宜用 FG、LG、PG、TG 表示。就地流量指示仪表可用 FI 辅助以相应的测量元件图形符号表示。仪表功能标志的字母代号见表 10-11。

表 10-11 仪表功能标志中的字母代号(摘自 HG/T 20505—2014)

字母	首位字母		后继字母		
	被测变量或引发变量	修饰词	读出功能	输出功能	修饰词
A	分析		报警		
B	喷嘴、火焰		供选用	供选用	供选用
C	电导率			控制	关位
D	密度	差			偏差
E	电压(电动势)		检测元件、一次元件		
F	流量	比率(比值)			
G	毒性气体或可燃气体		视镜、观察		
H	手动				高
I	电流		指示		
J	功率		扫描		
K	时间、时间程序	变化速率		操作器	
L	物位		灯		低
M	水分或湿度				中、中间
N	供选用		供选用	供选用	供选用
O	供选用		孔板、限制		开位
P	压力		连接或测试点		
Q	数量	积算、累计	积算、累计		
R	核辐射		记录		运行
S	速度、频率	安全		开关	停止
T	温度			传送(变送)	
U	多变量		多功能	多功能	
V	振动、机械监视			阀、风门、百叶窗	
W	重量、力		套管、取样器		
X	未分类	X 轴	附属设备、未分类	未分类	未分类
Y	事件、状态	Y 轴		辅助设备	
Z	位置、尺寸	Z 轴		驱动器、执行元件、未分类的最终控制元件	

仪表回路号应是唯一的,被赋予每个监测回路、控制回路,用以标志被监测、检测或控制的变量。应至少由回路的标志字母和数字编号两部分组成,前缀、后缀和间隔符应根据需要选择使用。仪表回路号的数字编号宜大于等于3位数字,如 *01、*001、*0001等,其中 * 号可以是0到9的任何数字,也可以是与单元号、图纸号或设备号等相关的数字代码。

典型的仪表位号形式见表 10-12,安装在管路测量点上仪表的表示方法如图 10-11所示。

表 10-12 典型的仪表位号示例(摘自 HG/T 20505—2014)

示例：温度低报警仪表位号												
典型的仪表位号：10-TDAL-＊01A-1A1												
10	-	T	D	A	L	-	＊01	A	-	1	A1	仪表位号
											A1	附加仪表位号后缀
										1	1	第一仪表位号后缀
									-		-	间隔符
								A			A	仪表回路号后缀
							＊01				＊01	仪表回路号的数字编号
						-					-	间隔符
					L						L	功能修饰字母
				A							A	功能字母
				A	L						AL	后继字母
			D								D	变量修饰字母
		T									T	被测变量/引发变量字母
		T	D	A	L						TDAL	功能标志字母
	-										-	间隔符
10											10	仪表回路号前缀

注：＊号为 0～9 的数字或多位数字的组合。

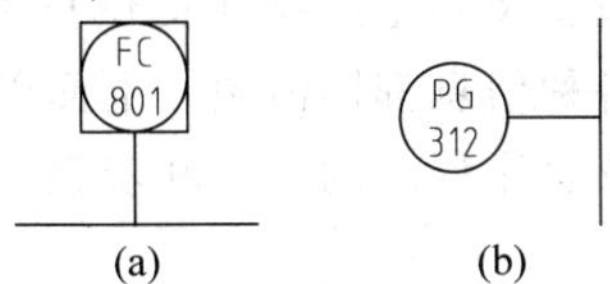

图 10-11 安装在管路测量点上仪表的表示方法

(a) 变送器带控制功能的图形符号；(b) 就地安装压力表图形符号

目前，自动化控制越来越多地被工厂采用，现代化的工厂企业都采用 DCS(distributed control system)控制系统来实现对整个工艺过程的监视、控制和管理。在自动化控制下各种执行机构代替了人工操作，执行机构使用液体、气体、电力或其他能源并通过电机、气缸或其他装置将其转化成驱动作用，以驱动阀门至全开或全关的位置，或精确调节阀门至一定的开度。最终控制元件执行机构部分图形符号见表 10-13。

表 10-13 最终控制元件执行机构图形符号(摘自 HG/T 20505—2014)

序号	符号	描 述	序号	符号	描 述
1		通用型执行机构 弹簧-薄膜执行机构	3		电动操作机执行机构：电动、气动或液动；直行程或角行程动作
2		压力平衡式薄膜执行机构	4		可调节的电磁执行机构；用于工艺过程的开关阀的电磁执行机构

续表

序号	符号	描　述	序号	符号	描　述
5		直行程活塞执行机构；单作用；双作用	9		带定位器的弹簧-薄膜执行机构
6		带定位器的直行活塞执行机构	10	S	带远程部分行程测试设备的执行机构
7		手动执行机构	11	S R	手动或远程复位开关型电磁执行机构
8		带侧装手轮的执行机构	12		弹簧或重力泄压或安全阀执行机构

3. 管道及仪表流程图的阅读

作为内容比较详尽的工艺流程图,管道及仪表流程图为后续的设备布置设计和管道布置设计提供了设计依据,也为管道安装和生产操作提供技术指导。因此阅读管道及仪表流程图时,必须要把图中所给出的各种信息都搞清楚。下面以图10-8氨回收工段的管道及仪表流程图为例,介绍阅读管道及仪表流程图的方法和步骤。

(1) 了解图样基本信息。

通过阅读标题栏了解图样名称,阅读图例了解图中各种图形符号、代号的意义,以便对工艺流程图作深入的分析。

(2) 了解工艺过程中的设备种类、数量、名称、位号。

总览全图,了解工艺过程中关于设备的各种信息。从图10-8可知,此工艺主项代号为08,共有13个设备、机器。其中有2个塔为吸收塔和蒸氨塔,这是该工艺中的两个核心设备。还有2个氨水循环泵(一开一备)、2个液氨储罐、1个氨水冷却器、1个氨水换热器、1个氨冷凝器、1个再沸器、2个气液分离器、1个蒸发器。

(3) 分析主要物料的工艺流程,了解物料由原料变为成品或半成品的基本过程。

从图10-8可知,合成吹出气和液氨储罐的储罐气从管路PG0801－ϕ89×4进入吸收塔T0801下部,经由管路PL0806－ϕ57×3.5来的稀氨水喷淋吸收后,尾气从塔顶经管路PG0802－ϕ159×4.5进入气液分离器V0803分离出水等液体后经VT0802－ϕ45×3排空。稀氨水吸收氨气变成浓氨水后从吸收塔底经管路PL0801－ϕ57×3.5进入氨水换热器E0802,吸收热量升温后从管路PL0802－ϕ57×3.5－H进入蒸氨塔T0802,经过蒸馏,液相中的氨气挥发出来,从塔顶经管路PG0804－ϕ89×4进入氨冷凝器E0803降温冷凝后,一部分作为液氨产品经PL0811－ϕ25×3－H进入液氨储罐,一部分从冷凝器经PL0811－ϕ57×3.5回流到蒸氨塔。而塔釜的稀氨水则从蒸氨塔下部引出来经管路PL0803－ϕ57×3.5－H进入氨水换热器E0802,吸收塔来的浓氨水和蒸氨塔来的稀氨水在此进行热量交换,稀氨水被冷却后从管路 PL0804－ϕ57×3.5 进入氨水冷却器 E0801 进一步冷却，出冷却器后从管路 PL0805－ϕ57×3.5 进入氨水循环泵 P0801，然后由泵输送到吸收塔，进行循环吸收和解吸的过程。

(4) 了解其他物料的工艺流程。

此氨回收工艺中其他物料主要包括循环冷却水和蒸汽。如氨水冷却器 E0801 和氨冷凝器 E0803，它们的冷却介质都是循环水。从 2＃管线 FW0801－ϕ108×4 来的新鲜水上水一部分进入氨水冷却器，将稀氨水冷却后沿管路 RW0801－ϕ108×4－H 出来；另一部分由管路 FW0802－ϕ89×4 进入氨冷凝器，完成降温吸热的过程后沿管路 RW0802－ϕ89×4－H 出来，然后两股循环下水汇合后从 6＃管线 RW0801－ϕ108×4 排走。

蒸汽及其他工艺物料的流程请读者自行分析。

(5) 了解工艺流程的控制方案。

通过阅读图中仪表、阀门及仪表管线的连接情况可了解各个设备的控制调节方法及工艺过程的控制。如吸收塔底部仪表 LICA－801，被测变量是液位，有指示、控制及报警功能，根据液位可以控制塔底浓氨水出口管路中的程控阀开度，从而调节其流量。蒸氨塔顶部仪表 TIC－802，被测变量是温度，有指示控制的功能，可根据塔顶温度对从冷凝器出来的液氨产品的采出量进行控制。整个工艺流程中有 11 个分析测样点(图 10-8 中仪表符号中标注“AP”处)。

10.2　设备布置图

化工厂设计过程中，在完成工艺流程图设计和设备选型后，进一步的工作就是将各工段与各设备按生产流程在空间上进行组合、布置，并用管道将各工段和各设备连接起来，即设备布置设计和管道布置设计。

设备布置设计就是确定各个设备在车间平面与立面上的位置；确定场地与建筑物、构筑物的尺寸；确定管道、电气仪表管线、采暖通风管道的走向和位置。设备布置的最终结果表现即设备布置图。

进行设备布置设计、绘制设备布置图，化工技术人员首先应该掌握房屋建筑的基本知识，并具备识读房屋建筑图的能力。

10.2.1　房屋建筑图简介

房屋建筑图是用于指导建筑施工的成套图纸。它也是按照正投影的方法，采用国标规定的图例和表达方法将拟建房屋的内外形状、大小、各部分结构、装饰等准确表示出来的图样。

1. 厂房的结构

厂房建筑物主要由以下建、构筑物构成，如图 10-12 所示。

(1) 地基：基础下面经过加固的土层；

(2) 基础：介于地基和墙(或柱)之间的那部分构件；

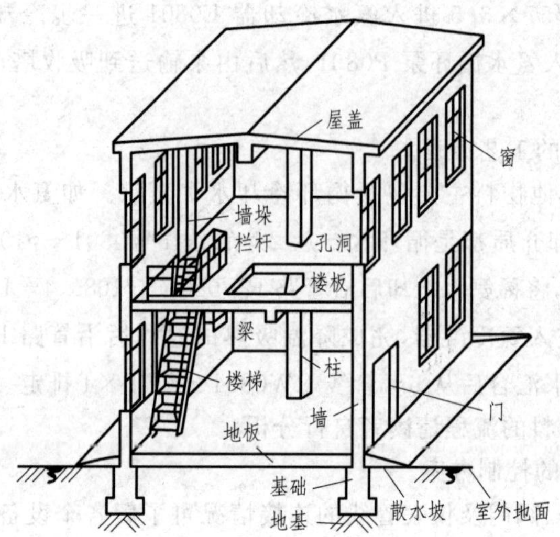

图 10-12 厂房结构示意图

(3) 墙、窗、门、楼梯、栏杆等;

(4) 柱、梁、楼板、安装设备用的孔洞(圆形和方形的)和房盖等。

2. 厂房建筑的视图

厂房建筑图样主要包括:平面图、立面图、剖面图等,如图 10-13 所示。

(1) 平面图:假想用一水平面将建筑物沿其门窗洞口处水平剖切,将剖切面下面的部分向水平面投影所得的俯视图称为平面图,如图 10-13 中"平面图"。若为多层建筑且每层布置不同,则要画出每层的平面图。

(2) 立面图:是建筑物的正立投影图和侧立投影图,主要表达建筑物的外形,如图 10-13 中"正立面图"。

(3) 剖面图:假想用一平面沿垂直方向剖切建筑物投影后画出的立面剖视图,用以表达建筑物内部在高度方向的结构形状,见图 10-13 中的"1—1 剖面图"。

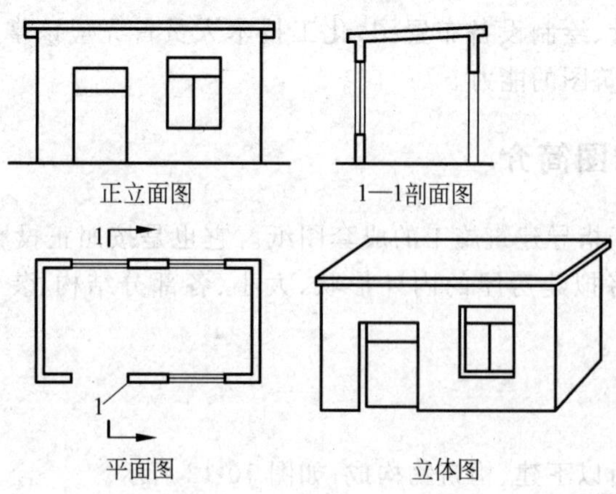

图 10-13 厂房建筑图的视图

3. 房屋建筑图的规定

在《房屋建筑图统一标准》中对图幅、图线、字体、比例等基本规格、常用建筑材料图例、符号都作了统一规定。

(1) 图幅：与机械制图中国标规定的图幅一致。

(2) 比例：建筑工程图样常用比例为 1∶50,1∶100,1∶200。

(3) 定位轴线：建筑物施工、放线及设备安装定位的重要依据。对建筑物的承重墙、柱子等主要承重构件都要标注定位轴线以确定其位置。定位轴线用细点画线绘制，端部用细实线绘制直径为 8mm 的圆，在圆圈内编号，圆心在定位轴线的延长线上；平面图上定位轴线的编号，宜标在图样的下方与左侧，如图 10-14 所示，横向编号用阿拉伯数字从左至右顺序编号，竖向编号用大写拉丁字母，从下至上顺序编号，其中字母 I、O、Z 不能用作轴线编号。

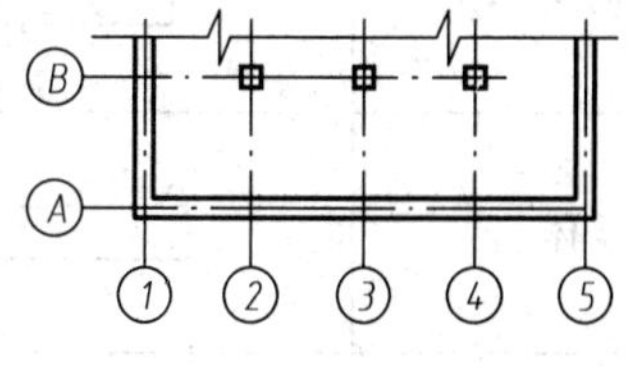

图 10-14　定位轴线及其编号顺序

(4) 标高：建筑物各层楼面、地面、构筑物、设备及其重要管口等相对于某一基准面的高度。标高符号采用细实线绘制，如图 10-15 所示。标高数值以“m”为单位，一般精确到小数点后第三位。

(5) 剖切符号：由粗实线绘制的剖切位置线与投射方向线组成。编号采用阿拉伯数字按顺序由左至右、由上至下连续编排，并注写在剖视方向线的端部，如图 10-16 所示。

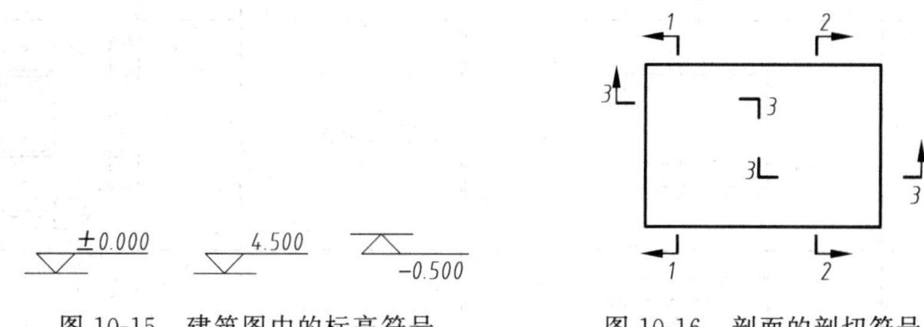

图 10-15　建筑图中的标高符号

图 10-16　剖面的剖切符号

4. 建筑图的画法与标注简介

(1) 视图数量及绘制。一般建筑物每层取一个平面图，剖面图以反映清楚建筑构件的立面构造为原则。建筑图的轮廓线用粗实线绘制，建筑构件按规定画出，常用表达建筑图样的图例见表 10-14。

表 10-14　常用建筑材料、建筑物构造及配件图例(摘自 GB/T 50001—2001)

名称	图　例	名称	图　例
自然土壤		混凝土	

续表

名称		图　例	名称	图　例
夯实土壤			钢筋混凝土	
玻璃			砂、灰土	
墙体			单扇门	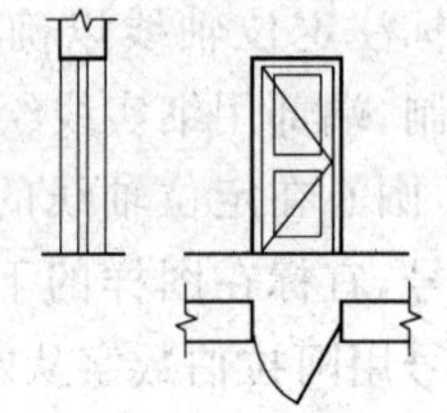
孔洞				
坑槽			双扇门	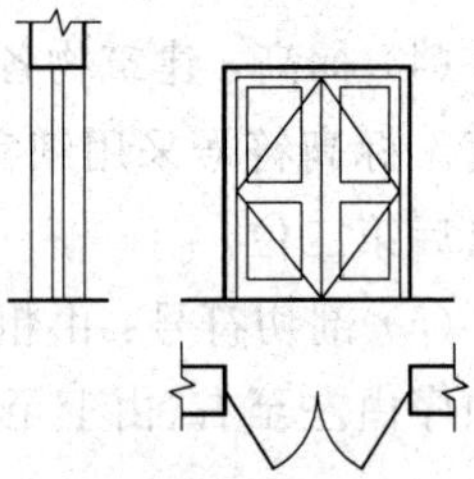
空门洞				
楼梯	底层	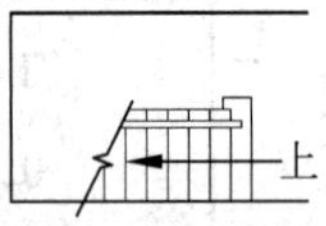 上	单层固定窗	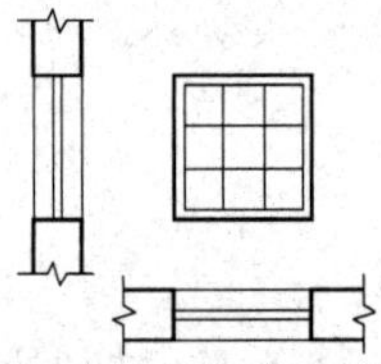
	中间层	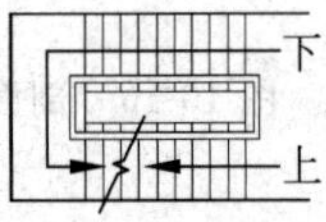 下 上	单层外开平开窗	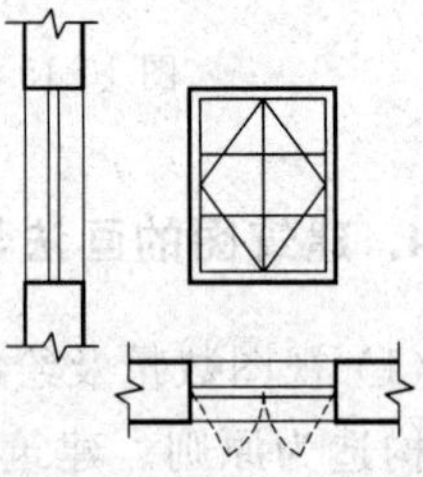
	顶层	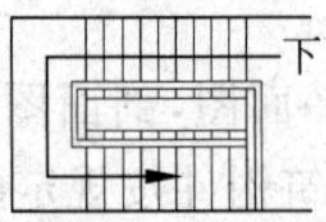 下		

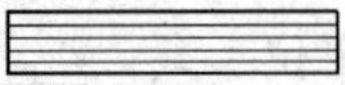

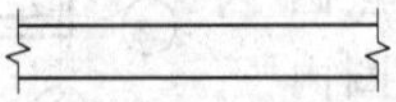

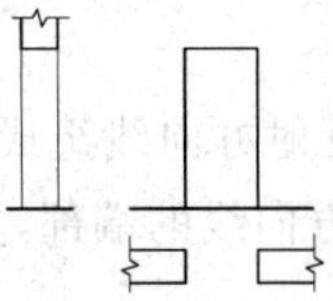

(2) 标注定位轴线编号。

(3) 标注尺寸。尺寸端部采用45°粗斜线表示,平面图中尺寸以"mm"为单位标注,立面图和剖面图中水平方向尺寸以"mm"为单位标注,高度方向以"m"为单位标注标高。

(4) 注写视图名称。在视图下方写出视图名称,如"一层平面图"、"①—③立面图"、"1—1剖面图"等,如图10-17所示。

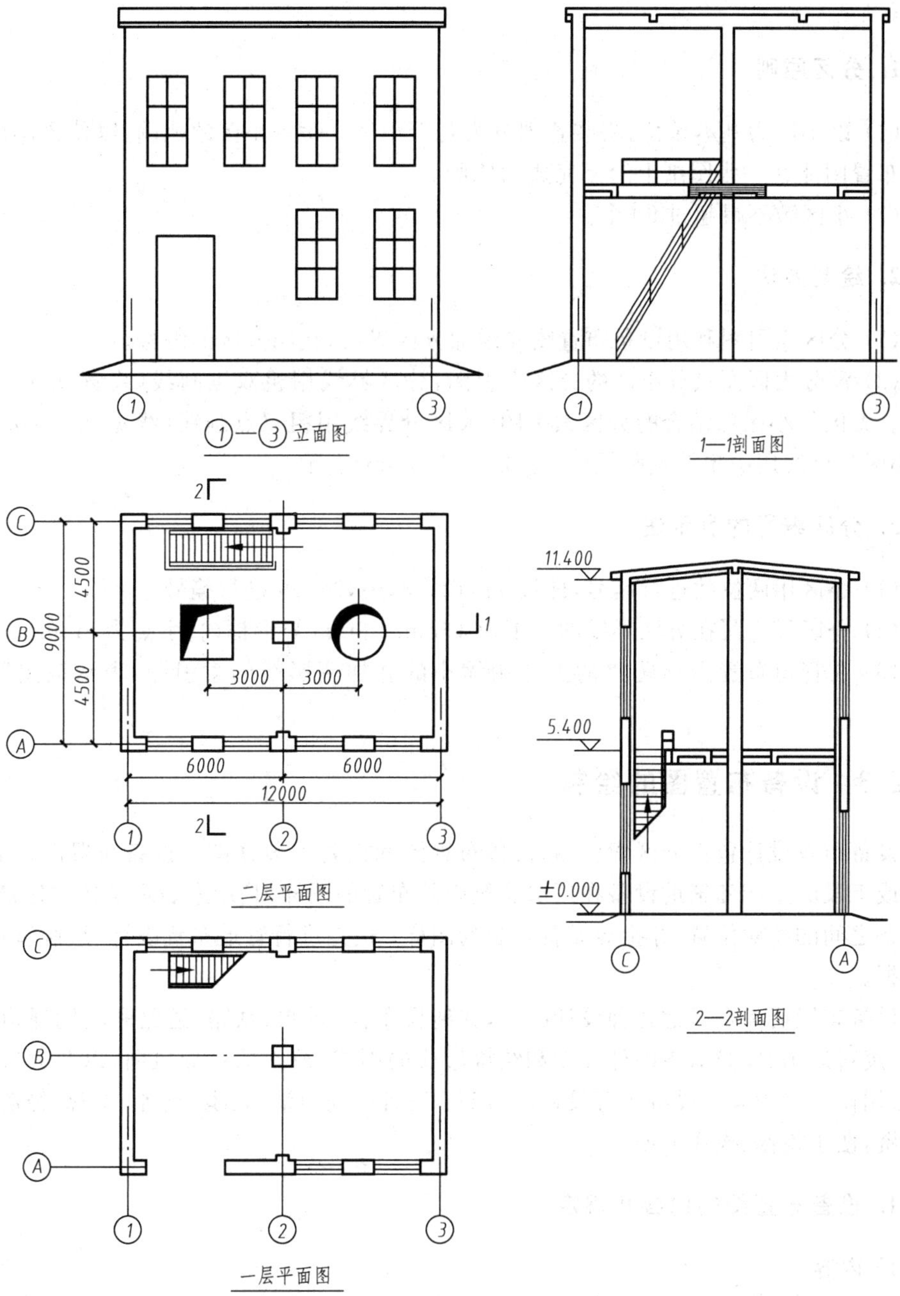

①—③立面图

1—1剖面图

二层平面图

2—2剖面图

一层平面图

图 10-17 建筑平面图、立面图、剖面图

10.2.2 分区索引图

对于联合布置的装置(或小装置)或独立的主项,若管道平面布置图按所选定的比例不能在一张图纸上绘制完成时,需将装置分区进行管道设计。为了了解分区情况,方便查找,应绘制分区索引图。该图可利用设备布置图进行绘制,并作为设计文件之一,发往施工

现场。

1. 分区原则

(1) 以小区为基本单位,将装置划分为若干小区。每一小区的范围,以使该小区的管道平面布置图能在一张图纸上绘制完成为原则。

(2) 小区数不得超过90个。

2. 绘制方法

(1) 分区索引图利用设备布置图并添加分区界线,注明分区的编号。

(2) 没分大区而只分小区的分区索引图,分区界线用粗双点画线(线宽0.6～0.9mm)表示。大区与小区相结合的分区索引图,大区分界线用粗双点画线(线宽0.6～0.9mm)表示,小区分界线用中粗双点画线(线宽0.3～0.5mm)表示。

3. 分区编号的表示法

(1) 小区用两位数进行编号,即按11,12,13,…,98,99进行编号。

(2) 分区号应写在分区界线的右下角16mm×6mm矩形框内,字高为4mm。

(3) 在管道布置图标题栏的上方用缩小的并加阴影线的索引图,表示该图所在区的位置。

10.2.3 设备布置图的绘制

设备布置设计包括分区索引图、设备布置图和设备安装详图。设备布置图是表示一个车间或工段的生产和辅助设备在厂房建筑内外布置的图样,是用来表示设备与建筑物、设备与设备之间的相对位置,并指导设备安装的图样;也是进行管道布置设计、绘制管道布置图的依据。

设备布置要综合考虑各种设计因素,如地质条件、排水、铁路、道路和辅助通道、原材料接收、废料运出、气候对室内外操作和结构形式的影响、放空的主导风向,以及大气湿度、腐蚀、公用设施利用等。设备布置设计应做到:设备排列简洁、紧凑、整齐、美观,经济合理、节约投资,便于检修、操作方便。

1. 设备布置图的内容和规定

1) 内容

(1) 一组视图:表示厂房建筑的基本结构和设备在厂房内外的布置情况,包括一组平面图和立面剖视图。

(2) 尺寸及标注:注写与设备有关的尺寸和建筑轴线的编号、设备位号及名称等。

(3) 方向标:表示安装方位基准的图标。

(4) 标题栏:填写图名、图号、比例、设计者等。

2) 规定

(1) 图幅:一般采用A1幅面图纸,不宜加长或加宽,特殊情况也可采用其他图幅。图纸内框的长边和短边的外侧,以3mm长的粗线划分等分,在长边等分区,自标题栏

侧起依次写1、2、3……；在短边等分区自标题栏侧起依次写A、B、C……。A1图长边分8等分，短边分6等分；A2图长边分6等分，短边分4等分，如图10-18所示。

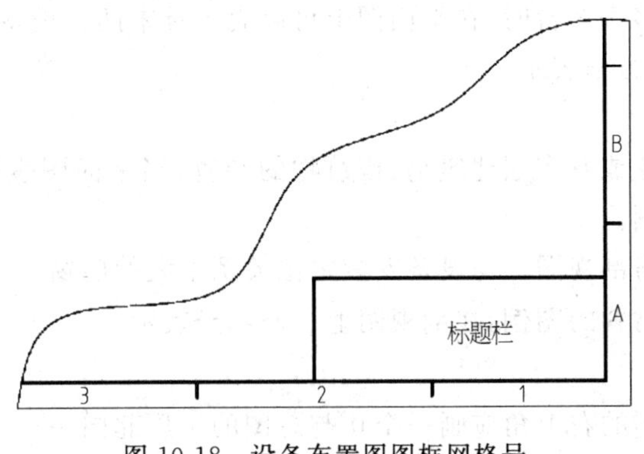

图10-18 设备布置图图框网格号

(2) 比例：常用1∶100，也可采用1∶50或1∶200，视装置的设备布置疏密情况而定。但对于大的装置(或主项)，需要进行分段绘制设备布置图时，必须采用同一比例。

(3) 尺寸单位：设备布置图中标注的标高、坐标以"m"为单位，小数点后取3位，其余的尺寸一律以"mm"为单位，只注数字，不注单位。如采用其他单位标注尺寸时，应注明单位。

(4) 图名：标题栏中的图名一般分为两行，上行写"×××设备布置图"，下行写"EL－××.×××平面""EL±0.000平面""EL＋××.×××平面"或"×－×剖视"等。

2. 设备布置图的画法

绘制设备布置图时，应以管道及仪表流程图、厂房建筑图、设备设计条件清单等原始资料为依据。设备布置图一般以联合布置的装置或独立的主项为单元绘制，界区以粗双点画线表示。设备布置图一般只绘平面图，要绘制平面图和剖视图，剖视图中应有一张表示装置整体的剖视图。

1) 平面图

(1) 用细点画线画出建筑物的定位轴线，再用细实线画出房屋建筑(厂房)的平面图，以及表示厂房基本结构的墙、柱、门、窗、楼梯、操作台、安装孔、栏杆、管沟、管廊架、道路、通道、围堰等。

多层建筑物或构筑物，应依次分层绘制各层的设备布置平面图。如在同一张图纸上绘几层平面时，应从最低层平面开始，在图纸上由下至上或由左至右按层次顺序排列，并在图形下方注明"EL－××.×××平面""EL±0.000平面""EL＋××.×××平面"或"×－×剖视"等。

当一个设备穿越多层建、构筑物时，在每层平面上均需画出设备的平面位置，并标注设备位号。一般情况下，每一层只画一个平面图，当有局部操作台时，在该平面图上可以只画操作台下的设备，局部操作台及其上面的设备另画局部平面图。如不影响图面清晰，也可重叠绘制，操作台下的设备画虚线。

(2) 用细点画线画出设备的中心线，用粗实线画出设备。

非定型设备可适当简化，画出其外形，包括附属的操作台、梯子、支架。无管口方位图的设备,应画出其特征管口(如人孔),并表示方位角。卧式设备,应画出其特征管口或标注固定端支座。动设备可只画基础,表示出特征管口和驱动机的位置。

同一位号的设备多于3台时,在平面图上可以表示首末两台设备的外形,中间的仅画出基础,或用双点画线的方框表示。

2) 剖视图

对于较复杂的装置或有多层建筑物、构筑物的装置,当平面图表达不清楚时,可绘制多张剖视图或局部剖视图。

用细实线画出厂房剖视图。与设备安装定位关系不大的门窗等构件以及表示墙体材料的图例,在剖视图上一概不予表示。

3) 绘制方向标

在设备布置平面图的右上角应画一个0°与总图的工厂北向一致的方向标。工厂北向以PN表示,如图10-19所示,圆直径为20mm。

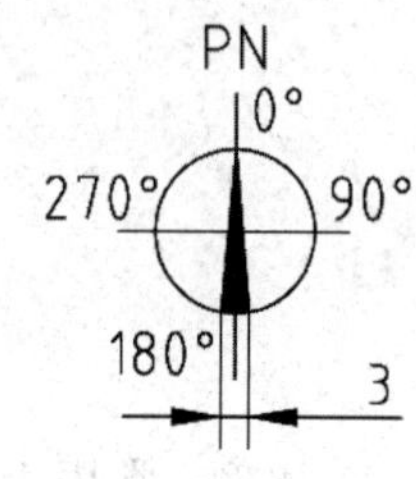

图10-19 安装方位标

3. 设备布置图的标注

(1) 按土建专业图纸标注建筑物和构筑物的轴线号和轴线间尺寸,并标注室内外的地坪标高。

(2) 标注设备基础的定形和定位尺寸。设备布置图中一般不标注设备定形尺寸,只标注设备与设备之间、设备与建筑物之间的定位尺寸。

通常选用建筑定位轴线作为尺寸基准,确定设备中心线或设备支座孔中心线的位置,如图10-20所示。卧式容器和换热器以设备中心线和靠近建筑定位轴线一端的支座为基准,如图10-20(a)所示;立式反应器、塔、槽、罐和换热器以设备中心线为基准,如图10-20(b)所示;往复式泵、活塞式压缩机以缸中心线和曲轴(或电动机轴)中心线为基准,如图10-20(c)所示;离心式泵、压缩机、鼓风机、蒸汽透平以中心线和出口管中心线为基准,如图10-20(d)所示。

(3) 标注厂房室内外地面标高(地面设计标高为EL±0.000,单位为m,取小数点后3位);标注厂房各层标高;标注设备基础标高;必要时标注各主要管口中心线、设备最高点等标高;并注写设备位号和名称,应与工艺流程图位号和名称一致。

设备的标高以主要设备的中心线为基准予以标注。卧式换热器、槽、罐以中心线标高表示,如图10-20(a)所示标注:ϕEL+2.500;立式反应器、塔和立式槽、罐、板式换热器以支承点标高表示,如图10-20(b)所示标注:POS EL+0.500;泵、压缩机以主轴中心线标高或以底盘底面标高表示,如图10-20(c)、(d)所示;对管廊、管架、标注架顶的标高,可标注成如:TOS EL+5.000。

(4) 对于有剖视图的,用*A*—*A*、*B*—*B*……大写拉丁字母或Ⅰ—Ⅰ、Ⅱ—Ⅱ……罗马数字表示出剖切位置和投影方向。剖视图中的设备应表示出相应的标高。

(5) 对大型装置(有分区),在设备布置图EL+0.000平面图的标题栏上方,绘制缩小的分区索引图,并用阴影线表示出该设备布置图在整个装置中的位置。

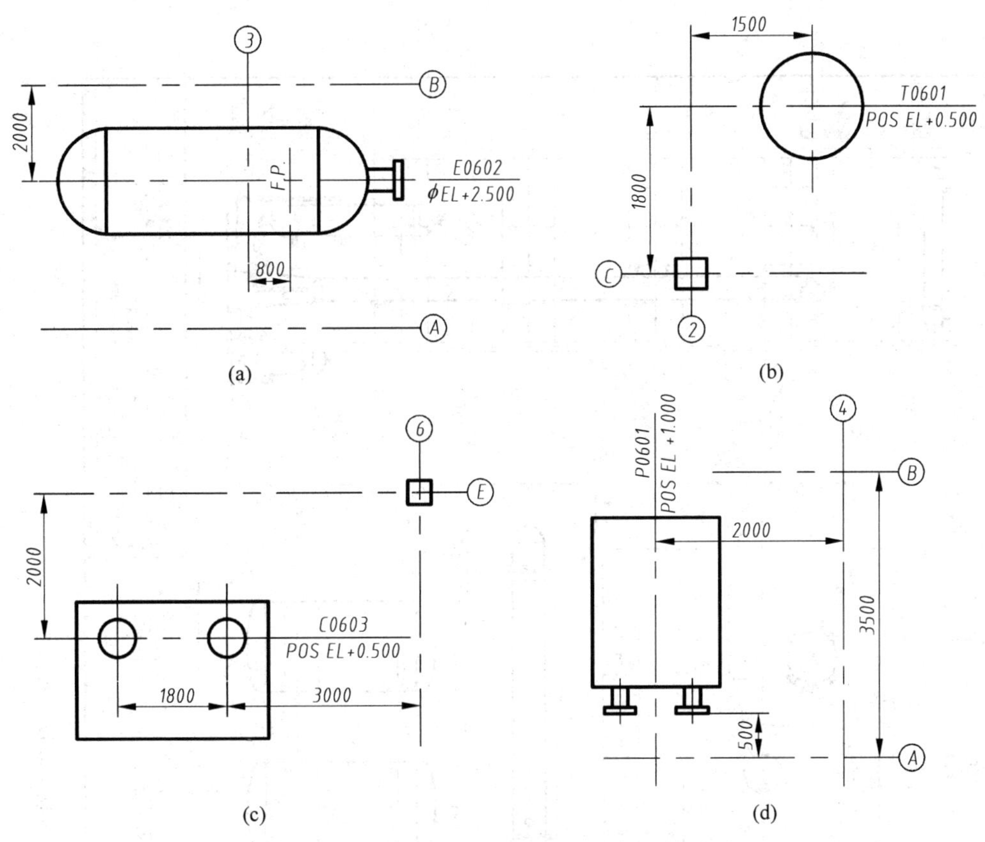

图 10-20　设备平面定位尺寸的标注方法

(a) 卧式设备的定位尺寸；(b) 立式设备的定位尺寸；(c) 压缩机的定位尺寸；(d) 泵的定位尺寸

完成图样中的各项标注后，注出必要的说明，填写标题栏，检查、校核，最后完成图样。

10.2.4　设备布置图的阅读

设备布置图与建筑图之间存在着互相依赖的关系，设备布置是根据各种不同类型设备的工艺、安全、经济、安装、操作及维修等要求，将设备合理地布置在建筑物的内外。阅读设备布置图，主要是为了了解设备在车间或工段的具体布置情况，确定设备与建筑物结构、设备与设备之间的定位关系。

现以氨回收工段的室外设备布置图为例，分析读图的方法和步骤。

1. 了解概况

先根据流程图，了解基本工艺过程。然后阅读设备布置图了解视图关系和设备概况。已知氨回收工艺的基本流程，阅读图 10-21 可知，该设备布置图有两个视图，一个是平面图，一个是 *A*—*A* 剖视图。图中设备全部布置在室外，有钢架操作平台，平面图中将建筑基础面

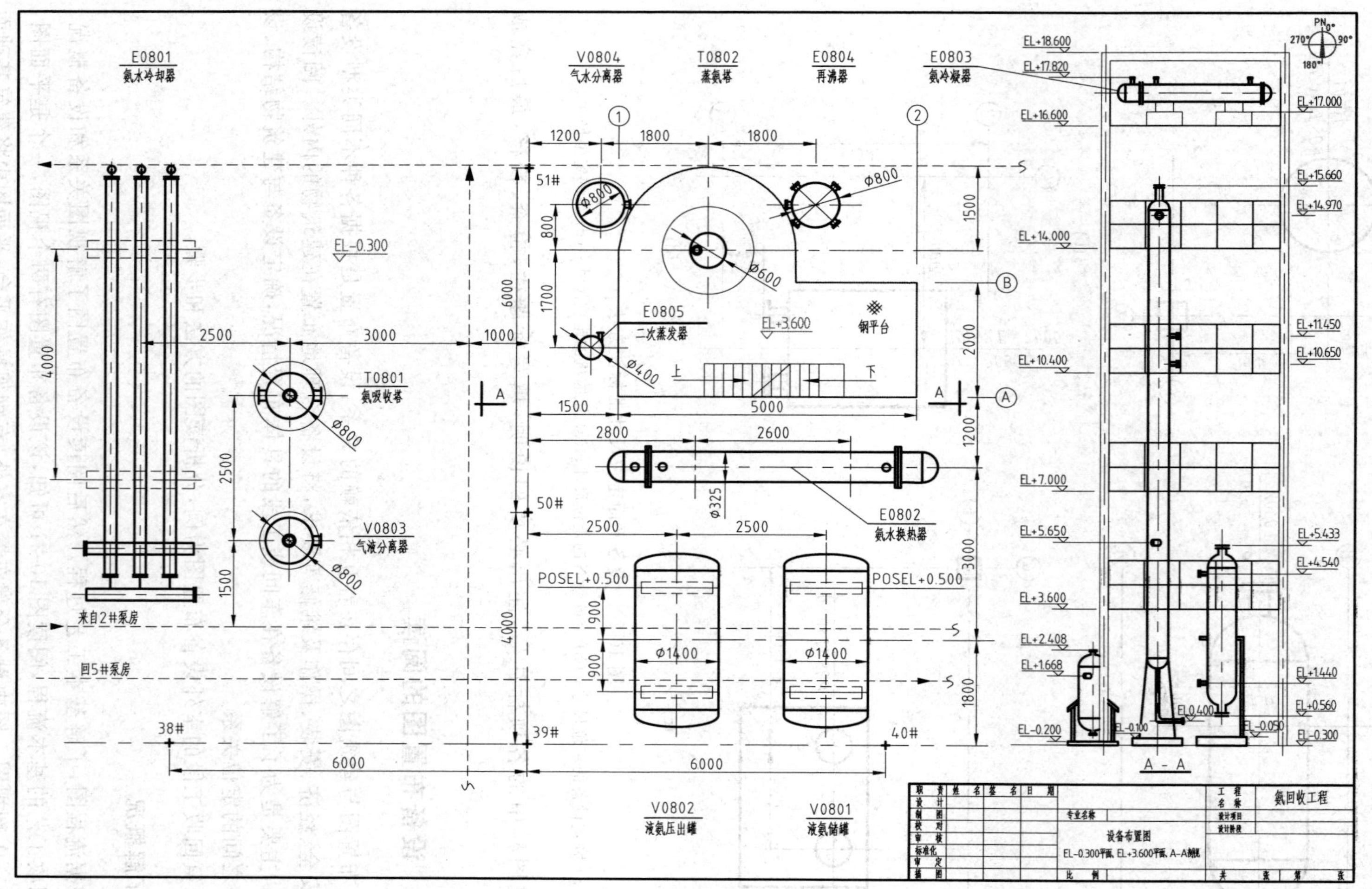

图 10-21 氨回收工段设备布置图

EL−0.300平面与操作平台EL+3.600平面重叠绘制在一张平面图上。图中共布置有11台设备。图中右上角的安装方位标，指明了设备的安装方位基准。

2. 看懂建筑物结构

图10-21中无厂房建筑，只有一个钢架结构，共有5层平台，平面图中绘制了高3.6m平台的设备布置。钢架有水平定位轴线1、2和纵向定位轴线*A*、*B*。其1、2轴线沿东西方向间距为5m，*A*、*B*轴线沿南北方向间距为2m。建筑基础地面标高为EL−0.300m，总高为19.9m。

3. 分析设备布置

从图10-21中可知各设备的位置情况。蒸氨塔(T0802)是立式设备，位于钢架中间，其定位尺寸为距轴线1为1800mm，距轴线*B*为550mm，塔基础面−0.100m，塔顶标高为15.660m，沿塔高共有4个操作平台。两个浓氨水入口标高分别为10.650m和11.450m。

氨水换热器(E0802)为卧式布置的设备，其平面定位尺寸东西方向以换热器左边的支座为基准，与靠近的50#～51#定位线距离为2800mm；其南北方向以换热器的中心线为基准，与靠近的定位轴线*A*距离为1200mm。两个支座之间的距离为2600mm。

氨冷凝器(E0803)位于钢架上标高为16.600m的平台上，其安装基础座高0.4m。

两个氨水储罐(V0801和V0802)并排卧式布置在氨水换热器的正南方。其定位尺寸东西方向以V0802的中心轴线为基准，与靠近的39#～50#定位线距离为2500mm，V0801与V0802中心轴线间距为2500mm。南北方向以两支座间的中间面为基准，与39#～40#定位线距离为1800mm，两个支座与中间面的距离分别为900mm，支座支承面标高为0.5m。

氨吸收塔(T0801)立式布置在钢架的西边，其东西方向距50#～51#定位线4000mm，南北方向与汽水分离器(V0803)轴线间距为2500mm。

其他设备位置请读者自行分析。

10.2.5 管口方位图

非定型设备应绘制管口方位图。管口方位图应表示出设备的管口、吊柱、支腿(或耳座)、接地板、塔裙座底部加强肋及裙座上的人孔等方位、地脚螺栓孔的位置及数量，并标注管口符号(与设备图上的管口符号一致)。

管口方位图采用A4图幅，以简化的平面图形绘制。每个位号的设备绘制一张图，结构相同而仅是管口方位不同的设备，可绘在同一张图纸上。在图纸右上角应画一个方向标。在标题栏上方要列与设备图一致的管口表。在管口表右侧注出设备装配图图号，如：“设备装配图图号××××××”，如图10-22所示。

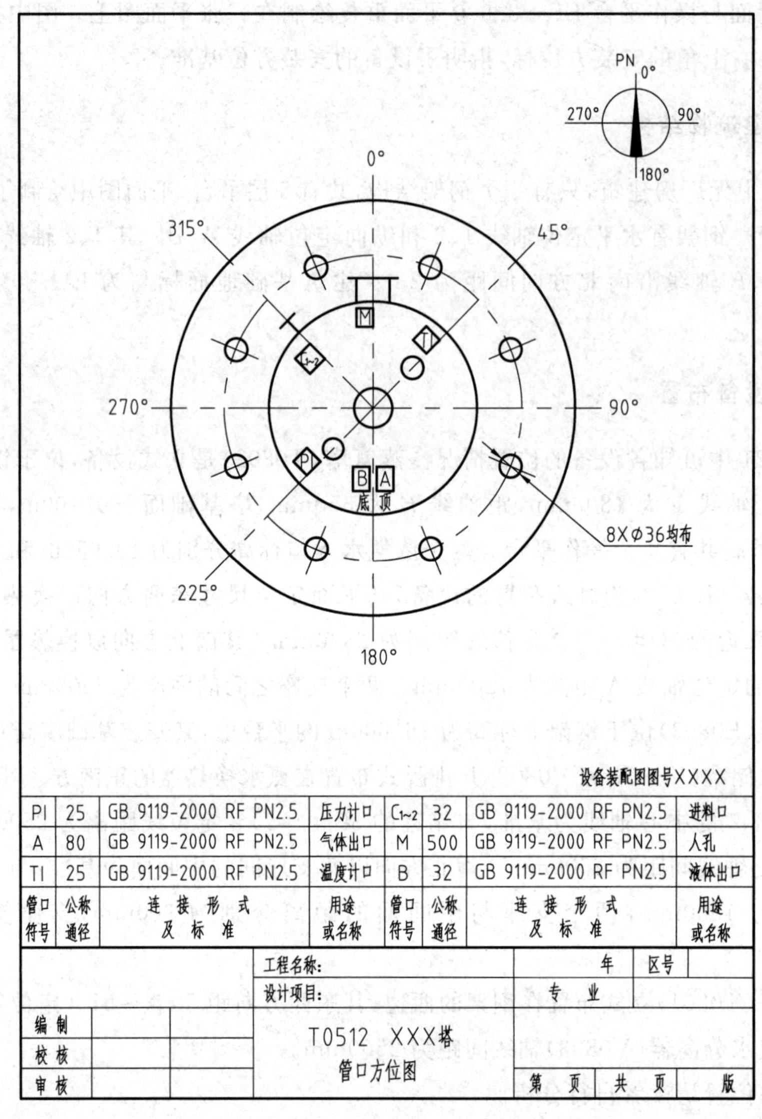

管口符号	公称通径	连接形式及标准	用途或名称	管口符号	公称通径	连接形式及标准	用途或名称
PI	25	GB 9119-2000 RF PN2.5	压力计口	$C_{1\sim2}$	32	GB 9119-2000 RF PN2.5	进料口
A	80	GB 9119-2000 RF PN2.5	气体出口	M	500	GB 9119-2000 RF PN2.5	人孔
TI	25	GB 9119-2000 RF PN2.5	温度计口	B	32	GB 9119-2000 RF PN2.5	液体出口

		工程名称:		年	区号
		设计项目:	专 业		
编 制		T0512 XXX塔 管口方位图			
校 核					
审 核			第 页	共 页	版

图 10-22 管口方位图

10.3 管道布置图

目前，化工生产向着大型化、规模化的方向发展，一个大型化工厂通常有设备数百台，管道成千上万条，管子和管件等更是达到几万甚至几十万件。因此，管道设计占整个工厂设计过程的 30%～40%工作量。鉴于管道设计的复杂性和巨大工作量，传统设计中多采用比例模型设计方法，即将硬纸板、木头或塑料块按照一定的缩小比例切割成形，并放到一个标有纵、横比例坐标的平板上，以利于对间距、方向等的直观观察。

随着计算机技术的迅速发展，利用计算机进行配管辅助设计已经广泛应用于国内外的石油化工行业。目前的管道三维模型设计软件主要有美国 Intergraph 公司的 PDS，英国 AVEVA 公司的 PDMS，美国 Bentley 公司开发的 AUTOPLANT；国内有北京中科辅龙公司的 PDSOFT，长沙思为公司的 Pdmax 等。与传统设计方法相比，三维配管 CAD 技术实现了配管设计的智能化、自动化和数字化，更加高效快捷，对提高设计质量和效率、减少配管设计的工作量具有明显的优势。

10.3.1　管道布置设计

管道布置应符合以下要求：

(1) 符合生产工艺流程的要求，并能满足生产要求；

(2) 便于操作管理，并能保证安全生产；

(3) 便于管道的安装和维护；

(4) 要求整齐美观，并尽量节约材料和投资。

管道布置设计的图样包括：管道布置图、管道轴测图、伴热系统图、设备管口方位图等，可参阅化工行业标准 HG/T 20519—2009《化工工艺设计施工图内容和深度统一规定》。

10.3.2　管道布置图的规定和内容

管道布置图又称管道安装图或配管图，是以图解的方式表示出厂房内外设备、管道、管件、阀门及仪表等的安装、布置情况。它是根据管道仪表流程图(PID)、设备布置图绘制的，用于指导管路的安装施工。管道布置图应按设备布置图或按分区索引图所划分的区域绘制。

1. 管道布置图的一般规定

1) 图幅

管道布置图图幅应尽量采用 A1，较简单的也可采用 A2，较复杂的可采用 A0，同区的图应采用同一种图幅。图幅不宜加长或加宽。

2) 比例

常用比例为 1∶50，也可采用 1∶25 或 1∶30，但同区的或各分层的平面图，应采用同一比例。

3) 尺寸单位

管道布置图中尺寸线始末应标绘箭头(打箭头或打斜杠)。标注的标高、坐标以“m”为单位，小数点后取三位数；其余的尺寸一律以“mm”为单位，只注数字，不注单位。管子的公称直径一律用“mm”表示。地面的设计标高为 EL±0.000。

2. 管道布置图的内容

1) 一组视图

管道布置图以平面图为主。当平面图中局部表达不够清楚时，可绘制剖视图或轴测图，以表达整个车间的设备、建筑物的简单轮廓及管道、管件、阀门、仪表控制点等布置安装情况。

2）尺寸标注

注出管道及管件、阀门、控制点等的平面位置尺寸和标高，对建筑物轴线编号，对设备位号、管段序号、控制点代号等进行标注。

3）方向标

在绘有平面图的图纸右上角，应画一个与设备布置图的设计北向一致的表示管道安装方位基准的方向标。

4）标题栏

注写图名、图号、比例及签字等。

10.3.3 管道布置图的画法

1. 管道的图示方法

标准 HG/T 20519—2009《化工工艺设计施工图内容和深度统一规定》和 HG/T 20549.1—1998《化工装置管道布置设计内容和深度规定》对管道布置图中管道、阀门、管架在图中的表示方法进行了一系列规定，在图样绘制时可参照相关规定绘制。

1）管道的表示法

在管道布置图中，公称直径(DN)大于和等于 400mm 或 16in 的管道用双线表示，小于和等于 350mm 或 14in 的管道用单线表示。如果在管道布置图中，大口径的管道不多时，则公称直径(DN)大于和等于 250mm 或 10in 的管道用双线表示，小于和等于 200mm 或 8in 的管道，用单线表示，如表 10-15 所示。

表 10-15 管道的画法

名　称	单线图	双线图
直管		
管道折向纸外		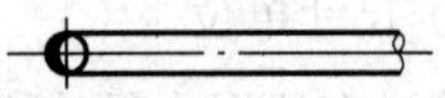
管道折向纸内		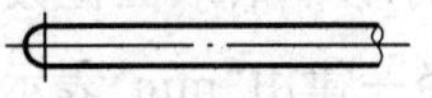

2）管道弯折的表示法

管道弯折画法见表 10-16。

表 10-16　管道弯折的画法

名称	单线	双线	名称	单线	双线
管道向上弯折 90°			左右二次弯折		
管道向下弯折 90°			左右前后二次弯折		
管道大于 90°弯折					

3）管道交叉和重叠的表示法

当管道交叉或投影重叠时，表达方法见表 10-17。

表 10-17　管道交叉和重叠的画法

名　称		图 示 方 法	
管道交叉	图例		
	说明	采用遮挡画法，将被遮挡管子断开	采用断开画法，将可见管子断开使被遮挡管子可见
管道重叠	图例		
	说明	将前（或上）面的管子断开，后（或下）面的管子投影画至重影处留出一定间隙	当管子转折后重叠，将前（或上）面可见的管子画完整，后（或下）面的管子画到重叠处留间隙
	图例		a b c b a a b c b a
	说明	多根管子重叠时，可采用将最前（或上）面管子用“双重断裂”符号表示	多根管子重叠时，也可以采用标注字母或管子代号区别

4）管道连接的表示法

常见管道的连接方法有4种：法兰连接、承插连接、焊接和螺纹连接。不同连接形式的画法见表10-18。

表10-18　管道、管件连接的画法

名　称		管道布置图 单　线	管道布置图 双　线
管道连接方式	法兰连接	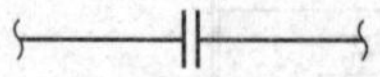	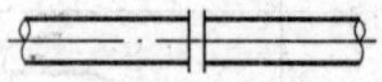
	承插连接	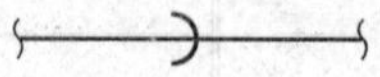	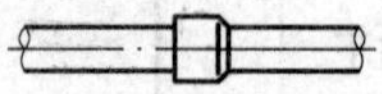
	螺纹连接	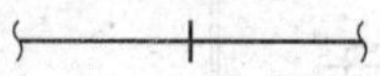	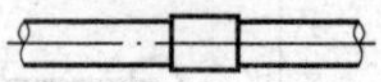
	焊接		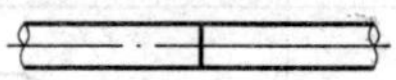
法兰盖	螺纹或承插焊连接	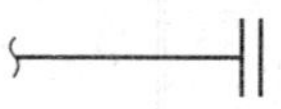	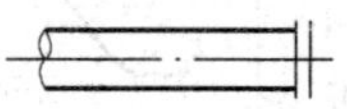
	与对焊法兰连接		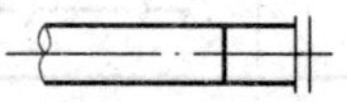
90°弯头	螺纹或承插焊连接	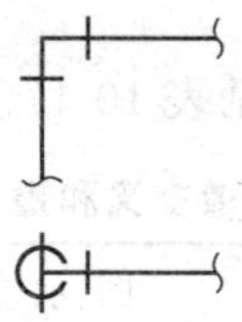	
	对焊连接	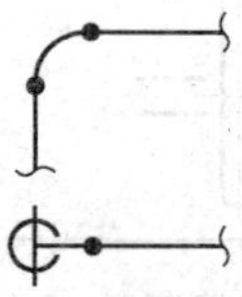	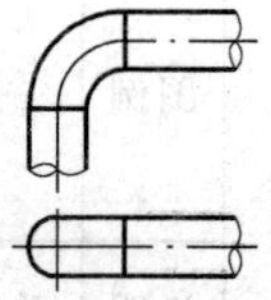
	法兰连接		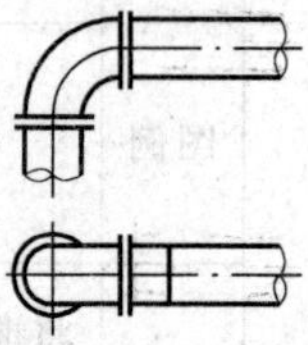
同心异径管	螺纹或承插焊连接	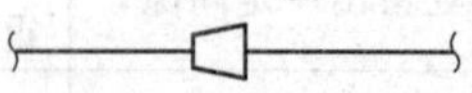	
	对焊连接		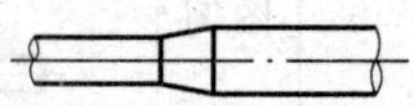
	法兰连接		

续表

名　　称		管道布置图	
		单　　线	双　　线
三通	螺纹或承插焊连接		
	对焊连接		
	法兰连接		

5）管架的表示法

管架是用来支承、固定管子的，它采用各种不同形式安装并固定在建筑或基础之上。管架的形式和位置在管道平面图上用符号表示，并在其旁边标注管架的编号，管架符号见表 10-19，管架编号如图 10-23 所示，其中管架类别和管架生根部位结构代号见表 10-20。一般非标准的管架（称特殊管架）应绘制管架图，标准管架可参照 HG/T 21629—1999《管架标准图》。

图 10-23　管架号的标注方法

表 10-19　管架的画法（摘自 HG/T 20519—2009）

序号	图　　例	说明	序号	图　　例	说明
1	AF-1212	表示无管托	3	RF1901	表示弯头支架或侧向支架
2	GS-1011	表示有管托	4	RS1804	表示一个管架编号包括多根管道支架

6）阀门的表示法

阀门在管道布置图中的表示方法和在管道中的连接方式见表 10-21。阀门常见的传动控制机构如图 10-24 所示。

表 10-20 管架类别和管架生根部位结构代号(摘自 HG/T 20519—2009)

管架类别				管架生根部位的结构			
代号	类别	代号	类别	代号	结构	代号	结构
A	固定架	S	弹性吊架	C	混凝土结构	W	墙
G	导向架	P	弹簧支架	F	地面基础		
R	滑动架	E	特殊架	S	钢结构		
H	吊架	T	轴向限位架	V	设备		

表 10-21 管道布置图中阀门及其连接方法图例(摘自 HG/T 20519—2009)

	螺纹或承插焊连接	对焊连接	法兰连接(三视图)
截止阀			
闸阀			

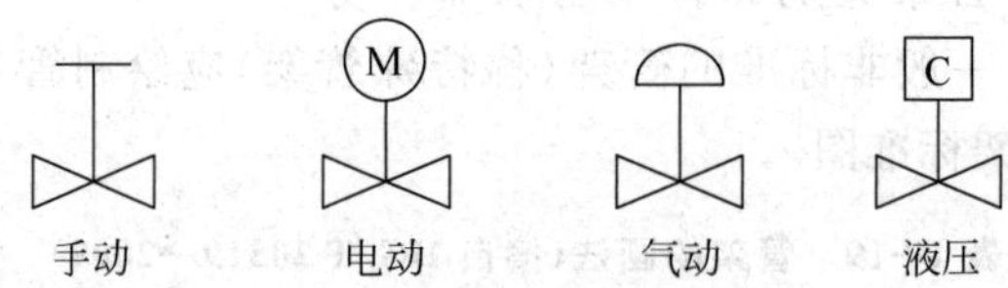

图 10-24 阀门常见传动机构表示方法

2. 管道布置图的绘图步骤

(1) 确定表达方案。

管道布置图一般只绘制平面布置图。当平面布置图中局部表达不清楚时,可绘制剖视图或轴测图,该剖视图或轴测图可画在管道平面布置图边界线以外的空白处,或画在单独的图纸上。

对于多层建、构筑物的管道平面布置图,应按层绘制。一般从底层起,在图纸上由下至上或由左至右依次排列,并在平面图下方注明“EL××. ×××平面”等。

(2) 确定比例、选择图幅、合理布局。

(3) 绘制视图。

绘制管道布置图中管道、设备、仪表、阀门所用的图线宽度参照表10-4。

① 用细实线画出厂房平面图；

② 用细实线按比例画出设备的简单外形和基础等，参照设备布置图中设备的位置；

③ 按流程顺序和管道布置原则及表示方法，用规定的管道线型画出管道平面布置图；

④ 用细实线画出管道上的阀门、仪表控制点、管件、管道附件等。

(4) 管道布置图的标注。

标准规定基准地面的设计标高为EL±0.000，高于基准地面为正值，低于基准地面为负值。

① 建筑物：标注定位轴线号和轴线间的尺寸，地面、楼板、平台面的标高。

② 设备：标注与工艺流程图和设备布置图中一致的设备位号，并标注设备的定位尺寸和设备支承点的标高。标注支承点的标高时，采用“POS EL××.×××”的形式；主轴中心线的标高采用“ϕEL××.×××”的形式。剖视图上的设备位号，注写在设备的近侧或设备内。

③ 管道：用单线表示的管道在上方标注与施工流程图中一致的管道代号，在下方标注管道标高。当标高以管道中心线为基准时，只需标注“EL××.×××”。当标高以管底为基准时，加注管底代号，如“BOP EL××.×××”。

10.3.4 管道布置图的阅读

阅读管道布置图的大致步骤如下：

(1) 概括了解，明确视图关系，了解图中平面图、剖视图的数量、配置等；

(2) 了解厂房建筑的尺寸及设备布置情况；

(3) 分析管道走向；

(4) 详细了解管道编号和安装尺寸；

(5) 了解管道上的阀门、管件、管架安装情况；

(6) 了解仪表、取样口、分析点的安装情况；

(7) 归纳总结。将所有管道分析完后，再结合管口表、综合材料表，明确各管道、管件、阀门仪表的安装布置情况，检查有无错漏等问题。

如图10-25所示为氨回收工段的部分管道布置图，可根据其进行管道布置分析。

10.3.5 管道轴测图

管道轴测图又称为管段图或管道空视图，是按正等轴测投影法绘制的具有立体感的图样。它是用来表达一个设备至另一设备或某区间一段管道的空间走向以及管道上所附管件、阀门、仪表控制点等安装布置情况。轴测图立体感强，图面清晰，便于阅读，有利于管道的预制与施工。小于和等于DN50的中、低压碳钢管道，小于和等于DN20的中、低压不锈钢管道，小于和等于DN6的高压管道，一般可不绘制轴测图。对于不绘制轴测图的管道，则应编写管段材料表。

轴测图中管道的走向应符合图10-26所示方向标的规定，方向标的北向(PN)应与管道布置图上的方向标的北向一致，其中UP代表“上”，DOWN代表“下”，PN代表“北”，S代表“南”，E代表“东”，W代表“西”。

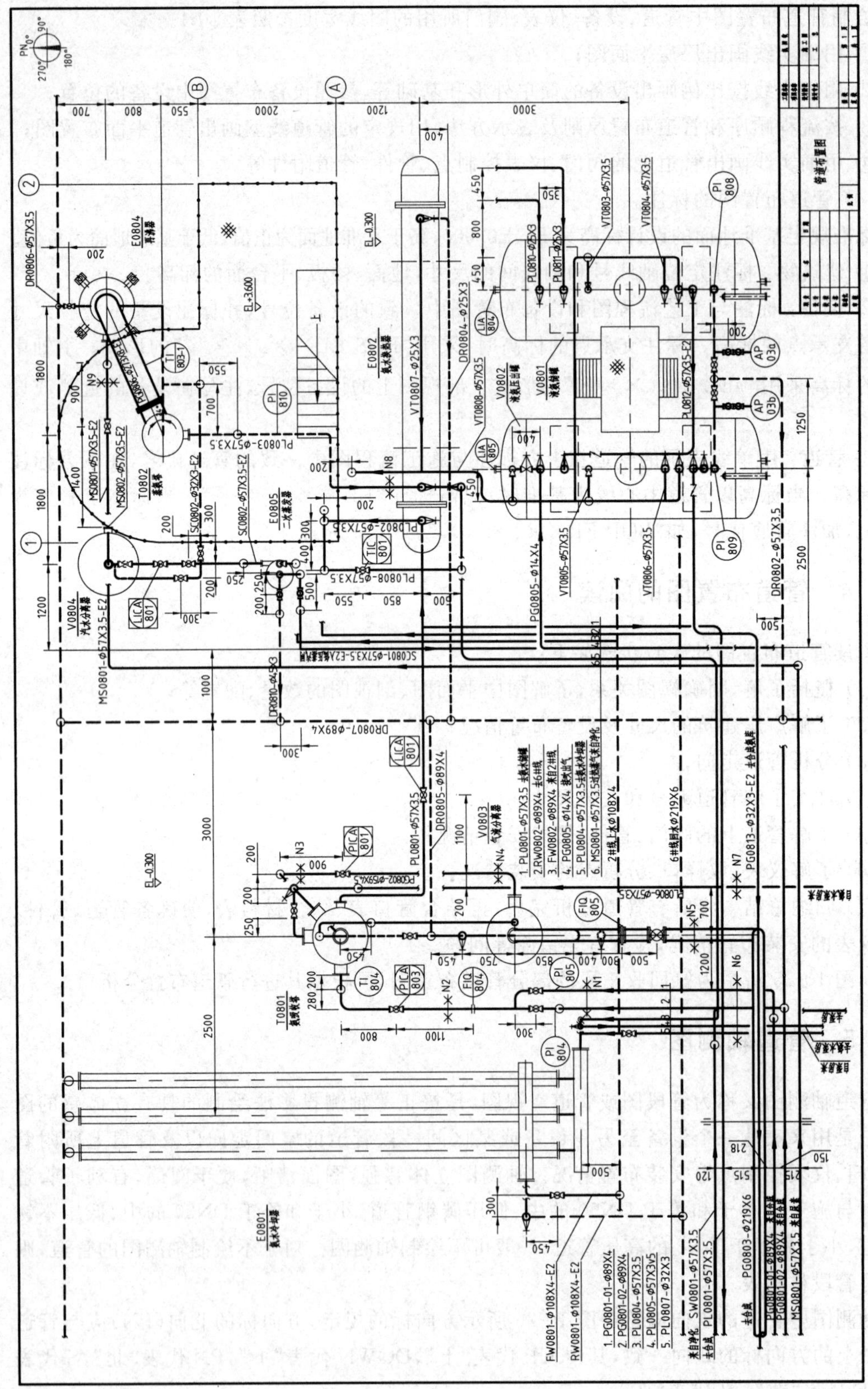

图 10-25　氨回收工段部分管道布置图

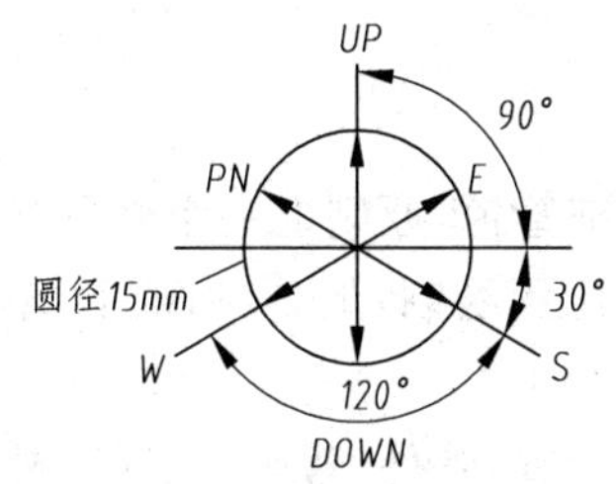

图 10-26　管道轴测图的方向标

1. 管道轴测图的内容

管道轴测图一般采用 A3 图幅，宜使用带材料表的专用图纸绘制，如图 10-27 所示。管道轴测图中包括的内容如下所述。

(1) 图形：按正等测投影绘制管道轴测图及其附属的管件、阀门等的符号和图形，参照 HG/T 20519—2009 和 HG/T 20549.2—1998 标准中空视图图例绘制。

(2) 尺寸及标注：管道轴测图尺寸标注应准确，不必按比例绘制，只需相对位置比例协调。标注尺寸、管道号、流向等与管道布置图要一致。

(3) 方向标：安装方位的基准，与管道布置图方向标北向一致。

(4) 材料表：在轴测图中只需填写公称压力、公称直径和密封代号。

(5) 标题栏：填写图名、图号、比例、责任者等。

管段号	起止点		管道等级	设计压力/MPa	设计温度/℃	管子			法兰						垫片（PN、DN同法兰）				螺柱、螺母	
	起点	终点				名称及规格	材料	数量	PN	DN	密封形式	材料	数量	标准号或图号	代号	厚度	密封代号	数量	连接套数	特殊长度
1280						ϕ100	10	8	0.6	100	RF板式	Q235-A	4	HGJ/T45	1Ad	3	MF	4	16	

	管段号	名称及规格	材料	数量	标准号或图号
阀门	1280	截止阀ϕ100		2	
管件	1280	弯头ϕ100	Q235	5	
特殊件					
	管段号	件号 / 名称及规格	材料	数量	标准号或图号

职责	签字	日期	××××工段 PLS1280-100 管段图	设计项目 设计阶段
设计				
制图				
校对				
审核			比例	共　张　第　张

图 10-27　某管段轴测图

2. 管道轴测图的表示方法

(1) 管段图反映的是个别局部管道,原则上一个管段号画一张管道轴测图。

(2) 绘制管道轴测图不必按比例绘制,但各种阀门、管件之间比例要协调,它们在管段中位置的相对比例也要协调。

(3) 管道一律用粗实线单线绘制,管件(弯头、三通除外)、阀门、控制点则用细实线以规定的图形符号绘制,相接的设备可用细双点画线绘制,弯头可以不画成圆弧。

(4) 阀门的手轮用一短线表示,短线与管道平行。阀杆中心线按所设计的方向画出,如图 10-28 所示。

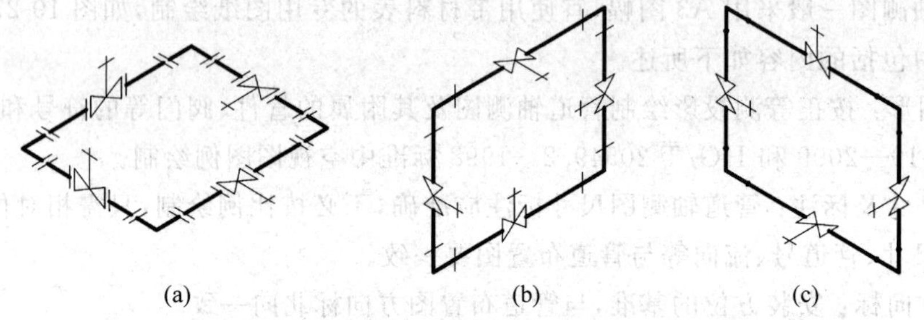

图 10-28 空间管道及阀门连接在不同投影面上的表示法

(a) H 面法兰连接;(b) V 面螺纹连接;(c) W 面焊接

(5) 管道与管件,阀门连接时,注意保持线向的一致,如图 10-28 所示。

(6) 为便于安装维修、操作管理及整齐美观,管道布置力求平直,使管道走向与 3 个轴测方向一致,但也可将管道偏置,如图 10-29 所示。

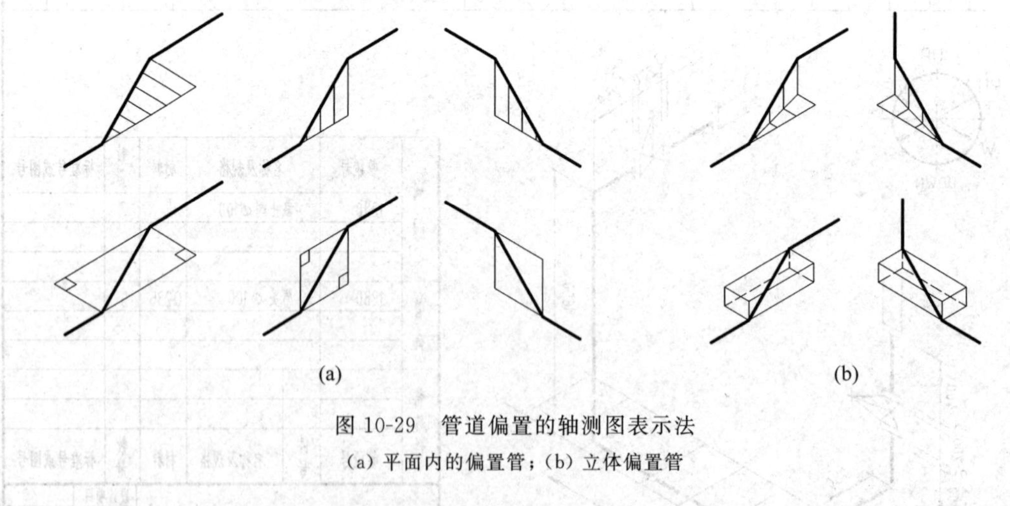

图 10-29 管道偏置的轴测图表示法

(a) 平面内的偏置管;(b) 立体偏置管

(7) 必要时,画出阀门上控制元件图示符号,传动结构、形式应适合于各种类型的阀门,如图 10-30 所示。

3. 管道轴测图的阅读

【例 10-1】 阅读图 10-31 所示管段轴测图。

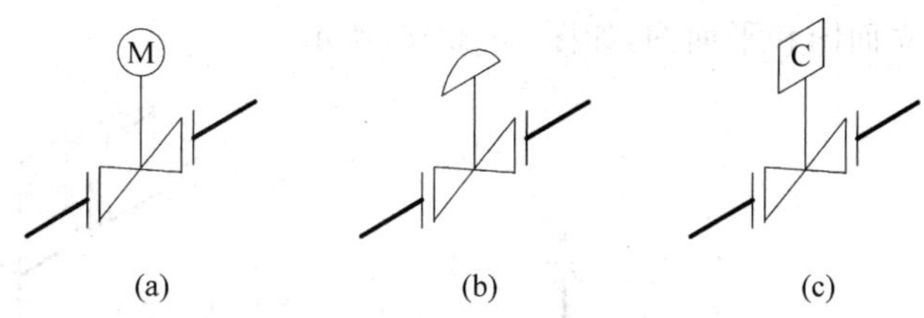

图 10-30 阀门上传动控制机构的轴测图表示法

(a) 电动式；(b) 气动式；(c) 液压式

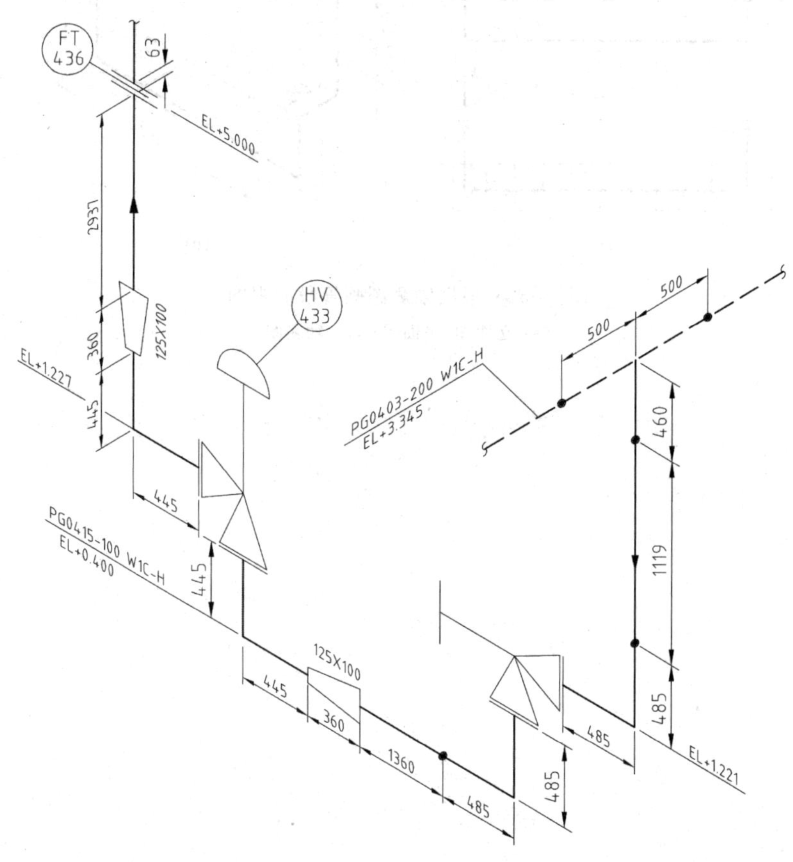

图 10-31 管段图示例

图 10-31 中表达了管道走向和管道中 2 个角阀、2 个同心异径管、1 个限流孔板的连接安装位置。管道内输送的是工艺气体，气体由右上角虚线所示公称直径为 200mm 管道的三通处向下进入公称直径 125mm 的管段，通过入口安装标高为 EL＋1.221 的角阀，经安装标高 EL＋0.400 的异径管，管道直径由 125mm 变为 100mm。然后，气体经过出口安装标高为 EL＋1.227 的角阀后向上又通过异径管，管道直径由 100mm 变为 125mm，最后气体向上通过安装标高为 EL＋5.000 的限流孔板流出。

此管段中的两个角阀采用法兰连接到管道中，管道连接采用焊接。

【例 10-2】 阅读图 10-32(b)所示管段轴测图绘制其平面图和立面图。

通过阅读图10-32(b)所示的管段轴测图，看懂图中管子的走向，然后按照管子、阀门等的规定画法，绘出其立面图和平面图，如图10-32(a)所示。

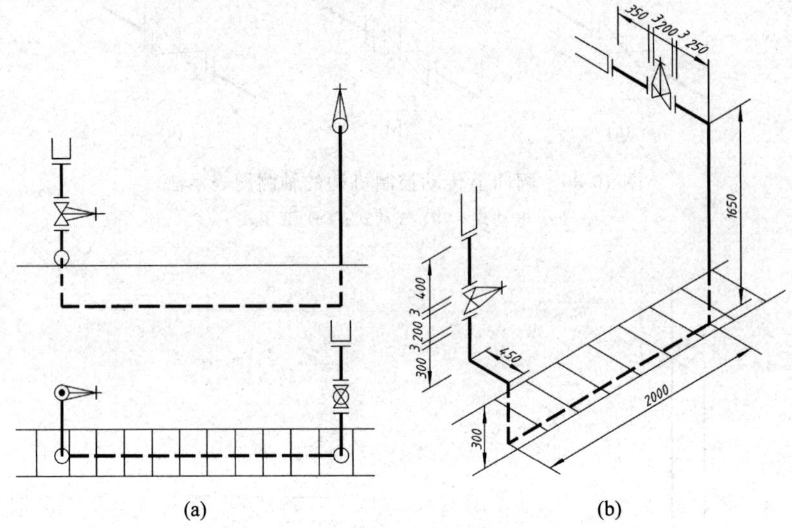

图10-32 根据轴测图画管段的视图

(a) 立面图、平面图；(b) 轴测图

附录 A

常用螺纹及螺纹紧固件

A1 普通螺纹(GB/T 193—2003 和 GB/T 196—2003)

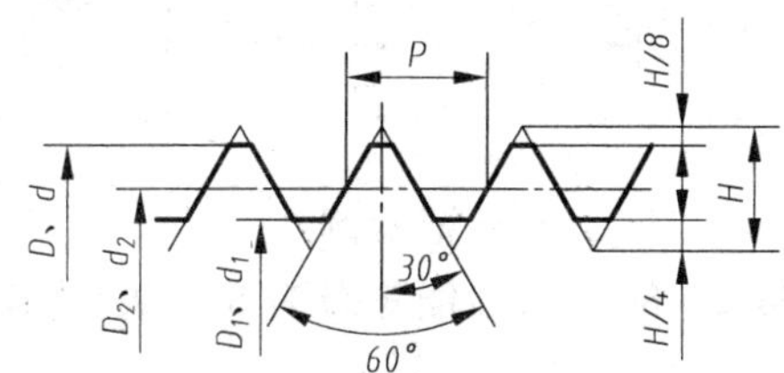

标记示例

公称直径 24mm,螺距 3mm,右旋粗牙普通螺纹,其标记为:M24

公称直径 24mm,螺距 1.5mm,左旋细牙普通螺纹,公差代号 7H,其标记为 M24×1.5—LH

表 A1 直径与螺距系列、基本尺寸 mm

公称直径 D、d		螺距 P		粗牙小径 D_1、d_1	公称直径 D、d		螺距 P		粗牙小径 D_1、d_1
第一系列	第二系列	粗牙	细牙		第一系列	第二系列	粗牙	细牙	
3		0.5	0.35	2.459	16		2	1.5,1	13.835
4		0.7	0.5	3.242		18	2.5	2,1.5,1	15.294
5		0.8		4.134	20				17.294
6		1	0.75	4.917		22			19.294
8		1.25	1,0.75	6.647	24		3	2,1.5,1	20.752
10		1.5	1.25,1,0.75	8.376	30		3.5	(3),2,1.5,1	26.211
12		1.75	1.25,1	10.106	36		4	3,2,1.5	31.670
	14	2	1.5,1.25*,1	11.835		39			34.670

注:应优先选用第一系列,括号内尺寸尽可能不用,带*号仅用于火花塞。

A2 六角头螺栓

六角头螺栓——A 级和 B 级(GB/T 5782—2016)

六角头螺栓——全螺纹(GB/T 5783—2016)

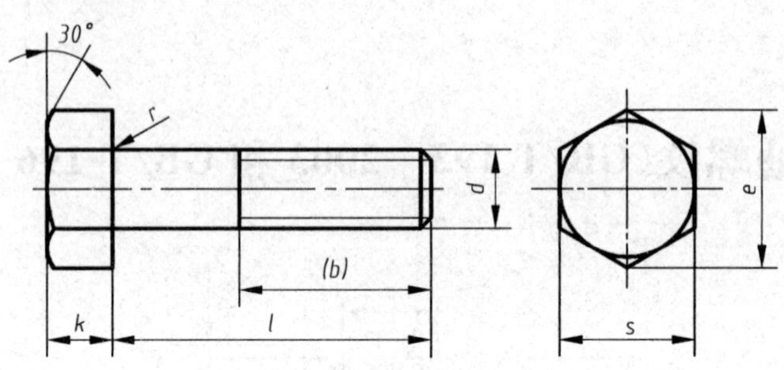

标记示例

螺纹规格 M12、公称长度 $l=80$mm、性能等级为 8.8 级、表面不经处理、产品等级为 A 级的六角头螺栓,其标记为

螺栓 GB/T 5782 M12×80

表 A2 mm

螺纹规格 d		M3	M4	M5	M6	M8	M10	M12	M16	M20	M24	M30	M36
s		5.5	7	8	10	13	16	18	24	30	36	46	55
k		2	2.8	3.5	4	5.3	6.4	7.5	10	12.5	15	18.7	22.5
r		0.1	0.2	0.2	0.25	0.4	0.4	0.6	0.6	0.6	0.8	1	1
e	A	6.01	7.66	8.79	11.05	14.38	17.77	20.03	26.75	33.53	39.98	—	—
	B	5.88	7.50	8.63	10.89	14.20	17.59	19.85	26.17	32.95	39.55	50.85	51.11
(b) GB/T 5782	$l\leqslant125$	12	14	16	18	22	26	30	38	46	54	66	—
	$125<l\leqslant200$	18	20	22	24	28	32	36	44	52	60	72	84
	$l>200$	31	33	35	37	41	45	49	57	65	73	85	97
l 范围 (GB/T 5782)		20~30	25~40	25~50	30~60	40~80	45~100	50~120	65~160	80~200	90~240	110~300	140~360
l 范围 (GB/T 5783)		6~30	8~40	10~50	12~60	16~80	20~100	25~120	30~150	40~150	50~150	60~200	70~200
l 系列		6,8,10,12,16,20,25,30,35,40,45,50,55,60,65,70,80,90,100,110,120,130,140,150,160,180,200,220,240,260,280,300,320,340,360,380,400,420,440,460,480,500											

A3　双头螺柱

GB/T 897—1988($b_m=1d$)

GB/T 898—1988($b_m=1.25d$)

GB/T 899—1988($b_m=1.5d$)

GB/T 900—1988($b_m=2d$)

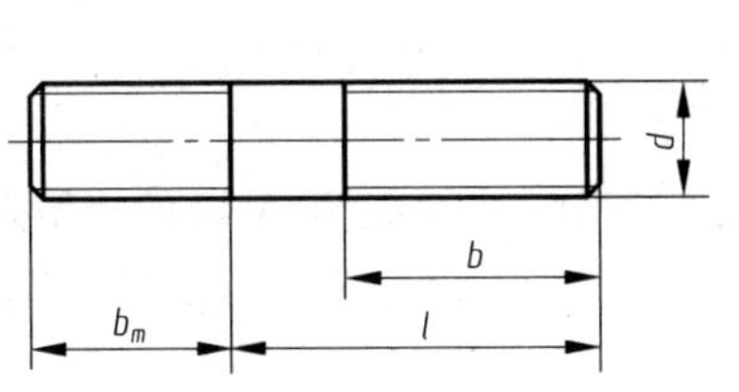

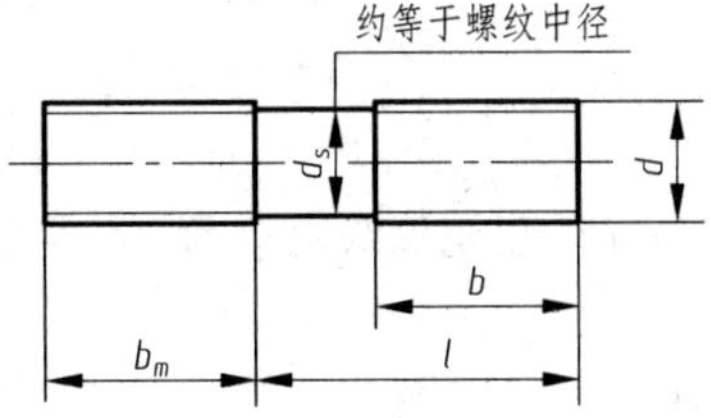

标记示例

两端均为粗牙普通螺纹，d=10mm、l=50mm、性能等级为 4.8 级、不经表面处理、B 型、$b_m=1d$ 的双头螺柱，其标记为

螺柱 GB/T 897　M10×50

若为 A 型，则标记为

螺柱 GB/T 897　AM10×50

表 A3　mm

螺纹规格 d		M3	M4	M5	M6	M8
b_m 公称	GB/T 897—1988			5	6	8
	GB/T 898—1988			6	8	10
	GB/T 899—1988	4.5	6	8	10	12
	GB/T 900—1988	6	8	10	12	16
$\frac{l}{b}$		$\frac{16\sim20}{6}$ $\frac{(22)\sim40}{12}$	$\frac{16\sim(22)}{8}$ $\frac{25\sim40}{14}$	$\frac{16\sim(22)}{10}$ $\frac{25\sim50}{16}$	$\frac{20\sim(22)}{10}$ $\frac{25\sim30}{14}$ $\frac{(32)\sim(75)}{18}$	$\frac{20\sim(22)}{12}$ $\frac{25\sim30}{16}$ $\frac{(32)\sim(90)}{22}$

螺纹规格 d		M10	M12	M16	M20	M24
b_m 公称	GB/T 897—1988	10	12	16	20	24
	GB/T 898—1988	12	15	20	25	30
	GB/T 899—1988	15	18	24	30	36
	GB/T 900—1988	20	24	32	40	48
$\frac{l}{b}$		$\frac{23\sim(28)}{14}$	$\frac{25\sim30}{16}$	$\frac{30\sim(38)}{20}$	$\frac{35\sim40}{25}$	$\frac{45\sim50}{30}$
		$\frac{30\sim(38)}{16}$	$\frac{(32)\sim40}{20}$	$\frac{40\sim(55)}{30}$	$\frac{(45)\sim(65)}{35}$	$\frac{(55)\sim(75)}{45}$
		$\frac{40\sim120}{26}$	$\frac{45\sim120}{30}$	$\frac{60\sim120}{38}$	$\frac{70\sim120}{46}$	$\frac{80\sim120}{54}$
		$\frac{130}{32}$	$\frac{130\sim180}{36}$	$\frac{130\sim180}{44}$	$\frac{130\sim200}{52}$	$\frac{130\sim200}{60}$

注：1. GB/T 897—1988 和 GB/T 898—1988 规定螺柱的螺纹规格 d=M5～M48，公称长度 l=16～300mm；GB/T 899—1988 和 GB/T 900—1988 规定螺柱的螺纹规格 d=M2～M48，公称长度 l=12～300mm。

2. 螺柱公称长度 l(系列)：12，(14)，16，(18)，20，(22)，25，(28)，30，(32)，35，(38)，40，45，50，(55)，60，(65)，70，(75)，80，(85)，90，(95)，100～260(10 进位)，280，300mm，尽可能不采用括号内的数值。

3. 材料为钢的螺柱性能等级有 4.8，5.8，6.8，8.8，10.9，12.9 级，其中 4.8 级为常用。

A4 Ⅰ型六角螺母(GB/T 6170—2015)

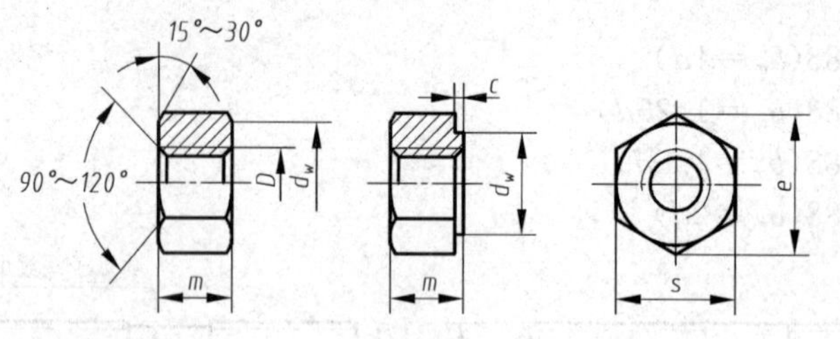

标记示例

螺纹规格 M12、性能等级为 8 级、不经表面处理、产品等级为 A 级的Ⅰ型六角螺母,其标记为

螺母 GB/T 6170 M12

表 A4

mm

螺纹规格 d		M3	M4	M5	M6	M8	M10	M12	M16	M20	M24	M30	M36
e	(min)	6.01	7.66	8.79	11.05	14.38	17.77	20.03	26.75	32.95	39.55	50.85	60.79
s	(max)	5.5	7	8	10	13	16	18	24	30	36	46	55
	(min)	5.32	6.78	7.78	9.78	12.73	15.73	17.73	23.67	29.16	35	45	53.8
c	(max)	0.4	0.4	0.5	0.5	0.6	0.6	0.6	0.8	0.8	0.8	0.8	0.8
d_w	(max)	4.6	5.9	6.9	8.9	11.6	14.6	16.6	22.5	27.7	33.2	42.7	51.1
	(min)	3.45	4.6	5.75	6.75	8.75	10.8	13	17.3	21.6	25.9	32.4	38.9
m	(max)	2.4	3.2	4.7	5.2	6.8	8.4	10.8	14.8	18	21.5	25.6	31
	(min)	2.15	2.9	4.4	4.9	6.44	8.04	10.37	14.1	16.9	20.2	24.3	29.4

A5 垫　圈

(1) 平垫圈

平垫圈—A 级(GB/T 97.1—2002)、平垫圈倒角型—A 级(GB/T 97.2—2002)

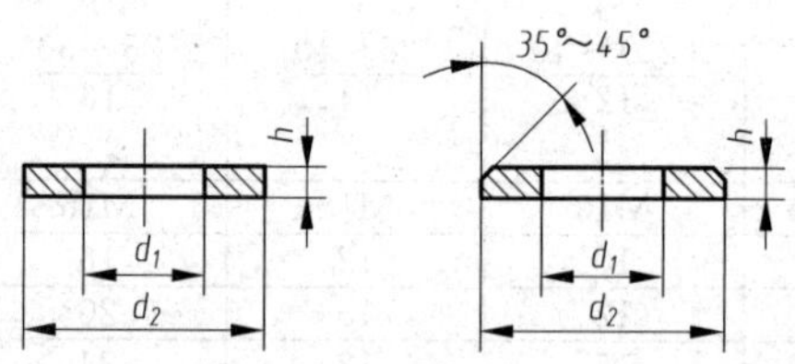

标记示例

标准规格,公称规格 8mm,由钢制造的硬度等级为 200HV 级、不经表面处理、产品等级为 A 级的平垫圈,其标记为

垫圈 GB/T 97.1 8

表 A5

mm

公称规格 (螺纹大径 d)	2	2.5	3	4	5	6	8	10	12	14	16	20	24	30
内径 d_1	2.2	2.7	3.2	4.3	5.3	6.4	8.4	10.5	13	15	17	21	25	31
外径 d_2	5	6	7	9	10	12	16	20	24	28	30	37	44	56
厚度 h	0.3	0.5	0.5	0.8	1	1.6	1.6	2	2.5	2.5	3	3	4	4

（2）弹簧垫圈

标准型弹簧垫圈(GB/T 93—1987)轻型弹簧垫圈(GB/T 859—1987)

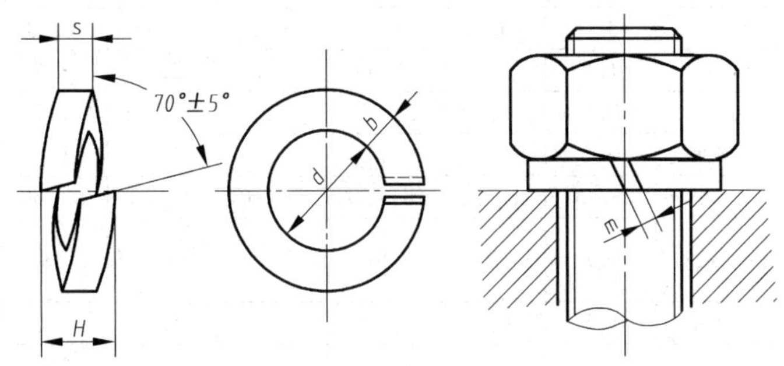

标记示例

公称直径 16mm，材料为 65Mn、表面氧化的标准型垫圈，其标记为

垫圈 GB/T 93 16

表 A6 mm

<table>
<tr><td colspan="2">公称规格
（螺纹大径）</td><td>2</td><td>2.5</td><td>3</td><td>4</td><td>5</td><td>6</td><td>8</td><td>10</td><td>12</td><td>16</td><td>20</td><td>24</td><td>30</td><td>36</td><td>42</td><td>48</td></tr>
<tr><td colspan="2">d</td><td>2.1</td><td>2.6</td><td>3.1</td><td>4.1</td><td>5.1</td><td>6.2</td><td>8.2</td><td>10.2</td><td>12.3</td><td>16.3</td><td>20.5</td><td>24.5</td><td>30.5</td><td>36.6</td><td>42.6</td><td>49</td></tr>
<tr><td rowspan="2">H</td><td>GB/T 93—1987</td><td>1.2</td><td>1.6</td><td>2</td><td>2.4</td><td>3.2</td><td>4</td><td>5</td><td>6</td><td>7</td><td>8</td><td>10</td><td>12</td><td>13</td><td>14</td><td>16</td><td>18</td></tr>
<tr><td>GB/T 859—1987</td><td>1</td><td>1.2</td><td>1.6</td><td>1.6</td><td>2</td><td>2.4</td><td>3.2</td><td>4</td><td>5</td><td>6.4</td><td>8</td><td>9.6</td><td>12</td><td></td><td></td><td></td></tr>
<tr><td>S(b)</td><td>GB/T 93—1987</td><td>0.6</td><td>0.8</td><td>1</td><td>1.2</td><td>1.6</td><td>2</td><td>2.5</td><td>3</td><td>3.5</td><td>4</td><td>5</td><td>6</td><td>6.5</td><td>7</td><td>8</td><td>9</td></tr>
<tr><td>S</td><td>GB/T 859—1987</td><td>0.5</td><td>0.6</td><td>0.8</td><td>1</td><td>1</td><td>1.2</td><td>1.6</td><td>2</td><td>2.5</td><td>3.2</td><td>4</td><td>4.8</td><td>6</td><td></td><td></td><td></td></tr>
<tr><td rowspan="2">m≤</td><td>GB/T 93—1987</td><td colspan="2">0.4</td><td>0.5</td><td>0.6</td><td>0.8</td><td>1</td><td>1.2</td><td>1.5</td><td>1.7</td><td>2</td><td>2.5</td><td>3</td><td>3.2</td><td>3.5</td><td>4</td><td>4.5</td></tr>
<tr><td>GB/T 859—1987</td><td colspan="2">0.3</td><td colspan="2">0.4</td><td>0.5</td><td>0.6</td><td>0.8</td><td>1</td><td>1.2</td><td>1.6</td><td>2</td><td>2.4</td><td>3</td><td></td><td></td><td></td></tr>
<tr><td>b</td><td>GB/T 93—1987</td><td colspan="2">0.8</td><td>1</td><td colspan="2">1.2</td><td>1.6</td><td>2</td><td>2.5</td><td>3.5</td><td>4.5</td><td>5.5</td><td>6.5</td><td>8</td><td></td><td></td><td></td></tr>
</table>

A6 开槽沉头螺钉(GB/T 68—2016)

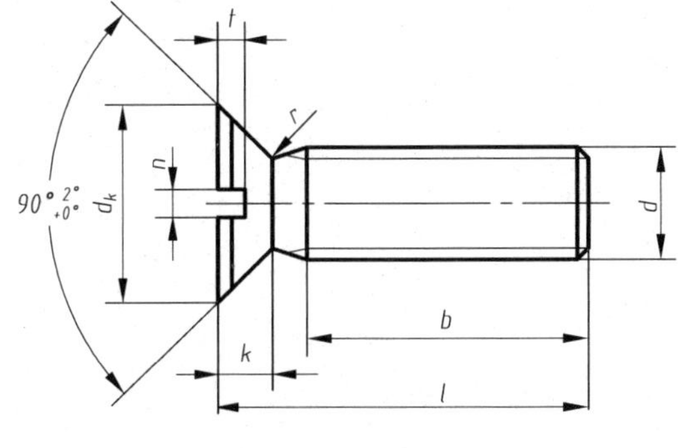

标记示例

螺纹规格 M5、公称长度 l=20mm、性能等级为 4.8 级、表面不经处理的 A 级开槽沉头螺钉，其标记为

螺钉 GB/T 65 M5×20

表 A7

mm

螺纹规格 d		M1.6	M2	M2.5	M3	M4	M5	M6	M8	M10
GB/T 68—2000	d_k	3	3.8	4.7	5.5	8.4	9.3	11.3	15.8	18.5
	k	1	1.2	1.5	1.65	2.7	2.7	3.3	4.65	5
	t_{min}	0.32	0.4	0.5	0.6	1	1.1	1.2	1.8	2
	r_{min}	0.4	0.5	0.6	0.8	1	1.3	1.5	2	2.5
	l	2.5～16	3～20	4～25	5～30	6～40	8～50	8～60	10～80	12～80
	全螺纹时最大长度	30	30	30	30	45	45	45	45	45
n		0.4	0.5	0.6	0.8	1.2	1.2	1.6	2	2.5
b_{min}		25				38				
l 系列		2,2.5,3,4,5,6,8,10,12,(14),16,20,25,30,35,40,45,50,(55),60,(65),70,(75),80								

附录 B

优先配合中的极限偏差

表 B1　公称尺寸至 3150mm 的标准公差数值(摘自 GB/T 1800.1—2009)

公称尺寸/mm		标准公差等级																	
		IT1	IT2	IT3	IT4	IT5	IT6	IT7	IT8	IT9	IT10	IT11	IT12	IT13	IT14	IT15	IT16	IT17	IT18
大于	至	μm											mm						
—	3	0.8	1.2	2	3	4	6	10	14	25	40	60	0.1	0.14	0.25	0.4	0.6	1	1.4
3	6	1	1.5	2.5	4	5	8	12	18	30	48	75	0.12	0.18	0.3	0.48	0.75	1.2	1.8
6	10	1	1.5	2.5	4	6	9	15	22	36	58	90	0.15	0.22	0.36	0.58	0.9	1.5	2.2
10	18	1.2	2	3	5	8	11	18	27	43	70	110	0.18	0.27	0.43	0.7	1.1	1.8	2.7
18	30	1.5	2.5	4	6	9	13	21	33	52	84	130	0.21	0.33	0.52	0.84	1.3	2.1	3.3
30	50	1.5	2.5	4	7	11	16	25	39	62	100	160	0.25	0.39	0.62	1	1.6	2.5	3.9
50	80	2	3	5	8	13	19	30	46	74	120	190	0.3	0.46	0.74	1.2	1.9	3	4.6
80	120	2.5	4	6	10	15	22	35	54	87	140	220	0.35	0.54	0.87	1.4	2.2	3.5	5.4
120	180	3.5	5	8	12	18	25	40	63	100	160	250	0.4	0.63	1	1.6	2.5	4	6.3
180	250	4.5	7	10	14	20	29	46	72	115	185	290	0.46	0.72	1.15	1.85	2.9	4.6	7.2
250	315	6	8	12	16	23	32	52	81	130	210	320	0.52	0.81	1.3	2.1	3.2	5.2	8.1
315	400	7	9	13	18	25	36	57	89	140	230	360	0.57	0.89	1.4	2.3	3.6	5.7	8.9
400	500	8	10	15	20	27	40	63	97	155	250	400	0.63	0.97	1.55	2.5	4	6.3	9.7
500	630	9	11	16	22	32	44	70	110	175	280	440	0.7	1.1	1.75	2.8	4.4	7	11
630	800	10	13	18	25	36	50	80	125	200	320	500	0.8	1.25	2	3.2	5	8	12.5
800	1000	11	15	21	28	40	56	90	140	230	360	560	0.9	1.4	2.3	3.6	5.6	9	14
1000	1250	13	18	24	33	47	66	105	165	260	420	660	1.05	1.65	2.6	4.2	6.6	10.5	16.5
1250	1600	15	21	29	39	55	78	125	195	310	500	780	1.25	1.95	3.1	5	7.8	12.5	19.5
1600	2000	18	25	35	46	65	92	150	230	370	600	920	1.5	2.3	3.7	6	9.2	15	23
2000	2500	22	30	41	55	78	110	175	280	440	700	1100	1.75	2.8	4.4	7	11	17.5	28
2500	3150	26	36	50	68	96	135	210	330	540	860	1350	2.1	3.3	5.4	8.6	13.5	21	33

表 B2 优先配合中轴的极限偏差(摘自 GB/T 1800.2—2009)

公称尺寸/mm		公差带												
		c	d	f	g	h				k	n	p	s	u
大于	至	11	9	7	6	6	7	9	11	6	6	6	6	6
—	3	−60 −120	−20 −45	−6 −16	−2 −8	0 −6	0 −10	0 −25	0 −60	+6 0	+10 +4	+12 +6	+20 +14	+24 +18
3	6	−70 −145	−30 −60	−10 −22	−4 −12	0 −8	0 −12	0 −30	0 −75	+9 +1	+16 +8	+20 +12	+27 +19	+31 +23
6	10	−80 −170	−40 −76	−13 −28	−5 −14	0 −9	0 −15	0 −36	0 −90	+10 +1	+19 +10	+24 +25	+32 +23	+37 +28
10	14	−95 −205	−50 −93	−16 −34	−6 −17	0 −11	0 −18	0 −43	0 −110	+12 +1	+23 +12	+29 +18	+39 +28	+44 +33
14	18													
18	24	−110 −240	−65 −117	−20 −41	−7 −20	0 −13	0 −21	0 −52	0 −130	+15 +2	+28 +15	+35 +22	+48 +35	+54 +41
24	30													+61 +48
30	40	−120 −280	−80 −142	−25 −50	−9 −25	0 −16	0 −25	0 −62	0 −160	+18 +2	+33 +17	+42 +26	+59 +43	+76 +60
40	50	−130 −290												+86 +70
50	65	−140 −330	−100 −174	−30 −60	−10 −29	0 −19	0 −30	0 −74	0 −190	+21 +2	+39 +20	+51 +32	+72 +53	+106 +87
65	80	−150 −340											+78 +59	+121 +102
80	100	−170 −390	−120 −207	−36 −71	−12 −34	0 −22	0 −35	0 −87	0 −220	+25 +3	+45 +23	+59 +37	+93 +71	+146 +124
100	120	−180 −400											+101 +79	+166 +144
120	140	−200 −450	−145 −245	−43 −83	−14 −39	0 −25	0 −40	0 −100	0 −250	+28 +3	+52 +27	+68 +43	+117 +92	+195 +170
140	160	−210 −460											+125 +100	+215 +190
160	180	−230 −480											+133 +108	+235 +210
180	200	−240 −530	−170 −285	−50 −96	−15 −44	0 −29	0 −46	0 −115	0 −290	+33 +4	+60 +31	+79 +50	+151 +122	+265 +236
200	225	−260 −550											+159 +130	+287 +258
225	250	−280 −570											+169 +140	+313 +284

续表

公称尺寸/mm		公差带												
		c	d	f	g	h				k	n	p	s	u
大于	至	11	9	7	6	6	7	9	11	6	6	6	6	6
250	280	−300											+190	+347
		−620	−190	−56	−17	0	0	0	0	+36	+66	+88	+158	+315
280	315	−330	−320	−108	−49	−32	−52	−130	−320	+4	+34	+56	+202	+382
		−650											+170	+350
315	355	−360											+226	+426
		−720	−210	−62	−18	0	0	0	0	+40	+73	+98	+190	+390
355	400	−400	−350	−119	−54	−36	−57	−140	−360	+4	+37	+62	+224	+471
		−760											+208	+435
400	450	−440											+272	+530
		−840	−230	−68	−20	0	0	0	0	+45	+80	+108	+232	+490
450	500	−480	−385	−131	−60	−40	−63	−155	−400	+5	+40	+68	+292	+580
		−880											+252	+540

表 B3　优先配合中孔的极限偏差(摘自 GB/T 1800.2—2009)

公称尺寸/mm		公差带												
		C	D	F	G	H				K	N	P	S	U
大于	至	11	9	8	7	7	8	9	11	7	7	7	7	7
—	3	+120	+45	+20	+12	+10	+14	+25	+60	0	−4	−6	−14	−18
		+60	−20	+6	+2	0	0	0	0	−10	−14	−16	−24	−28
3	6	+145	+60	+28	+16	+12	+18	+30	+75	+3	−4	−8	−15	−19
		+70	+30	+10	+4	0	0	0	0	−9	−16	−20	−27	−31
6	10	+170	+76	+35	+20	+15	+22	+36	+90	+5	−4	−9	−17	−22
		+80	+40	+13	+5	0	0	0	0	−10	−19	−24	−32	−37
10	14	+205	+93	+43	+24	+18	+27	+43	+110	+6	−5	−11	−21	−26
14	18	+95	+50	+16	+6	0	0	0	0	−12	−23	−29	−39	−44
18	24													−33
		+240	+117	+53	+28	+21	+33	+52	+130	+6	−7	−14	−27	−54
24	30	+110	+65	+20	+7	0	0	0	0	−15	−28	−35	−48	−40
														−61
30	40	+280												−51
		+120	+142	+64	+34	+25	+39	+62	+160	+7	−8	−17	−34	−76
40	50	+290	+80	+25	+9	0	0	0	0	−18	−33	−42	−59	+61
		+130												−86
50	65	+330											−42	−76
		+140	+174	+76	+40	+30	+46	+74	+190	+9	−9	−21	−72	−106
65	80	+340	+100	+30	+10	0	0	0	0	−21	−39	−51	−48	−91
		+150											−78	−121

续表

公称尺寸/mm		公差带												
		C	D	F	G	H				K	N	P	S	U
大于	至	11	9	8	7	7	8	9	11	7	7	7	7	7
80	100	+390											-58	-111
		+170	+207	+90	+47	+35	+54	+87	+220	+10	-10	-24	-93	-146
100	120	+400	+120	+36	+12	0	0	0	0	-25	-45	-59	-66	-131
		+180											-101	-166
120	140	+450											-77	-155
		+200											-117	-195
140	160	+460	+245	+106	+54	+40	+63	+100	+250	+12	-12	-28	-85	-175
		+210	+145	+43	+14	0	0	0	0	-28	-52	-68	-125	-215
160	180	+480											-93	-195
		+230											-133	-235
180	200	+530											-105	-219
		+240											-151	-265
200	225	+550	+285	+122	+61	+46	+72	+115	+290	+13	-14	-33	-113	-241
		+260	+170	+50	+15	0	0	0	0	-33	-60	-79	-159	-287
225	250	+570											-123	-267
		+280											-169	-313
250	280	+620											-138	-295
		+300	+320	+137	+69	+52	+81	+130	+320	+16	-14	-36	-190	-347
280	315	+650	+190	+56	+17	0	0	0	0	-36	-66	-88	-150	-330
		+330											-202	-282
315	355	+720											-169	-369
		+360	+350	+151	+75	+57	+89	+140	+360	+17	-16	-41	-226	-426
355	400	+760	+210	+62	+18	0	0	0	0	-40	-73	-98	-187	-414
		+400											-244	-471
400	450	+840											-209	-467
		+440	+385	+165	+83	+63	+97	+155	+400	+18	-17	-45	-272	-530
450	500	+880	+230	+68	+20	0	0	0	0	-45	-80	-108	-229	-517
		+480											-292	-580

容器常用零件参数

C1　EHA 椭圆形封头型式参数（摘自 GB/T 25198—2010《压力容器封头》）

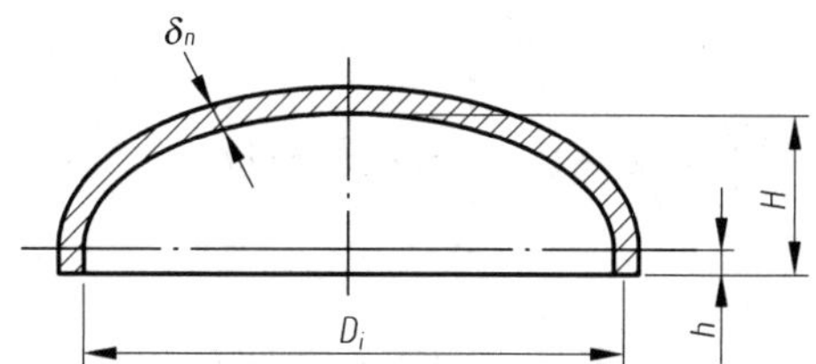

表 C1

序号	公称直径 DN/mm	总深度 H/mm	内表面积 A/m²	容积 V/m³	序号	公称直径 DN/mm	总深度 H/mm	内表面积 A/m²	容积 V/m³
1	300	100	0.1211	0.0053	27	2200	590	5.5229	1.5459
2	350	113	0.1603	0.0080	28	2300	615	6.0233	1.7588
3	400	125	0.2049	0.0115	29	2400	640	6.5453	1.9905
4	450	138	0.2548	0.0159	30	2500	665	7.0891	2.2417
5	500	150	0.3103	0.0213	31	2600	690	7.6545	2.5131
6	550	163	0.3711	0.0277	32	2700	715	8.2415	2.8055
7	600	175	0.4374	0.0353	33	2800	740	8.8503	3.1198
8	650	188	0.5090	0.0442	34	2900	765	9.4807	3.4567
9	700	200	0.5861	0.0545	35	3000	790	10.1329	3.8170
10	750	213	0.6686	0.0663	36	3100	815	10.8067	4.2015
11	800	225	0.7566	0.0796	37	3200	840	11.5021	4.6110
12	850	238	0.8499	0.0946	38	3300	865	12.2193	5.0463
13	900	250	0.9487	0.1113	39	3400	890	12.9581	5.5080
14	950	263	1.0529	0.1300	40	3500	915	13.7186	5.9972
15	1000	275	1.1625	0.1505	41	3600	940	14.5008	6.5144
16	1100	300	1.3980	0.1980	42	3700	965	15.3047	7.0605
17	1200	325	1.6552	0.2545	43	3800	990	16.1303	7.6364
18	1300	350	1.9340	0.3208	44	3900	1015	16.9775	8.2427
19	1400	375	2.2346	0.3977	45	4000	1040	17.8464	8.8802
20	1500	400	2.5568	0.4860	46	4100	1065	18.7370	9.5498
21	1600	425	2.9007	0.5864	47	4200	1090	19.6493	10.2523
22	1700	450	3.2662	0.6999	48	4300	1115	20.5832	10.9883
23	1800	475	3.6535	0.8270	49	4400	1140	21.5389	11.7588
24	1900	500	4.0624	0.9687	50	4500	1165	22.5162	12.5644
25	2000	525	4.4930	1.1257	51	4600	1190	23.5152	13.4060
26	2100	565	5.0443	1.3508	52	4700	1215	24.5359	14.2844

续表

序号	公称直径 DN/mm	总深度 H/mm	内表面积 A/m^2	容积 V/m^3	序号	公称直径 DN/mm	总深度 H/mm	内表面积 A/m^2	容积 V/m^3
53	4800	1240	25.5780	15.2003	60	5500	1415	33.4817	22.7288
54	4900	1265	26.6422	16.1545	61	5600	1440	34.6975	23.9733
55	5000	1290	27.7280	17.1479	62	5700	1465	35.9350	25.2624
56	5100	1315	28.8353	18.1811	63	5800	1490	37.1941	26.5969
57	5200	1340	29.9644	19.2550	64	5900	1515	38.4749	27.9776
58	5300	1365	31.1152	20.3704	65	6000	1540	39.7775	29.4053
59	5400	1390	32.2876	21.5281	—	—	—	—	—

EHA 标准椭圆形封头(长半轴 a 是短半轴 b 的 2 倍)的内表面积、容积、质量以及总高度(总深度)的计算公式($\text{DN}=D_i$)如下。

(1) 内表面积(mm^2):

$$A=\frac{1}{4}\left[1+\frac{\sqrt{3}}{6}\ln(2+\sqrt{3})\right]\pi D_i^2+\pi D_i h=0.345\pi D_i^2+\pi D_i h$$

(2) 容积(mm^3):

$$V=\frac{\pi}{24}D_i^3+\frac{\pi}{4}D_i^2 h$$

(3) 质量(kg):

$$W=\rho\pi\delta_n\left[\frac{D_i^3}{3}+\frac{5}{6}D_i\delta_n+\frac{2}{3}\delta_n^2+(D_i+\delta_n)h\right]\times 10^{-6}$$

(4) 总深度(mm):

$$H=\frac{D_i}{4}+h$$

C2 常压人孔(摘自 HG/T 21515—2014《常压人孔》)

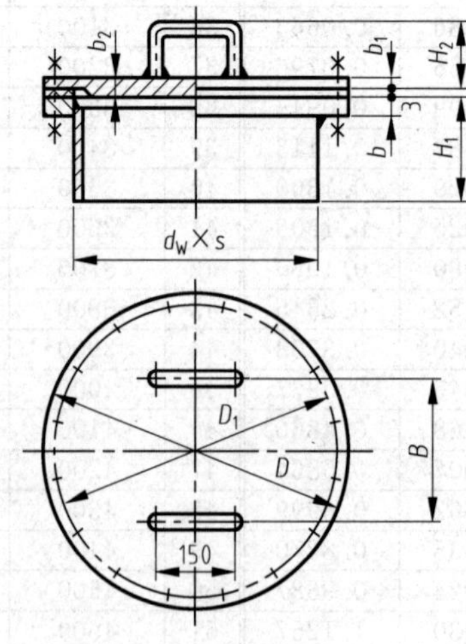

表 C2 mm

密封面型式	公称直径 DN	$d_W \times s$	D	D_1	B	b	b_1	b_2	H_1	H_2	螺栓螺母 数量	螺栓 直径×长度	总质量/kg
全平面（FF 型）	(400)	426×6	515	480	250	14	10	12	150	90	16	M16×50	38
	450	480×6	570	535	250	14	10	12	160	90	20	M16×50	46
	500	530×6	620	585	300	14	10	12	160	90	20	M16×50	52
	600	630×6	720	685	300	16	12	14	180	92	24	M16×55	76

注：1. 人孔高度 H_1 系根据容器的直径不小于人孔公称直径的两倍而定；如有特殊要求，允许改变，但需注明改变后的 H_1 尺寸，并修正人孔总质量。

2. 不锈钢人孔的筒节厚度允许改变（可降至 4mm），但需注明改变后的 s 值，并修正人孔总质量。

3. 表中带括号的公称直径不宜采用。

C3 甲型平焊法兰（摘自 NB/T 47021—2012《甲型平焊法兰》）

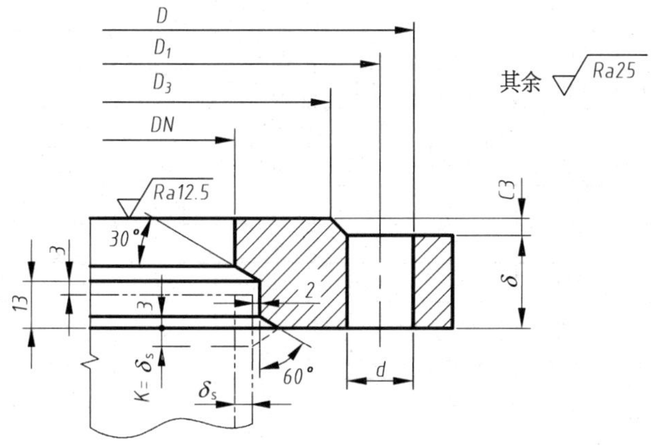

表 C3

公称直径 DN/mm	法兰/mm							螺柱	
	D	D_1	D_2	D_3	D_4	δ	d	规格	数量
PN=0.25MPa									
700	815	780	750	740	737	36	18	M16	28
800	915	880	850	840	837	36	18	M16	32
900	1015	980	950	940	937	40	18	M16	36
1000	1130	1090	1055	1045	1042	40	23	M20	32
1100	1230	1190	1155	1141	1138	40	23	M20	32
1200	1330	1290	1255	1241	1238	44	23	M20	36
1300	1430	1390	1355	1341	1338	46	23	M20	40
1400	1530	1490	1455	1441	1438	46	23	M20	40
1500	1630	1590	1555	1541	1538	48	23	M20	44
1600	1730	1690	1655	1641	1638	50	23	M20	48

续表

公称直径DN/mm	法兰/mm							螺柱	
	D	D_1	D_2	D_3	D_4	δ	d	规格	数量
PN=0.25MPa									
1700	1830	1790	1755	1741	1738	52	23	M20	52
1800	1930	1890	1855	1841	1838	56	23	M20	52
1900	2030	1990	1955	1941	1938	56	23	M20	56
2000	2130	2090	2065	2041	2038	60	23	M20	60
PN=0.60MPa									
450	565	530	500	490	487	30	18	M16	20
500	615	580	550	540	537	30	18	M16	20
550	665	630	600	590	587	32	18	M16	24
600	715	680	650	640	637	32	18	M16	24
650	765	730	700	690	687	36	18	M16	28
700	830	790	755	745	742	36	23	M20	24
800	930	890	855	845	842	40	23	M20	24
900	1030	990	955	945	942	44	23	M20	32
1000	1130	1090	1055	1045	1042	48	23	M20	36
1100	1230	1190	1155	1141	1138	55	23	M20	44
1200	1300	1290	1255	1241	1238	60	23	M20	52
PN=1.0MPa									
300	415	380	350	340	337	26	18	M16	16
350	465	430	400	390	387	26	18	M16	16
400	515	480	450	440	437	30	18	M16	20
450	565	530	500	490	487	34	18	M16	24
500	630	590	555	545	542	34	23	M20	20
550	680	640	605	595	592	38	23	M20	24
600	730	690	655	645	642	40	23	M20	24
650	780	740	705	695	692	44	23	M20	28
700	830	790	755	745	742	46	23	M20	32
800	930	890	855	845	842	54	23	M20	40
900	1030	990	955	945	942	60	23	M20	48
PN=1.6MPa									
300	430	390	355	345	342	30	23	M20	16
350	480	440	405	395	392	32	23	M20	16
400	530	490	455	445	442	36	23	M20	20
450	580	540	505	495	492	40	23	M20	24
500	630	590	555	545	542	44	23	M20	28
550	680	640	605	595	592	50	23	M20	36
600	730	690	655	645	642	54	23	M20	40
650	780	740	705	695	692	58	23	M20	44

注：各类密封面的甲型平焊法兰的系列尺寸均符合此表数据。

C4 鞍式支座
（摘自 JB/T 4712.1—2007《容器支座第1部分：鞍式支座》）

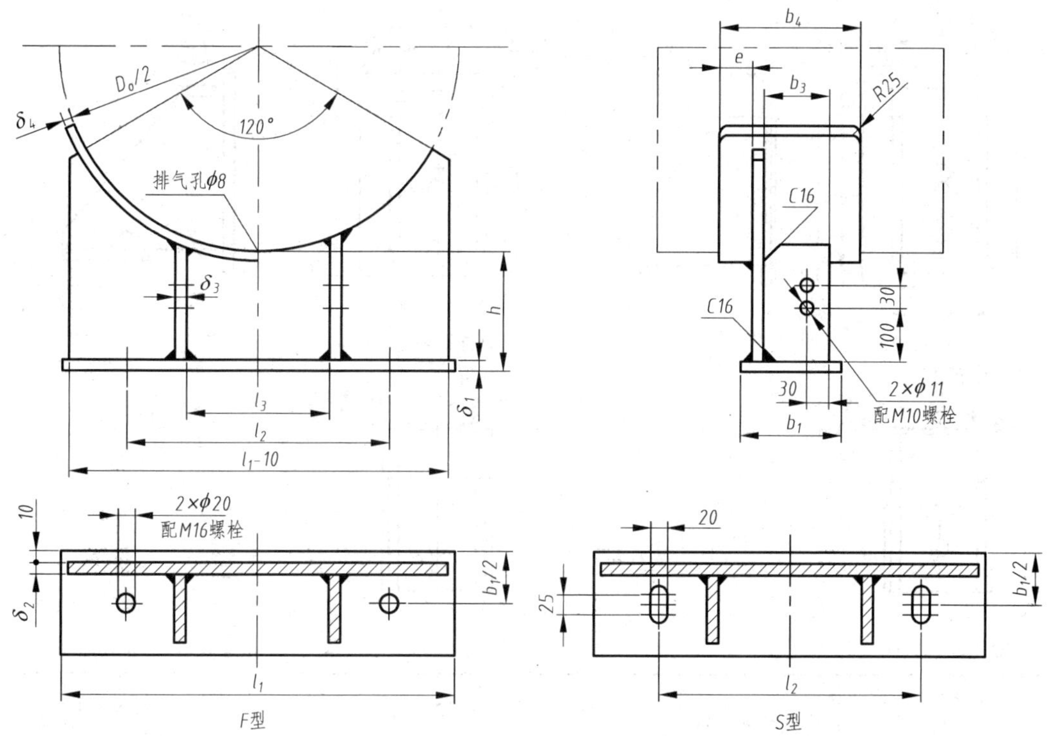

（适合DN500～900mm的120°包角重型带垫板或不带垫板鞍式支座）

表 C4

mm

公称直径DN	允许载荷Q/kN	鞍座高度 h	底板			腹板	肋板			垫板				螺栓间距	鞍座质量/kg		增加100mm高度、增加的质量/kg
			l_1	b_1	δ_1	δ_2	l_3	b_3	δ_3	弧长	b_4	δ_4	e	l_2	带垫板	不带垫板	
500	155		460				250			590				330	21	15	4
550	160		510				275			650				360	23	17	5
600	165		550			8	300		8	710	240		56	400	25	18	5
650	165	200	590	150	10		325	120		770		6		430	27	19	5
700	170		640				350			830				460	30	21	5
800	220		720			10	400		10	940	260		65	530	38	27	7
900	225		810				450			1060				590	43	30	8

C5 B型耳式支座系列参数尺寸
(摘自 JB/T 4712.3—2007《容器支座第3部分:耳式支座》)

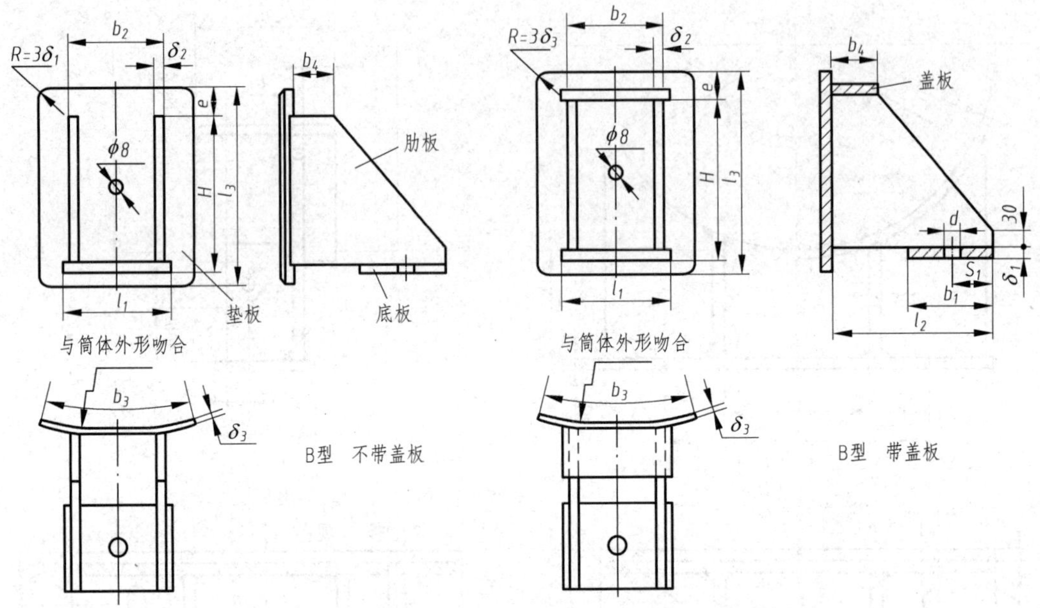

表 C5 mm

支座号	支座允许载荷 [Q]/kN		适用容器公称直径 DN	高度 H	底板				肋板			垫板				盖板		地脚螺栓		支座质量 /kg
	Q235A 0Cr18Ni9	16MnR 15CrMoR			l_1	b_1	δ_1	s_1	l_2	b_2	δ_2	l_3	b_3	δ_3	e	b_4	δ_4	d	规格	
1	10	14	300~600	125	100	60	6	30	80	70	4	160	125	6	20	30	—	24	M20	1.7
2	20	26	500~1000	160	125	80	8	40	100	90	5	200	160	6	24	30	—	24	M20	3.0
3	30	44	700~1400	200	160	105	10	50	125	110	6	250	200	8	30	30	—	30	M24	6.0
4	60	90	1000~2000	250	200	140	14	70	160	140	8	315	250	8	40	30	—	30	M24	11.1
5	100	120	1300~2600	320	250	180	16	90	200	180	10	400	320	10	48	30	—	30	M24	21.6
6	150	190	1500~3000	400	320	230	20	115	250	230	12	500	400	12	60	50	12	36	M30	42.7
7	200	230	1700~3400	480	375	280	22	130	300	280	14	600	480	14	70	50	14	36	M30	69.8
8	250	320	2000~4000	600	480	360	26	145	380	350	16	720	600	16	72	50	16	36	M30	123.9

注:表中支座质量是以表中的垫板厚度为 δ_3 计算的,如果 δ_3 的厚度改变,则支座的质量应相应地改变。

参 考 文 献

[1] 李平，钱可强，蒋丹. 化工工程制图[M]. 北京：清华大学出版社，2011.

[2] 钱可强. 机械制图[M]. 4 版. 北京：高等教育出版社，2014.

[3] 李平. 化工制图[M]. 北京：高等教育出版社，2010.

[4] 国家石油和化学工业局. 行业标准 化工设备设计文件编制规定：HG/T 20668—2000[S]. 北京，2001.

[5] 中华人民共和国工业和信息化部. 中华人民共和国化工行业标准 化工工艺设计施工图内容和深度统一规定：HG/T 20519—2009[S]. 北京：中国计划出版社，2010.

[6] 谭建荣，张树有，陆国栋，等. 图学基础教程[M]. 2 版. 北京：高等教育出版社，2006.

[7] 中华人民共和国工业和信息化部. 中华人民共和国化工行业标准 过程测量与控制仪表的功能标志及图形符号：HG/T 20505—2014[S]. 北京：中国计划出版社，2014.

[8] 熊洁羽. 化工制图[M]. 2 版. 北京：化学工业出版社，2008.

[9] 赵惠清，蔡纪宁. 化工制图[M]. 北京：化学工业出版社，2008.

[10] 周大军，揭嘉. 化工工艺制图[M]. 北京：化学工业出版社，2005.

[11] 杨惠英，王玉坤. 机械制图：近机类、非机类[M]. 2 版. 北京：清华大学出版社，2008.

[12] 中华人民共和国国家质量监督检验检疫总局. 特种设备安全技术规范 固定式压力容器安全技术监察规程：TSG 21-2016[S]. 北京：新华出版社，2016.